湖北省2013年社科基金项目（编号：2013024），江汉大学2012-2013年度学术著作出版资助，江汉大学马克思主义理论市级重点学科资助。

# 人的观念现代化研究

储著斌 著

中国社会科学出版社

# 图书在版编目（CIP）数据

人的观念现代化研究／储著斌著．—北京：中国社会科学出版社，2015.11
ISBN 978-7-5161-7085-4

Ⅰ.①人⋯ Ⅱ.①储⋯ Ⅲ.①人生观—关系—现代化—研究—中国 Ⅳ.①B821②D61

中国版本图书馆 CIP 数据核字（2015）第 268633 号

| | |
|---|---|
| 出 版 人 | 赵剑英 |
| 责任编辑 | 王　茵 |
| 特约编辑 | 英岁香 |
| 责任校对 | 胡新芳 |
| 责任印制 | 王　超 |

| | | |
|---|---|---|
| 出　　版 | 中国社会科学出版社 | |
| 社　　址 | 北京鼓楼西大街甲 158 号 | |
| 邮　　编 | 100720 | |
| 网　　址 | http://www.csspw.cn | |
| 发 行 部 | 010-84083685 | |
| 门 市 部 | 010-84029450 | |
| 经　　销 | 新华书店及其他书店 | |
| 印　　刷 | 北京君升印刷有限公司 | |
| 装　　订 | 廊坊市广阳区广增装订厂 | |
| 版　　次 | 2015 年 11 月第 1 版 | |
| 印　　次 | 2015 年 11 月第 1 次印刷 | |
| 开　　本 | 710×1000　1/16 | |
| 印　　张 | 23 | |
| 插　　页 | 2 | |
| 字　　数 | 366 千字 | |
| 定　　价 | 85.00 元 | |

凡购买中国社会科学出版社图书，如有质量问题请与本社营销中心联系调换
电话：010-84083683
**版权所有　侵权必究**

# 序　言

　　思想政治教育源于人们认识活动的内在需要，其一项重要任务就是要引导人们正确地解决主观与客观的矛盾，使主观正确地反映客观，形成正确的思想认识，这是思想政治教育产生的认识根源。同时，思想政治教育还源于社会实践的客观需要，引导人们认识和解决社会实践中思想与行动的矛盾，通过改造人的主观世界来改造客观世界，通过影响人的思想观念来影响人的社会行为。社会实践活动就是把观念转化为现实、把精神力量转化为物质力量的过程。在推动精神力量向物质力量转化过程中，作为一个非常重要的环节，思想政治教育可以帮助人们实现观念的变革与创新，成为实践发展的先导和推动力。社会的存在、发展、变革都离不开思想政治教育，社会的现代化、人的现代化、观念的现代化也都离不开思想政治教育。从这个角度而言，思想政治教育就要着力实现社会成员的思想观念从应然到实然、从落后到进步、从错误到正确、从排斥到适应、从传统到现代的转变，这就体现为人的观念现代化的实现问题。在我国，思想政治教育如何实现人的现代化这一基本问题，最早是由著名的思想政治教育学者郑永廷教授提出来的。

　　在当代社会，思想政治教育已经显现出现代化的发展趋势。思想政治教育的现代化特征，突出地表现在它对我国社会主义建设过程中反映中国特色社会主义现代化要求的思想理论体系、价值观念、行为规范的自主吸纳和积极建构上。我国社会主义现代化进程，特别是改革开放伟大实践本身，在一定程度上说，就是一场改变人们心理状态、思维方式与思想观念的革命。在此背景下，迫切需要我们总结与反思改革开放进程中人们思想观念方面的深刻变化，高度聚焦和深入探索思想政治教育中"人的观念现代化"这一重大问题。这一问题的研究，难度很大。储著斌博士紧扣时代脉搏，迎难而上，对这一重大、前沿问题深入探索，《人的观念现代化研究》就是在其博士论文基础上形成的一本比较系统、深入研究思想政治教育中人的观念现代化问题的学术著作。作为他的博士生导师，在本书即将出版之际，我应邀欣然为之作序。

储著斌博士的这本专著紧紧围绕"人的观念现代化是什么、为什么、怎么做"这些核心问题，以马克思主义理论和方法为指导，广泛吸纳和借鉴哲学、教育学、政治学、社会学、管理学等多学科的理论和方法，重点对人的观念现代化的合理内涵、基本内容、理论依据、时代价值、实现路径等问题进行了多维度、深层次的审视和研究。纵览全书，我认为有以下几个特色。

第一，立足时代，突出问题。问题意识是思想政治教育研究者必须具备的重要素质，是深化研究的突破口，是推动学科发展的不竭动力和学科创新的增长点。人的观念现代化问题，贯穿于中国社会百余年来艰难的现代化历程。特别是改革开放以来，思想解放、观念变革始终成为时代的主旋律，在实践中也就体现为在中国特色社会主义理论指导下继续推进人的观念现代化。在研究思路上，该著作从人的观念现代化具有长期性这一论点出发，凸显这一问题的时代特色，认为人的观念现代化并不是一个已经得到解决的问题，批判了"人的观念现代化的自然论""人的观念现代化的完成论"等错误观点，得出人的观念现代化只有"进行时"，没有"完成时"的结论。作者在接下来的章节中，通过对人的观念现代化的马克思主义理论基础和西方社会科学的理论借鉴、中华传统文化的资源整合，充分论证了人的观念现代化的科学性和可行性。在对人的观念现代化的现实需求和理论支撑进行充分论证的基础上，展开了对人的观念现代化实现路径的具体研究，落脚在思想政治教育如何推动、促进人的观念现代化这一基本问题上，凸显了观念现代化研究的时代价值和问题意识。

第二，系统研究，注重创新。在讨论人的观念现代化"是什么"这一问题时，该著作从学理上准确界定了人的观念现代化的概念，在分析概念的基础上论证了人的观念变革、素质提升、潜能开发、全面发展等人的观念现代化的多层次本质，及其实践性、全面性、深刻性、前瞻性与差异性的特征，继而选取了人的心理状态现代化、思维方式现代化、思想观念现代化三方面基本内容予以展开。在讨论人的观念现代化"为什么"这一问题时，该著作一方面挖掘了马克思主义社会存在与社会意识辩证关系原理，特别是马克思恩格斯在《共产党宣言》中阐发的"同传统观念实现最彻底决裂"这一科学论断；另一方面合理借鉴了西方社会科学中人的现代化理论、学习型组织理论、新教伦理思想、未来主义思潮等学科观点，吸收了我国优秀传统文化中民族精神理论、民本思想传统、思想解放意识与国民改造思想等传统资源，以此作为研究的理论基础；作者认为人的观念现代化的时代价值体现在人的发展、社会发展与民族复兴过程之中。在讨论人的观念现代化"怎么做"这一问题时，该著作从立足实践推动、适应科技发展、注重理论武装、加强舆论引导、虚心求教群众、深化思想互动等方面全面探讨了人的观念现代化的实现路径问题，以达到思想政治教育的最佳效果。这些问题的探讨都具有一定的创新性，尤其是该书在前人基础上，认为传统观念与现实观念形成了制约人的观念现代化的四大观念障碍，即思维习惯、主观偏见、宗教迷信与思想专断，要实现走出封闭、破除迷信、转换脑筋的突破等观点及其阐发，颇具见地，这对深化现代思想政治教育中人的观念现代化问题乃至思想政治教育基础理论研究具有重要价值。

第三，逻辑严谨，文笔流畅。该著作围绕人的观念现代化的内涵、实质、特征、价值、依据、内容、结构及其优化逐一展开，主题突出，脉络清晰，结构严谨。在阐述观点时语言通达，文笔简练。文中的论述经常旁征博引、追根溯源，使我们在了解其观点的同时也获得了大量的相关知识和资料。特别是作者对马克思主义经典著作比较熟悉，大量引述马克思主义经典作家以及马克思主义中国化过程中党的主要领导人的基本观点。这些都充分体现了作者扎实的马克思主义理论基础以及良好的学风、学识与学力。

储著斌博士在武汉大学思想政治教育专业通过长期的学习，相继获得了学士、硕士与博士学位。这本著作既是一名青年学者十余年求学生涯心血汗水与酸甜苦辣的生动记载，更是其在博士研究生学习阶段研究成果的集中体现。尽管该著作尚有许多继续研究和拓展的空间，例如对人的观念现代化的过程、规律、模式等问题的探讨有待深化，对人的观念现代化过程中不同主体的类型、地位、功能及其有效性的分析有待深入，研究方法上对具体的观念现代化进程缺少实证与量化分析，但其在学术上勇于探索和创新的精神十分可嘉。我真诚地希望储著斌博士在今后的学术道路上不懈努力，取得更大的进步！

是为序。

骆郁廷

2015 年 4 月于武汉大学

# 目 录

引 言 ……………………………………………………………… (1)

**导论 人的观念现代化的研究主题** ……………………………… (1)
  一 人的观念现代化研究的问题视域 ………………………… (5)
  二 人的观念现代化研究的学术起点 ………………………… (10)
  三 人的观念现代化研究的主要内容 ………………………… (19)
  四 人的观念现代化研究的基本方法 ………………………… (28)
  五 人的观念现代化研究的重点难点 ………………………… (32)

**第一章 人的观念现代化的深刻蕴涵** …………………………… (35)
  一 人的观念现代化的内涵 …………………………………… (36)
    （一）观念的发展：传统观念、现实观念与未来观念的
           发展演进 ……………………………………………… (37)
    （二）现代化进程：社会主义、民族复兴与全面现代化的
           内在关联 ……………………………………………… (41)
    （三）观念现代化：心理状态、思维方式与思想观念的
           深度变迁 ……………………………………………… (50)
  二 人的观念现代化的实质 …………………………………… (55)
    （一）人的观念变革 ………………………………………… (56)
    （二）人的素质提升 ………………………………………… (59)
    （三）人的潜能开发 ………………………………………… (63)
    （四）人的全面发展 ………………………………………… (68)

三　人的观念现代化的特征 …………………………………… (72)
　（一）人的观念现代化的实践性 ………………………………… (73)
　（二）人的观念现代化的全面性 ………………………………… (78)
　（三）人的观念现代化的深刻性 ………………………………… (80)
　（四）人的观念现代化的前瞻性 ………………………………… (83)
　（五）人的观念现代化的差异性 ………………………………… (86)

## 第二章　人的观念现代化的时代价值 ……………………………… (92)
一　人的观念现代化是人的发展的核心 ………………………… (93)
　（一）自我反思与自我批判的现实推进 ………………………… (95)
　（二）观念惰性与思想障碍的根本消除 ………………………… (98)
　（三）个体人格与自主意识的主体建构 ……………………… (107)
二　人的观念现代化是社会发展的灵魂 ………………………… (109)
　（一）走出封闭与破除迷信的思想引领 ……………………… (109)
　（二）市场经济与民主政治的观念基础 ……………………… (113)
　（三）现代法治与现代道德的价值重构 ……………………… (115)
三　人的观念现代化是民族复兴的先导 ………………………… (117)
　（一）经验教训与观念进步的时代呼唤 ……………………… (117)
　（二）小康社会与主体状态的精神凝聚 ……………………… (120)
　（三）改革开放与观念转型的思想先导 ……………………… (125)

## 第三章　人的观念现代化的理论基础 ……………………………… (130)
一　人的观念现代化的科学依据 ………………………………… (131)
　（一）社会存在与社会意识辩证关系原理 …………………… (132)
　（二）同传统观念实现最彻底决裂原理 ……………………… (135)
　（三）人的自觉能动性原理 …………………………………… (142)
　（四）思想领先理论 …………………………………………… (145)
　（五）科学发展观 ……………………………………………… (148)
二　人的观念现代化的理论借鉴 ………………………………… (153)
　（一）人的现代化理论 ………………………………………… (153)
　（二）学习型组织理论 ………………………………………… (157)

（三）新教伦理思想 …………………………………………（160）
　　（四）未来主义思潮 …………………………………………（163）
三　人的观念现代化的传统资源 ……………………………………（166）
　　（一）民族精神理论 …………………………………………（167）
　　（二）民本思想传统 …………………………………………（169）
　　（三）思想解放意识 …………………………………………（170）
　　（四）国民改造思想 …………………………………………（174）

## 第四章　人的观念现代化的基本内容 ……………………………（183）
一　人的心理状态现代化 ……………………………………………（185）
　　（一）改革开放与心理状态交互作用 ………………………（187）
　　（二）现代心态主要体现为变革心理 ………………………（189）
　　（三）心理状态现代化中的心理平衡 ………………………（192）
　　（四）心理状态现代化中的心理适应 ………………………（195）
　　（五）心理状态现代化中的心理互动 ………………………（197）
二　人的思维方式现代化 ……………………………………………（199）
　　（一）人的思维方式的基本含义与根本特征 ………………（200）
　　（二）中西比较下我国传统思维方式的缺陷 ………………（205）
　　（三）改革开放以来人的思维方式发展历程 ………………（208）
　　（四）思维方式现代化实质是实现思维创新 ………………（213）
三　人的思想观念现代化 ……………………………………………（217）
　　（一）经济观念的现代化 ……………………………………（218）
　　（二）政治观念的现代化 ……………………………………（223）
　　（三）文化观念的现代化 ……………………………………（230）
　　（四）生态观念的现代化 ……………………………………（234）
四　人的观念现代化内容的结构优化 ………………………………（241）
　　（一）人的观念现代化内容的结构关系 ……………………（241）
　　（二）人的观念现代化内容的价值引领 ……………………（244）
　　（三）人的观念现代化内容的相辅相成 ……………………（248）

## 第五章 人的观念现代化的实现路径 (254)

### 一 立足实践推动 (255)
（一）实践是检验人的观念现代化的唯一标准 (257)
（二）实践是推进人的观念现代化的根本动力 (259)
（三）改革开放进程推动现代观念的孕育完善 (261)
（四）市场经济体制促进传统观念的扬弃改造 (263)
（五）经济社会发展推进现代观念的活力生成 (266)

### 二 适应科技发展 (268)
（一）科技革命培育新的思想观念 (269)
（二）科技进步催生人的发展意识 (271)
（三）科技知识拓展人的世界眼光 (272)
（四）科技发展推动人的观念转换 (274)

### 三 注重理论武装 (275)
（一）以马克思主义理想信念为重点 (276)
（二）以社会主义核心价值观为主导 (278)
（三）以马克思主义的大众化为取向 (279)
（四）以大学生思想理论教育为抓手 (282)

### 四 加强舆论引导 (285)
（一）注重舆论导向是观念发展的客观需要 (287)
（二）凸显群体观念对个体观念的积极影响 (289)
（三）增强舆论自觉对人的观念的有效推动 (291)
（四）应对信息化条件下西方思想观念挑战 (295)

### 五 虚心求教群众 (297)
（一）强化群众强烈的主体意识 (299)
（二）关照群众自觉的利益诉求 (300)
（三）总结群众丰富的实践经验 (302)
（四）开发群众多彩的观念世界 (304)

### 六 深化思想互动 (306)
（一）正视思想矛盾 (307)
（二）明辨观念是非 (309)
（三）开展理论交锋 (313)

（四）加强思想沟通 …………………………………………（317）

**结语　人的观念现代化的发展走向** ……………………………（321）

**参考文献** ………………………………………………………（327）

**后　记** …………………………………………………………（346）

# 引 言

本书试图以唯物辩证法与唯物史观为理论指导，以马克思主义经典作家关于社会存在与社会意识辩证关系原理、同传统观念实现最彻底决裂理论、人的自觉能动性原理以及马克思主义中国化过程中的思想领先理论、科学发展观等为理论依据，借鉴现有的历史学、人学、教育学、心理学、人类学等学科相关研究成果，从分析人的观念现代化这一核心概念入手，来关注"现实的个人"在心理状态、思维方式以及思想观念方面的发展变化，运用逻辑推演法、比较研究法、综合法等多种研究方法，对当代中国人观念现代化的深刻蕴涵、时代价值、理论基础、基本内容与实现路径等进行探索，力求探究潜藏在现代思想政治教育发展趋势背后的、具有本源性意义的人的观念从传统向现代转换这一中心议题，为实现人的观念现代化提供一个分析基础。

第一，人的观念现代化研究只有"进行时"没有"完成时"。在思想政治教育学研究中，有人认为，人的观念现代化是一个已经得到解决的问题，或曰是一个在改革开放初期（亦即20世纪80年代）就给予重点关注的研究领域，在讨论"后现代化（性）"与"反现代化"的时代语境中，再研究这一论题的理论价值无法彰显；也有人认为，我国现代化按照"三步走"的战略部署，目前已经完成了第二步的发展目标，即将在21世纪中叶实现现代化，在这样的背景下再就人的观念现代化开展研究在实践上意义不大；还有人认为，现代化本身就是一柄"双刃剑"，既有积极作用，更存在着负面影响，人的观念要实现现代化，难道是说要在社会主义条件下继续强化现代化（现代性）的负面意义？与此相联系，在思想政治教育的实践中，也存在两种错误倾向，一是认为只要社会实现了现代化，人的思想观念就会自然而然地现代化起来，笔者称之为"人的观念现代化的自然论"；二是认为随着改革开放以来的社会变迁，人的思想观念已经完成了现代化，现在讨论的主题应该不是人的观念现代化问题，而是人的观念的"后现代化"（后现代性）问题，笔者称之为"人的观念现代化的完成论"。本书试图对此做出回答。

其一，人的观念现代化具有长期性，这既是由马克思主义社会存在决定社会意识的基本原理决定的，也是由社会变革的过程性与长期性决定的，更是实现共产主义远大理想过程中人的自由全面发展的长期性决定的。

其二，这是由观念的特性决定的。人的思想观念一旦形成，就会有一种惰性、惯性，也就是说在一个较长的时期内保持稳定，并且自身很难变革，必须有外部的推动力量才能发生变革。所以一种思想观念产生以后，在一定的时期内，就会具有某种程度上的滞后性。

其三，在学术研究层面，我国的现代化研究在二十多年前开始进入高潮，到现在已基本趋于平静，虽然现代化在我国人文社会科学研究中的话语逐渐消退，成为"过去时"，但其话语影响力至今仍在学术研究中彰显着威力。无论哪一个学科，在学术研究中都会很自然地使用现代化研究的思维痕迹和话语逻辑，尽管大多数学者对现代化研究的方法和路径不一定赞成，甚至对现代化本身也并不赞同，但在当代学术话语的体系之中，现代化研究的思维逻辑却根深蒂固，挥之不去，难以忽视它，更难以避开它的影响。

其四，在实践中，实现社会主义现代化是中国经济社会发展与人的发展的价值追求，中国这种百余年来的"追赶"贯穿于中国近现代的历史实践之中。按照"三步走"的战略设计，中国也只是在21世纪中叶"基本实现现代化"，离"全面现代化"的实现仍然有很长的路要走。中国特色社会主义在一定程度上说，也就是实现中国现代化的目标与条件的科学理论；实现中华民族伟大复兴与全面实现社会主义现代化在过程中具有同一性，这都决定着在中国实现人的观念现代化不是一蹴而就的。

其五，已经完成第一次现代化与第二次现代化的西方发达国家，仍然在继续实现着经济生活领域的"全面现代化"与人的观念现代化。就美国而言,"再工业化"是奥巴马政府重振美国经济的战略选择,这一经济复兴战略具有丰富内涵与深层次的长远考虑,也就是营造经济新时代。美国不仅出台了国家战略以推动"再工业化",而且在不少方面已捷足先登,加上现有的各种优势,其"再工业化"进程及其可能诱发的第四次工业革命,势必会引发人的思想观念进一步变革,实现思想观念方面的"再现代化"。以美国人的政治观念为例,第一次现代化期间确立的种族平等观念要在当代彻底实现还存在着巨大的思想障碍。就英国而言,作为世界上第一个发生工业革命的国家,随着第三产业的崛起,以及发展中国家廉价劳动力和土地资源的优势显现,英国等发达国家逐渐完成了"去工业化"的过程。如今,制造业在英国经济总量中仅占10%的比例,国际金融危机爆发后,"再工业化"也被提上日程,政府、机构、学者等纷纷呼吁英国制造业的回归。这都表明,在综合现代化或全面现代化的过程中,西方发达国家重拾"现代化",以"再工业化"为开端,仍然继续各自的现代化进程;这一经济技术领域的现代化进程,必然会再次引发人的思想观念发生根本变革,也就是在量变的基础上实现质变,继续推进人的观念现代化。

改革开放以来,在现代化的坐标体系下,中国面临的现代化形势与环境,既承受着从农业社会到工业社会、从传统社会到现代社会转型的"第一次现代化"的冲击,又经受着这一转型与现时代全球化、信息化、民主化浪潮相互叠加的"第二次现代化"的挑战。"人"是现代化中最为核心的要素,从某种程度上讲,把人放在什么样的位置,体现了一个国家现代化的质量。在推进社会主义现代化的过程中,中央做出了改革开放以来"人的思想观念多元多样多变"的论断,得出人的"思想观念深刻变化"的科学结论,而改革开放被认为是一场革命,不仅是一场解放和发展生产力的革命,更是一场人的心理状态、思维方式与思想观念的革命,也就是说改革开放就是一场促进人的观念现代化的思想革命。在十八大以来"新四化"的语境下,仅以城镇化为例,要实现农民与农民工的市民化,除了诸多的经济因素考量以外,这种市民化的实现则更多地体现为农民的现代化与农民的观念现代化。从宏观上说,当代中国继续推进人的观念现代化,就要形成"多元中立主导、多样中求共识"的价值导向。

第二，人的观念现代化体现为思想观念的根本变革。人的观念现代化既是一个基础理论命题，也是一个社会实践课题，同时，也是在全球化、信息化、民主化的背景下推进现代思想政治教育实践的一个热点和难点问题，既要注重以马克思主义唯物史观和人的全面发展理论为指导，也要注重当代中国社会深刻变革所引发的人的观念变革的挑战性和应用性。思想政治教育必须关照人的观念现代化研究的新课题，关注改革开放以来人的思想发展的新境遇，拓展实现人的观念现代化的新路径。本书从逻辑推演上，将现代化对人的发展目标的要求与思想政治教育的本质属性联系在一起，思想政治教育的研究范畴和实践空间得到了拓展。而思想政治教育的基本内容，从一定程度上讲，体现为社会成员思想观念上的转变。这种思想观念上的转变，最终必须体现为质的要求，也就是既要有利于促进人的全面发展与社会全面进步的基本目标，又要有助于社会成员提高认识世界与改造世界的能力，以实现其在改造客观世界的同时改造主观世界的根本目的，还要帮助社会成员形成与改革开放和社会主义现代化建设相适应的思想观念。一句话，要实现社会成员思想观念从落后到进步、从错误到正确、从排斥到适应、从传统到现代的转变，就要在思想政治教育的过程中着力推进人的观念现代化，实现传统人向现代人的转变、人的传统性向现代性的转换、传统观念与现实观念向未来观念的转型。人的观念现代化的本质就体现为人的思想观念的根本变革。

具体来说，本书的立论基础建立在当代改革开放实践与现代化语境中人的思想观念的深刻变革之上。人的观念现代化就是在传统观念、现实观念向未来观念转变过程中，人的心理状态、思维方式和思想观念实现由传统向现代的根本转换，这是一种观念质变，具有实践性、全面性、深刻性、前瞻性与差异性五个方面的特征，这一观念根本变革的本质具体体现为人的潜能开发、国民素质提升与人的全面发展三个层次。但是，确立现代观念的基本前提是实现对传统观念的反思与批判，这种反思与批判的对象在于七个方面的观念阻滞：一是我国长期的思想观念传统的影响，这主要是封建主义的思想文化遗留；二是近代化、现代化以来，西方思想文化特别是西方资本主义思想观念的腐蚀和影响，在全球化、信息化、民主化时代更为典型、激烈;三是革命仍然是中国人心理状态、思维方式与思想观念中的"梦魇",制约着当代中国人的思想观念变革;四是从苏联移植或借鉴而来的、开始仅仅体现在经济建设方面、后来推向国家与社会各个领域的计划经济体制及其模式,虽然在市场经济时代已经从总体上消失,但在人的深层次思想观念上仍然现实地产生着影响;五是改革开放以来形成的各种社会思潮,在中国本土已经实现了变异,也成为一种影响人们思想观念的重要资源与观念来源;六是市场经济在资源配置中起着基础性作用,但市场精神及其内含的等价交换原则已经突破经济生活领域的限制,扩展、蔓延、渗透到其他领域,特别是政治生活、文化生活当中,严重地影响了社会主义的主流意识形态;七是改革开放以来正在形成的某些"新传统",也就是以经济建设为中心的观念、改革开放的观念和竞争观念等,这些观念在过去、现在乃至未来都会发挥重要作用,但不可回避的就是这些思想观念已经具有意识形态意义,可能成为某种"新传统",对这些新观念负面影响的认识,也是实现人的观念现代化的必要前提。这七个方面的观念前提形成了人的观念现代化过程中的四大障碍:思维习惯、主观偏见、宗教迷信与思想专断。为此人的观念现代化要实现三大突破,也就是走出封闭、破除迷信、转换脑筋。在中国特色社会主义建设中,人的观念现代化具有六大实现路径:立足实践推动,适应科技发展,注重理论武装,加强舆论引导,虚心求教群众,深化思想互动。人的观念现代化具有五个方面的实现形式:开展自我反思与自我批判是前提,确立个体人格与自主意识是关键,发展市场经济与民主政治是基础,建立现代法治与现代道德是保障,发展现代思想政治教育是抓手。

第三,人的观念现代化要以现代思想政治教育来推进。思想政治教育担负着促进人的观念现代化的重要任务。一是要突出现代观念的时代性。树立现代观念,既要彰显时代精神,又要适应中国特色社会主义的现实要求。既不是简单引进西方的现代观念,也不是随意继承传统的观念,而是要以马克思主义为指导结合中国特色社会主义实践的一种观念创造,思想政治教育必须彰显现代性、体现时代性、反映前瞻性。二是要凸显现代观念的整体性。现代观念内容丰富多彩,不是单个的思想观念,而是现代社会的整体观念体系(也就是现代观念系统或观念链条)。因而，人的观念现代化的推进和完善，需要长期的教育、培养和改造，思想政治教育为此要丰富并完善其教育内容。三是要消解外来观念的阻滞性。在中国特色社会主义现代化建设的进程中，我们已经受到西方思想文化的冲击和中国传统思想的阻碍，所有不利于人的现代性孕育、生成和人的观念现代化实现的因素，都需要通过思想政治教育给予正视、明辨、斗争、交流、交锋、交融和排除，在此过程中实现社会主义核心价值体系的引领。四是要在肯定人的观念现代化重大价值的同时，避免"观念论"的倾向。不能把观念的作用无限夸大，认为人的观念现代化是全部现代化的根本，这样一来，就会自觉或不自觉地落入到"观念论"的错误倾向之中，这在理论上是站不住脚的，在实践中更是有害的。现代思想政治教育要在体现现代性要求的经济、政治、文化、社会、生态建设的实践中全面推进人的观念现代化。

# 导论　人的观念现代化的研究主题

资本主义文明（包括人类实践活动所创造的一切精神成果）发展史的经验教训表明，人的观念现代化是国家和民族现代化的基础性条件之一。纵观西方资产阶级的兴起与资本主义文明的起源，400多年来资本主义文明得以产生与发展在一定程度上都是以人的观念现代化为前提的。以哥白尼、布鲁诺、伽利略等为代表的伟大科学家，敢于挑战维护教会神权的理论基础，掀起了人类历史上伟大的科学革命；以但丁、莎士比亚、达·芬奇等为代表的一大批文化巨匠的作品而引致的欧洲文艺复兴，则是人类史上真正的文化革命；随后发生的席卷整个欧洲的启蒙运动，又是一场伟大的思想革命，洛克、伏尔泰、孟德斯鸠、卢梭、狄德罗等启蒙思想家在创立现代文明中起到了开山祖师的作用。资本主义生产方式与生活方式的确立，无不得益于科学革命、文化革命与思想革命这三场革命带来的思想解放与人的观念现代化。

按照恩格斯的说法，哲学革命是政治变革的前导，① 建立在资本主义生产方式基础上的资本主义思想解放与人的观念发展，推动着政治领域革命与变革的实践发展。《人权宣言》是法国大革命留给后人的一份宝贵精神文化财富，启蒙思想家们为人类设计的自由、平等、博爱的理性工具，是一次思想大解放，体现了现代化的理性要求。自由和平等这两种价值观念，实际上为现代文明奠定了一个价值原则与价值基础；人权观念直到今天仍然是整合世界上一些主要国家和整个国际政治生活的最基本的政治原则（中国特色社会主义理论体系也接受了这些观念，

---

① 《马克思恩格斯文集》（第4卷），人民出版社2009年版，第267页。

自由与平等已作为社会主义核心价值体系倡导的基本观念之一，人权及其保护写进了国家宪法）。自由、人权和权力制衡等思想观念，对于当时、现在以及未来的人类政治社会生活，都已经、正在和继续产生极其深远的影响；人民主权、天赋人权和社会契约等观念也是人类思想解放的伟大结晶，直接推动着西方资本主义发展及其人的观念现代化。美国的《独立宣言》在人类历史上第一次把"人人平等"观念作为一个国家的立国基础，正如马克思所说，这是人类历史上"第一篇人权宣言"。[①]事实上，美国人是首先获得思想观念上的解放，然后才赢得国家独立的。思想解放对于美国社会的影响，在于打破了长期对英国国王的迷信，要求通过革命去追求自己的幸福，以新的国家体制的构建来实现人民的主权。美国的文明，"不是通过不断革命和斗争而推动的，它是积累型的文明——也就是说，随着社会的发展、随着需要而不断进行自身的改革，对政治、经济、社会、思想实行改革"，[②] 每一次思想观念上的变革，带来的都是政治制度、经济规模和社会秩序的变革，这种变革又不断地为新的、更彻底的观念变革进行着准备。就这样，人的思想观念的发展与社会实践的进步相互作用，伴随着美国走过了200多年的发展历程。总之，从这些简要描述可以看出，在国家和民族现代化的历史进程中，没有思想观念上的不断创新和持续进步，国家和民族的现代化就永远不可能取得实质性的进展。从这种意义上来说，一个国家和民族现代化的历史命运是同其国民自身观念更新的状况紧密相连的。任何一种落后，首先表现为一种观念上的落后；任何进步，首先也就是一种思想观念上的进步。

中国自晚清开始学习并追赶西方国家现代化历程以来，国民素质的低下以及在此基础上人的思想观念水平的滞后，影响着国家和民族现代化的实现。鸦片战争大清帝国战败后，洋务运动开启了中国现代化的大门，成为中国现代化进程的逻辑起点。自此之后，中国的现代化正如梁启超1923年在《五十年中国进化概论》中指出的，先后经历了器物层面的现代化、制度层面的现代化与思想观念亦即文化层面的现代化三个

---

① 《马克思恩格斯全集》（第21卷），人民出版社2003年版，第24页。
② 新华音像中心学习部：《思想解放实录》，海南出版社2003年版，第69页。

不同发展阶段。① 中国是一个具有五千多年文明史的大国,在以往的历史进程中,我们的祖先曾经创造过无比辉煌的历史纪录,在人类文明史上写下了自己独领风骚的骄傲与自豪。但是,从世界范围来看,从明末开始,中华民族在世界文明史上的优势地位便开始逐步丧失。特别是1840年鸦片战争爆发以来,随着资本主义工业文明的扩展及其带来的西学东渐,中华民族传统的、以农业文明为特征的观念体系与观念世界遭遇到前所未有的挑战。时至今日,这种挑战不仅依然存在,而且变得越来越严重。从这个意义上说,一部中国近现代史,其实也就是一部中国人不断摆脱自身观念困境、吸收和缔造能够适应现代要求的观念体系的历史。然而,观念的力量拥有巨大的惯性与惰性,与传统观念的彻底决裂并不是一件轻而易举的事情。近代以来,我们的先辈们为此不仅绞尽脑汁,而且还曾付出过鲜血与生命的代价。但无情的历史却不断证明,种种陈腐错误的观念,总是像一副沉重的枷锁,阻滞着国民思想观念的进步,严重影响着中华民族现代化的进程,制约着中华民族伟大复兴的实现。

20世纪初开始,中国共产党领导人民为实现国家现代化进行了不懈的努力(一般认为,清末是中国现代化的开局阶段,民国时期是中国局部现代化时期,1949年新中国成立后的现代化是全面现代化时期),这一过程在1949年以前先后表现为救亡图存、思想启蒙、民族独立与国家富强。1949年中华人民共和国成立以及之后社会主义制度的确立,中国共产党成功实现了中国历史上最深刻、最伟大的社会变革,为当代中国社会主义现代化的加快推进和中华民族伟大复兴的迅速实现,为中国的一切发展进步,提供了领导力量、物质基础和制度前提,在中国共产党领导下推进了器物、制度与文化层面的现代化进程,但文化层面的现代化在实践中仍然落后于物质与制度层面的现代化。中国特色社会主义现代化既面临着完成"第一次现代化"与"第二次现代化"双重转型的现实压力,又力求要体现社会主义的本质要求,全面现代化任重道远。改革开放开启了中国发展的历史性转型,在这个人口比欧盟、美国、日本和俄罗斯加起来还要多的东方文明古国,在现代化的浪

---

① 《梁启超文集》,燕山出版社2009年版,第262页。

潮中，面对世所罕见的艰巨繁重任务，面对世所罕见的复杂矛盾问题，面对世所罕见的困难风险，中国正在进行着一场影响深远的工业革命、技术革命、社会革命、人的革命，导引一场持久深刻的经济转轨、社会转型、发展方式转变、人的思想观念转换，这就是中国当前的社会主义现代化进程。在这个过程中，中国既面临着继续实现从农业社会到工业社会、从传统社会到现代社会转型这一"第一次现代化"的历史任务，还要迎接以全球化、信息化、民主化浪潮为代表的"第二次现代化"的更大挑战；当中国用短短几十年的时间艰难走过发达国家两三百年才能实现的发展进程，也把各种本该在不同历史发展阶段出现的问题集中到了同一时空，两次现代化相互叠加，进一步加深了中国现代化的艰难与复杂，彰显了中国现代化的独特发展道路。

思想政治教育是一定的阶级、政党、社会群体遵循人的思想品德形成发展规律，用一定的思想观念、政治观点、道德规范，对其成员施加有目的、有计划、有组织的影响，使他们形成符合一定社会、一定阶级所需要的思想品德的社会实践活动。[①] 这表明，思想政治教育的基本内容，主要体现为教育者通过思想教育、政治教育、道德教育以及心理教育等具体形式，对社会成员即受教育者施加思想品德方面的影响，而这些思想品德方面的要求就体现为社会成员思想观念上的转变，因为这些思想观念、政治观点、道德规范、心理状态都属于"观念"的范畴。意识性和目的性是人类活动的基本特征之一，人类的一切活动都是有目的的，都是在观念的指导下进行的。[②] 正如经典作家所指出的："在社会历史领域内进行活动的，是具有意识的、经过思虑或凭激情行动的、追求某种目的的人；任何事情的发生都不是没有自觉的意图，没有预期的目的的。"[③] 思想政治教育作为转变人的思想观念、提高人的思想素质的一种实践活动，就是在理性引导下实现其特定目的与价值追求。这种理性的、有目的的追求，就体现为实现人的观念现代化的过程。

---

① 张耀灿、郑永廷、吴潜涛、骆郁廷等：《现代思想政治教育学》，人民出版社2006年版，第50页。

② 骆郁廷：《思想政治教育原理与方法》，高等教育出版社2010年版，第127页。

③ 《马克思恩格斯文集》（第4卷），人民出版社2009年版，第302页。

## 一 人的观念现代化研究的问题视域

强化问题意识是促进矛盾解决的思想前提，人的观念现代化是思想政治教育在中国特色社会主义伟大旗帜下，面对改革开放以来人的思想观念深刻变化的现实状况与中国特色社会主义的本质要求之间的现实矛盾，在全面建成小康社会历史新阶段需要大力推进的历史任务。关于研究中的问题意识，毛泽东早在1942年《反对党八股》一文中就进行了精辟的论述。什么是"问题"呢？毛泽东的回答就是，"问题就是事物的矛盾。哪里有没有解决的矛盾，哪里就有问题"。① 小至一个人、一个单位、一个组织，大到一个政党、一个国家，在其学习、工作、生活乃至治国理政中总是会面对各种各样的问题。人的主观能动性，就是要去发现矛盾，找到问题；人的行为积极性，就是要力求化解矛盾，解决问题。所谓问题意识，就是要对客观存在的矛盾具有敏锐感知和科学认识的意识。具体来讲，就是毛泽东提倡的要学会运用马克思主义立场观点方法去"观察问题、提出问题、分析问题和解决问题"，进而才能为正确解决问题提供更多、更准的"靶子"。思想政治教育的主要问题或曰基本矛盾，就是由教育者所掌握的一定社会发展和人的发展及其趋势所必然提出来的思想政治品德要求与受教育者思想政治品德发展状况之间的矛盾。② 这样，按照一定阶级或集团的意识形态影响和改变人们的思想和行为就成为思想政治教育实践活动的本质规定。社会成员的思想政治品德从实然的思想存在向应然的社会要求的转换，就成为人的观念现代化要解决的问题。

第一，夺取中国特色社会主义新胜利的伟大实践，需要实现人的观念现代化的新突破。党的十八大报告对我国进入"坚定不移沿着中国特色社会主义道路前进，为全面建成小康社会而奋斗"的历史新时期人的观念现代化提出了基本要求：一方面，"解放思想、实事求是、与

---

① 《毛泽东选集》（第3卷），人民出版社1991年版，第839页。
② 骆郁廷：《思想政治教育原理与方法》，高等教育出版社2010年版，第116页。

时俱进、求真务实,是科学发展观最鲜明的精神实质。理论创新永无止境,认识真理永无止境,实践发展永无止境",① 实现人的观念现代化,解放思想是重要使命,实践发展是物质基础,认识真理是实现过程,理论创新是精神成果;另一方面,"必须以更大的政治勇气和智慧,不失时机深化重要领域改革,坚决破除一切妨碍科学发展的思想观念和机制体制弊端",② 这提出了在全面建成小康社会的现时代,人的观念现代化的现实任务就是"坚决破除一切妨碍科学发展的思想观念"。全面建成小康社会和全面深化改革的发展任务对我们提出了深入推进人的观念现代化的要求,也就是要求我们继续解放思想,走出封闭,破除对"书本""经验"以及"权威"的迷信,继续"转换脑筋",在改革开放和社会主义现代化建设的过程中实现人的观念现代化。要在 21 世纪中叶基本实现社会主义现代化的宏伟目标,关键在于能否抓住机遇。而能否抓住机遇,核心在于是否继续解放思想,推进人的观念现代化。只有实现了人的观念现代化,才能开拓进取而不因循守旧,紧紧抓住经济建设这个中心,在经济体制改革上有"新的突破",在政治体制改革上"继续深入",在文化建设上"切实加强",加快改革的步伐,实现经济社会发展和人的全面自由发展。实现这个目标,就给包括思想政治教育学在内的哲学社会科学提出了新的要求。它要求哲学社会科学努力去解决自然科学、经济、政治、社会生活和意识形态方面提出的重大现实问题,特别是那些使人感到困惑的问题,进行新的理论创新和新的理论概括。在马克思主义中国化过程中,既有成功的经验,又有惨痛的教训。成功的经验就是诞生了毛泽东思想和中国特色社会主义理论体系;惨痛的教训就是出现了教条化、简单化、庸俗化的倾向。展望未来,中国人民将以马克思主义为指导,走出封闭,破除迷信,转换脑筋,实现人的思想观念现代转向,为中国社会主义现代化事业提供认识工具。

第二,改革开放以来人的思想观念的深刻变化,需要开创人的观念现代化的新境界。2008 年,胡锦涛同志在纪念党的十一届三中全会召开 30 周年大会上的讲话中指出,党的"伟大目标是,到我们党成立一

---

① 《中国共产党第十八次全国代表大会文件汇编》,人民出版社 2012 年版,第 9 页。
② 同上书,第 17 页。

百年时建成惠及十几亿人口的更高水平的小康社会,到新中国成立一百年时基本实现现代化,建成富强民主文明和谐的社会主义现代化国家"。① 这一目标的实现,就是要在改革开放实践中"坚持解放思想与实事求是的统一,大力发扬求真务实精神,不断深化对共产党执政规律、社会主义建设规律、人类社会发展规律的认识,自觉把思想认识从那些不合时宜的观念、做法和体制的束缚中解放出来,从对马克思主义的错误的和教条式的理解中解放出来,从主观主义和形而上学的桎梏中解放出来,以实践基础上的理论创新回答了一系列重大理论和实际问题,为改革开放提供了体现时代性、把握规律性、富于创造性的理论指导,开创了马克思主义新境界"。② 并且指出,在新的国际国内形势下和新的历史起点上,我们必须坚持"勇于变革、勇于创新,永不僵化、永不停滞,不为任何风险所惧,不被任何干扰所惑,继续奋勇推进改革开放和社会主义现代化事业"。③ 党领导人民进行的改革开放的历史进程,就其引起社会变革的广度和深度来说就是一场新的伟大革命,是继辛亥革命、新民主主义革命和社会主义革命之后中国发生的第三次革命。这场革命"引领中国人民走上了中国特色社会主义广阔道路,为中华民族伟大复兴开拓出更加光明的前景。改革开放作为一场革命,是社会主义制度自我完善的革命,是解放和发展社会生产力的革命,是改变中国社会面貌的革命,更是一场改变人们心理状态、思维方式与思想观念的思想革命"。④ 伴随着改革开放进程的是,20 世纪 80 年代以来,国际共产主义运动的曲折发展和世界政治经济环境的变化,使当代中国又面临着一次新的观念变革的严重挑战,我国人的观念现代化研究也就是从这一时期开始的。正如党的十八大报告做出的"当前,世情、国情、党情继续发生深刻变化"的科学判断,⑤ 从世情来说,"当今世界正在发生深刻复杂变化,和平与发展仍然是时代主题。世界多极化、经

---

① 《十七大以来重要文献选编》(上),中央文献出版社 2009 年版,第 809 页。
② 同上书,第 796—797 页。
③ 同上书,第 811 页。
④ 本书编写组:《〈胡锦涛在纪念党的十一届三中全会召开 30 周年大会上的讲话〉学习读本》,人民出版社 2008 年版,第 159—165 页。
⑤ 《中国共产党第十八次全国代表大会文件汇编》,人民出版社 2012 年版,第 2 页。

济全球化深入发展,文化多样化、社会信息化持续推进,科技革命孕育新突破,全球合作向多层次全方位拓展";① 从国情来看,"我国仍处于并将长期处于社会主义初级阶段的基本国情没有变,人民日益增长的物质文化需要同落后的社会生产之间的矛盾这一社会主要矛盾没有变,我国是世界最大发展中国家的国际地位没有变";② 从党情而言,"新形势下,党面临的执政考验、改革开放考验、市场经济考验、外部环境考验是长期的、复杂的、严峻的,精神懈怠危险、能力不足危险、脱离群众危险、消极腐败危险更加尖锐地摆在全党面前"。③ 在这种新形势下,如何以体现社会主义性质的核心价值体系引领深刻变化的思想观念,如何坚持社会主义独特的价值观念体系并在两种制度的较量中不断前进,都需要我们以前所未有的勇气、胆识和智慧,站在历史的高度,实现人的思想观念新的变革和创新。现时代人的观念现代化的任务,其艰巨性和复杂性,比以往任何时候都更为突出。

第三,全面建成小康社会的崭新阶段,需要拓展人的观念现代化的新课题。人的观念现代化的过程,既是超越,又是复归,不过是在高级基础上的复归。一是要超越科学的局限性,复归科学发展。人类创造了文明,文明也束缚了人类。在西方文明中,不断的焦虑、反思和危机感从卢梭时代就开始了。1749 年卢梭在其第一部著作《论科学和艺术》中,就用慷慨激昂的语词把矛头指向封建社会,对封建社会的文明进行了彻底否定,他认为,"随着科学与艺术的光芒在我们的天边上升起,德行也就消逝了",并且反问道:"如果科学与艺术的进步没有给我们真正的福祉增加任何东西,如果它败坏我们的风气,如果这种风气的败坏玷污了我们趣味的纯洁,那么,我们对于那些低级的作家将会怎么想呢?"④在中国,鲁迅先生就是那种勇敢地与旧社会、旧制度、旧文化、旧观念彻底决裂的反抗性的代表,他临终前告诫国人,"不满是向上的车轮,能够载着不自满的人类,向人道前进。多有不自满的人的种族,

---

① 《中国共产党第十八次全国代表大会文件汇编》,人民出版社 2012 年版,第 42—43 页。
② 同上书,第 15 页。
③ 同上书,第 45—46 页。
④ 于布礼、孙志成:《卢梭作品精粹》,河北教育出版社 1992 年版,第 7、16 页。

永远前进，永远有希望。多有只知责人不知反省的人的种族，祸哉祸哉！"①反思近代以来中国人的观念现代化的经验与教训，就会发现我们缺少的正是这种发自内心的、自觉自愿的反思和自我批判精神。进入20世纪，人类更加关注生态的平衡和对自然环境的保护，提出"不要盲目地反对发展，但要反对盲目的发展"的发展理念；21世纪初，中国共产党更是提出了实现科学发展、构建和谐社会的发展方向。科学技术的发展可以是无限的，但它并不能取代一切。困难在于如何建立一种更高级、更完善的文明，使物质和精神达到统一的高度，使社会生产和生活更具有人性和人道主义的精神，使科学技术造福人类而不是威胁和毁灭人类。这种忧患意识、生态意识、伦理意识，或将成为人的观念现代化的新契机，给人的观念现代化乃至社会主义现代化提供新的课题。二是要超越民族传统，复归世界文明。人类历史屡屡表明，一个突破传统的时代也就是文明发展的时代，一个适时批判传统的民族也就是最有前途的民族。事实上，如果我们能够跳出狭隘的民族文化本位主义的圈子，以一种现代人、世界人、地球人的眼光，对整个人类文明发展史做动态考察，则不难发现，传统既是民族性的，也是世界性的。而在今天和未来的开放社会中，任何传统已经驶入世界文明的大海，呈现出世界性的特质。这就提出了超越传统，构建未来中国文化参与世界文化、传统人转变为现代人的历史任务。为此，人的观念现代化必将以此为课题，在推动社会主义文化大发展大繁荣、提升国家文化软实力的过程中，以提高全民族文明素质作为社会主义文化建设的关键，注重"培育奋发进取、理性平和、开放包容的社会心态"，②并以此重构国民的观念系统和文化心理结构，重建中国人的精神世界。

总之，如果我们站在当代的高度去审视和反思1840年以来的中国历史，现代化的强国梦无疑是整个中国近现代史的主题。在中国共产党领导下，进入改革开放新时期以来，我国更是进入了一个前所未有的发展变革时期。改革开放是一场革命，必然会要求处于社会变革中的中国

---

① 鲁迅：《热风·随感录六十一·不满》，载《鲁迅全集》（第1卷），人民文学出版社1981年版，第362页。
② 本书编写组：《解读"十二五"党员干部学习辅导》，人民日报出版社2010年版，第19页。

人进行思想观念的变革，实现人的观念现代化。本书试图从唯物主义历史观的视角出发，对近代以来尤其是改革开放以来中国人的观念现代化的历史和现实问题做出初步的梳理与总结，以便对社会主义现代化建设和中华民族伟大复兴有所补益。

## 二　人的观念现代化研究的学术起点

中国的现代化研究从二十多年以前开始进入高潮，到现在已经基本趋于平静，不像以前那样火爆了。这种情况在全世界都一样：20世纪六七十年代，现代化研究在国际学术界高度走红，涌现出一大批国际知名学者，不同学科流派提出了各种现代化理论，引发了激烈的学术论争；后来，研究渐趋平稳，慢慢隐退成为学术研究中的话语背景，但是它的话语威力至今仍然强劲。现在，几乎每一个人文社会科学的学科，都会自觉或不自觉地使用现代化研究的话语逻辑，受到它的学术影响；有些学者不一定赞成现代化研究的路径与方法，甚至不赞同现代化研究本身，但现代化研究的思维逻辑却深深地隐藏在当代学术话语体系之中，没有人能够忽视它，更没有人能够避开它的影响。中国的情况也是一样。现代化研究的话语逻辑渗透在各个学科之中，甚至渗透在许多普通人的日常思维方式当中。之所以如此，是因为中国至今仍然处于现代化的过程中，现代化仍然是无数中国人追求的目标。普通中国人或许并不明白理论上的现代化究竟是什么，但是现代化对他们而言却是一种向往；在今天，现代化仍旧是执政党及国家的发展目标，是民族的追求，也是一种现实中的生活。正如历史学家钱乘旦指出的，"现代化研究远未过时"。① 具体到人的现代化研究而言，按照中央的部署，沿海经济发达地区要"率先基本实现现代化"，这一政策上的实践要求反映在学术研究中，就是沿海经济发达地区人的现代化研究较为集中，并且在理论阐发的基础上走向了精细化的实证研究领域，其中以广东、江苏等地的相关研究最为典型。郑永廷教授较早将"人的现代化""人的观念现

---

① 钱乘旦：《"现代化研究"远未过时》，《中华读书报》2010年3月17日。

代化"引入思想政治教育范畴。在20世纪80年代,他就在人际关系学研究中引介了英克尔斯(Inkeles)的理论并用以指导人际关系理论与实践;提出了现代思想政治教育这一科学命题并加以系统阐发;将相关理论作为大学生应该掌握的"现代创新理论与方法"之一。郑永廷教授主持了教育部人文社会科学重大研究项目"人的哲学与人的现代化",并有相关学术研究成果进入理论视野;① 在郑教授的带领和推动下,广东地区开展的人的现代化理论与实证研究产生了许多重大成果。在江苏地区,早期以叶南客先生为代表,从社会学的学科视野切入人的现代化研究,并构建了量化指标体系,为区域现代化实践提供智力支持。2013年,国家社会科学基金在马克思主义理论研究部分仍然有"国民素质提升与人的现代化研究"的选题。就人的观念现代化而言,樊浩教授主持的江苏省哲学社会科学重大项目"当前我国思想道德文化多元、多样、多变的特点和规律研究"已经结题,②李萍教授2012年主持的国家哲学社会科学重大招标项目"改革开放视域下社会意识变化特点与趋势研究"已经进入调研阶段。③ 理论研究推动着实践的发展,在率先基本实现现代化的实践中,南京市委、市政府2012年7月发布的《关于促进人的全面发展 率先基本实现人的现代化的意见》,明确提出要推动"人的全面发展",从人的角度研究谋划了一个地区和城市的科学发展和现代化进程,认为"人的现代化"是南京发展理念的重要转折,是南京的战略选择,力图率先走出一条具有南京特色的"人的现代化"之路。④ 这是我国区域现代化中第一个明确提出要实现"人的现代化"的发展战略。

第一,在改革开放的伟大实践中,人的观念现代化伴随着西方思想观念的传播进入了国内学者的研究视野。

现代化和人的现代化研究是从西方资本主义发达国家开始的。从国

---

① 郑永廷:《人的现代化的理论与实践》,人民出版社2006年版。
② 樊浩:《中国大众意识形态报告》,中国社会科学出版社2012年版。
③ 翟江玲:《十八大为教育发展指明方向——访中山大学党委副书记李萍》,《中国社会科学报》2013年2月22日。
④ 中共南京市委、南京市人民政府:《关于促进人的全面发展 率先基本实现人的现代化的意见》,《南京日报》2012年8月28日。

外相关学科视野中人的观念现代化研究来看,西方学者关于观念现代化的研究散见于哲学、宗教、经济学、政治学、社会学、历史学、教育学、管理学、心理学等学科研究之中,而没有汉语世界中专门研究"人的观念现代化"的学科与著作。就西方国家相关研究来看,主要可以从下列学科流派中汲取研究素材:一是现象学、存在主义流派中,胡塞尔的"主体际性"理论,海德格尔"共在"理论,雅斯贝尔斯"界限状况"理论以及人的超越性理论等;二是心理学流派中弗洛伊德的无意识理论,荣格的集体无意识理论,弗洛姆社会无意识理论,马尔库塞的单向度人理论;三是哲学人类学流派中舍勒的宗教哲学人类学思想,普列斯纳的心理哲学人类学理论,格伦的生物哲学人类学理论,兰德曼的文化哲学人类学理论;四是宗教哲学流派中鲍恩的宗教人格理论,马利坦的神主导的人道主义理论,蒂利希的终极关怀理论;五是苏联以及其他国家的人学理论;六是以奈斯比特、托夫勒为代表的未来学理论;七是其他经济学、政治学、历史学、社会学以及西方马克思主义研究中的相关研究内容。[1]

改革开放以来,人的观念现代化问题引起了我国学术理论界以及各类管理实务界的普遍关注。我们既然是生活在现代社会的现代人,为什么还要实现人的思想观念方面的"现代化"?改革开放之初,学术理论界就开始引进美国著名社会学家英克尔斯等人的相关著作及学术观点,特别是20世纪80年代初期英克尔斯来华访问期间就中国的"四个现代化"建设发表的一些见解,"社会现代化促进人的现代化,现代化的人可以产生现代化国家","希望中国除四化之外进入第五个方面的现代化——思想和精神的现代化"等,对中国人特别是当时知识精英的思想观念产生了很大的影响与冲击。这样,人的观念现代化问题在1985年夏秋之交开始就成为国内思想理论界的热门讨论话题,大大小小的观念变革讨论会、研讨会不计其数,许多报纸、杂志也纷纷开辟专栏,展开了热烈讨论;与之相联系的是,当时更深层次的文化反省和文化比较研究也成为学术界关注的理论热点。自这开始,人的观念现代化问题就进入国内学界的理论视野,伴随着改革开放的实践,人的观念现代化开

---

[1] 郑永廷:《人的现代化的理论与实践》,人民出版社2006年版,第74—110页。

始了其在中国社会主义条件下的进程。

第二，国内学者关于人的观念现代化研究主要集中于内涵、价值、动力、内容与路径等方面。

中国人对人的观念现代化的关注主要是自改革开放以后解放思想、更新观念，特别是将中国的传统观念与商品经济、社会主义市场经济要求的新观念比照，以西方思想文化理论资源作为借鉴所形成的一个中国本土的概念。正如有学者所概括的：人的观念现代化，就是邓小平所说的"换脑筋"，就是要解放思想，转变观念。① 我国的现代化理论研究、人的现代化理论研究确实在西方学术界寻求理论资源支持，学者也是以"人的观念现代化"概念去比附西方的相关理论学术、思想观点。为此，我国学者描述西方人的观念现代化的历史进程就是从"宗教批判"到"理性批判"，并得出结论，"西方的现代化是同它的观念的现代化息息相关，观念不断地自己反对自己，从而成为西方社会现代化的先导"。② 改革开放初期，国内学术界关于"人的观念现代化"的专题研究不多，例如，直接冠以"观念现代化"题名的著作据目前有限查询仅见2本。其一，是王国荣20世纪80年代所著《观念现代化一百题》，作者当时在上海社会科学院情报研究所工作，1986年10月起在《冶金报》开设"现代化与新观念"专栏连续发表50篇文章。1988年结集出版，主要讨论的是批判、破除陈旧的传统观念，实现与改革特别是与商品经济相联系的观念更新，作者在书中提出了必须树立的100个适应现代社会发展的新观念。③ 其二，是姚俭建所著《观念变革与观念现代化》，系作者在上海地区大学生人文素养讲座上专题报告的内容汇编。④ 这些研究成果并非严格意义上的学术著作，没有对相关概念进行明确界定；均立足于人的思想观念的变革，即实现传统观念到现代观念的转换，分别阐释了一些具体的现代化观念：王著中列举的100个现代观念，姚著中重点谈及创新、竞争、法治、科技、教育五个方面思想观念

---

① 郑永廷：《人的现代化理论与实践》，人民出版社2006年版，第435页。
② 曹锡仁、李泽普、张胜利：《社会现代化与观念的演进》，贵州人民出版社1988年版，第53、79—80页。
③ 王国荣：《观念现代化一百题》，冶金工业出版社1988年版。
④ 姚俭建：《观念变革与观念现代化》，上海交通大学出版社2000年版。

的现代化;均是受西方特别是英克尔斯等人的理论与方法影响而成,只能算作某些具体"观念"的"现代化"。通过"中国知网"(CNKI),在题名中以"观念现代化"进行"精确"搜索(即结果为"观念"+"现代化"),得出结果为 192 篇,删除重复的以后为 162 篇(含 3 篇硕士学位论文);在"中国知网""数字出版物超市"中的"中国学术文献网络出版总库"里进行标准检索,题名为"观念现代化"得出的精确数据为 111 条(即"观念现代化"作为一个词,中间没有插入语)。在这些网络搜索的学术文献中,直接论述"人的观念现代化"的内容其实并不多,各个具体学科中分门别类的各类主体与领域的"人的观念现代化"研究占据主要内容,例如,法学研究中的法制观念现代化、司法观念现代化,文学中的译学观念现代化,教育学中的教育教学观念现代化,管理学中的管理观念现代化,社会学中的婚俗观念现代化、农民观念现代化,经济学中的消费观念现代化,工程学中的水利观念现代化等占据了绝大多数的研究主题。总的来说,国内关于人的观念现代化相关的研究主要集中于哲学、人学、教育学、历史学研究之中,研究的主题主要涉及解放思想、更新观念,国民性改造,中国传统价值观念的现代转型,思想政治教育现代化等。

其一,关于人的观念现代化的内涵。改革开放初期的概念界定主要是描述性的,后来逐步发展成较为科学的界定。界定方式有如下几种:一是立足于人的观念现代化与社会现代化的关系界定。"从传统人到现代人的转变,需要经历一个观念更新的过程。人的观念现代化是社会现代化的客观要求,又反过来推进社会现代化的进程","从传统人到现代人的观念更新,就是要扬弃农业文明,形成工业文明"[①]。"人的思想观念的现代化是指人的思想观念从传统到现代的转化,是社会现代化的内容和条件。"[②]"从总体上看,价值观念的现代化是整个社会现代化的前提和根本,没有价值观念的现代化,根本不可能有社会的现代化。"[③]二是立足于传统观念的更新。有学者更为强调传统观念的创造性再生,认为人的观念现代化就是"深层的观念传统在现代社会的再生,是民

---

① 刘悦伦等:《现代人学》,广东人民出版社 1988 年版,第 34 页。
② 林伯海:《促进人的思想观念现代化》,《思想政治工作研究》1988 年第 6 期。
③ 戴茂堂、江畅:《传统价值观念与当代中国》,湖北人民出版社 2001 年版,第 333 页。

族观念传统在时代精神的冲击下所进行的体现现代化社会特征的更新生长。这种创造性再生一定是以人的传统观念本身为前提和依据，而不是一个空泛或失去主体的现代化的抽象理念"。① 三是立足于人的现代化理论研究，认为人的观念现代化是人的现代化的组成部分。"观念现代化是指人的思想观念和心理状态从传统向现代的转化，人的观念现代化主要体现为人的精神面貌和精神文明的现代化。"② 有的研究者指出的范围更广，"人的价值观念体系的现代化和思维方式的现代化，被统称为人的观念现代化。观念现代化是指人的思想价值观念、精神气质和心理状态从传统向现代的动态转化过程，表现为传统人格向现代人格的深刻转型"。③ 其中，有作者从劳动者是生产力的首要因素角度分析，认为由于人的活动总是受其观念的支配，在生产过程中，人的能力发挥程度必然受到人的观念的制约，因此，人的观念现代化是人的现代化一个极其重要的甚至是起决定作用的方面，人的观念现代化就是适应现代社会的客观要求，树立科学的世界观和人生观。④ 四是人的观念现代化就是与时俱进的观念创新。"观念现代化就是指人的思想观念随着实践的发展，不断由传统到现代的创新和转化的一系列复杂的过程。它包括观念的继承、创新、传播、更新、指导、检验、校正与跃升等诸多的环节。"⑤ 五是从中国人的国民性理论出发，界定观念现代化。葛剑雄教授认为不存在不受时间或空间限制的所谓"国民性"，但把国民性理解为一种地域文化即一定的地域范围内的人群特点应该说是可以的，在这个意义上说国民性是客观存在的。为此，他将人的观念现代化看作是人在"精神上的现代化"，并认为这种精神上的现代化反映在中国人的天下观、伦理观、义利观和宗教观上。⑥ 也有学者认为，近代中国先进思想家所从事的改造国民性思想研究与实践是中华民族追求人的现代化的

---

① 姚俭建：《观念变革与观念现代化》，上海交通大学出版社 2000 年版，第 54 页。
② 郑永廷：《人的现代化理论与实践》，人民出版社 2006 年版，第 429 页。
③ 陈志兴：《人的观念现代化与现代教育路径》，《重庆社会科学》2008 年第 5 期。
④ 韦广文：《人的观念的现代化与生产力的发展》，《河池师专学报》1990 年第 2 期。
⑤ 闫玉联：《论观念现代化及其在社会和人的现代化中的地位》，《毛泽东邓小平理论研究》2003 年第 2 期。
⑥ 葛剑雄：《改革开放与中国人观念的现代化》，《上海大学学报（社会科学版）》2009 年第 2 期。

爱国进步思想及其实践,是中国现代化总体思想的组成部分,所以使用近代中国改造国民性思想在某种意义上即为人的现代化思想、人的观念现代化思想。①

其二,关于人的观念现代化的价值。一是认为人的观念现代化具有思想解放与观念变革的意义。在改革中,只有来一场规模巨大的思想解放运动,观念才能现代化。有人用"头脑"与"身躯"的关系来比喻观念现代化在现代社会变革中的地位和作用。中国传统的某些观念作为农业文明的产物,积淀在现代中国人意识的深层结构中,至今仍在影响着人们的思维方式和行为方式。在改革中,我们如果不注意观念现代化的问题,如果带着农业文明时代的传统观念搞改革,后果将是严重的。因为改革和现代化运动是一场深刻的革命,是一种文明形态(工业文明)代替另一种文明形态(古老的农业文明)的革命。② 20 世纪 80 年代期间有关观念现代化的论述,均是立足于观念变革与思想解放。二是从社会现代化与人的现代化角度来审视人的观念现代化的价值。人的观念现代化是社会现代化的内容与条件,是人的现代化的灵魂,是社会主义市场经济体制的现实需要,是社会持续发展、全面进步的内在要求。③ 也有学者则明确提出,"价值观念现代化是社会现代化的根本"的观点。④ 三是从文化比较的角度来看待观念现代化。认为在人的观念现代化的过程中,既要从社会现代化实践中吸取新观念,又要吸收民族传统文化和外来文化的积极成果,人的思想观念的变化总要以本民族的传统文化和外来文化思想资料为前提,中国要在历史启示和现实教训中就社会主义文明与资本主义文明进行辨别,现代人的特性既有世界性也有民族性。⑤

其三,关于人的观念现代化的动力。学界认识基本一致,认为要在

---

① 周建超:《近代中国"人的现代化"思想研究》,社会科学文献出版社 2010 年版,"前言"第 2 页。
② 曹锡仁、李泽普、张胜利:《社会现代化与观念的演进》,贵州人民出版社 1988 年版,第 52 页。
③ 郑永廷:《人的现代化理论与实践》,人民出版社 2006 年版,第 429—435 页。
④ 戴茂堂、江畅:《传统价值观念与当代中国》,湖北人民出版社 2001 年版,第 332 页。
⑤ 刘悦伦等:《现代人学》,广东人民出版社 1988 年版,第 35—45 页。

改革开放与现代化建设实践中实现人的观念现代化。当然也存在着细微的差别。有学者认为要从经济成长中实现观念现代化,"经济发展了,然后反映到政治上引起体制的变化,最后落实在文化观念上,造成从心理结构到风俗习惯的连锁变化。当代中国观念变革与社会发展的互动,正是从经济的成长开始的"。[①] 有人认为,改革推动着人的现代观念的产生和完善,要发展商品经济,摧毁封建传统观念的现实基础。[②] 有学者认为,社会变革对观念变革具有决定性影响,要在改革开放的伟大实践中更新实践主体的思想观念。[③]

其四,关于人的观念现代化的内容。学界的研究产生很大分歧,究其原因,还在于改革开放与社会主义现代化建设的社会实践对观念更新与变革的冲击度之深、波及面之广,远远超过了人们的预期。改革开放30多年来,在政治生活、经济生活、精神生活、社会心理等领域,一大批陈旧的观念被淘汰,一系列新的观念得以承认和确立。学者们在不同时期从各自专业视角出发,得出的结论自然就不尽一致,但基本上认为要树立与当代经济社会发展趋势相一致、与社会主义市场经济相适应的思想观念。其实,社会主体的任何思想观念都是对特定的社会政治经济的反映,中央在各个历史时期的文件中也明确了人的思想观念要适应社会主义现代化建设的发展规律。为此,许多学者也论证了要树立与社会相适应的思想观念的论断。

其五,关于人的观念现代化的路径问题。对于这一问题,郑永廷教授等对此有系统分析,即认为:实现人的观念现代化的条件和策略中,要以科学理论为指导,不断更新思想观念;加强社会主义精神文明建设,提高精神生活质量;加强文化建设,提高社会心理素质;重视教育作用,培养健康人格。并认为,在人的现代化中,思想观念是前提和先导,能力的全面发展是核心。人的思想观念的现代化,是对当代社会的充分认识和理解基础上思想境界的升华,体现的是一种时代精神,它的形成,是以现代社会的实践为基础,人的观察、判断和学习、借鉴能力

---

① 姚俭建:《观念变革与观念现代化》,上海交通大学出版社2000年版,第1—2页。
② 刘悦伦等:《现代人学》,广东人民出版社1988年版,第48—51页。
③ 吴灿新等:《社会变革与观念变革——新时期广东观念变革实践的理性沉思》,人民出版社2003年版,第31、85页。

的体现，这也就是抽象于现代社会实践，人的实践与创造能力的体现，这是反作用于现代社会的实践，没有或缺乏这样抽象于和作用于现代社会的实践能力，人的现代思想观念不可能产生，更谈不上在实践中发挥作用。为此，要以能力建设为核心实现人及其观念的现代化。①

总而言之，我国学术界关于人的观念现代化研究已取得了丰硕的研究成果。但是，很大一部分研究成果都仅仅限于特定的主体、领域和范畴展开，不可避免地存在着许多需要改进和深入的地方，主要表现在：理论研究上不够深入，很多研究成果对于什么是人的观念现代化并没有给出一个较为完整和确切的概念界定，在理论深度方面有待进一步加强；研究内容上尚不够系统和完整，很大一部分学术成果都是从某个特定的主体、特殊的领域进行研究，直接导致研究成果缺乏系统性和完整性；结合改革开放以来人的思想观念深刻变革现实方面的研究成果较少，研究人的观念现代化必将对我们现时代的社会主义现代化建设事业与中华民族伟大复兴具有重大的指导意义，但目前这方面研究还略微薄弱。

第三，近年来人的观念现代化在研究主题、研究进路等方面实现了新的突破，取得了新的进展。

关于人的观念现代化的研究进路，从国内学者对人的观念现代化的已有研究成果来看，学者们根据各自不同的研究视角，采取不同的研究方法，大体上形成了四种研究进路。一是哲学研究进路，即沿着"观念—观念变革—观念现代化"的思路开展人的观念现代化研究，这在早期人的观念现代化研究中体现得很典型；二是现代化科学研究进路，以自然科学的量化手段在现代化科学的研究视域中进行论述，在分层现代化中研究个体现代化，在领域现代化中研究文化现代化与人的现代化，在部门现代化中研究教育现代化，而这些均是人的观念现代化研究的相关点，这主要体现在十余年来中国科学院何传启研究员主持的课题组开展的"中国现代化研究"；三是人学研究进路，在苏联哲学界关于人学理论的影响和指导下，我国学者采用马克思主义人学的理论和方法研究人的观念现代化；四是思想政治教育学进路，即在思想政治教育学

---

① 郑永廷：《人的现代化理论与实践》，人民出版社2006年版，第452—459页。

中研究当代世界与中国的思想政治教育发展趋势，而思想政治教育现代化作为其发展趋势之一，思想政治教育观念现代化成为思想政治教育现代化的首要内容。

同时，近年来国内学术界关于人的观念现代化的研究呈现出了具体与深化的发展趋势：一是不同地区的人的观念现代化研究，例如改革开放初期的广东、甘肃、湖南等地均进行了此项研究，在国家提出"沿海地区率先基本实现现代化"之后，发达地区科研机构和高等学校对人的观念现代化研究如火如荼，其中最主要的是广东、江苏等地开展的相关研究；二是不同身份的人的观念现代化，如李萍教授等人2005年开展的针对开放地区（广州）国企工人、外来工、农民、公务员、商业管理人员、大学生、中学生等不同群体的现代化研究，其中就涉及人的思想观念方面的现代化；[①] 三是不同领域的人的观念现代化，例如教育观念现代化研究在教育学中就有所涉猎，特别是《国家中长期教育改革和发展规划纲要（2010—2020年）》公布以后掀起了一股新的研究热潮；人的法治观念现代化研究，有学者对社会主义法治意识以及法律的民族精神与现代性进行了系统研究，特别是南京师范大学学术团队在20世纪末就开展并延续至今的"法制现代化"研究中就特别关注"法律观念的现代化"问题；还有管理观念现代化研究在管理学研究中也层出不穷。

## 三 人的观念现代化研究的主要内容

实现社会主义现代化是我国社会主义初级阶段发展战略的题中应有之义，这一总体奋斗目标自然包含着实现人的观念现代化这一阶段性任务。中国共产党很早就把实现中国现代化作为重要目标提了出来，成为中国共产党人和中国人民梦寐以求的夙愿。新中国成立前夕，党的七届二中全会提出了把我国从农业国变为工业国，实现国家现代化的构想。

---

[①] 李萍、钟明华：《人的现代化——开放地区人的现代化系列研究报告》，人民出版社2007年版。

新中国成立后，以毛泽东为核心的党中央领导集体提出了把我国建设成为"四个现代化"的社会主义国家的构想，邓小平在开创中国特色社会主义理论时，则强调指出要"走出一条中国式的现代化道路"，① 按照党的十八大的理解，现时代这条"中国式的现代化道路"就是"坚持走中国特色新型工业化、信息化、城镇化、农业现代化道路"。② 中国共产党在回首90多年来的历史进程时，得出的一个坚定结论就是，"全面建成小康社会，加快推进社会主义现代化，实现中华民族伟大复兴，必须坚定不移走中国特色社会主义道路"。③ 在实现现代化民族复兴伟大任务的背后，则是国民素质的现代化，是现代文明的培育，是先进文化的发展。从中国由农业文明向工业文明转型、由传统社会走向现代社会这样一个大视角出发，从中国现代化在世界现代化浪潮中的独特性出发，中国现代化已经并将更加鲜明地表现自己独有的实践、经验与路径。在中国社会主义现代化进程中，伴随着改革开放的伟大实践，在坚持社会主义导向、传统文化面向、西方文明借鉴的前提条件下，中国人从解放思想、更新观念开始，思想观念正在从传统逐步走向现代。建设富强、民主、文明、和谐的社会主义现代化国家，是党在社会主义初级阶段的奋斗目标，体现了社会主义社会的经济、政治、文化、社会和生态"五位一体"全面发展的要求，"一个中心、两个基本点"是建设社会主义现代化国家的基本途径。特别是"改革开放"，回答了社会主义的发展动力和外部条件，体现了解放生产力的本质要求。"新时期最鲜明的特点是改革开放"，"改革开放是党在新的时代条件下带领人民进行新的伟大革命，目的就是解放和发展社会生产力，实现国家现代化"，④ "改革开放是当代中国的主旋律，是中国特色社会主义前进的成功之路，是推动各项事业发展的根本动力"⑤。作为总体奋斗目标的"国家现代化"的实现，自然包括人的观念现代化这一具体目标的达成，而这些目标均要通过包括改革开放在内的"一个中心、两个基本

---

① 《邓小平文选》（第2卷），人民出版社1994年版，第163页。
② 《中国共产党第十八次全国代表大会文件汇编》，人民出版社2012年版，第19页。
③ 同上书，第9页。
④ 《十七大以来重要文献选编》（上），中央文献出版社2009年版，第7、5页。
⑤ 中共中央宣传部：《科学发展观学习读本》，学习出版社2008年版，第61页。

点"这一基本途径才能实现。为此，研究人的观念现代化必须紧密结合改革开放与社会主义现代化建设的历史进程，必须立足于改革开放与社会主义现代化建设的宏观背景与社会环境。事实上，在我国当代，改革开放与社会主义现代化建设二者是紧密联系在一起的，在十一届三中全会以来党和国家的重要文献中两者都是连用的，即"改革开放与社会主义现代化建设"是我们面临的"实际"①"新形势"② 以及"历史新时期"③。研究人的观念现代化，必须将其置于"改革开放与社会主义现代化建设"的历史实践之中。

在当代中国，思想政治教育要着力实现社会成员思想观念从应然到实然、从落后到进步、从错误到正确、从排斥到适应、从传统到现代的转变，就体现为人的观念现代化的实现过程。人的观念现代化是指在社会主义条件下，人的心理状态、思维方式与思想观念从传统向现代的动态转变过程，表现为传统人格向现代人格的深刻转型，是思想观念方面的根本性变化或曰质变。在我国，人的观念现代化主要体现为人的心理状态、思维方式与思想观念等构成要素的现代化。作为个体的现代精神支柱、民族的现代文化支撑，中国人的观念现代化主要是伴随着改革开放伟大进程中的思想转变、观念更新而产生和发展起来的。在全面建成小康社会的历史新阶段，在思想政治教育学科中，研究人的观念现代化，具有重大的理论意义和实践意义：从思想政治教育的宏观背景看，人的观念现代化回应中国近现代社会发展的历史呼唤；从思想政治教育的对象主体看，人的观念现代化契合社会主义现代化建设主体的内在诉求；从思想政治教育的对象特征看，人的观念现代化凸显改革开放以来人的思想发展的现实境遇；从思想政治教育的培养目标看，人的观念现代化体现人的全面发展在现阶段的扎实推进；从思想政治教育的功能发展看，人的观念现代化成为马克思主义与时俱进的重要条件；从思想政治教育的环境优化看，人的观念现代化促使中国人传统思想观念的现代转型；从思想政治教育的未来走向看，人的观念现代化呈现现代思想政治教育的发展趋势。总之，人的观念现代化研究就是通过思想政治教育

---

① 《十三大以来重要文献选编》（中），人民出版社1991年版，第1248页。
② 《十四大以来重要文献选编》（中），人民出版社1997年版，第1381页。
③ 《十六大以来重要文献选编》（中），中央文献出版社2006年版，第999页。

过程中教育者与受教育者的观念现代化，实现从传统人格、传统人向现代人格、现代人的转变，促进思想政治教育现代化，最终完成思想政治教育的主要任务、实现培养目标和达到根本目的。

厘清研究思路，明确研究内容，是人的观念现代化研究的逻辑前提。人的观念现代化研究所涉及的相关理论纷繁复杂，为厘清研究的线索和脉络，遵循人的观念现代化"是什么""为什么"与"怎么做"的逻辑演进，本书重点围绕人的观念现代化的五个重点理论问题开展研究。

第一，人的观念现代化的深刻蕴涵。现代化的健康发展与稳步推进有赖于物质因素和观念因素的同步协调发展，观念作为一种哲学范畴，要从马克思主义本体论、认识论与历史观的不同角度加以揭示，从意识的发展角度看，观念主要是指传统观念、现实观念与未来观念。"现代化"内涵的界定，要从基本词义、理论解释与政策释义等方面着重把握现代化引起社会变革的价值导向；从现代化理论含义的剖析中，明晰文明变化和文明转型中每一个国家的现代化都会有进步和成功的可能；中国的现代化既具有社会主义特质，又具有鲜明的中国特色；从中华民族伟大复兴的视角来看，中华民族实现伟大复兴的过程就是全面实现社会主义现代化的过程，二者具有同一性；从中国特色社会主义来看，中国特色社会主义理论就是关于中国现代化的理论。从现实存在的个人出发，人的观念现代化就是现实的个人（包括虚拟生存中的现实个人）的观念现代化；从实践观念的角度出发，人的观念现代化就是人的心理状态、思维方式与思想观念的现代化。要实现个体观念的现代化与群体观念的现代化，但要在这两者的相互转化中，强调实现个体观念的现代化；要实现感性观念的现代化与理性观念的现代化，理性观念是人的观念现代化的结果的主要体现，但不能忽视感性观念的重要性；推进人的认知观念的现代化与价值观念的现代化，侧重于人的价值观念现代化的实现。人的观念现代化的本质具有不同的层次性，人的潜能开发是第一层次本质，国民素质提升是第二层次本质，人的全面发展是最高层次本质。这种观念质变，决定着人的观念现代化具有实践性、全面性、深刻性、不平衡性与前瞻性五个方面的特征。在肯定人的观念现代化的重大价值的同时，要避免"观念论"的倾向，不能把观念的作用无限夸大，认为人的观念现代化是全部现代化的根本,这样一来,就会自觉或不自觉地落入到观念论的倾向之中,仅仅诉之于观念自身运动的"观念论"在理论上是站不住脚的,在实践中是有害的。

第二,人的观念现代化的时代价值。这主要体现出人的思想观念的前导性。在人的发展特别是人的思想观念发展过程中,首先,主体要实现对自身的反思与批判,以此确立人的观念现代化的基本前提;其次,要在其所处的思想观念与舆论环境中,冲破传统观念对人的发展的现实制约,这种现实制约表现为人的思维习惯、主观偏见、宗教影响与观念专断四种观念惰性,成为实现人的观念现代化的障碍因素;再次,在人的观念现代化中,推进人的发展还要确立与现代社会相符合的个体人格与自主意识,这是实现人的观念现代化的关键。人的观念现代化的要求是在社会实践的基础上产生与推进的。这种社会实践推动着社会发展。人的观念现代化对于社会发展的价值就体现在人的现代化的思想观念成为社会发展的灵魂,这是由思想意识对社会实践的反作用决定的。社会发展需要先进的、科学的理论进行指导,这种指导意义体现在当代社会"五位一体"的中国特色社会主义建设之中。其中,人的思想观念发展可以夯实市场经济发展和民主政治推进的实践基础,用社会主义特色、体现现代社会要求的现代法治与现代德治及其相互协调统一来强化社会实践的现实保障,用走出封闭、破除迷信等实现人的脑筋转换,增强主体的精神力量,更新实践主体的精神状态,促进思想解放,实现社会发展中的主体作用。要在一个并不算长的时期内全面实现中国社会现代化与中华民族伟大复兴的发展目标,必须把人的观念现代化既作为社会主义现代化建设的主体,又作为现代化建设的目标。作为主体,只有依靠具有现代观念的人,才能全面建成小康社会,为社会主义现代化的"基本实现"打下坚实的基础,为社会主义现代化的"全面实现"提供主体条件,为中华民族实现伟大复兴做好思想观念上的准备;作为目标,全面建成小康社会也必然通过改革开放的实践把人的思想观念推进到一个更高的水平,人的观念现代化必须先行实现。人的观念现代化成为全面建成小康社会必须解决好的一个时代性课题。改革开放作为社会主义制度自我完善的革命,既是解放和发展生产力的革命,更是一场改变人们心理状态、思维方式与思想观念的革命,就是实现人的观念现代化的思想革命。

第三，人的观念现代化的理论基础。人的观念现代化研究的中心议题就是置身于中国改革开放条件下在人的思想观念由传统向现代的转换过程中如何推进人的观念现代化的问题，主要探究人的观念现代化实践活动是从何而来、如何发生以及为何发生等关涉思想政治教育过程的理论与实践问题。因此，我们把它主要定位为一种思想政治教育学基础理论的研究。为此，人的观念现代化研究必须建立在坚实宽广的理论平台之上。首先，马克思主义是人的观念现代化的科学依据。马克思主义是对时代课题的哲学解答，以科学的实践观为基础实现了辩证唯物主义与历史唯物主义的统一，以彻底的批判性为标志实现了科学性与革命性的统一，有利于在人的观念现代化中确立辩证的思维方式，确立正确的人生观，确立中国特色社会主义的理想信念。马克思主义关于思维与存在关系的辩证原理、社会意识与社会存在辩证关系原理是人的观念现代化的基本理论。以此为指引，马克思主义重视人的主观能动性，关注人的精神需要，强调人的精神与物质的相互转化，认为社会主义与共产主义的终极价值追求就是实现人的全面发展，指出无产阶级革命还要实现人的思想观念同传统的思想观念做最彻底决裂。马克思主义中国化的过程中，强调实践进程中要发挥思想领先的功能，在当代中国特色社会主义建设中要实现人的思想观念的科学发展。其次，除了从马克思主义基本理论特别是唯物史观方面寻找人的观念现代化的科学理论依据之外，也要从哲学、历史学、社会学、教育学、政治学等学科中，挖掘对人的观念现代化具有借鉴与启发意义的理论成果。再次，还要从中国古代以及近现代以来的思想观念及其历史实践活动中汲取人的观念现代化的本土资源，以实现当代中国人思想观念的继承性。在当代中国，实现人的观念现代化，就是要以中国特色社会主义理论体系为指导思想。按照中国共产党十八大的要求，将人的观念现代化作为现时代发展中国特色社会主义的历史任务之一，为此，就要不断丰富中国特色社会主义的实践特色、理论特色、民族特色、时代特色，把马克思主义先进思想观念、西方发达国家现代化文明成果与本国的优秀文化传统结合起来，实现中国人的观念现代化。

第四，人的观念现代化的基本内容。人的观念现代化的过程，就是实事求是的过程，实践反馈的过程，破旧立新的过程，与时俱进的过程，这些构成了人的观念现代化内容确定的基本原则。人的观念现代化的基本内容就是人的思维方式、思想观念与心理状态由传统向现代转变中的基本指向，也就是人实现从传统意识向现代意识的基本变化，归根结底是由生产力与生产方式决定的。一是人的心理状态现代化。在改革开放的历史时期，考察人的心理状态是不能离开社会环境与人们的社会实践的。与传统心态相对应的就是现代心态，这种现代心态，在现时代的环境背景下，就突出地表现为改革心态。在改革开放的历史时期，主要的社会实践就是改革开放，其中改革及其过程中社会主义市场经济体制的建立与完善对人的心理状态产生的影响更为重大，因此，研究人的观念现代化中人的心理状态的现代化，离不开改革的实践，要立足于改革引发的心理现象进行分析。改革心理与传统心理的矛盾与冲突，导致改革心理的生成及其发展，成为人的观念现代化的发生机制。二是人的思维方式现代化。人的观念现代化的落脚点，在于促使现代人在工作实践中坚持科学思维，运用科学方法，推动科学发展。思维是人行动的原动力。科学的实践来源于科学思维与科学方法。当今世界是变化很大、很快的世界，当今的中国是站在新的历史起点上的中国，这种历史条件使许多人包括执政党的一些党员干部感觉到思想滞后，思维不适。如何走出思维惯性和思维定式，从根本上解决现实生活中客观存在的"老办法不顶用、新办法不会用"的问题，适应新的时代潮流，用科学观念指导行动，使科学思维与科学方法的重要性得以彰显。人的观念现代化在本质上表现为思维方式的转换，它可以上升为人的思想观念，也可以下降为人的心理状态，起着中间环节的作用。人的思维方式具有创新性，决定着人的观念现代化要培养创新思维。三是人的思想观念现代化。推进人的思想观念现代化是全社会的共同责任。必须按照"铸造灵魂、突出主题、把握精髓、打牢基础"的要求，将人的思想观念现代化体现到经济社会生活的各个方面，将其贯穿于经济、政治、文化、社会与生态建设各个领域。推进人的观念现代化是一项复杂的系统工程，要坚持与各方面、各领域的思想发展、现实工作有机融合、协调发展。贯穿于经济建设，就是要把人的观念现代化的任务纳入经济社会发展目标、发展规划与政策制定中，融入发展社会主义市场经济之中，形成有利于推进人的思想观念现代化的利益导向、竞争机制和市场环境。贯穿于政治建设，就是要把人的思想观念现代化的任务同发展社会主义民主政治结合起来，把依法治国与以德治国结合起来，坚持用法治思维和法治方式深化改革、推动发展、化解矛盾、维护稳定，树立民主法治、自由平等、公平正义的理念，弘扬社会主义法治精神，树立社会主义法治理念，把人的思想观念现代化的要求纳入相关法律法规之中，发挥法律规范的前导、警示与教育功能，提高人们实现思想观念现代化的自觉性。贯穿于文化建设，就是要把人的思想观念现代化的发展任务落实到宣传思想文化工作的各个领域和各个方面，唱响人的思想观念中社会主义的主旋律，坚持以文化人，推出更多体现现代思想观念的优秀精神文化作品和产品，丰富人们的精神世界，增强人们的精神力量与精神动力。贯穿于社会建设，就是要把人的思想观念现代化的发展任务落实到解决民生问题的各项工作之中，维护社会稳定，促进社会和谐，统筹协调人的各方面利益关系，注重人文关怀和心理疏导，塑造自尊自信、理性平和、积极向上的社会心态。贯穿于生态建设，就是在人的思想观念现代化过程中，确立尊重自然、顺应自然、保护自然的生态文明理念，努力在美丽中国建设中凸显人的理性的思想观念之"美"，增强全民节约意识、环保意识、生态意识，形成合理消费的社会风尚，营造爱护生态环境的良好风气。四是人的观念现代化内容的结构优化。人的思维方式现代化、心理状态现代化与思想观念现代化，构成了人的观念现代化的内容要素。人的观念现代化，不仅取决于每一观念现代化要素的发展，更取决于人的观念现代化内容结构的优化。思维方式现代化、心理状态现代化与思想观念现代化在相互联系、相互作用、相互结合的过程中，如何彰显各自的功能，发挥各自的优势，结成相互的关系，确立相互的地位，形成合理的结构，这是人的观念现代化结构优化的重要问题。在人的观念现代化内容结构的优化当中，要发挥社会主义核心价值观念及其体系对人的观念现代化内容的统领作用；人的观念现代化内容构成要素之间，也不是功能与作用的统一，而是有着鲜明的层次及其不同的作用，这就是内容要素的相辅相成。

第五，人的观念现代化的实现路径。一是立足实践推动。改变现实是改变观念的条件，马克思主义这一基本原理告诉我们，要实现人的观念现代化，其根本途径在于立足社会主义现代化建设的伟大实践，实践的发展推动人的思想观念的发展与进步，形成与社会主义现代化建设相一致的思想观念。二是适应科学发展。作为科学技术的创造者、实践者和受益者，人在学习、运用并创造科学技术的实践中不断超越自我的过程，也就是人的观念现代化过程或者叫人的思想发展过程；当前，我国经济社会落后的主要原因还在于科学技术的落后，科技发展和人的观念现代化任务十分艰巨；在现代社会条件下，科学技术现代化与人的观念现代化的互动发展，不仅关系越来越密切，而且也越来越复杂，呈现出许多新的现实特点与发展趋势。三是注重理论武装。科学的理论对实践活动以及人的观念现代化具有指导作用。在人的观念现代化过程中，注重科学理论武装，是强化主体精神力量的现实路径，首先就是要坚持用中国特色社会主义理论体系武装头脑，系统掌握中国特色社会主义理论体系，大力弘扬理论联系实际的优良学风，做到真学、真懂、真信、真用；就是要深入学习科学发展观，准确掌握科学发展观的科学内涵与精神实质，增强对科学发展观历史地位和重大意义的认识，深刻理解科学发展观对人的思想观念及思想政治工作提出的新要求；就是要践行社会主义核心价值体系，加强理想信念教育，增强政治敏锐性和政治鉴别力，弘扬民族精神和时代精神，自觉践行社会主义荣辱观；学习掌握现代化建设所必需的各方面知识，认真学习党的路线、方针、政策，认真学习历史特别是中共党史，认真学习国家法律法规以及体现于其中的社会主义法治精神与法治理念，认真学习哲学、社会科学和当代科学文化知识。四是加强舆论引导。人的思想观念的形成及观念现代化的实现，不仅要受到社会实践的决定与制约，还要受他人思想观念的影响，这就是人的观念现代化中的舆论问题；人的观念现代化中的舆论引导，就是通过引导舆论营造有利于增强人的现代观念内部凝聚力和外部吸引力的舆论氛围。五是虚心求教群众。向群众学习，也就是在人的观念现代化进程中要虚心求教群众，这是人产生新思想、发展新观念的重要途径。六是深化思想互动。目前，我国进入了对内深化改革、对外扩大开放的战略机遇期，也是国内外各种社会矛盾相互交织的矛盾凸显期；随着社会利益格局的深层次分化，人们的思维方式、思想观念和心理状态也相应地发生着重大变化；这些变化在某些方面可能为人的观念现代化带来新的活力与生机,但同时也给人的观念现代化带来了挑战与压力;在机遇与挑战并存的情况下,加强人们之间的观念交流,深化思想互动,成为实现人的观念现代化的现实途径。

总之,人类历史上的每次重大变革,总是以思想进步和观念更新为先导。没有观念的萌动,没有变革现实的需求,就没有勇于改革的胆略,更谈不上思想政治教育现代化。解放思想、更新观念是思想政治教育现代化的前提和动力。以现代观念为先导,对思想政治教育内容、方法、手段、机制等进行重新审视,对现有思想政治教育进行深刻反思,不断研究新情况,解决新问题,总结新经验,形成新认识,努力寻求思想政治教育的新增长点和突破点,是推进思想政治教育现代化的必由之路。因此,思想政治教育要走向现代化,首先必须解决人的观念现代化问题。人的观念现代化既是思想政治教育现代化进程中的一项重要目标和任务,又是思想政治教育现代化的总开关和总导航。

## 四 人的观念现代化研究的基本方法

人的观念现代化在我国仍然是一个崭新的研究领域,科学的研究方法还需在实践中不断探索。根据我国现代化的实践发展和研究需要,结合已有研究成果中的研究方法,笔者试图在本书中付诸实践并大胆尝试。

第一,历史与逻辑相统一的方法。这成为贯穿于中国现代化、人的观念现代化研究中的重要方法原则。恩格斯在1859年为马克思的著作所写的书评《卡尔·马克思〈政治经济学批判。第一分册〉》中就系统地阐述了这种研究方法,"历史从哪里开始,思想进程也应当从哪里开始,而思想进程的进一步发展不过是历史过程在抽象的、理论上前后一贯的形式上的反映;这种反映是经过修正的,然而是按照现实的历史过程本身的规律修正的"。任何事物的产生与发展过程均有历史与逻辑两个方面,所以对事物发展要采取历史的方法与逻辑的方法。历史的方法,就是对事物发展的自然过程进行具体的描述,按照时间先后的顺序再现历史发展的全过程,遵循发展也是"从最简单的关系进到比较复杂的关系"的研究次序。但是,"历史常常是跳跃式地和曲折地前进的,如果必须处处跟随着它,那就势必不仅会注意许多无关紧要的材料,而且也会常常打断思想进程","因此,逻辑的方法是唯一适用的方法"。① 历史与逻辑相统一的方法运用到人的观念现代化研究中,就要把人的观念现代化的客观历史进程同我们对人的观念现代化发生、发展的内在逻辑进程的认识统一起来,既要尊重、梳理人的观念现代化发生的历史事实,又要在逻辑上通过理论形态进行概括,揭示这些历史事实背后隐藏的客观规律。这一方法同时也要求我们,在研究中国人的观念现代化发生的历史进程时,既要遵循中国近现代历史发展的脉络、中国现代化推进的历史顺序,也要善于发现和抓住人的观念现代化发展进程中的主要矛盾和发展趋势;在研究人的观念现代化发生发展的逻辑进程和内在规律时既要遵循认识活动发展本身的内在逻辑,也要契合人的观念现代化实现的客观历史进程,使这种研究方法能够贯穿到研究活动的始终,真正做到"以史带论"、史论结合。

第二,人的观念现代化的实践研究方法。按照马克思主义基本原理,实践决定意识,实践本身就是一种认识方法与研究方法。社会主义条件下,人的观念现代化,与其说是一个理论问题,不如说是一个通过理论所要阐述的重大现实问题。在研究中,要着力探讨的不是抽象的理论,而是追求活生生的人的观念现代化的过程。因此,首先就应当从人的观念现代化的实证研究开始。社会学意义上的实证研究就是从社会实践出发,以社会事实来揭示社会和现代人发展的各种现象和内在本质。当前,开展人的观念现代化研究所采取的实证研究方法主要表现为两种途径:一是深入社会各阶层、各地区进行调查,用社会学的方法、观点捕捉大量社会事实。在调查研究中,把定性和定量、主观和客观、宏观和微观结合起来进行。这种方法在人的现代化研究初期关注得较多,在人的观念现代化研究中也大量存在,如国民心态的调查研究。② 二是在大量调查和吸取有关社会学理论的基础上,建构有关测量人的发展的指标体系,设计成为问卷,进行大面积的社会测量。这种方法目前在相关

---

① 《马克思恩格斯文集》(第2卷),人民出版社2009年版,第603页。
② 邵道生:《现代化的精神陷阱——嬗变中的国民心态》,知识产权出版社2001年版。

学术研究中采用得非常多。例如，在我国发达地区进行的关于人的价值观念以及人的现代化的研究中，肖海鹏曾就"价值观念与现代化"在广东地区进行实证研究；① 李萍等在广州进行"人的现代化"研究；② 还有学者进行专项的调查研究，如对社会主义条件下人的法治观念的实证调查研究就有：研究湖北省农民的法律意识，③ 研究上海地区市民的法律素质，④ 研究社会主义法治意识⑤等。此外，在思想政治教育学研究中，我国由官方组织的"大学生思想政治状况滚动调查"就是采取类似的研究方法。本研究力求利用第一手或第二手的相关研究资料，开展改革开放环境下人的观念现代化研究。

第三，人的观念现代化的综合研究方法。综合研究的方法论特征是从多向度出发，搜寻组成一个事物内在联系的各种因素，再通过对各因素的功能分析，构造出一组相对独立的概念模型。就是在理论推演的逻辑基础上，通过对某一事物内在多重因素有机分析而上升到一个整体认识的高度。在社会学关于人的现代化研究中，这种方法的采用以美国学者英克尔斯等人在20世纪60—70年代编制的"综合现代化量表"以及这一量表所涉及的测量人的发展因素的166种指标最为典型。⑥ 英克尔斯的研究方法为我国学者所特别推崇，认为他以"从传统人到现代人"的著名研究为实例，从研究设计、概念测量、资料分析、结果陈述等不同方面，系统解读和分析了研究中所体现的科学精神，以逻辑性、严密性、现实性以及实事求是为主要特征的科学精神是经验性社会研究的立命之本。⑦ 我国学者在人的现代化研究中也重视这一方法，国内学者以叶南客为代表，其测量因素涉及4个主要生活领域，共分为

---

① 肖海鹏：《价值观念与现代化——当代广东人价值观实证研究》，广东人民出版社2002年版。
② 李萍等：《人的现代化——开放地区人的现代化系列研究报告》，人民出版社2007年版。
③ 郑永流等：《农民法律意识与农村法律发展》，中国政法大学出版社2004年版。
④ 孙育玮等：《都市法治文化与市民法律素质研究》，法律出版社2007年版。
⑤ 柯卫、朱海波：《社会主义法治意识与人的现代化研究》，法律出版社2010年版。
⑥ [美] A. 英克尔斯、D. 史密斯：《从传统人到现代人——六个发展中国家中的个人变化》，顾昕译，中国人民大学出版社1992年版，第二部分"测量个人现代性"以及5个"附录"。
⑦ 风笑天：《英格尔斯"现代人"研究的方法论意义》，《中国社会科学》2004年第1期。

18个类别，150多个子项目，系统构建了"人的现代化"指标体系；①台湾学者以李亦园、杨国枢等为代表，整合社会学、人类学、政治学、历史学、哲学与心理学等学科力量，就中国人的性格、心理与行为、价值观、脸面观等编辑出版了"中国人丛书"，力图通过"多科际的合作"描绘"当代人文及社会科学家眼中的中国图像"，参考了美国人的研究方法，以中国传统文化为背景，对中国人的现代化特征及其指标体系进行了系统研究，取得了不少成果。

第四，人的观念现代化的比较研究方法。对此，葛剑雄曾进行论证，认为一个国家、一个民族人文特点的基础是特定的地理环境以及在该特定环境中形成的生产方式和生活方式，不存在不受时间或地域限制的所谓"国民性"。② 只有通过比较研究，才能让我们的理论思维更为开阔，使我们的研究结论脱离纯粹的逻辑推演，从而更加贴近事实本身。在现代化研究中，比较研究成为一种分支学科与研究方法，这在国外与国内的现代化研究中都是一个重要的方面。例如，在中国人的观念现代化历程中，清末的现代化起步时期、民国的局部现代化阶段、新中国的全面现代化的推进等不同历史时期，都有不同程度的观念变革与更新，在这些不同事件及其推动社会进步中，人的观念现代化就会呈现出不同的特征和规律。在全球社会主义改革浪潮中，社会主义国家在改革过程中均存在着观念更新与观念现代化的问题，例如，古巴在2011年第六次党代会之后，选拔年轻领导和保障改革进度成为工作重点，"然而劳尔认为思想改造是更为艰巨的任务，党员需要付出更大的努力才能克服思想上的障碍，摆脱多年来束缚他们的陈旧教条和观点"。③ 以中国不同区域人的观念现代化水平研究为例，广州地区在人的观念更新研究方面成果累累，在1987年学者就总结"广州人在历史上形成的崇尚实际远离理论、急功近利的观念模式包含着一定的传统商品经济因素，

---

① 叶南客：《中国人的现代化》，南京出版社1998年版，第257—274页。
② 葛剑雄：《改革开放与中国人观念的现代化》，《上海大学学报（社会科学版）》2009年第2期。
③ [墨]赫拉尔多·雷奥拉：《八旬劳尔肩扛两副重担》，《参考消息》2011年6月5日。

从而使广州人在接受现代观念上比内地人更为容易"。①

## 五　人的观念现代化研究的重点难点

　　从前述关于人的观念现代化的研究现状与研究内容中可以看出，思想政治教育学视域中的人的观念现代化研究已经启动，尽管在总体上还不十分成熟，但是关于现代化的思想观念、人的现代化以及思想政治教育观念现代化等研究较为系统和全面。在描述了本研究将要开展的人的观念现代化"是什么""为什么"以及"怎么做"等分析框架之后，大致可以勾勒出基本的、初步的当代中国人观念现代化的雏形与图景。而现在的研究只是初步的，无疑属于人的观念现代化研究的理论基础部分。现在研究中遇到的难点问题也成为重点问题，主要体现在以下几个方面。

　　难点与重点之一就是，"人的观念现代化"这一核心概念的界定。当然，这一核心概念的理解，肯定要建立在"观念"与"现代化"这两个基本概念的界定基础之上。首先，如何理解"观念"这一基本概念？观念作为一种主观上的认识，属于精神的范畴。在现代汉语中，观念作为名词，有两层意思：一是指思想意识，如破除旧的传统观念；二是指客观事物在人脑中留下的概括现象。② 拿"思想意识"来解释"观念"的说法在学术研究中肯定不是特别妥当。在哲学与社会科学中，还有许多与"观念"相类似的词语，如观点、概念、思想、意识、精神、理念、文化、文明、论断、意见、诉求等十余个基本概念，以及思想观念、思想意识、意识形态、观念形态、观念系统等组合概念。只有合理界定"观念"的含义，才能进一步界定研究中的核心概念"人的观念现代化"。在现代学术时髦的"观念史"研究中，有学者将观念界定为"人用某一个（或几个）关键词所表达的意思。细一点讲，观念可以用关键词或含关键词的句子来表达。人们通过它们来表达某种意

---

① 《广州更新观念理论研讨会观点综述》，《开放时代》1987年第11期。
② 《现代汉语词典》（第5版），商务印书馆2005年版，第502页。

义，进行思考、会话和写作文本，并与他人沟通，使其社会化，形成公认的普遍意义，并建立复杂的言说和思想体系"。① 用关键词来界定"观念"，如何在人的观念现代化研究中得以实现？如何界分其与其他概念的关联与区别？此外，就观念系统本身而言，如何理解各种观念，如价值观念、思想观念等？其次，如何界定"现代化"这一概念？现代化问题，无论是在学术研究中，还是在社会实践中，都是一个特别纷繁复杂的问题。"人的观念现代化"中的"现代化"到底指向什么？是现代化研究中所谓人文心理研究流派所称的"人的现代化"，还是与现代化相伴随的"现代性"，抑或是共产主义或社会主义的"新人"？再次，对"人"的理解。人的观念现代化的主体毫无疑问是人，人的观念现代化最终也是促进人的发展的。在西方哲学特别是人学研究中，关于人的各种观念一直是在发展变化的，有宗教人、文化人、智慧人、自然人、道德人、理性人、生物人、文明人、行为人、心理人、存在人等各种关于人的观念；② 在马克思主义理论中，也有"新人""自由而全面发展的人"等概念，实现了观念现代化的人，到底是哪种人？由个人组织的集合体如何实现观念现代化？还有，在当代中国，观念现代化在实践中使用频率非常高。就主体而言，有农民、农民工、青年、大学生、图书馆馆长、企业领导者、编辑、医务人员等；就领域而言，有德育、教育、译学、生育、学生管理、教学、研究、史学、法律、戏剧、小说等；就地区而言，有边疆民族地区、发达地区等；此外，还有众多的具体观念的现代化。如何在这些五花八门的"观念现代化"中抽象出"人的观念现代化"是一个难点。

难点与重点之二就是，在当代中国，讨论人的观念现代化问题，肯定离不开中国社会的执政党中国共产党。在中国共产党提出把执政能力建设作为"执政党建设的根本任务，坚持科学执政、民主执政、依法执政"，并要求深化对共产党执政规律的认识、提高党的建设科学化水平的历史背景下，执政党要不要实现自身的观念现代化？这与执政党领导下的人的观念现代化是何种关系？目前，已有学者开始研究中国共产

---

① 金观涛、刘青峰：《观念史研究：中国现代重要政治术语的形成》，法律出版社2009年版，第3页。

② 赵敦华：《西方人学观念史》，北京出版社2005年版。

党执政方式现代化这一问题。① 换句话说，在研究人的观念现代化这一主题时，如何解决"人的观念现代化"与"解放思想、实事求是、与时俱进"这一思想路线的关系？特别是在解放思想过程中，中国共产党所形成的"理论创新""观念创新"与"人的观念现代化"的关系问题。与此相联系，在当代中国，人的观念现代化的现实状况到底如何？虽然中央做出了在新的阶段新的历史条件下，"人的思想观念深刻变革"的论断，但改革开放以来人的思想观念到底是如何变革，变革到了什么程度，哪些思想观念实现了深刻变革。这些问题，更要深入研究，自然成为研究的难点。如何对人的观念现代化的实然状态做出界定、概括与抽象，是一个难题；要开展相关实证研究，第一手资料的搜集目前难度很大，只能借助某些第二手的数据资料和研究结论。

难点与重点之三就是，人的观念现代化与思想政治教育的关系问题。实现思想政治教育的现代化，必须实现观念的现代化，这是首要问题，首当其冲的就是要实现思想政治教育的观念现代化，但这只是一项具体工作范围内的观念现代化，还不是作为整体意义上的"人的观念现代化"。毫无疑问，思想政治教育具有实现人的观念现代化的功能与价值。但思想政治教育如何促进、实现"人的观念现代化"，确实是一个重大理论问题，更是一个实践问题。

---

① 熊辉：《中国共产党领导方式和执政方式现代化研究》，湖南人民出版社 2010 年版。

# 第一章 人的观念现代化的深刻蕴涵

在当今时代，中国和世界都在发生着变化、变革与变动，思想观念及各种思想文化的多元与多变，交融与交锋，提出了许多新课题与新挑战。"人"是现代化最重要的核心要素和主体力量，在中国特色社会主义现代化整体发展过程中，人的全面发展始终是其主要内容，因为人是一切社会的内涵，是社会发展的主体，体现了现代化的主体性。当代中国正在建设中国特色社会主义，在发展的关键期、改革的攻坚期、矛盾的凸显期，以人为本的科学发展观以其对社会问题的敏锐洞察，对发展规律的深刻认识，需要回应这样的时代课题：一个占世界五分之一人口的发展中国家，如何在现代化的历程中切实实现人的思想观念由传统向现代的转换，深刻彰显"人"的基本价值，这就是人的观念现代化的问题。在这一涉及"人"的问题、涉及发展主体的问题当中，虽然哲学社会科学都从不同的学科视角做出了各具特色的回答，但思想政治教育学科也要以自己的学科特色，以思想政治教育的实践促进人的观念现代化的实现。

人的观念现代化是一个既需要以马克思主义唯物辩证法与唯物史观以及人的全面发展原理为指导进行探索的基础理论课题，也是面对当代中国社会深刻变革提出的具有挑战性和应用性的重大而紧迫的社会实践课题，同时，更是在全球化、信息化、民主化浪潮下快速推进中国人的现代化研究中的一个热点和难点问题。人的观念现代化既面临着从农业社会到工业社会、从传统社会到现代社会转型的"第一次现代化"时期的重要任务，又面对着当今时代来自这种世所罕见的社会转型与全球化、信息化、民主化浪潮相互叠加的背景下"第二次现代化"时期的历史使命。概括地讲，人的观念现代化就是指人的心理状态、思维方式和思想观念从传统向现代的动态转化过程，表现为传统人格向现代人格的深刻转型，是人的思想观念方面的根本性变化。人的观念现代化就是在传统观念、现实观念向未来观念转变过程中，人的心理状态、思维方式和思想观念实现由传统向现代的转换，这是一种观念质变，具有实践性、全面性、深刻性、不平衡性与前瞻性五个方面的特征，其本质表现为人的潜能开发、国民素质提升与人的全面发展三个层次。本章将在合理定位"观念""现代化"这两个基本概念的基础之上，合理界定"人的观念现代化"的内涵；立足于中国特色社会主义建设历程与发展实践，剖析人的观念现代化的本质；在梳理人的观念现代化的一般性与普遍性特征的前提下，着眼于中国本土特色总结改革开放伟大实践中人的观念现代化的特殊性。

## 一 人的观念现代化的内涵

人的观念现代化的科学阐释要立足于马克思主义基本原理来理解，这涉及马克思主义本体论、认识论与历史观。从本体论上说，观念就是精神现象，与物质现象相对应。人的观念现代化的本体论意义就是指其作为一种精神现象纳入人们的研究视野。从认识论角度来看，观念就是理性认识，与感性认识相对应。观念无非就是对象世界在人类思想中的反映，在此层面，观念与意识、精神是同义语，意识是物质的最高产物。恩格斯说："我们的意识和思维，不论它看起来是多么超感觉的，总是物质的、肉体的器官即人脑的产物。物质不是精神的产物，而精神本身只是物质的最高产物。"[1] 这是马克思主义关于人的意识的起源的基本观点，自然科学和社会科学的充分发展已经对此给予了科学的证明；意识是客观世界的主观映像，马克思所谓"观念的东西不外是移入人的头脑并在人的头脑中改造过的物质的东西而已"，[2] 列宁所称

---

[1] 《马克思恩格斯文集》（第4卷），人民出版社2009年版，第281页。
[2] 《马克思恩格斯文集》（第5卷），人民出版社2009年版，第22页。

"感觉是客观世界、即世界自身的主观映象",①把这两句话归纳起来就是说,意识(包括感觉、思想、观念等)的真正本质是对客观存在的反映,这是唯物主义对意识本质的科学理解和合理规定。从这个层面上讲,人的观念现代化就是要形成一种符合现代社会要求的理性认识。从历史观角度来看,观念就是社会意识,与社会存在相对应。作为上层建筑,观念主要是社会存在特别是社会经济基础的反映。马克思在《共产党宣言》中指出:"人们的观念、观点和概念,一句话,人们的意识,随着人们的生活条件、人们的社会关系、人们的社会存在的改变而改变","精神生产随着物质生产的改造而改造"。② 在这个意义上说,人的观念现代化是社会意识的发展与完善,并且这种观念发展建立在社会实践的基础之上,具有历史性、发展性与进步性。马克思主义经典作家的上述论断,是我们研究人的观念现代化问题的基本出发点。

中国特色社会主义,不仅承载着社会主义现代化建设和中华民族伟大复兴的时代重任,同时也承载着体现社会主义特质的推进人的现代化、促进人的全面自由发展的历史使命。在现代化进程中,人不仅是实践主体,而且也是价值主体,更是终极目标。现代化的核心在于人的现代化,从人的主体性要素看,实现人的现代化就必须推进人从传统向现代的转型,实现人的观念现代化。人的观念现代化具有丰富而深刻的内涵与要求。人的观念现代化的合理界定,既要立足于唯物史观的角度,从观念与现代化等基本概念出发,确定人的观念现代化的核心概念;又要紧密结合中国社会深刻变革,特别是社会主义现代化的独特道路及其现实推进,就人的观念现代化的内涵做出符合时代要求的科学解答。

### (一) 观念的发展:传统观念、现实观念与未来观念的发展演进

人的观念现代化研究的立足点,就是人的观念发展中传统观念、现实观念与未来观念的区分。人的思想观念是人的思维与意识的产物。根据马克思主义哲学原理,从意识的发展角度看,意识可以区分为传统意

---

① 《列宁全集》(第18卷),人民出版社1988年版,第118页。
② 《马克思恩格斯文集》(第2卷),人民出版社2009年版,第50—51页。

识、现实意识与未来意识三种类型。① 与此相对应，人的观念也可以大致划分为三类：传统观念是人类从历史发展中继承下来的思想观念，已经自然而然地渗透到现实生活的个体思想观念之中，渗透到人们业已习惯的行为方式、生活方式和情感方式之中，具有强大的惯性作用，成为人的观念现代化研究的前提基础、批判的主要对象。现实观念就是人们在现实的实践与交往活动中所形成的思想观念，是介于传统观念与未来观念之间的一种观念形态，成为人的观念现代化的现实基础与出发点。未来观念则是人们依据社会和实践的发展趋势而形成的思想观念，我们在人的观念现代化研究中将其作为与现代观念同等意义的用语。人的现代观念，一小部分就是已经确立的现实观念，但更多的则指向未来观念。传统观念、现实观念、未来观念是每代人、现实中的每一个具体的个体在生活中必然遇到的三种类型的思想观念，处理好三者的关系对人们的实践活动具有重要意义，也就成为人的观念现代化的研究对象。

第一，人的观念现代化中的"观念"涵括基本词义、政策解释与学术概括等三个层面，学术研究中的"观念"主要是一种哲学概念。从基本词义也就是辞典的解释来看，在现代汉语中，观念作为名词，一是指思想意识，如破除旧的传统观念；二是指客观事物在人脑中留下的概括的形象（有时指表象）。② 从政策层面也就是社会实践的角度看，按照"百度百科"的解释，观念就是指人们在实践当中形成的各种认识的集合体。实践中，人们会根据自身形成的观念进行各种活动，利用观念系统对事物进行决策、计划、实践与总结等活动，从而不断丰富生活和提高生产实践水平，观念具有主观性、实践性、历史性、发展性等特点，形成正确的观念有利于做正确的事情，提高生活水平和生产质量。③ 从学术理论层面看，"观念"更多的是一个哲学概念，当然在哲学上，观念一词有不同的含义。就狭义来说，观念不是由当前外界事物直接引起的反映，而是以前事物的形象在人头脑中的再现。在这种意义上，观念就是表象。就广义来说，凡是外界事物在人头脑中的反映，就

---

① 李秀林等：《辩证唯物主义与历史唯物主义原理》（第 5 版），中国人民大学出版社 2004 年版，第 53 页。
② 《现代汉语辞典》（第 5 版），商务印书馆 2005 年版，第 502 页。
③ http://baike.baidu.com/view/65157.html.

是观念。在这种意义上，观念就是思想。凡是同物质相对立的意识、思维、精神等都是观念的东西。①马克思曾说过："我的辩证方法，从根本上来说，不仅和黑格尔的辩证方法不同，而且和它截然相反。在黑格尔看来，思维过程，即他称为观念而甚至把它转化为独立主体的思维过程，是现实事物的创造主，而现实事物只是思维过程的外部表现。"②这里所解释的观念来源于物质，观念是物质的东西在人的头脑中的反映，就是辩证唯物主义的观点。贝克莱说"物是观念的集合"，这表明他认为物质就是观念的东西，并否认观念来源于物质，这是主观唯心主义的观点。恩格斯认为，"观念是现实的反映"。也就是他在《〈反杜林论〉的准备材料》开篇就提出的，"一切观念都来自经验，都是现实的反映——正确的或歪曲的反映"。③这个"观念"就是人的观念现代化中三个层面含义的综合体。

第二，人的观念现代化中的"观念"主要是指主体的实践观念，并通过关键词的形式表达。观念作为与精神、意识、思想、理念等相通的概念，作用也基本一致。概括地讲，观念是行动的先导，这是意识的能动性的重要表现。因此，一个人的某种观念强烈，就会在这种意识的指导下去从事某种行动，不管遇到什么样的困难，也会在这种强烈意识的推动下百折不挠，直到成功。马克思也曾将这些概念等同起来使用。所以，我们可以将观念做简单的界定，也就是说，观念是指人用某一个或几个关键词所表达的思想，或者说观念可以用关键词或含关键词的句子来表达，人们通过它们来表达某种意义，进行思考、会话和写作文本，并与他人沟通，使其社会化，形成公认的普遍意义，并建立复杂的言说和思想体系。④作为汉语中一个意义丰富的词语，"观念"主要存在三种形态：理论观念，这是哲学家要回答的，也是最高层次的、哲学意义上的观念；科学观念，这是科学家要回答的，它是介于最高与最低层次之间的中间层次的科学意义上的观念；实践观念，这是每一个实践

---

① 马全民等：《哲学名词解释》，人民出版社1980年版，第71页。
② 《马克思恩格斯文集》（第5卷），人民出版社2009年版，第22页。
③ 《马克思恩格斯文集》（第9卷），人民出版社2009年版，第344页。
④ 金观涛、刘青峰：《观念史研究：中国现代重要政治术语的形成》，法律出版社2009年版，第3页。

着的个人都可以回答的，也是最贴近实际或者最低层次的观念。① 人的观念现代化研究的"观念"，更多侧重于第三个层面上，也就是实践观念，主要是坚持理论与实践相结合的指导原则，在实践中产生的主体的思想观念、精神状态，以及精神主体在实践中把理论与实践直接结合起来的思维方法。

第三，人的观念现代化中的"观念"包括人的思想观念、心理状态与思维方式三个方面的内容。人的观念现代化研究的"观念"是作为系统存在的社会观念形态。从根本上说，观念包括两层含义，即作为一种过程的观念活动和作为一种结果的思想观念。观念是一个复杂的概念，既是哲学范畴，同时也是一个社会范畴。因此，从不同的角度和领域看，可以对观念做出不同的解读。从哲学意义上讲，如前所述，观念是与物质相对应的概念，是与物质对立统一的精神现象。从社会意义上讲，观念与精神、意识、思想、理念等概念具有相通之处。观念的社会性，根源于存在的社会性，社会存在决定社会意识，有什么样的社会存在就有什么样的社会意识，如法治社会产生法治观念，市场经济产生市场观念，公众场所产生公德观念，股市形成风险观念等。观念作为人的主观世界对外部客观对象的意识反映和心理情感，在外延上与意识现象（包括思维、思想、思想观念等）、精神状态（思考、思索、思虑）、心理状态（思绪、思慕、思想情感）等构成逻辑上的全同关系。观念与思维、精神、意识、思想、认识、道德、心理等交互发生作用，有着丰富的形式和内容、错综复杂的层次和结构。观念是一个要素众多、结构复杂、动因纷繁、互为机制的社会系统，观念的系统化、理论化形成观念形态，也就是马克思主义所称的意识形态，观念体系就体现为各种思想观念的结构性排列组合和内在联系。观念是一种立体结构状态，横向上表现为哲学观念、政治观念、道德观念、艺术观念、宗教观念等意识成分，纵向上可分为思维方式、思想观念与心理状态三个层次；就观念的实践领域看，有经济观念、政治观念、文化观念、社会观念、生态观念等；就观念的主体范围看，有个别性主体的观念即"个体观念"，社

---

① 王征国：《思想解放论——解放思想与观念变革研究》，湖南人民出版社1998年版，第287页。

会性主体的观念即"群体观念"或"社会观念",全部人类的观念即"人类观念";就观念的内涵深度而言,有心理状态、日常观念、社会思潮、理论观点等;就观念的性质看,有正确与错误、积极与消极、进步与落后的区分;就观念的状态而言,有系统与零散、清晰与模糊、深刻与肤浅、自觉与自发、坚定与摇摆的区别。

这样,我们就可以把人们复杂多样的观念概括为三个方面,一是思想意识,是指人们认识世界的立场与观点,主要指世界观、人生观、价值观等,人的思想品质、动机、理想、信念、道德和其他意识观念,也可称之为思想观念;二是思想认识,这主要体现为思维方式,是人们观察、分析、鉴别客观事物和认识世界的认识能力、思想方法和思维方式,主要是指人们对周围人和事物的看法是否实事求是、是否符合辩证法、是否具有客观真理性;三是心理状态,是人在认识世界时的文化心理特点和心理矛盾,主要是指人对于个人与个人、个人与社会以及个人自身,通过协调关系、理顺情绪、化解矛盾、达成共识,使主体实现和谐发展,从而最大限度地激发人的发展的内在动力。人的观念这三个方面的内容从根本上可以概括为世界观和方法论,思想意识(思想观念)属于世界观的范畴,而心理状态、思想认识(思维方式)属于方法论的范畴。思想政治教育要进行世界观与方法论教育,就要着重解决主观与客观相符合的问题,解决主观与客观是否符合的问题,是世界观教育;解决主观与客观如何符合的问题,是方法论教育。思想政治教育要改造人的主观世界,就主要体现为改造人的思想观念、改造人的心理状态和改造人的思想方法三个问题。改造人的思想观念,在思想政治教育中就是提高人的思想觉悟问题,在人的观念现代化中就是实现人的思想观念现代化;改造人的心理状态,在思想政治教育中就是提高主体心理素质、实现人的心理和谐的问题,在人的观念现代化中就是实现人的心理状态现代化;改造人的思想方法,在思想政治教育中就是提高人的认识能力,在人的观念现代化中就是人的思维方式现代化。

**(二)现代化进程:社会主义、民族复兴与全面现代化的内在关联**

要正确界定什么是人的观念现代化还要从"现代化"的含义说起。"现代化"一词是由"现代"派生而来的。"现代"是一个难以界定的模糊概念。在时间长河的任何一点，实际上都可以分出"现代"与"传统"，"当代"与"过去"。作为一个动态的过程，"现代化"的含义就是"成为现代的"；作为一个时间概念，"现代化"只有相对的意义，其含义是"现世（代）的"或"近世（代）"。除了时间概念之外，在英文中，"modern"还是一个价值概念，表示"新的""时尚的"意思，指区别于过去时期的文明形式和时代特征，它包括国家组织形式、社会制度、经济体制、教育体制、城市化和工业化程度、科技水平、社会意识形态，尤其是人们的观念状况，甚至还包括建筑艺术、服饰仪表和行为方式等方面的进步。作为价值尺度的"现代化"，在人的观念现代化研究中更具有重要意义，彰显着一种进步的状态与正向的、积极的价值追求。

第一，"现代化"内涵的界定，要从基本词义、理论解释与政策释义等方面着重把握现代化引起社会变革的价值导向；从现代化六层理论含义的剖析中，明晰在文明变化和文明转型中每一个国家的现代化都会有进步和成功的可能。关于现代化的起点问题在学术研究中还没有统一的认识，目前大致有三种主要观点：一是认为16—17世纪的科学革命是世界现代化的起点；二是认为17—18世纪的启蒙运动是世界现代化的起点；三是认为18世纪的英国工业革命和法国大革命是世界现代化的起点。[①] 这三种观点其实就是从科技发展、文化进步与政治革命三个不同角度来认识的，撇开这些理论差异，这三种认识都对人的观念现代化中"现代化"的内涵界定具有积极的启发意义。现代化概念的不同解释中，基本词义（习惯用法）是稳定的，理论解释有学派差别，政策释义则是与时俱进的；理论解释是从基本词义中延伸出来的，政策释义则是理论解释的实际运用。就基本词义而言，在英文中，"现代化"大致有两个基本词义，即行为与状态：作为一种行为，现代化就是成为现代的、适合现代需要的行为和过程，也就是实现现代化的行为和过程；作为一种状态，是指具有现代特点的、满足现代需要的状态，也就是完成现代化后的状态，这种现代特点指公元1500年以来出现的新特

---

① 何传启：《中国现代化报告摘要（2001—2010）》，北京大学出版社2010年版，第11—12页。

点和新变化，一般指向一种进步的变化。① 英文中的"现代化"一词有三种词性，作为形容词，如"这是一家现代化的工厂"；作为动词，如我国要实现"农业现代化"；用作名词，如"教育的现代化"等，总之，最新的、最好的、最先进的就是现代化的。就政策含义而言，现代化的政策解释就是现代化理论的政策运用，包括推进现代化的各种战略和措施。一般而言，不同的现代化理论的政策含义各不相同，同一个现代化理论在不同国家、不同时期和不同领域的政策含义也不尽相同，现代化的政策含义是与时俱进的。例如，发展中国家在经济领域，现代化的政策含义就是推进工业化、标准化、农业现代化；在社会领域，现代化的政策含义就是推进城市化、社会福利化、教育现代化等。

现代化的理论解释是各种现代化理论对"现代化"的定义，但到目前为止尚没有统一的定义，20世纪50年代以来先后出现了一批现代化理论，不同流派的理论对现代化的解释有所不同，不同学科的学者对现代化的理解也存在着差别，但大概可以分为社会变迁（事实判断）、社会变革（价值判断）与客观现象（价值中立）三个不同的维度：从社会变迁的角度来看，认为现代化是由工业化引起的，一个较落后社会相对于先进社会的冲击所引发的各种变迁过程，这主要是一种历史学上的事实判断。例如，以色列学者艾森斯塔德（Eisenstadt）认为，"现代化就是社会、经济、政治体制向现代类型变迁的过程。它从17世纪至19世纪形成于西欧和北美，而后扩及其他欧洲国家，并在19世纪和20世纪传入南美、亚洲和非洲"。② 美国学者布莱克认为，"现代化反映着人控制环境的知识亘古未有的增长，伴随着科学革命的发生，从历史上发展而来的各种体制适应迅速变化的各种功能的过程"。③ 从社会变革的角度看，认为现代化体现为人类社会中各个方面理性的增长，美国学者罗兹曼认为，"我们把现代化视作各社会在科学技术革命的冲击下，

---

① 何传启：《中国现代化报告2011——现代化科学概论》，北京大学出版社2011年版，第5页。

② [以] 艾森斯塔德：《现代化：抗拒与变迁》，张旅平等译，中国人民大学出版社1988年版，第1页。

③ [美] C. E. 布莱克：《现代化的动力——一个比较史的比较》，四川人民出版社1988年版，第11页。

业已经历或正在进行的转变过程","最好把现代化视作涉及社会各个层面的一种过程","现代化是人类历史上最剧烈、最深远并且显然是无可避免的一场社会变革"。① 我国学者罗荣渠认为,"广义而言,现代化作为一个世界性的历史过程,是指人类社会从工业革命以来所经历的一场急剧变革,它以工业化为推动力,导致从农业传统社会向现代工业社会的全球性的大转变,它使工业主义渗透到经济、政治、文化、思想各个领域,引起深刻的变革;就狭义而言,现代化是指落后国家迅速赶上先进工业国家水平和适应现代世界环境的发展过程"。② 从客观过程的角度看,认为现代化是18世纪工业革命以来的一种客观现象,我国学者何传启认为,"现代化是现代文明的一种前沿变化和国际竞争,它包括现代文明的形成、发展、转型和国际互动,文明要素的创新、选择、传播和退出,以及追赶、达到和保持世界先进水平的国际竞争和国际分化等;在18—21世纪期间,现代化过程可以分为第一次现代化和第二次现代化两个阶段;22世纪还会有新的变化"。③

按照我国学者观点,现代化大致有六层理论含义:现代化既是一种文明变化,是18世纪工业革命以来人类文明的一种前沿变化,囊括现代文明的形成、发展、转型和国际互动,文明要素的创新、选择、传播和退出等;也是一种国际竞争,是18世纪以来追赶、达到和保持世界先进水平的国际竞争和国际分化,达到世界先进水平的国家是发达国家,其他国家是发展中国家,两类国家之间可以流动变化。现代化既是一种文明状态(世界前沿),也是一种文明行为(达到世界前沿的行为)。现代化既是一个历史过程,是18世纪以来达到人类文明的世界前沿的过程,在18—21世纪期间,现代化可以分为以工业化、城市化和民主化为典型特征的第一次现代化和以知识化、信息化和绿色化为典型特征的第二次现代化两个阶段;也是一种文明转型,第一次现代化是从农业文明向工业文明的转型,包括从农业经济向工业经济、农业社会

---

① [美]吉尔伯特·罗兹曼:《中国的现代化》,上海人民出版社1989年版,第4页。
② 罗荣渠:《现代化新论——世界与中国的现代化进程》,北京大学出版社1993年版,第16—17页。
③ 何传启:《中国现代化报告2011——现代化科学概论》,北京大学出版社2011年版,第5页。

向工业社会、农业政治向工业政治、农业文化向工业文化的转变等,第二次现代化是工业文明向知识文明、物质文明向生态文明的转型,包括从工业经济向知识经济、工业社会向知识社会、工业政治向知识政治、工业文化向知识文化、物质文化向生态文化的转变等。很显然,现代化是一个高度复合的概念,包括文明变化和国际竞争,包括文明状态和文明行为,包括历史过程和文明转型,现代化的这六层含义是相互关联的。① 这样,现代化就有三个由浅入深的层面,经济发展是物质层面,政治发展是制度层面,思想和行为模式则是社会的深度层面——精神、观念或心理层面,人的观念现代化就是要实现这一思想层面的现代化。

第二,中国现代化具有社会主义特质,又体现出鲜明的中国特色。中国现代化是人类总体现代化的重要组成部分,它从一般意义上遵从人类总体现代化的普遍规律和发展趋势,但同时又具有鲜明的中国特色。一方面,中国现代化具有社会主义性质。中国现代化的社会主义性质从根本上说,是由社会主义制度决定的,而中国选择社会主义则是近现代中国社会历史发展的必然结果。社会主义是中国人民的历史选择,这要从近代以来中国历史的发展进程和中华民族面临的历史任务来分析。近代以来,中华民族面临两大历史任务,一个是求得民族独立和人民解放,另一个是实现国家富强和人民富裕,哪种理论能够对这两个历史课题做出正确回答,它就会成为中国人民的信仰;哪条道路能够引导中国人民完成这两大任务,它就能够成为中国人民的历史选择;哪种政治理论能够带领中国人民实现这两大任务,它就能够成为掌握中国历史发展前进方向的领导力量。② 中国共产党解决了马克思主义理论、社会主义道路这两大历史课题,选择了走社会主义这条光明的道路,实现了中国历史上最深刻的社会变革,为当代中国的进步和发展在政治和制度上奠定了坚实的基础。所以,这是中国特色的社会主义现代化有别于资本主义现代化的根本所在,突出表现为社会主义性质,其根本目的是要通过大力发展社会生产力,消除两极分化,最终实现共同富裕,实现人的全

---

① 何传启:《中国现代化报告2011——现代化科学概论》,北京大学出版社2011年版,第6页。

② 中共中央宣传部理论局:《六个"为什么"——对几个重大问题的回答》,学习出版社2009年版,第26页。

面发展。另一方面，中国社会主义现代化具有中国特色。这是中国共产党在探索中国现代化道路过程中，通过总结国内外现代化正反两方面的经验教训得出的科学结论。这种中国特色表现为：以中国化的马克思主义理论特别是中国特色社会主义为总的指导原则，而不是照搬教条，这是中国社会主义现代化向前推进的思想政治保证；全面改革，全方位开放，这是中国社会主义现代化取得巨大成就的根本原因；公有制与市场经济相结合，这是中国社会主义现代化的重大理论创新与实践创新；传统文化在现代化基础上得到继承和弘扬，使得我国传统文化在建设社会主义现代化基础上得以复兴，并以新的风姿走向世界；文明主体的作用极为突出，领导中国人民进行现代化奋斗的是中国共产党，人的积极性和创造性在中国革命、建设和改革实践中突出地显示出来，彰显了社会主义的制度优势。[①] 当然，中国社会主义现代化的中国特色，更鲜明地表现为以中国特色社会主义理论为指导，实现中华民族伟大复兴。

第三，"现代化"内涵的界定，要从中华民族伟大复兴的视角来看，中华民族实现伟大复兴的过程就是全面实现社会主义现代化的过程，二者具有同一性。中国共产党在社会主义初级阶段的根本任务，就是要实现社会主义现代化，实现中华民族伟大复兴。中国在18世纪以前曾经处于世界先进水平，曾经是一个当时的"发达国家"，但后来衰落了，在19—20世纪期间成为一个发展中国家，并为此付出了沉重的代价。十八大之后的2012年11月，习近平总书记在参观大型展览《复兴之路》时提出"中华民族伟大复兴的梦想"，也就是"中国梦"，在全国以及海外引起强烈共鸣与良好反响。"复兴"不同于前几年提及的"崛起"，"复兴的基本词义是：衰落后再次繁荣，衰落后再度兴盛。复兴既是一个过程，从衰落后到繁荣的过程；也是一种结果，再次达到繁荣的状态。而崛起的基本词义是：突然的兴起或高起，突然出现在地平线上，从弱小到强大、从低到高，它也是一个过程。复兴和崛起，既有相似之处，又有差别。相似之处是，它们都表示一种上升趋势，复兴是衰落后的上升，崛起是直接的上升。不同之处是，它们的性质有所不同，一般而言，复兴指曾有的先进水平或繁荣的恢复，崛起指实力或地

---

[①] 李纳森：《中国特色的社会主义现代化研究》，陕西人民出版社2000年版，第18—23页。

位的突然提高"。① 从现代化科学的角度看，民族复兴，对于一个国家而言，如果一个曾经的发达国家下降为发展中国家，经过不懈努力，再次成为一个发达国家，那就是一种复兴，就完成了民族复兴的历史重任。从19世纪中叶鸦片战争开始算起，中国现代化进程大致可以分为三个阶段：第一阶段是晚清的现代化起步，包括洋务运动、维新运动和立宪运动，洋务运动提出了"中学为体、西学为用"等主张，制造近代军事装备，建立近代工业，学习西方近代科学技术，发展教育文化，维新运动提出维新变法，推行新政，废除八股，变革科学，兴办新式学校，组织开展传播科学与民主的启蒙运动等；第二阶段是民国时期的局部现代化，在政治动荡的同时，民族工业得到一定发展，一批科学研究机构建立，高等学校也有较大发展，孙中山"三民主义"得到有限推行；第三阶段是新中国的全面现代化，1949年新中国的成立，拉开了全面现代化建设的序幕。"四个现代化"是新中国第一代领导人提出的国家全面建设目标，也是中国现代化建设的第一个系统目标，早在1954年，中国共产党就提出了"建设现代化的工业、农业、交通运输业和国防"的基本任务，1964年周恩来在政府工作报告中正式提出"四个现代化"的战略目标，这是一个阶段目标，其实质是实现这四个经济部门的现代化，包括农业、工业、国防和科学技术现代化，重点是经济现代化；现在我国正在实现全面现代化，也就是在现代文明的各个领域和方面，都达到和保持世界先进水平，达到这种水平的国家就是全面现代化的国家。② 只有中国达到了全面现代化的水平，才能称得上实现了中华民族的伟大复兴。但是，目前我国的现代化水平，按照国外学者的研究，根据经济合作与发展组织经济学家麦迪森《世界经济千年史》统计，公元16—18世纪初，中国属于一个经济发达国家，人均GDP的排名处于世界前20位以内（第14—18位）；19—20世纪，中国属于一个发展中国家，人均GDP的排名曾一度下降到世界第100位左右（1820年为第48位，1900年为第71位，1950年为第99位，2000

---

① 李大庆：《中国现代化怎样抓住科技革命机遇》，《科技日报》2013年3月1日。
② 汪瑞林：《中国现代化，教育要先行——访中国科学院中国现代化研究中心主任何传启》，《中国教育报》2013年3月5日。

年为第 79 位);① 按照中国学者的研究,2008 年中国现代化的总体水平属于初等发达国家,大约处于发展中国家的中间水平,中国现代化水平与世界中等发达国家和发达国家的差距仍然较大,从具体数据而言:2008 年,中国第一次现代化的程度为 89%,在世界 131 个国家中排名第 69 位;中国第二次现代化指数为 43,在世界 131 个国家中排名第 69 位;综合现代化指数为 41,在世界 131 个国家中排名第 69 位,2009 年中国第一次现代化程度估计为 92%。如果按 1990—2005 年第二次现代化指数的年均增长率测算,中国现代化水平有可能在 2040 年左右进入世界前 40 位,成为一个具有中等发达水平的发展中国家,处于发展中国家的前列,提前完成邓小平提出的"三步走"战略;之后可能在 2080—2100 年期间进入世界前 20 位,真正成为一个发达国家。② 这表明,我国现代化程度正在逐步提高,离中华民族伟大复兴的实现也越来越近。

第四,"现代化"内涵的界定,从中国特色社会主义来看,中国特色社会主义理论就是关于中国现代化的理论。走社会主义道路是中国人民自己的选择,但怎样发挥社会主义制度的优势,使我们社会主义国家更快、更好地发展和强大起来,真正完成社会主义现代化建设的历史任务,这是摆在我们面前的一个全新的课题。毛泽东说:"我们对于社会主义时期的革命和建设,还有很大的盲目性,还有一个很大的未被认识的必然王国。"③ 邓小平也指出:"我们建立的社会主义制度是个好制度,必须坚持。""但问题是什么是社会主义,如何建设社会主义。我们的经验教训有许多条,最重要的一条,就是要搞清楚这个问题。"④ 改革开放 30 多年的历程,在中国特色社会主义实践中,取得了丰硕成果,带来了翻天覆地的变化,其中在人的思想观念方面体现为,"我国人民冲破了长期禁锢的思想障碍和陈旧观念,思想得到了前所未有的大

---

① 李大庆:《中国现代化怎样抓住科技革命机遇》,《科技日报》2013 年 3 月 1 日。
② 何传启:《中国现代化报告 2011——现代化科学概论》,北京大学出版社 2011 年版,第 266 页。
③ 《毛泽东文集》(第 8 卷),人民出版社 1999 年版,第 198 页。
④ 《邓小平文选》(第 3 卷),人民出版社 1993 年版,第 116 页。

解放，激发出空前的积极性、主动性、创造性"。① 什么是中国特色社会主义呢？现在学术界与理论界提出一些概括，比如，有人认为中国特色社会主义就是中国化的马克思主义，还有人认为中国特色社会主义就是"中国道路""中国模式"。这些不同的理论认识虽从某些角度说明了中国特色社会主义某方面的特质，但作为一种理论上的准确定义与精确概括，似乎还不够完全或完善。因此，国内有学者明确提出，"是否可以这样来对中国特色社会主义提出一种具有定义性的概括，即中国特色社会主义是关于中国现代化目标与条件的科学理论。这样来看待中国特色社会主义，能够紧扣中国当代乃至近代以来的基本问题，既说明了中国特色社会主义的研究对象，又说明了这个理论的研究目的和任务，或者说它所达到的理论目的和所完成的理论任务，从而能够揭示中国特色社会主义最本质的规定和意义"。具体来说，"当代中国的基本问题是现代化问题，即实现中国社会整体的现代化转型，这个问题包含相互联系的两个方面：一是实现什么样的现代化，二是怎样实现这种现代化。实际上，争取中国现代化的问题也是中国近代以来的基本问题"。② 如果按照这一理论阐释，中国特色社会主义道路就是中国现代化的实现途径，中国特色社会主义理论体系就是中国现代化的行动指南，中国特色社会主义制度就是中国现代化的根本保障。这样，"建设中国特色社会主义的总任务是实现社会主义现代化和中华民族伟大复兴"③ 就能有机统一到一起。同样，在中国特色社会主义五位一体的总布局中，文化建设就是要实现"文化现代化"，思想政治教育的任务也就成为要实现"人的思想观念现代化"了。

总之，现代化就是传统社会向现代社会的转变。在此过程中，传统的制度、文化、价值观念在科学与技术的推动下实现了革新，从而带来社会生活各方面的变化。它体现为经济领域的工业化、政治领域的民主

---

① 中共中央宣传部理论局：《六个"为什么"——对几个重大问题的回答》，学习出版社2009年版，第33页。

② 参见周为民《关于中国现代化目标与条件的科学理论——简论什么是中国特色社会主义》，《学习时报》2010年12月6日；《再谈界定"中国特色社会主义"》，《北京日报》2012年1月9日。

③ 《中国共产党第十八次全国代表大会文件汇编》，人民出版社2012年版，第12页。

化、社会领域的城市化，以及文化观念领域的理性化。人的观念现代化中的"现代化"，既包括分层现代化，也就是世界现代化、国际现代化、国家现代化、地区现代化、机构现代化与个体现代化，特别是"个体现代化"，人的观念现代化就是在实现个体现代化过程中个体的观念现代化；又指向六个领域的现代化，即经济现代化、社会现代化、政治现代化、文化现代化、生态现代化与人的现代化，一方面，这六个领域中的现代化都存在着"观念"这一文明要素，都要实现各自领域的"人的观念现代化"；另一方面，人的现代化与人的观念现代化的关系更为紧密，人的观念现代化是人的现代化的灵魂。

### （三）观念现代化：心理状态、思维方式与思想观念的深度变迁

现实存在的个人是人的观念现代化研究的逻辑起点。人是现实存在的人，马克思主义研究的人是实践的存在，是"现实的个人"的存在。针对费尔巴哈对人的那种没有前提的抽象理解，马克思指出，"我们开始要谈的前提不是任意提出的……这是一些现实的个人，是他们的活动和他们的物质生活条件"。[①] 这种"现实的个人"具有丰富的历史规定性。首先，人的现实性。在《德意志意识形态》中，经典作家首次提出他们的哲学的"出发点是从事实际活动的人"，主张"从现实的、有生命的个人本身出发"，去研究"处在现实的、可以通过经验观察到的、在一定条件下进行繁荣发展过程中的人"。[②] 人的观念现代化所研究的"人"，也就是这种具有现实性的人，"这些个人是从事活动的，进行物质生产的，因而是在一定的物质的、不受他们任意支配的界限、前提和条件下活动着的"。[③] 即使是在当今时代，人的存在方式发生了一些变化，但虚拟社会中的人仍然是现实社会中从事具体活动的人，或者说虚拟世界的主体仍然具有人的现实性。其次，人的历史性。人不仅是现实的、具体的，而且也是历史的。这是因为，"全部人类历史的第一个前提无疑是有生命的个人的存在"，所以，"任何历史记载都应当

---

① 《马克思恩格斯选集》（第1卷），人民出版社1995年版，第66—67页。
② 同上书，第73页。
③ 同上书，第71—72页。

从……人们的活动而发生的变更出发"。① 在这里，经典作家用十分肯定的语气明确指出了"现实的人"的历史性、可变性，而这种历史性的发生是由人们的活动决定的。所以，人的观念具有历史性与可变性，人的观念现代化的过程就是一种人的思想观念随着人们的物质活动而发生变化的过程。马克思就人的发展的三个时期的划分，也在一定程度彰显了人的观念现代化的现实依据与未来指向："现实的人"的"过去"，就是马克思所说的"人的依赖关系"，"在发展的早期阶段，单个人显得比较全面，那正是因为他还没有造成自己丰富的关系"，②"无论个人还是社会，都不能想象会有自由而充分的发展，因为这样的发展是同个人和社会之间的原始关系相矛盾的"③；"现实的人"的"现在"就是资本主义生产方式得以全面确立时期人的发展状态，社会分工介入生产过程，这一时期人的思想观念正在发生着变革，开始实现着现代化；在人类发展的"未来阶段"，由于旧式分工已经消失，带来的必然结果就是人的自主性增强。劳动已经由谋生的手段转变为生活目的，这种劳动及其社会实践具有社会性、科学性与自主性特征，人不再受到其产品的奴役，也不再受到他人的奴役，人终将成为自由全面发展的人，这就是人的观念现代化的必然归宿。再次，人的实践性。实践是人类最根本的生存方式。正是在实践过程中，人及人类社会诞生和发展起来。物质生产实践使人的生物属性发生深刻变化，形成人所特有的生物属性；它还使人上升为自为的、理性的存在物，造就了人之为人所特有的自觉能动性以及社会本性；实践使人最终获得生存和发展的自由。毫无疑问，在这一过程中，人的各种思想观念也随着实践的发展而发生变化，正是在实践的过程中，人的思想观念得到充分发展，人的主体性得到充分体现。总之，人既是现代化建设的主体，又是现代化建设的目标。作为主体，只有现代化的人才能担当现代化建设的重任；作为目标，只有实现人的现代化才能真正体现现代化的价值，人的现代化首先就应该从观念上实现自身的转变。没有现代观念的人，无法从根本上实现人的现代

---

① 《马克思恩格斯选集》（第1卷），人民出版社1995年版，第67页。
② 《马克思恩格斯全集》（第46卷），人民出版社1979年版，第109页。
③ 同上书，第485页。

化，进而去推动社会的现代化。

　　人的观念现代化就是指在现代化的坐标体系下，在由传统观念、现实观念向未来观念发展过程中，人的心理状态、思维方式和思想观念从传统向现代的动态转化，表现为传统人格向现代人格的深刻转型，是人的思想观念方面的根本性变革。从现实存在的个人出发，人的观念现代化就是现实的个人（包括虚拟生存中的现实个人）的观念现代化；从实践观念的角度出发，人的观念现代化就是人的心理状态、思维方式与思想观念的现代化；从现代化的角度出发，人的观念现代化就是人的思想观念不但要实现"第一次现代化"，还要实现"第二次现代化"。

　　第一，人的观念现代化主要是个体观念的现代化与群体观念的现代化，但在这两者的相互转化中，强调实现个体观念的现代化。观念作为人类社会精神活动的产物，在历史的表象中虽然呈现出因时空变幻而产生的千差万别的特殊性，但在实质上，它确实存在一个可以分析的稳定结构。从人的思想观念赖以产生的主体角度看，观念有个体观念与群体观念的区分，人的观念现代化也就有个体观念现代化与群体观念现代化的区别。个体观念是个体独特的社会存在的反映。在现实社会生活中，每个人的生活经历和气质、性格特征都是各不相同的。丰富多彩的现实生活，是个体观念产生的源泉与动力，因此，只要承认生活的多样性、承认人性的多样性，就必定要承认个体观念存在的必然性与合理性。鲁迅说，"穷人决无开交易所折本的懊恼，煤油大王哪会知道北京捡煤渣老婆子身受的酸辛，饥区的灾民，大约不去种兰花，像阔人的老太爷一样，贾府上的焦大，也不爱林妹妹的"，[①] 恩格斯也多次引用费尔巴哈的一句话，"皇宫里的人所想的，和茅屋中的人所想的是不同的"，[②] 这些都是个体观念特殊性的隐喻。也就是说，个体观念是个人特殊生活条件的反映，体现的是个人独特的经济关系、生活道路、教育状况等方面内容。个体观念是实践的产物，是从个人日常活动以及与他人的交往实践中产生的。由于个体生活和交往实践的独特性，世界上不可能出现两种完全相同的个体观念。个体的观念现代化毫无疑问要以个体观念为基

---

[①] 鲁迅：《二心集·"硬译"与"文学的阶级性"》，载《鲁迅全集》（第4卷），人民文学出版社1981年版，第202页。

[②] 《马克思恩格斯文集》（第4卷），人民出版社2009年版，第290、292页。

础。群体观念是群体生活实践的反映。唯物主义历史观认为，人的本质在其现实性上，是一切社会关系的总和。① 任何人都是社会的人，都是在一定的社会共同体中生活。因此，在一定的社会群体中，存在着共同的社会生活条件，有与其他群体共同的实践关系、利益关系和交往活动。这些共同之处反映在人们的思想观念和意识中，就形成了体现群体共同利益和要求的群体观念。小至一个单位、组织、机构，大到一个国家、社会乃至全人类，都可以成为一种群体，都可形成其群体观念。从党和国家政策上讲，这种群体观念体现为一种"整体观念"与"大局观念"。社会主义核心价值观就是一种国家层面的群体观念，是社会主义核心价值的本质体现。个体观念与群体观念之间的关系在一定程度上有个别与一般、部分与整体的关系意蕴。群体观念离不开个体观念，撇开了个体观念，就无法理解和把握群体观念；同时，任何个体观念又都是一定的群体观念、具有一定程度的群体性。个体观念和群体观念不仅是相互依赖的，而且还相互转化和相互影响，在相互渗透的双向运动中实现动态转化。思想政治教育就是将占统治地位的群体观念，通过教育途径使其内化为个体观念，成为受教育者个体的思想意识；人的观念现代化亦即将符合现代要求的群体观念、个体观念实现现代化，形成现代化观念这一结果。所以，人的观念现代化要注重群体观念与个体观念的相互作用与相互转化。

第二，人的观念现代化主要是感性观念的现代化与理性观念的现代化，理性观念是人的观念现代化结果的主要体现，但不能忽视感性观念的重要性。从观念形成的心理机制上看，观念可以分为感性观念和理性观念两种类型。感性观念是一种不定型的、自发性的社会意识。感性观念作为对社会存在的直接反映，常常表现为感情成见、风俗习惯与流行时尚等，道德风尚、审美趣味和宗教习俗等，大多属于感性观念的范畴。感性观念处于社会观念系统的表层，比较直接地反映着社会精神与生活潮流的变化。理性观念是较为定型的社会意识形式，往往以理论的形式凝结和保存着社会文明进步发展的成果。哲学观念、政治观念、法律观念、经济观念、科学观念、生态观念、社会观念以及不同类型的人

---

① 《马克思恩格斯文集》（第1卷），人民出版社2009年版，第501页。

类知识体系,大都属于理性观念体系。感性观念与理性观念的关系,基本上类似于感性认识与理性认识的关系,但这二者的关系要远比感性认识与理性认识的关系复杂。一方面,感性观念与理性观念之间的相互交叉与相互渗透所展开的层级不仅有"时间—空间"系统的维度,而且还有"主观—客观"系统的维度和"物理—心理"的维度。因此,观念之间的关系不仅是心智活动水平之间的关系,不仅是一种心理事件,而且是一种社会文化现象;另一方面,感性观念和理性观念所发挥的社会作用与感性认识和理性认识所发挥的作用有所不同。在社会历史的发展变化过程之中,感性观念往往比理性观念来得直截了当。科学的观念或曰理性观念如果不能转化为一般群众能够接受的生活真理、生活常识,其作用就无法或难以发挥,理性观念的价值也就和"屠龙之技"一样变得好看而不管用。人的观念现代化是要促使感性观念上升为理性观念,在此过程中,思想政治教育发挥着实现从自发到自觉的作用。人的观念现代化也要将科学观念、理性观念、现代观念转化成为一般社会群众、社会成员个体的感性观念,否则就难以实现理性观念的现代化。对于社会主义核心价值观、价值体系而言,也要实现社会主义核心价值观的大众化,让一般群众对此有自身的体验,使之成为个体工作、生活、学习中的感性观念。

第三,人的观念现代化主要是认知观念的现代化与价值观念的现代化,但侧重于后者。从观念自身反映社会生活的程度看,观念可以区分为认知观念和价值观念两种类型。认知观念是主体对认识对象(包括客观事物和人自身)的本质和发展变化的客观规律的理解与把握。认知观念要解决的是对象"是什么"的问题,认知观念越是具有真理性,其客观性的成分就越大。价值观念是关于认识对象有用性的一种评价性认识,也就是人们关于生活基本价值的信念、信仰、理想等思想观念的综合。从形式上看,价值观念由人们对那些基本价值的信念、信仰、理想等构成,其思想形式多种多样,但总的来说与认知观念的根本不同就在于其具有明显的意向性;就内容而言,价值观念集中反映着主体地位、利益、活动方式等内容,是以"信什么、要什么、坚持和追求什么"的方式表现的精神目标系统,具有深刻的主体性和主观特征;就功能而言,价值观念起着评价标准的作用,是人们心中权衡利弊得失的内在尺度。总之，价值观念是人的观念系统中深层次的、相对稳定的、起主导作用的成分，是一个人事业发展的精神动力，是一个国家、社会的思想文化和意识形态的核心内容。马克思曾经明确指出，"动物只是按照它所属的那个种的尺度和需要来构造，而人却懂得按照任何一个种的尺度来进行生产，并且懂得处处都把固有的尺度运用于对象"。[①] 这就是说，人类行为有两个基本的观念系统作为内在的原则，一是关于事实的认知观念系统，二是关于自己行为目的的价值观念系统。人之所以能够超出万物君临天下，正在于他能够自觉地意识到这两个尺度，并在自己的行为中正确处理两者的关系。当然，这两种观念形态首先是有区别的，认知观念侧重于客体性原则，着重点在于把握认识对象的规律性，也就是要以解决对象是什么为根本目的；价值观念则在于说明和把握对象的有用性，也就是对象能否带来一定程度的利益这一涉及行为目的的问题。换言之，认知观念解决的是行为的条件问题，价值观念解决的是如何行为的问题。认知观念与价值观念又是统一的。真理和价值作为人类行为的两个前提性条件，在一个现实的人类行为中，是缺一不可的，都是人类生存发展的必要条件。另外，在人类社会的历史进程中，真理和价值的关系总体上趋于一致和统一，认知观念和价值观念所代表的是非与利害之间的矛盾冲突在具体的历史进程中可能会发生这样或那样的冲突或矛盾，但在整体上二者趋于和谐与统一，不然的话，历史进化的可能性就难以存在了。

## 二 人的观念现代化的实质

人的观念现代化的根本矛盾决定着人的观念现代化的本质规定。根据唯物辩证法关于事物本质的理论，把握事物的本质规定，必须同时满足三个基本条件：一是类本质，是同类事物共同具有的最一般、最普遍、最稳定的属性；二是该事物不同于其他事物的特有属性；三是由事物的根本矛盾所决定的根本属性。把握事物的本质规定，之所以要同时

---

① 《马克思恩格斯文集》（第1卷），人民出版社2009年版，第163页。

满足这三个条件，是因为这三个条件都必不可少，缺少任何一个方面都不能准确地把握本质，甚至根本不是本质。所谓本质，就是构成事物的基本要素之间的内部联系，是由事物内部特殊矛盾决定的事物的根本性质，是一事物与其他事物相互区别的最根本的东西。① 本质与现象是一对范畴，事物的本质隐藏在纷繁复杂的事物现象背后，是事物本身所固有的、稳定的，决定事物存在和发展并同其他事物区别开来的事物的根本性质。人的观念现代化中的特殊矛盾就是人的思想观念的传统性、保守性、现实性与现代性、开放性、前瞻性之间的矛盾，人的观念现代化的本质就是人的观念现代化固有的、稳定的、决定人的观念现代化存在与发展并同其他社会实践活动区分开来的人的观念现代化的根本性质。基于此，我们认为，人的观念变革是人的观念现代化的本质规定，并且这种本质规定性体现为三个层次的本质意蕴，即人的素质提升、人的潜能开发与人的全面发展之间的和谐统一。

### （一）人的观念变革

把握人的观念现代化的本质，是推进和实现人的观念发展的前提。人的观念现代化的本质就是人的思想观念上的根本变革。这种观念变革的根本性，就是人的思想观念在量变基础上引发的质变，表现为质变性；就是在传统观念与现实观念的基础上人的思想观念向现代观念、未来观念发展，表现为方向性；就是人的思想观念在自发推进的同时，更多的则体现为一定的阶级或集团为了实现其特定的目的，对人们有意识、有计划、有组织施加的思想影响，表现为自觉性；就是人的思想观念深刻变革在不同层面的不断深化，表现为层次性。

人的观念现代化的本质表现为深刻的质变性。量变和质变是事物变化发展的两种形式或两种状态。人的观念发展的量变就是观念的量的规定性的变化，是观念在数量上的增减和变更，是常见的、不显著的变化，是在度的范围内的延续和渐进。人的观念发展的质变就是观念的质的规定性的变化，是观念由一种质态向另一种质态的飞跃，是根本性的、显著的突变，是原有度的范围内的连续和渐进的中断。人的思想观

---

① 肖前：《马克思主义哲学原理》（上），中国人民大学出版社1994年版，第206页。

念在日常生活中涉及面非常广泛，受社会实践的影响，人的观念时时刻刻都在发生着变化，例如，在现实中人们对某一具体问题的认识、观念、看法与态度，受到自身实践经验的影响、受到家庭与同辈群体的影响、受到大众传播媒介所主导的社会舆论的影响、受到信息化条件下各种网络言论的影响，无不发生着变化，这种变化就是一种量变。在社会发生变革的情况下，社会存在发生了变化；或者这种量变积累到一定程度，就会引发人的观念的质变。例如，在无产阶级革命过程中，共产主义思想意识的孕育、生成与发展就是一个从量变到质变的过程。

人的观念现代化的本质表现为明确的方向性。人的观念发展，必定要遵循着意识发展的客观规律。在人的意识发展过程中，传统意识作为人的思想观念的前提，是人的现实意识生成与发展的历史条件、观念依据与文化背景；人的思想观念以传统意识为前提，以现实意识为基础，在社会实践的决定下，向着现代观念与未来观念发展。人的思想观念发展的这种方向性，是基于唯物辩证法关于世界运动发展的基本规律。在统一的物质世界中，事物、现象的普遍的相互联系、相互作用，同事物、现象的运动、变化和发展是彼此不可分割的，联系的观点和运动、发展的观点是唯物辩证世界观在同一层次上的两个方面，它们表达的是对同一对象世界客观本性的认识。[①] 在辩证法范畴体系中，运动、变化与发展是属于同一序列的范畴。虽然这是针对世界的物质联系、唯物论而言的，但是在人的观念运动、变化与发展中也同样适用。这种方向性，也就是人的思想观念的超越，是人的理性观念对感性观念的超越，实践活动对理性认识的超越，阶级意识对个体意识的超越，理想愿景对现实状况的超越，现代观念对传统观念与现实观念的超越，这种超越体现了现实向理想、个体向群体、精神向物质的转化。

人的观念现代化的本质表现出主体的自觉性。人的观念发展在实现过程中存在着自发性，这种自发性也是由社会实践决定的。在社会存在发生变化的同时，势必会引起人的思想观念发生变化，这种变化一开始可能是渐进的、量变性质的一种自然发生的过程，但这种观念发展的自发性不能体现人的观念现代化的本质。只有人的思想观念发展由自发到

---

① 肖前：《马克思主义哲学原理》（上），中国人民大学出版社1994年版，第149页。

自觉，才能体现人的观念现代化的本质。也正是在这个意义上，人的观念现代化体现着思想政治教育"思想掌握群众"的更深层次本质。思想政治教育作为一定的阶级或集团，为了实现一定的政治目的，对人们有意识、有计划、有目的、有组织地施加思想影响的一种实践活动，就是思想掌握群众，就是一定的阶级或集团运用反映本阶级或集团根本的政治目的和经济利益的理论化、系统化的思想意识，自觉地影响和掌握群众的思想，指导和推动群众的社会实践，以实现本阶级和集团的根本政治目的和经济利益的过程。[①] 这里的"思想掌握群众"，体现在人的观念现代化过程中，就是一定的阶级、集团或国家、政党、组织，将自身理论化、系统化的思想观念，自觉地通过各种途径和渠道影响和掌握群众的思想观念，以此指导和推动人们的社会实践。

人的观念现代化的本质表现出不同的层次性。这种层次性的理论依据，首先是哲学上的事物本质层次性原理。由于事物的现象是不断发展变化着的，所以人们对事物本质的认识也是一个不断深化的过程。列宁认为，"人的思想由现象到本质，由所谓初级本质到二级本质，不断深化，以至无穷"，[②] 列宁的论述不仅提出了事物本质的不断深化问题，而且提出了本质的层次性问题。在《矛盾论》中，毛泽东也明确地把事物的本质划分为"特殊的本质"和"共同的本质"两个层次，并阐述了两者的内在联系："人们总是首先认识了许多不同事物的特殊的本质，然后才有可能更进一步地进行概括工作，认识诸种事物的共同的本质。当人们已经认识了这种共同的本质以后，就以这种共同的认识为指导，继续地向着尚未研究过的或者尚未深入地研究过的各种具体的事物进行研究，找出其特殊的本质，这样才可以补充、丰富和发展这种共同的本质的认识，而使这种共同的本质的认识不致变成枯槁的和僵死的东西。"[③] 其次是由现象与本质的复杂关系决定的。同一现象可以表现为不同的本质，同一本质在不同的条件下即在不同的联系中，也可以表现为不同的现象。本质有相对肤浅的、比较深刻的，有所谓初级本质、二级本质与更高级本质等。正因为本质与现象的对立，才使科学研究具有

---

① 骆郁廷：《思想政治教育的本质在于思想掌握群众》，《马克思主义研究》2012 年第 9 期。
② 《列宁全集》（第 55 卷），人民出版社 1990 年版，第 213 页。
③ 《毛泽东选集》（第 1 卷），人民出版社 1991 年版，第 309 页。

必要性，"如果事物的表现形式和事物的本质会直接合而为一，一切科学就都成为多余的了"。① 还有，这种本质层次性理论在相关学科研究中有着现实的应用。例如，法学研究中对法的本质的认识，就认为法具有不同层次的本质，只不过到底是几个层次，学界存在认识差别而已，孙国华教授提出，法的第一级本质是统治阶级的意志，第二级本质是上层建筑中其他因素的影响，第三级本质是经济基础和社会生活的其他客观需要。② 朱景文教授基于"国家—阶级关系—物质生活条件"的关系链，认为人们对法的认识是从现象到本质，从初级本质到深层本质的逐步递进过程，法是被奉为法律的国家意志，这是对法的认识的现象层次；法是统治阶级意志的体现，这是对法的认识的第一层次的本质；法所反映的意志受到物质生活条件的制约，这是对法的深层本质的认识。③ 在思想政治教育学中，学者也认为思想政治教育有不同层次的本质，第一层次是思想政治教育的共同本质，第二层次是思想政治教育的阶级本质，第三层次是思想政治教育的国家本质。④ 基于此，我们对人的观念现代化的本质认识也存在着层次性，即人的观念现代化本质的第一层次是人的素质提升，第二层次是人的潜能开发，第三层次是人的全面发展。

**（二）人的素质提升**

人的素质就是指个体在先天禀赋和传统文化影响的基础上，在后天教育和实践活动中形成的包括身体、心理、社会文化素质在内的综合质量，其内涵是个体在生活、工作和社会活动中所具备的自身条件，以及认识世界和改造世界的能力。对人的素质的界定是侧重于个体的，在个体基础上群体特别是一个国家内国民的素质就构成了国民素质。人的素质的这些条件是多方面的，主要是身体、心理和社会文化等，其实质是德、智、体条件的有机结合和统一；这种能力是一种潜在的能量，即生

---

① 《马克思恩格斯文集》（第 7 卷），人民出版社 2009 年版，第 925 页。
② 孙国华：《马克思主义法理学研究——关于法的概念和本质的原理》，群众出版社 1996 年版，第 223—227 页。
③ 朱景文：《法理学》，中国人民大学出版社 2008 年版，第 30—36 页。
④ 骆郁廷：《思想政治教育原理与方法》，高等教育出版社 2010 年版，第 44—45 页。

物能量、社会能量及其内含的生存价值和发展价值。① 在人的素质的三个方面构成中,身体素质是在先天素质和后天获得性基础上所表现出来的功能和相对稳定的特性,包括先天遗传性生理素质和后天肌体素质两大要素,身体素质是人的观念现代化的基本前提,规定着个体素质发展的潜在开发性和自然限度,基于其主要体现为先天遗传性,我们在此不多讨论。心理素质是指以人的自我意识发展为核心,由积极地与社会发展相统一的思想观念所导向的智力因素和非智力因素有机结合的整体,或者说是表现在个体身上经常的、相对稳定的、整体的心理特征,以及驾驭和把握心理情绪的一种较为稳定的能力。在国民素质结构中,心理素质具有独特的地位,这主要是由心理素质结构的功能所决定的,起着先天的生理因素(身体素质)和后天的社会因素(社会文化素质)的中介作用,人的遗传因素和后天身体素质开发和健康的程度,社会文化在自身中内化、积淀的程度,都要通过心理因素的交互作用才能得到反映。社会文化素质,是指国民在后天接受各种形式、层次的教育和社会实践活动,通过内化后形成的社会文化特质,具有与社会发展要求相适应、与现代化发展规律相一致的属性,主要包括科学文化素质、思想素质、道德素质和能力素质四个方面要素的结构。

第一,人的素质是现代化的基石,思想观念是人的素质的核心。学术研究中曾经有学者以为国民素质缺陷的根源在于教育,从教育上追溯国民素质缺陷的根源。但其实教育只不过是外因,而国民素质缺陷的内因不是别的,正是人的思想观念。现实生活中,有的人学历挺高,甚至还有着高级职称,但是观念陈旧,与现代化格格不入,例如,高级知识分子的家庭暴力行为折射的男女不平等观念(2012 年的李阳虐妻"家暴"事件就是明证);还有些人没有什么学历,却善于接受新鲜事物,观念也新,例如,我国东南沿海地区的农民,他们在改革开放伊始就激发出强烈的商品经济和市场经济观念。哪一种人的现代化程度高呢?当然是后一种人更能接近我们所说的"现代人"。基于此,我们得出结论:思想观念是国民素质的核心。社会主义制度在我国确立以后,现代

---

① 林世选:《国民素质论——和谐社会构建与国民素质研究》,中央编译出版社 2009 年版,第 19 页。

化的蓝图就已经展现在我们的面前了,也就是中国共产党提出的到 21 世纪中叶也就是新中国成立 100 周年之际,要基本实现现代化。现代化的理论和实践向人们揭示:人的现代化是社会现代化的关键,封闭落后地区的能工巧匠,无论如何也不能建造起来现代化大都市里的摩天大楼;观念现代化是人的现代化的标志,在当今时代中东石油输出国那些开着罗尔斯-罗伊斯高级豪华轿车的牧养骆驼的文盲牧人,无论如何都不能认为他们已经实现了观念现代化,成为了现代人。人的现代化,也并不是我国改革开放初期一度流传的"会电脑、会英语、会开车、会跳舞"那样,仅仅局限于某些现代技能的掌握;也不是单纯具有现代化社会的生活经历,或者在某一学科、领域的领先地位;更不是 20 世纪 80—90 年代"西装、皮鞋、大哥大"或"牛仔裤、披肩发"那样在生活上追求流行、达到时尚。人的现代化,体现在国民素质上就是人的观念现代化,也就是人的价值尺度、思维方式、行为方式和情感方式等社会文化心理方面的现代化。所以说,我们同任何一个其他国家的国民一样,也绝对不完美,有着这样或那样的缺陷,这些缺陷,并非仅仅就是指国民性中的"劣根性",而且还包括在国民素质,也就是国民质量上与现代人的差距,与发达国家国民在思想观念上的差距。

第二,从某种意义上说,中国社会主义现代化进程之举步维艰,与人的素质不无关系;而人的素质负面影响的主要表现就是观念的陈旧、错误。正如英克尔斯所说:"传统人所拥有的品质使他们容忍或安于不良的现状,终生固守在现时所处的地位和境况中而不求变革。那些陈腐过时的、常常是令人难以忍受的制度就暗暗地靠着这些传统的人格性质,长久顽固地延续下去,死死抓住人们。要冲破这个牢固的束缚,就必须要求人们在精神上变得现代化起来,形成现代的态度、价值观、思想和行为方式,并把这些熔铸在他们的基本人格之中。"[①] 中国现代人的基本特征一直着眼于观念,其演化也一直立足于观念的变革与更新。中国是一个文明古国,历史与文化源远流长,未曾发生文化的断裂与中断,这就使中国具备了一个典型传统社会的品格;中国又是一个有着两

---

① 参见阿历史斯·英克尔斯《人的现代化:心理·思想·态度·行为》,殷陆君编译,四川人民出版社 1985 年版,第 6 页。

千年封建制度的社会，推翻封建专制制度刚刚一个世纪，但封建主义的流毒却一直未能彻底肃清；在近半个世纪里还经历着极"左"思潮的浸染和计划经济的束缚。来自上述传统文化、封建文化、极"左"思潮和计划经济等多个方面的影响，构成了我们思想观念方面的传统性，传统人的特性也可以在这些影响要素里去找寻，这些都铸成了国民头脑中与现代化格格不入的陈旧、错误、传统的思想观念，犹如一副沉重的枷锁，严重阻碍着国民素质的提高和现代化进程的推进。这些观念有一个共同特点，那就是它们都在一些流行语中有所反映，并进而成为一种思想观念。这些流行语也就造就了一种舆论环境，一种自发的舆论环境。有研究者就我国国民素质缺陷的观念根源进行了搜集、整理，并用民间自发的舆论载体——流行语加以揭示，例如，"咱一个草民"、主奴意识、当官要为民做主、拜官主义、"国家事管他娘"、民主不适合目前的国情、法治要和人治相结合、人情大于王法、法不责众、屈死不告状、"人权问题不要提"、个性强的缺点、"人随大众不挨骂，羊随大群不挨打"、自我设计是无政府主义和利己主义的表现、"大河有水小河满，大河无水小河干"、有饭大家吃，① 还有"传统轻易不能丢"，"关起门来过日子"，知足常乐，精神不如实惠，不说假话办不成大事，重名轻实，"十鸟在林，不如一鸟在手"，"官不修衙，客不修店"等。② 这些盘踞在国民头脑中的陈旧、错误观念，可以说是根深蒂固、盘根错节地束缚了国民的手脚，扼杀了国民的聪明才智，严重阻碍着国民素质的提高和人的观念现代化进程。人们不仅用这些错误的、陈旧的观念自我评价和自我约束，还用这些观念评价他人、约束他人（这也就是自发性舆论消极作用的表现）。改革开放实践中出现的许多问题与失误，在一定程度上与来自这些观念的阻力有着密切关联。

第三，人的观念现代化就是要塑造现代人必备之素质。在当今中国，不赞成改革开放的人大概不会多了，但是否思想观念问题都解决了呢？肯定不是。这也是中央在当前仍然强调要继续解放思想、冲破观念束缚、继续推进改革开放的原因之一。在许多国民的内心深处，仍然存

---

① 解思忠：《中国国民素质危机》，中国长安出版社2004年版，第31—136页。
② 解思忠：《国民素质演讲录》，上海社会科学院出版社2003年版，第41—47页。

在着与改革开放相抵触的陈旧、错误观念。在全球化时代,"未来的国际竞争,实质上是国民素质的竞争;哪个国家拥有高素质的国民,哪个国家就能在未来的竞争中处于战略主动地位"。[①] 改革开放之后,我国进入了社会转型时期。所谓社会转型,从本质上讲,就是传统性的消解和现代性的生成过程,在经济形态上表现为从自然经济向以市场为导向的商品经济转变,在政治形态上表现为从以权威控制为特征的集权型社会向建立在个人自由平等基础上的民主法治型社会转变,在社会关系上表现为从以身份为特征的依赖型关系向以个人独立自由为基础的契约型社会关系转变。社会转型不是社会某一系统或系统的某一部分的局部变迁,而是社会的结构性变革和整体性发展,其中既有经济基础的变革,也有上层建筑的调整。这种社会转型既带来了政治的昌明、经济的发展、文化的繁荣、社会的进步、生态的优化,又为全面提高人的素质准备了物质和精神的基础,但同时也不可避免地衍生了许多社会问题,影响了国民素质全面均衡的发展。现代化的实践孕育、生成、提升着现代人必备的各类素质。

### (三) 人的潜能开发

人的潜能开发之所以成为人的观念现代化的本质蕴涵的基础内容,在根本上是由人通过思想观念的更新、改造达致的人的主观能动性决定的。人的潜能开发就是通过人的观念现代化,最大限度地发挥人的主观能动性和发掘人的内在潜能。随着全面建成小康社会进程的推进,我国科教兴国、人才强国战略的广泛实施,建设自主创新型国家的目标和人才资源是第一资源的定位,把人的潜能开发及其基础之上的人力资源开发提高到了前所未有的高度。人的观念现代化之所以可以开发人的潜能,是因为人在认识世界和改造世界的过程中,具有主观能动性。人的能动性,是有层次和深度的差别的,它不可能由人们自发地完全释放出来,而需要对其进行深度挖掘。在人的潜能开发中,尊重个人的兴趣爱好,发挥人的特长与优势,是发挥人的潜能的基础;充分调动人的主动

---

① 参见阿历克斯·英克尔斯《人的现代化:心理·思想·态度·行为》,殷陆君编译,四川人民出版社 1985 年版,第 6 页。

性与积极性，促进人的智力与能力的发展，是人的潜能开发的重点；培养创造精神，是人的潜能开发的最高层次。所谓创造，就是首创前所未有的事物，探索别人没有涉及的领域，实现新的发展。创造本身就是一种发掘与开发，是人的主观能动性的深层发挥。创造的过程，是一个艰难困苦的过程，需要人内在强大精神动力的支撑。创造性学习、创造性工作、创造性研究，需要创造者付出艰巨的劳动，具有顽强的毅力和勇于探索、不怕失败的勇气，特别是在创造者逼近创造目标的关键时期，更需要创造者排除一切杂念和干扰，忘我地全身心投入。所以，创造精神，实际上就是一种顽强的拼搏精神、艰苦的奋斗精神和忘我的牺牲精神。这种崇高的精神境界，没有远大的奋斗目标、强大的精神动力、顽强的信念意志是难以达到的。创造精神的培养，不是一般教育就可以实现的，只有富于开发功能的人的观念现代化才能担当。

第一，人的潜能开发是人的观念现代化本质意蕴的具体体现，是由人力资源是第一资源、人力资源是最重要资源的发展取向以及我国建设社会主义人力资源强国的现实任务决定的。党的十八大报告提出了在全面建成小康社会新时期我国要"进入人才强国和人力资源强国行列"的发展任务，① 建设人力资源强国的目的就是要"为全面建设小康社会、加快推进社会主义现代化提供更有力的人才保证和人力资源支撑"。② 我国社会主义现代化进程在很大程度上取决于人才资源开发，人才资源开发又往往取决于人的潜能的开发。我国的社会主义现代化是在知识经济兴起和全球化蓬勃发展的条件下进行的。在知识经济时代发展现代生产力、推进现代化，最重要的就是开发人的潜能，发挥人力资源的首要作用。"人是生产力中最活跃的因素，人力资源是第一资源"，③ "做好人才工作，首先要确立人才资源是第一资源的思想"。④ 现代生产力的发展和物质精神财富的增长，在很大程度上取决于物质资源的开发利用，物质资源的开发利用在很大程度上取决于人才资源的开发利用，人才资源的开发利用在很大程度上取决于人的潜能的开发。

---

① 《中国共产党第十八次全国代表大会文件汇编》，人民出版社2012年版，第16页。
② 胡锦涛：《在全国教育工作会议上的讲话》，人民出版社2010年版，第1页。
③ 《十五大以来重要文献选编》（下），人民出版社2003年版，第2409页。
④ 《江泽民文选》（第3卷），人民出版社2006年版，第319页。

"随着科技进步日新月异，知识越来越成为提高综合国力和国际竞争力的决定性因素，人力资源越来越成为推动经济社会发展的战略性资源"，① 开发人的潜能，就是"努力培养造就数以亿计的高素质劳动者、数以千万计的专门人才和一大批拔尖创新人才"。② 人才资源开发，"要按照全面发展的要求，提高人才自身的思想道德素养和科学文化素质，充分发挥人才的主观能动性和创造精神"。③ 人的潜能的开发，既要开发智力方面的潜能，又要开发精神方面的潜能。人的观念现代化在人的潜能开发中，更多地体现出对人的精神潜能的开发，这种精神潜能的开发，可以培育、发展和发挥人的主观能动性和奉献敬业、团结协作、艰苦奋斗、开拓创新精神等，产生强大的精神动力，推动人才智力与能力的发展，进而推动人才运用自身的智慧、知识、能力对客观世界进行广度和深度开发，有效地促进了现代生产力的发展和我国现代化进程。因此，人才资源是第一资源，人的潜能开发对人才资源开发乃至客观世界开发起着基础性、决定性的作用，从根本上影响和推动着社会主义现代化进程。

第二，人力资源具有个体性，决定着人的观念现代化能够实现人的潜能开发的可能性。人力资源不同于其他资本形态的根本特点，就在于它与作为实践主体的人的自身密不可分，是体现、凝结和储存在特定人身上并经由人形成、支配和使用才能发挥作用与价值的一种特定资本。物质资本与人力资本相比较，具有显著的特征：物质资本所有权可以通过法律规定的买卖、转让或继承方式实现所有权转移，而体现在人身上的人力资本所有权却不可能买卖、转让或继承，只能就人力资本的使用权进行交易。因此，人力资本体现、凝结和储存在特定的主体身上，与主体的人身不可分离，并经由这个特定主体形成、支配和使用才能发挥效用，其他任何组织、个人或政府虽然可以实现人力资本的产生、形成、支配和使用并能从中获得利益，但都不能无视或超越它的直接所有者而直接使用，在现实中就体现为"不能强迫劳动"的观念和做法，这样人力资本就是一种具有显著个体性或私人性的资本。由于人力资本

---

① 胡锦涛：《在全国教育工作会议上的讲话》，人民出版社2010年版，第5页。
② 同上书，第6页。
③ 《江泽民文选》（第3卷），人民出版社2006年版，第319页。

不能与拥有这种资本的个人分离开来，因此，人力资本的产权特征表现出明显的个体性或私人性，其他行为主体或外在制度安排一旦违背人力资本归属主体（所有权主体）的意愿，侵犯其权利，那么人力资本就会"不听使唤"或者"宁死不屈"，从而使人力资本大为贬值，成为无用乃至"报废"的资产。由此可见，人力资本的这种个体性是一种天然的内在规定性。人力资本产权与人权紧密相连，尊重人权首先要保护人力资本的产权，在无视人权的制度安排下人力资本产权肯定是残缺的。由于人力资本具有私人决定性，其使用最终要由承载这种能力的个体来实现。人力资本最终发挥的作用如何，关键在于建立起符合人力资本产权特性的制度体系，我国将"国家依法保护人权"写进宪法就是最鲜明的体现之一。在不利于主体实现利益目标的情况下，人力资本就会闲置不用，人力资源开发就成为空谈。在能调动人的主动性、积极性与创造性的制度安排下，人力资本就会被充分调动起来，通过人的潜能开发，实现人尽其才。

第三，人力资源的实质是主体精神的创造力，决定着人的观念现代化实现人的潜能开发的必要性。人力资本的特性，最终体现在它的主观能动性上。因为，人力资本的天然所有者是一切经济社会发展的主体和动力，在现实经济社会活动中，人力资本的资产功能主要通过人的能动发挥才能实现，人力资本的功能规定性主要表现为主体在经济社会活动中所发挥的精神创造力。从人与自然的关系看，人作为物质和精神财富的生产者、创造者，其所拥有的人力资本，与其说是作为物质实体存在的自然人的人力，不如说是以自然人力为基础的智力人力，也就是一种精神能力。人之所以能使自然按照人的意志在何时、何地以及按照何种方式进行活动，以至创造出无限丰富的物质财富与精神财富，全在于人类的智慧使主体能够在自然的宝库中找到与自然相对抗、和自然力相矛盾的手段，因而创造社会财富。成为价值及其增殖源泉的主体创造力的，主要不是自然力和物质力，而是这种以自然人力为基础的智力或精神创造力，后者才是人力资本的实质规定性。从人与社会的关系来看，人力资源的精神创造力还表现在改进人与人之间分工协作以及利益关系的社会组织能力方面。人力资本归属的主体，是存在于特定社会文化环境中具体的、现实的个人。因此，社会文化传统、人际交往关系、分工协作组织及其各种制度、知识，经过长期积累凝结在这个具体的人的身上，形成某种社会性的精神创造力，成为人力资本内在规定性的另一个重要方面。人力资本作为经济社会发展的永久动力，更主要的是因为这种精神创造力的社会规定性。因为任何单个人的能力，其智力、精神方面的创造力，总是有限的，原因在于单个人的物质或肉体存在是有限的，其用于增长知识和技能的时间也是有限的，而在专业化分工和市场交换的市场经济条件下，就可以实现知识技能在人与人之间的互补、替代和积累，使整个社会的精神创造力在规模上无限扩展，在动态上加速增长，从而推动收益递增、经济持续增长、社会持续进步。

第四，人的观念现代化在实现人的潜能开发过程中要着力实现自觉开发、深度开发与综合开发。人的潜能开发，人力资源的形成与发展，都不是自发的、盲目的，而是自觉的过程，对于人的潜能开发不能任其自然、放任自流，而应该自觉、主动地加以开发。人的潜能的开发有其客观规律，人的观念现代化要深入探索和自觉遵循人的潜能的开发规律，积极创造条件，有意识、有目的、有计划地进行。当今社会人的潜能开发意义极其重大，具有新的特点和规律，只有根据这些新的特点和规律自觉开发人的潜能，才能为社会主义现代化建设和中华民族伟大复兴提供日益强大的精神动力与智力支持。人的潜能的开发，需要循序渐进，由浅入深，进入人力资本的内部结构。从人力资本的内在结构看，人的观念现代化不仅要进行情感动力、意志动力的开发，尤其需要进行理智动力的开发，并以思想理论、理想信念为核心进行理智动力的开发，带动情感动力、意志动力的开发；从人力资本的形态结构看，人的观念现代化不仅要增强主体的精神约束力、精神聚合力，尤其要进行精神创造力的开发，通过重点开发人的精神创造力，带动精神凝聚力、精神约束力的开发；从人力资本的层次结构看，人的观念现代化不仅要进行个体思想观念、群体思想观念的潜能开发，尤其要通过个体思想观念潜能开发上升到群体思想观念潜能开发。因此，人的观念现代化对于人的潜能开发只有既进行结构开发，又进行重点开发，才能提升人的潜能开发层次，拓展人的潜能开发深度，提高人的潜能开发价值，推动人的思想观念进一步实现现代化。人的潜能开发是一个系统工程，需要全方位、多途径、综合性地进行开发，人的潜能具有不同类型、丰富内容和相应特点，需要在人的观念现代化过程中运用不同的途径、手段和方式加以开发。

### （四）人的全面发展

人的全面发展在现阶段就是人的现代化和人的观念现代化。人的全面自由发展是马克思主义创始人论述颇多的一个概念。马克思主义经典作家对此论断很丰富，系统阐述了人的全面发展的内涵、价值、目标、过程和实现途径。马克思在《1844年经济学哲学手稿》中说，共产主义是使人"以一种全面的方式，也就是说，作为一个完整的人，占有自己的全面的本质"[①]。他们在批判其他非马克思主义观点时指出，"在他们看来，这种个人不是历史的结果，而是历史的起点。因为按照他们关于人性的观念，这种合乎自然的个人并不是从历史中产生的"[②]。在《共产党宣言》中，他们把人的发展概括为每个人的全面而自由的发展并以之作为共产主义的基本原则，作为人类社会追求的根本目标。人的全面自由发展是一个历史过程，不同历史阶段衡量人的全面发展有不同的客观尺度，从而使不同历史阶段人的全面发展带有明显的时代特征。我们现在所提出的人的全面发展，既是人的发展目标，即与社会主义、共产主义乃至人类社会追求的"每个人的自由发展是一切人自由发展的条件"相一致；也是人在现阶段的发展要求，即与资本主义社会人的异化和我国现实中人的片面发展相区别。这一过程，既与我国社会主义现代化建设过程相一致，也成为社会主义现代化的重要组成部分。相对而言，人的全面发展是一个更长远的历史过程，是更远大的目标，人的现代化则是人的全面发展过程中的一个必经阶段。人的现代化过程必须与人的全面发展过程相一致，人的现代化结果必定最终走向人的全面发展。我们党领导人民进行改革开放和现代化建设的根本目的，就是通过发展社会生产力，不断提高人民的物质文化生活水平，促进人的全面发展。[③]

第一，人的全面发展揭示了人的观念现代化的深刻性质。在哲学意

---

[①] 《马克思恩格斯文集》（第1卷），人民出版社2009年版，第189页。
[②] 《马克思恩格斯文集》（第8卷），人民出版社2009年版，第6页。
[③] 中共中央宣传部：《科学发展观学习读本》，学习出版社2008年版，第33—34页。

义上，人的发展是指人的一种进步状态。马克思主义认为，人的发展的理想状态是人的全面、自由和充分的发展。一是人的"全面发展"，这是相对于资本主义社会人的片面、畸形发展而言的。在资本主义制度下，畸形发展的"不仅是工人，而且直接或间接剥削工人的阶级，也都因分工而被自己用来从事活动的工具所奴役；精神空虚的资产者为他自己的资本和利润欲所奴役；法学家为他的僵化的法律观念所奴役，这种观念作为独立的力量支配着他；一切'有教养的等级'都为各式各样的地方局限性和片面性所奴役，为他们自己的肉体上和精神上的短视所奴役，为他们的由于接受专门教育和终身从事一个专业而造成的畸形发展所奴役"。① 作为现实中的人的全面发展主要侧重于量的积累，注重人的素质与能力的普遍性和全面性，是人的所有素质充分而全面的提高。二是作为未来理想目标的人的"自由发展"则主要侧重于质的突破和飞跃，着眼于人的个性自由和协调发展。可见，人的全面发展是人的自由发展的前提和基础，人的自由发展是人的全面发展的目标和归宿。三是人的"充分发展"体现了人的发展程度，这种程度是共产主义社会的思想境界，但"只有从这时起，人们才完全自觉地自己创造自己的历史；只是从这时起，由人们使之起作用的社会原因才大部分并且越来越多地达到他们所预期的结果。这是人类从必然王国进入自由王国的飞跃"。② 人的自由而全面发展是马克思主义的最高命题，也深刻揭示了人的思想观念要达致全面、自由、充分发展的性质与要求。

第二，人的观念现代化为人的全面发展提供了精神动力。人的观念现代化对个人的全面发展的精神动力主要表现在三个方面：一是在内容上，人们较为普遍地接受了马克思主义的理论和方法，为人们提供了理论依据，使人们在世界观、人生观和价值观上得到了引导；从形式上，人们的思想受到了现代化思想观念的引导而得到转化，使人们的思想、意识、观念以及认识世界的能力不断得以提高。二是在目的上，人的观念现代化就是通过观念更新、思想引导，使人们以社会需要和提倡的先进的思想和价值理念来规范自己的行为；在终极目标上，人的观念现代

---

① 《马克思恩格斯文集》（第9卷），人民出版社2009年版，第309页。
② 同上书，第300页。

化就是为促进现实中每一个人的自由而全面发展提供精神动力，以鼓舞人们积极向上的进取精神。三是理想信念上，人们在自身事业发展和进步的过程中，其精神动力是不可缺少的，任何阶级政党，社会群体以及每一个体都无一例外。列宁说："共产主义是我们的理想和信念，无产阶级正是从这个理想中得到最强烈的斗争动力。"① 邓小平也十分强调精神动力的重要性，"对马克思主义的信仰，是中国革命胜利的一种精神动力。"② 江泽民多次谈到精神动力问题，指出："一个民族、一个国家，如果没有自己的精神支柱，就等于没有灵魂，就会失去凝聚力和生命力……精神力量也是综合国力的重要组成部分。"③ 可见，对社会群体与个体而言，人的观念现代化为人的全面发展提供了精神动力。

第三，人的观念现代化是人的全面发展的实现方式。江泽民认为，人的全面发展包括"人的思想和精神生活的全面发展"④，这表明在人的全面发展中自然也就包括人的思想观念的全面发展，从而将人的观念现代化纳入人的全面发展之中。在社会主义初级阶段，人的全面发展就表现为人的现代化，社会思想观念与生产力、先进的经济政治制度以及良好的社会环境一起成为人的全面自由发展不可或缺的重要保证，人的观念现代化是现阶段实现人的全面自由发展的重要方式。在现代社会，人是社会的中心，一切进步和发展都要有利于人的全面自由发展。因此，人的观念现代化的结果，要看它是否有利于人的发展，人的主体地位的确立，现代人格的形成，现代生活方式的养成。马克思主义把人类的发展目标放在人的本质的全面发展上，把未来社会的目标放在人的全面自由发展上，从而为人的观念现代化提供了明确的向度。人的观念现代化是人类发展的一个阶段，是人的全面自由发展的一种特殊形态，只有以人的全面自由发展为目标，人的观念现代化才能坚持正确取向；只有现实地把握人的观念现代化进程，才能切实有效地推进人的全面自由发展。离开人的全面自由发展取向，人的观念现代化就会发生偏斜；忽

---

① 《马克思、恩格斯、列宁、斯大林论科学社会主义》，中国人民大学出版社 1988 年版，第 35 页。
② 《邓小平文选》（第 3 卷），人民出版社 1993 年版，第 63 页。
③ 《江泽民文选》（第 3 卷），人民出版社 2006 年版，第 230 页。
④ 同上书，第 295 页。

视人的观念现代化进程的实际推进，人的全面自由发展就会陷入空谈。人的观念现代化就是要"使实现社会全面进步和人的全面发展的观念深入人心"①。人的全面自由发展是人和社会发展的最高理想目标，是理想和现实的统一。要将这一理想转变为社会现实，需要经过长期的努力与探索。作为一个历史发展过程，人的现代化及其过程中的观念现代化是人的全面自由发展的前提和基础，人的全面自由发展是人的观念现代化的深化和归宿。当代中国人的全面自由发展实际就指向人的现代化及观念现代化，人的现代化是人的全面自由发展在当代的现实体现，实现人的现代化就是人的全面自由发展的实现过程。人的全面发展与人的观念现代化的这种辩证关系，决定了人的全面发展应当成为人的观念现代化的最终发展目标。

第四，人的观念现代化是共产主义"新人"必备的基本素质。马克思主义经典作家注重共产主义新人的培养。恩格斯在谈到现代性的"新人"时指出："当上个世纪的农民和工场手工业工人被卷入大工业的时候，他们改变了自己的整个生活方式而成为完全不同的人；同样，由整个社会共同经营生产和由此而引起的生产的新发展，也需要完全不同的人，并将创造出这种人来。"② 共产主义新人必须是实现了观念现代化的人，而不是那种笼统的、抽象意义上的"新人"，正如列宁批评的，"我们不是那种认为建设社会主义俄国的事业可以由什么新人来完成的空想家"③。在西方马克思主义者那里，"新人"的设计也一直成为中心话题，例如马尔库塞在《单向度的人》中设计了从感觉能力和本能欲求都得到彻底解放的"总体的人"；弗洛姆在《占有或存在——一个新型社会的心灵基础》中描述了"真正的现代人"的本质特征以及"新人"的21种人格特征。中国共产党作为无产阶级政党非常注重共产主义、社会主义新人的培养。"培养具有共产主义道德品质的新人"，④"新型的教育制度"可以"培养脑力劳动和体力劳动相结合的

---

① 《十六大以来重要文献选编》（上），中央文献出版社2005年版，第538页。
② 《马克思恩格斯文集》（第1卷），人民出版社2009年版，第688页。
③ 《列宁全集》（第36卷），人民出版社1985年版，第6页。
④ 《建国以来重要文献选编》（第13册），中央文献出版社1996年版，第490页。

共产主义新人",①"能够使得学校日益发展成为培养共产主义新人的新型学校"。② 邓小平更是在此基础上明确提出了社会主义"四有"新人的理论,把培养"四有"新人作为社会主义精神文明建设的主要任务。培育现代"四有"新人是人的全面自由发展的当代形态和现实维度。在社会主义"四有"新人的培育中,有理想、有道德、有文化、有纪律,不仅是教育青少年,而且要教育人民和干部,"我们提出要教育人民成为'四有'人民,教育干部成为'四有'干部",③"理想就是社会主义现代化"。④ "四有"本身就是一种新观念,人的观念现代化是"四有"新人必须具备的基本素质。全国政研会原会长袁宝华指出,我们抓精神文明建设,培养"四有"新人,实质就是要实现人的现代化,而人的现代化首要内容就是思想观念的现代化。思想政治工作既要"促进别人的思想观念现代化",也就是"要实现自身的观念现代化",从这个意义上说,"思想观念现代化的过程,就是思想观念新陈代谢的过程"。⑤

## 三 人的观念现代化的特征

党的十七届六中全会指出,中国共产党在革命、建设和改革的历史时期,均以思想文化新觉醒推动党和人民事业向前发展。作为国人的现代精神支柱、民族的现代文化支撑,当代中国人的观念现代化主要是在马克思主义中国化的进程中,伴随着社会变革中的思想转变、观念更新与文化觉醒而产生发展起来的。改革开放作为继辛亥革命、新民主主义和社会主义革命之后中国发生的第三次革命,在一定程度上说,更是一场改变人们思想观念的革命。有学者认为,马克思主义中国化要实现两

---

① 《建国以来重要文献选编》(第19册),中央文献出版社1998年版,第398页。
② 《建国以来重要文献选编》(第12册),中央文献出版社1997年版,第213页。
③ 《邓小平文选》(第3卷),人民出版社1993年版,第205页。
④ 同上书,第209页。
⑤ 杨文上、王丹石:《致力于思想政治工作的现代化——全国政研会会长袁宝华访谈录》,《思想政治工作研究》1998年第8期。

个方面的结合：一是马克思主义与中国的革命建设改革的实践相结合，把马克思主义应用于中国的现实环境，实现实践主导；二是马克思主义与中国的传统文化相结合，使马克思主义具有老百姓喜闻乐见的中国作风和中国气派，凸显文化扬弃。① 以此为分析方法，在当代中国人的观念现代化的过程中，也有实践主导与文化扬弃两个层面的实现路径，并且实践主导层面具有根本性。

现代化是全面的现代化，从某种意义上说，传统社会和现代社会之间的区别并不仅仅是社会制度的不同、经济制度的差异、文化传统的差别，更重要的是生活在社会中人的不同。正是不同的人造就了不同的社会。因此，要实现现代化，最基础的工作应该就是实现人的观念现代化。正确反映了社会存在的观念能推动社会的发展，而滞后的思想观念却对社会发展有着极大的危害。社会的改革，往往首先要改革人的思想观念，人的观念现代化是人的现代化的关键。每一个国家、民族的现代化进程和方式都是不一样的。同样，每一个民族及其个体的观念现代化的内容也是不一样的。虽然我国人的观念现代化具有世界各国人的观念现代化的一些共同特征，但是因为中国的历史传统、现实国情以及经济基础的不同，决定着我国人的观念现代化更具有独特性。我国现阶段人的观念现代化既不同于其他国家和地区，也不同于我国历史上任何时期，具有鲜明的特点，亦即实践性、全面性、深刻性、差异性和前瞻性。

### （一）人的观念现代化的实践性

实践在认识中起着决定作用，这决定着人的观念现代化具有实践性。按照马克思主义基本原理，实践是认识的基础，实践产生了认识的需要，为认识提供了可能，使认识得以产生和发展，成为检验认识真理性的唯一标准。人的思想观念作为认识的产物，也是从实践中产生，为实践服务，随实践发展，并受实践检验的。人的观念现代化依赖于实践，离开实践的思想观念及其现代化是根本不可能的。实践对于人的思

---

① 汪信砚：《视野、论域、方法：马克思主义哲学中国化研究中的三个方法论问题》，《哲学研究》2003年第12期。

想观念及其发展变化也就是人的现代化的实现过程具有决定意义。

第一，实践基础上的观念创新是人的观念现代化的实现过程。马克思主义最重要的理论品质是与时俱进，也就是我们党在理论和实践工作上，要充分体现其时代性，高度把握事物的规律性，充分展示创造性。在大力弘扬与时俱进的精神中，必须不断根据实践要求进行创新。人的观念现代化对于实现马克思主义理论创新，体现贯穿于其他各方面的创新之中的观念创新，呈现着创新主体的精神状态，具有重要的指导意义。观念创新成为人的观念现代化的根本来源。一方面，人的观念现代化彰显马克思主义理论创新的实践指向与现代指向。创新包括理论、制度、科技、文化创新等，前提是理论创新，这是至关重要的，在理论创新的指导下推动其他创新。也就是说，社会发展和观念变革要以理论创新为先导，同理，人的观念现代化也要以理论创新为先导。通过理论的创新来推动制度、科技、文化等的创新，在实践中不断探索前进。各项理论创新及其认识成果必须坚持观念现代化，体现思想观念的现代指向。在理论创新以及人的观念现代化的过程中，必须坚持解放思想、实事求是、与时俱进，我们立党治国的指导思想和团结奋斗的理论基础是马克思主义，对待马克思主义要以科学的态度和方法。因此，要始终做到江泽民所称的两个"坚定不移、不能含糊"。理论创新以及人的观念现代化，要统一于建设中国特色社会主义的伟大实践。理论创新也好，人的观念现代化也好，必须坚持以实际问题为中心，把马克思主义理论运用到我国现代化建设的实际问题之中，在坚持马克思主义基本原理的基础上，创新思维，发扬光大。另一方面，人的观念现代化与马克思主义观念创新一脉相承。应该说，观念创新是各方面创新的基础和前提。尽管我们将观念创新与其他各项创新排列在一条线上，其实，无论是理论、制度、科技、文化的创新，都离不开观念的创新或曰创新的观念。观念创新具有深厚的哲学认识论底蕴。从认识论角度看，人们对真理的认识不是一次完成的，而是不断发展的过程。任何时代、任何个人所获得的真理性认识都不是尽善尽美的，都有待于扩展和深化。真理是不可穷尽的，是相对日益接近绝对的一种永无止境的过程。正是在这个意义上，恩格斯指出："真理是在认识过程本身中，在科学的长期的历史发展中，而科学从认识的较低阶段向越来越高的阶段上升，但是永远不能通过所谓绝对真理的发现而达到这样一点，在这一点上它再也不能前进一步，除了袖手一旁惊愕地望着这个已经获得的绝对真理，就再也无事可做了。"① 观念创新正是体现了这种认识的辩证法。

第二，实践基础上的人的观念现代化是实践主体的自我解放。理论创新与思想观念创新必备的一种主体状态，就是主体要解放思想，打破精神枷锁，突破原来认识。人是作为社会主体而活动的，认识是作为主体的人在实践过程中对客体的反映。主体的精神条件，包括主体的心理状态、思维方式与思想观念等，都深刻影响着主体的认识过程进而影响着理论创新过程。因此，思想是否解放，决定着理论创新主体能否接受实践提供的新的思想观念并把它上升为新的理论，能否不断反思自己，即把自己的心理状态、思维方式与思想观念作为反思与批判的对象，使自己成为自己思想观念的主人。解放思想是人们对待过去、现在与未来的关系中所表现出来的一种心理状态和思维方式。江泽民指出："所谓解放思想，就是要勇于冲破落后的传统观念的束缚，善于从实际出发，努力去开拓进取。"② 在这里，"勇于冲破落后的传统观念的束缚"，指的就是实践主体在对待传统观念积淀时的一种态度和思维方式，要求人们置身于这种历史的思想积淀之中，而又不受这种思想积淀中落后观念的束缚；"善于从实际出发"，就是人们在对待现实观念时的一种态度和思维方式，要求人们努力排除主观主义干扰，尊重客观规律，立足于现实观念及其之上的社会实践基础；"努力去开拓进取"，就是要求人们以未来观念去对待未来目标和理想时的一种态度和思维方式，要求人们在为目标和理想奋斗的过程中，不怕艰难险阻，不怕曲折失败，不断接近未来观念。

第三，人的观念现代化受到社会变革的决定性影响。实践基础上的思想解放是人的观念现代化的重要使命。改革开放以来，人的思想观念发生深刻变化，这是我国社会主义现代化建设的时代特征之一，也成为我国小康社会建设的国内环境、历史条件与新形势的鲜明特征。从改革开放初期的"解放思想、更新观念"开始，一直到"新世纪新阶段，

---

① 《马克思恩格斯文集》（第4卷），人民出版社2009年版，第269页。
② 《十三大以来重要文献选编》（下），人民出版社1993年版，第2081页。

我们面临的发展机遇前所未有，面对的挑战也前所未有"的时代判断下，中国共产党提出"思想观念深刻变化"等"四个深刻变化"。在此过程中，中国共产党形成了要"自觉地把思想认识从那些不合时宜的观念、做法和体制的束缚中解放出来"的科学论断，提出了"思想观念要适应社会主义现代化建设的需要"的重要命题。随着改革的深入和对外开放的扩大，现代化的步伐震动了我们原有的生活秩序，引起社会意识的分化。在不断涌现的新事物、新情况面前，整个社会生活领域中某些传统的旧观念、旧思想、旧道德、旧模式受到了有力的冲击和挑战，并开始发生具有时代意义的变革。在当今世界大变革、大调整时期，继续解放思想的要求，更凸显了人的观念现代化的必要性和紧迫性。新时期的观念现代化，首先针对的是改革开放初期的"思想僵化"。在马克思主义发展史上，经典作家一直批判这种"思想僵化"。马克思在《1844年经济学哲学手稿》中批判黑格尔时指出，他的"思想是居于自然界和人之外的僵化的精灵"。[1] 列宁在《怎么办？》中将"党的僵化"界定为"由于强制束缚思想而必然受到的惩罚"。[2] 毛泽东1958年在成都会议上指出，"现在我们讲辩证法，将来也可能产生教条主义，思想僵化的现象可能发生"。[3] 改革开放之初，邓小平在被誉为"改革开放的宣言书"的《解放思想，实事求是，团结一致向前看》这一报告中，集中批判了"思想僵化"，得出结论："不打破思想僵化，不大大解放干部和群众的思想，四个现代化就没有希望。"[4] 就社会变革与人的观念现代化的关系而言，一方面，改革和建设的实践有力地推动着人们思想观念的更新；另一方面，要以思想观念的更新推动改革和发展。总之，在改革开放时期，"以经济建设为中心的观念、实践第一的观念、竞争观念、效益观念、平等观念、法制观念等"诸多"适应时代发展和历史进步的观念"得到了增强，[5] 这成为当代中国人观念现代化的实质所在。

---

[1] 《马克思恩格斯文集》（第1卷），人民出版社2009年版，第220页。
[2] 《列宁专题文集（论无产阶级政党）》，人民出版社2009年版，第68页。
[3] 《毛泽东文集》（第7卷），人民出版社1999年版，第374页。
[4] 《邓小平文选》（第2卷），人民出版社1994年版，第141页。
[5] 《十四大以来重要文献选编》（上），人民出版社1996年版，第791页。

第四,人的观念现代化要实现与社会实践相适应。人的观念现代化,就是在社会变革中,要"自觉地把思想认识从那些不合时宜的观念、做法和体制的束缚中解放出来",在此过程中实现人的观念现代化。"解放思想就是要冲破那些过时的旧观念的束缚",①"同各种妨害四个现代化的思想习惯进行长期的、有效的斗争",②这是改革开放以来中国特色社会主义理论体系在新世纪新阶段新形势下形成的科学判断。正确认识我国社会主义改革实践进程对人们思想的影响,就要在促进人的观念现代化的过程中,通过加强思想政治教育等途径,把思想认识从不合时宜的观念束缚中解放出来。"在我们进行改革的过程中,人们思想活跃,各种观念大量涌现,正确的思想与错误的思想相互交织,进步的观念与落后的观念相互影响,这是难以避免的",在此情况下,"思想政治工作的一个重要任务,就是要引导干部群众分清主流和支流、分清正确与谬误",具体而言,就是"在当代中国,以马克思主义为指导的正确的、进步的思想观念是整个社会思想的主流","而违反马克思主义的错误的、落后的思想观念,尽管是支流,但必须认真对待"。③在人的观念现代化过程中,"越是变革时期,越要警惕各种错误思想观念的发生和对人们带来的消极影响,我们党的思想政治工作越要加强和改进"。④人的观念现代化要积极实现思想观念的社会适应。社会适应规律也称为积极适应规律,是人的观念现代化过程中的基本规律之一,主要指人的观念现代化的目标和内容必须适应社会发展的需要。按照社会适应规律,与社会发展需要相适应的观念现代化目标和内容是科学的、正确的,与社会发展的需要不相适应的观念现代化目标和内容则是荒谬的、错误的。在社会主义现代化建设时期,"思想僵化"就典型地表现为思想观念不适应。"与新形势新任务新要求相比,我们的工作还存在一些不适应的地方",首先就是"思想观念不适应,一些同志改革意识、发展意识、创新意识不强"。⑤所以要进一步转变不适应新形

---

① 《十三大以来重要文献选编》(下),人民出版社1993年版,第2151页。
② 《邓小平文选》(第2卷),人民出版社1994年版,第209页。
③ 《江泽民文选》(第2卷),人民出版社2006年版,第251页。
④ 《十五大以来重要文献选编》(中),人民出版社2001年版,第1337页。
⑤ 《十七大以来重要文献选编》(上),中央文献出版社2009年版,第175页。

势需要的观念和做法，转变不适应、不符合科学发展要求的思想观念。在新旧体制转变以及与之相适应的思想观念的转变时期，既要形成与改革开放新形势相适应的思想观念和调整改造机制，又要使与改革开放和发展社会主义市场经济相适应的新思想、新道德、新观念深入人心。

### （二）人的观念现代化的全面性

我国当代人的观念现代化呈现全面性的特征。我国的社会主义现代化是一项全面工程，涉及社会生活的各个阶层、各个角落、各个方面，这对人的思想观念的影响也是全方位的。在人的观念现代化过程中，各种思想观念不是再修修补补，而是全面重构。我国现在进行的现代化是一场深刻的革命，在观念上更是如此。要彻底扫除陈旧的、错误的思想观念，建立全新的现代化观念，也成为一项全面的系统工程。因此，当代中国人的观念现代化是一次彻底的、全面的变革，不能是局部的修补。我们要在一个全新的基础上和一个全新的高度上实现人的思想观念的重建。

第一，我国当代人的观念现代化的全面性表现为长期性。这既是由现代化的过程性与长期性决定的，也是由社会变革的过程性与长期性所决定的，更是由在实现共产主义远大理想过程中人的自由全面发展的长期性所决定的。观念一旦形成，就会有一种惰性、惯性，也就是说在一个较长的时期内保持稳定，并且自身很难变革，必须有外部的推动力量才能引发变革。所以一种思想观念产生以后，在一定的时期以内，就会具有某种程度上的滞后性。我国是一个有着五千年悠久历史与文化传统的文明古国，传统文化具有非常强的生命力，在人们的思想观念上深深打上了传统的烙印。传统观念的惰性非常之大，虽然我国历史上有过非常多的变革或改革，但是历史的经验与教训告诉我们，只有转变了人们的思想观念，变革或改革才能顺利推进。如果没有广大转变了思想观念的人民支持，任何改革都不会取得成功。但是思想观念的转变绝非容易的事情，只有经过一个长期的过程，观念的转变才能显示出效果来。我国长期以来是一个农业国，生产方式的小农化，使广大中国人形成了保守、封闭、排外的性格。虽然现在我国正在逐步实现现代化，但是观念的转变要艰难得多。现在我国农民仍然占人口的一半左右，并且农村地区的生产力水平、农民的文化水平还相对落后，因此，广大农民对新知识、新观念的接受就会存在一个观望、怀疑的态度。只有经过一个长期的过程和艰苦的工作，广大农民在实践中才能切实感受到新的思想观念带来的好处，才会慢慢地接受新观念、新知识和新的生活方式。如果说思想观念的转变是当代中国人的观念现代化的关键，那么占我国人口半数的农民的观念现代化就是我国人的观念现代化的关键。只有使广大农民的思想观念实现了现代化，我国农村的经济社会才能真正地快速发展起来。

第二，我国当代人的观念现代化的全面性显现出复杂性。当代中国面临的人的观念现代化的任务是复杂的，因为我国现代化不仅是实现由农业国向工业国的转变，而且在当今全球化时代还面临着向知识经济、知识社会转变的艰巨任务。也就是说，我们面临的不仅是前现代社会向现代社会转变，而且面临着西方发达国家由现代化社会向后现代化社会转变的世界环境和现实压力。在确立我们面临的主要任务的同时，我们要用马克思主义的矛盾观点进行分析，搞清楚哪些是主要任务，哪些是次要任务。现在我们主要是由前现代化、现代化与后现代化混合并存的社会向现代化社会转变，也就是说现代化仍然是我们的主要任务。因此，我们的观念转变一定要以实现观念的现代化为主，以确立现代社会要求的、彰显现代性的现代观念与未来观念为主。但这并不是说，我们就可以无视后现代观念的存在。对于后现代观念，我们要具体分析，对于那些能够反映人类社会发展普遍规律的思想观念，我们要积极地吸收，为我所用。因此，我们在进行观念现代化的过程中，要以未来为主，也要兼顾后现代化的思想观念。

第三，我国当代人的观念现代化的全面性体现为综合性。人的观念现代化要综合不同类型的思想观念，以取其精华，去其糟粕，实现张岱年先生所讲的"综合创新"。实现综合创新就要坚持马克思主义的主导地位。我们所着力推进的人的观念现代化，既不是建立在传统文化基础之上的"儒学的复兴"，更不是"全盘西化"，我们必须坚持马克思主义立场观点方法作为自己的思想指导，在此基础上对各种各样的思想观念实现鉴别与筛选。对于中国的传统文化，我们要采取马克思主义具体问题具体分析的方法，对于反映客观规律的优秀观念，必须继承，并且要在新的历史条件下实现改造、更新、发展与完善。对于这些优秀的民族遗产，我们决不能以历史虚无主义的态度对待。而对于那些反映特定的社会形式和历史阶段的滞后的甚至是错误的观念，必须大胆地加以摒弃，决不能认为传统文化一切都是好的。对于从西方社会传入的思想观念，我们必须有清醒的认识，在西方思想观念中，有很大一部分反映了现代社会的基本特征和现代人的共同追求，反映了现代化大生产的基本要求，属于人类共同的宝贵遗产。对于这些新的思想观念，我们必须予以接受，并结合自己的民族实际和特殊国情加以发展更新。

### （三）人的观念现代化的深刻性

党的十一届三中全会确定了改革开放的基本国策后，经济领域的深刻变革、政治法律等上层建筑的改革也都大刀阔斧、日新月异。经济基础的变革要求相应的观念变革，并且观念变革应该具有超前性，以指导经济体制改革的实践。随着我国经济现代化的步伐加快，人的思想观念变革也更加剧烈。观念只有通过剧烈变革才能对经济建设与社会发展起到应有的指导和促进作用。人的观念现代化剧烈性另一个原因就是当今世界已经进入了知识经济和全球化的时代，信息化越来越成为社会发展的趋势之一，信息更新的速度越来越快，如果观念变革不能跟上信息发展的脚步，作为社会个体就可能会被信息时代所淘汰，作为一个国家、民族就可能在激烈的国际竞争中处于不利地位。我国现代化和世界形势的发展变化都要求人的思想观念能迅速实现现代化，起到应有的作用。

第一，人的观念现代化的深刻性体现为人的思想观念的质变。人的观念现代化的实现，必须高扬社会主义先进文化的旗帜，坚持社会主义思想文化，摒弃腐朽的封建主义思想，划清两种不同思想文化的界限，划清社会主义思想文化同封建主义、资本主义腐朽思想文化的界限，这是观念交流的首要任务。中国人的观念现代化在其近现代发展过程中，一直与中国传统文化纠缠不清，在改革开放与现代化建设带来的社会急剧变化中，人们惊讶地发现，我们长时期存在的观念中很多不属于现代工业文明范畴的观念，而是农业文明范畴的观念，这种观念同改革开放和现代化建设产生了剧烈的冲突，成为改革前进的巨大障碍。要扫除这个障碍，只能从观念自身变革入手，要实现我们的思想观念由传统农业文明形态向现代工业文明形态的转化，由传统观念、现实观念向未来观念、现代观念的转换。正如有学者指出的，中国大体未变的地理环境和悠久的农业社会使得农业文明和与之相适应的社会制度及其观念系统能够长期延续，只有在外力冲击下才不得不发生种种变化。① 改革开放30多年来的历史证明，只有改革开放才能带来自觉和根本性的观念变革，使中国人在实现国家现代化的同时，实现自身的观念现代化。

第二，人的观念现代化的深刻性表现为要面对传统观念的巨大惯性及其文化阻滞以及在此基础上的人的发展的片面性。我国传统思想观念对实现国家现代化表现得无能为力。固然，在社会变革的历史过程中，中国传统文化观念曾经扮演着重要角色。然而，自改革开放后，中国历史毕竟已经跨入当代，改革开放浪潮在中国大地上迅猛激荡，每个人都怀着鼎新的希望，每个人的心头都泛起革新的涟漪。摆在中国人面前的问题不是现代化在理论上是否合乎需要，因为如果中国想成功地使自己适应新的世界环境和时代发展并生存下来，现代化就势在必行。实现现代化的前提首先是人的观念现代化，实现传统观念向现代观念的转换。作为自然经济与宗法制度产物的传统观念整体上与它所赖以生长的宗法社会同质，具有前现代性。因此，从原生意义上讲，传统观念至少无法直接产生现代化。在一个社会变革时代，中国的现代化必定伴随着对于传统持续不断的自我反省和自我批判。在中国固然也有自我反省与自我批判的传统，但是从孔子"吾日三省吾身"到宋儒"返身内求"的自省传统，关心的只是个人如何才能达到传统观念所要求的"至善"和成"圣人"，然而真正的自省是要用新的观念、新的思想和新的眼光对传统本身做出反思、检讨和提升。恩格斯曾经对传统的特性有过精辟的论述。"在一切意识形态领域内传统都是一种巨大的保守力量"；② 在《社会主义从空想到科学的发展》的《1892年英文版导言》中指出："传统是一种巨大的阻力。是历史的惯性力，但是它是消极的，所以一定要被摧毁"，"如果说我们的法律的、哲学的和宗教的观念，都是一定社会内占统治地位的经济关系的近枝或远蔓，那么，这些观念终究不

---

① 葛剑雄：《改革开放与中国人观念的现代化》，《上海大学学报（社会科学版）》2009年第2期。

② 《马克思恩格斯文集》（第4卷），人民出版社2009年版，第257页。

能抵抗因这种经济关系的完全改变所产生的影响。"① 历史构成人特有的传统性，是人的现实性、现代化的根据，人不可能完全否定、脱离传统；现实是人存在与发展的现代状况，是对人的传统性的扬弃和超越。一方面，不可能完全固守传统；另一方面，传统与现代往往具有相对性。我国是后发型的现代化国家，现代化起步之所以比较晚，其重要原因就是传统的惯性太大。我国明显的封闭、依附、保守等特征的传统文化，在我国漫长的古代社会形成了相当稳固的体系和深厚的积淀，致使我国社会进入近代后仍然长期处于保守落后、盲目摸索状态，缺乏必要的广泛思想启蒙和现代意识的知识阶层，看不到中国社会发展的根本出路，社会改良一再被顽固的封建保守传统窒息而贻误时机，中国迟迟不能踏上现代化之路，只能处于落后挨打的境地，遭受西方国家的冲击与入侵。马克思指出，"稍后，我们看到，在中国这个一千多年来一直抗拒任何发展和历史运动的国家中，随着英国人及其机器的出现，一切都变了样，并被卷入文明之中"。② "抗拒任何发展和历史运动"是对中国封闭、保守、落后等传统特征的集中概括。我们要深刻认识我国传统观念的保守一面及其造成的历史悲剧。

第三，人的观念现代化的深刻性要求传统观念实现现代转型。在现实的人们所不得不面对的历史传统中，文化观念的历史成果是一个极其重要的方面，是新的观念创新、人的观念现代化的前提与基础。人的观念现代化必须尊重文化传统，正如毛泽东所言："中国现时的新文化也是从古代的旧文化发展而来，因此，我们必须尊重自己的历史，决不能割断历史。但是这种尊重，是给历史以一定的地位，是尊重历史的辩证法的发展，而不是颂古非今，不是赞扬任何封建的毒素。"③ 中国人的观念现代化，是基于文化传统的创造，是对文化传统的提升、超越与发展，不是以迷恋文化传统为基本态度的向传统的简单复归，或对传统不加辨别的简单复活。具体而言，中国共产党"从成立之日起，就既是中华优秀传统文化的忠实传承者和弘扬者，又是中国先进文化的积极倡

---

① 《马克思恩格斯文集》（第3卷），人民出版社2009年版，第521页。
② 《马克思恩格斯全集》（第42卷），人民出版社1979年版，第472页。
③ 《毛泽东选集》（第2卷），人民出版社1991年版，第708页。

导者和发展者"①，在革命、建设和改革时期就对人的观念现代化形成了对传统性与现代性的合理认识。一方面，克服传统观念的负面因素，确立了现代化观念，实现革命的胜利；另一方面，继承了民族传统文化的爱国、民本的社会实践和德政、德治、德教的优秀传统，以拯救国家、仁爱百姓为己任，运用艰苦的思想发动，广泛的思想武装，细致的思想教育，把深受封建传统束缚的自发民众，转化为自觉的革命者、建设者与改革者，创造了符合中国国情的思想政治工作理论与方法，形成了中国共产党人领导革命和社会主义现代化建设的政治与文化优势。

### （四）人的观念现代化的前瞻性

人的观念现代化的前瞻性，或称先导性、前导性、超越性，是指人的观念现代化及其引起的思想解放、观念变革成为社会变革与社会发展的先导。社会总是在不断变革的，而社会变革就意味着人的思想观念的转变。在政治经济大变革的前夜以及变革过程中，意识形态领域往往是最活跃的。变化着的社会现实要求人们对一切传统观念实现反思和扬弃，思想观念的变革反过来又启迪民智、指导实践、推动社会进步，这就是人的观念现代化的过程，也就是一场思想解放的过程。思想是行动的指南，经济社会发展的大变革、大转折，必然伴随着思想观念的更新与解放。从国家和社会的宏观层面讲，改革也好，革命也好，往往都有新的观念作为先导。西方资产阶级革命，是以资产阶级启蒙运动为前导；中国新民主主义革命，是以五四新文化运动以及马克思主义传播为前导；中国的改革开放，更是以冲破迷信、走出封闭、实现思想解放为前导的。有了革命的思想，才有革命的实践；社会变革的成功，同样是思想革命、观念变革的结果。

第一，人的观念现代化的前瞻性是基于马克思主义关于意识的作用原理。物质决定意识、意识依赖于物质，这是辩证唯物主义坚持的观点，但也不排斥意识对物质的能动作用，这是人的意识所特有的能动作用，表现出一种积极反映与改造世界的能力。一是意识具有目的性和计

---

① 《中共中央关于深化文化体制改革、推动社会主义文化大发展大繁荣若干重大问题的决定》，《人民日报》2011年10月26日。

划性。人是根据一定的目的、要求去决定反映什么、不反映什么、如何反映，表现为主体的自主选择性。马克思指出，人在"劳动过程结束时得到的结果，在这个过程开始时就已经在劳动者的表象中存在着，即已经观念地存在着"。① 因此，人的活动的过程，就是在这"观念地存在着"的目标下进行。因而，人的意识不仅预先规定了活动的目标，而且为实现这一目标又预先规定着活动的方式和步骤，这就是同一定的目的性相联系的活动的计划性。二是意识活动具有创造性。感觉、知觉是人的意识的表现形式，是对外部现象及事物的反映；并且能将人的感知以推理、判断等方式对感性材料实现加工制作，选择构建，从而使感性认识上升到理性认识，把握事物的本质和规律。意识反映对象不是一般的模仿，而是能动地创造。意识既有对当前现实的反映，又有对过去的追溯和对未来的预测，可以超越特定时间空间的限制。三是意识的作用在于改造客观世界并指导实践。在实践中形成的思想观念、活动的目的等思维和观念，不只限于意识能动性，还在主体以这些思维和观念为指导，通过相应的实践活动，把那些"观念地存在着"的蓝图实现出来，变为客观现实。列宁在《黑格尔〈逻辑学〉一书的摘要》中系统阐述了这一观点，"世界不会满足人，人决心以自己的行动来改变世界"，② "人的意识不仅反映客观世界，并且创造客观世界"。③ 客观世界的变化是一个改变或创造的过程，世界上没有的东西也能够经过创造而获得。人的思想观念作为一种具体的意识，就是在实现人的观念现代化之后成为一种理性认识，实现意识的能动性，对社会经济发展、社会变革以及人的发展起到先导与前瞻作用。

第二，人的观念现代化的前瞻性是恩格斯"哲学革命是政治变革的前导"原理的直接运用。恩格斯在《路德维希·费尔巴哈和德国古典哲学的终结》一书中首先提出了这一命题。"正像在18世纪的法国一样，在19世纪的德国，哲学革命也作了政治变革的前导。"④ 法国大革命是一次比较彻底的资产阶级革命。17世纪，英国、荷兰都已经完

---

① 《马克思恩格斯选集》（第4卷），人民出版社1995年版，第227页。
② 《列宁全集》（第55卷），人民出版社1990年版，第183页。
③ 同上书，第182页。
④ 《马克思恩格斯文集》（第4卷），人民出版社2009年版，第267页。

成了资产阶级革命,开始了资本主义现代化进程;而这一时期的法国在18世纪上半叶还处在资产阶级革命的准备时期。这一时期的法国出现了许多杰出的唯物主义哲学家和思想家,他们作为"在法国为行将到来的革命启发过人们头脑的那些伟大人物",① 虽然带有很大的局限性,但"本身都是非常革命的",② 他们反对唯心论和宗教神学的哲学斗争,成为法国资产阶级革命的前导。18世纪末到19世纪初,在德国也发生了哲学革命,预示着德国资产阶级革命的到来。德国的哲学革命是从康德开始,黑格尔使辩证法得到了充分的发展,反映了资本主义上升时期德国资产阶级的革命要求,为即将到来的1848年德国资产阶级革命做了思想观念上的准备。诗人海涅敏锐地觉察到了黑格尔哲学的革命性质,认为德国哲学特别是黑格尔哲学为行将到来的德国民主革命提供了思想准备。他在《论德国宗教和哲学的历史》中说,"思想走在行动之前,就像闪电走在雷鸣之前一样","只有在哲学革命完成之后才能过渡到政治革命",③ 革命力量正是通过哲学革命发展起来的。马克思非常欣赏海涅的这句名言,并指出,"思想的闪电一旦击中这块素朴的人民园地,德国人就会解放成为人"。④ 这就是实践中思想观念的先行,也是对人的思想观念实现现代化后发挥重要作用的精确描述。

第三,人的观念现代化的前瞻性在我国改革开放各个历史时期均发挥了积极的作用。正如马克思所言,"光是思想力求成为现实是不够的,现实本身应当力求趋向思想"。⑤ 任何一场大的政治变革与经济社会发展进步,都要先提出一条思想路线,先在民众中实现思想动员,首先解决人的思想观念问题。例如,改革开放之初的广东就是以思想解放、观念更新为先导,放得开、搞得活、上得快,敢闯、敢冒、敢试。也就是说,观念变革带来了社会变革与发展。当我们还在批判"金钱万能论"的时候,他们说"没有金钱是万万不能的";当我们在思考如何防止出现"剥削"现象的时候,他们主动请资本家来"剥削"自己;

---

① 《马克思恩格斯文集》(第9卷),人民出版社2009年版,第19页。
② 同上。
③ [德] 亨利希·海涅:《论德国宗教和哲学的历史》,商务印书馆1974年版,第127页。
④ 《马克思恩格斯文集》(第1卷),人民出版社2009年版,第13—14页。
⑤ 同上书,第13页。

当我们在研究以"超常规思维"实现发展的提法是否符合马克思主义的时候，他们却在实施这一发展战略；当我们把私营经济当作"资本主义尾巴"要"割掉"的时候，他们却在大力发展私营经济；等等，不胜枚举。新的思想观念很多，这些发达地区的重要"特产"就是出观念、出思想。今天我们习以为常的许多思想观念，大多是发达地区在改革开放的实践中创造出来的。例如，"时间就是生命，效率就是金钱"的时间效率观念，"把握住今天，胜似两个明天"的抓抢机遇观念，"开水不响，响水不开"的实干兴邦观念，"今天借君一桶水，明天还你一桶油"的外资利用观念，"只要有实绩，就是好人才"的人才使用观念，"不找市长找市场""政府不想当'婆婆'"的市场经济观念，"发展无模式，搞好了就行"的发展改革观念，等等。诸如此类的思想观念，现在看起来或许已经不新鲜了，但是要产生这些观念，确实是了不起的壮举！深圳是改革开放的"窗口"及先锋。深圳的发展靠的是人民的那一股闯劲，那一种敢闯敢试的精神，其发展的主旋律是开拓创新。深圳在 2010 年庆祝特区成立 30 周年活动中发布的成果展示，其中的"深圳十大观念"引人注目，这十大观念就是："时间就是金钱，效率就是生命；空谈误国，实干兴邦；敢为天下先；改革创新是深圳的根，深圳的魂；让城市因热爱读书而受人尊重；鼓励创新，宽容失败；实现市民文化权利；送人玫瑰，手有余香；深圳，与世界没有距离；来了，就是深圳人"。①

### （五）人的观念现代化的差异性

人的观念现代化的差异性，也就是人的思想观念在发展过程中的不平衡性与失衡性。在人的观念现代化过程中，这种不平衡与差异主要表现在超前观念与落后观念的失衡、主导观念与从属观念的失衡，以及人的观念现代化具体过程的失衡等发展状态。

第一，超前观念与落后观念存在着差异与不平衡。马克思主义认为，社会存在决定社会意识，一定的思想观念总是一定的社会存在的反映。实践、认识、再实践、再认识，是人类认识发展的一般规律。从这

---

① 参见王晶生《深圳十大观念》，深圳报业集团出版社 2011 年版。另参见相关新闻报道。

个意义上说，没有客观存在和社会实践，就不可能产生思想观念，思想观念的东西一般总是落后于客观存在和社会实践的。但是，人们的社会实践又要求一定的思想观念作为指导，特别是那些进步的、开拓性的实践，如果没有先进的理论作为指导，是根本不可能取得进展的。列宁的名言"没有革命的理论，就不会有革命的运动"讲的就是这个道理。[①]这就告诉我们，思想观念的超前更新，也是社会实践迫切要求的。思想观念一方面是必然落后，另一方面又要超前发展，这就是人的观念现代化中观念发展的不平衡性。然而这个矛盾是必须解决的，也是可以解决的。一是社会意识虽然落后于社会存在，但是当它一旦形成又具有相对独立性，并可以对社会存在产生巨大反作用。例如，马克思主义经典作家根据人类社会特别是资本主义社会发展规律，创造了科学社会主义理论，并预言共产主义一定要实现，之后的各国共产党人心悦诚服地接受了这个科学理论，抛弃了资产阶级和一切剥削阶级的传统观念，实现了观念现代化，开创了国际共产主义运动这一崭新的实践领域。在现实中，人们可以根据科学理论，设计出种种新蓝图，然后根据这些蓝图创造出客观实际中不存在的新工具、新产品。二是就一定时期内全人类的普遍认识来说，常常存在着观念落后于存在的现象，但就这一时期的各个部分或个体而言，由于他们所处的条件和实践中的地位不同，因而其认识也有先进与落后之分，后进赶超先进的过程总是伴随着一个观念现代化的过程。马克思主义诞生于19世纪中叶的欧洲，传到中国的时候已经过去了半个多世纪，刚开始传入我国的时候，接受它的只是少数思想先进的知识分子，经过这些具有初步共产主义觉悟的知识分子的宣传、教育和传播，特别是当实践证明其科学性之后，在我国懂得和信仰它的人就越来越多。特别是新的科学革命必然引发技术革命，随着科学技术革命的发生，一些新的观念也就应运而生，这已为科学技术发展史所证实，这些观念对于科学技术发达的国家及其国民来说，已经成为比较流行的观念，但对于发展中国家来说则是一些必须认真学习和努力接受的新观念。三是观念的落后是必然的，观念的超前是客观存在的，它们之间的相互关系就是相互联系、相互制约。没有落后就没有超前，没

---

① 《列宁全集》（第2卷），人民出版社1984年版，第443页。

有超前也就无法体现落后,二者相互依存、互为条件。落后制约着超前的"度",任何观念的超前如果离开人们普遍存在的"落后"观念或距离客观实际太远,就会失去前进的基础,成为空想或幻想。在超前观念的影响下,落后观念向超前观念的转化是必然趋势,在转化过程中,如果有人继续坚持落后观念,并超出一定的"度",就可能从落后转向反动,被时代所抛弃和淘汰。超前观念的逐步普及,就是人的观念现代化的自觉过程,必然促进传统观念、落后观念的更新与转变;而落后观念普遍转化为超前观念,这又必将对观念的超前提出新的要求,必须再度进行观念变革,实现人的思想观念的再次现代化,这就要遵循观念超前与观念落后的不平衡性规律前进。

第二,主导观念与从属观念存在着差异与不平衡。人的观念系统是一个复杂的体系,具有一定的结构,其中就有主导观念与从属观念之分。按照唯物辩证法原理,主导与从属也是相对的,母系统中的次要观念,在子系统中就可能成为主导观念。一方面,主导观念决定和制约着从属观念的内涵、生成及其发展变化趋势,主导观念的变革,牵一发而动全身,带动其他一系列观念的发展变化;另一方面,其他从属观念的现实状况,又反过来影响和制约着主导观念的发展。例如,在社会主义市场经济条件下,市场经济观念就是一个主导观念。按照这个观念来发展经济,就必须从与市场隔绝的状态中解放出来,树立与市场相融合的新观念。市场观念的确立及其发展,自然对人的其他观念发生影响,要求在政治领域确立人权观念、平等自由公正的观念,在文化领域确立文化产业观念,在社会领域确立社会保障观念,在生态领域确立生态文明观念;但如果市场观念进入政治领域后发生权钱交易就导致腐败,就会引起市场经济观念的异化。再例如,在社会主义条件下,要确立社会主义核心价值观念,这是社会主义时期的主导观念,制约着其他从属观念的发展,所以在文化领域,加强社会主义核心价值体系建设,就"要深入开展社会主义核心价值体系学习教育,用社会主义核心价值体系引领社会思潮、凝聚社会共识",[①] 这里的"社会思潮"就是处于从属地位的思想观念,就要用社会主义核心价值体系来实现"引领","引领"

---

① 《中国共产党第十八次全国代表大会文件汇编》,人民出版社2012年版,第29页。

体现为一种主导，社会主义核心价值体系成为引领社会思潮的精神向导。"当前，我国改革开放已进入关键时期，呈现出许多新的阶段性特征，社会思想观念和价值取向复杂多样，主流的和非主流的同时并存，先进的和落后的相互交织，呈现出多元、多样、多变的特点。社会思潮越是纷繁复杂，越需要主旋律，越要用一元化的指导思想引领多样化的社会意识，牢牢掌握我国意识形态领域的主导权、主动权、话语权，最大限度地凝聚社会思想共识。建设社会主义核心价值体系，在多元多样中立主导，在交流交融中谋共识，在变化变动中求得一以贯之，既肯定主流又正视支流，有利于形成既有国家统一意志又有个人心情舒畅、既包容多样又有力抵制各种错误思潮和腐朽思想、既坚守基本的社会思想道德又向着更高目标前进的生动局面。"① 这里的"主流的""先进的""基本的"都属于主导观念，要实现社会主义核心价值体系作为主导观念对"非主流的""落后的""各种错误思潮和腐朽思想"等从属观念实现引领。

第三，从人的观念现代化的具体过程来看，这种差异与不平衡性突出表现在三个时期。一是思想观念的冲突与交锋、碰撞时期。在这一时期，旧的思维方式和思想观念变得十分不适应，不合时宜，不能对新的社会实践、新的活动方式提供理论说明，就产生了旧的思维方式和思想观念与新的思维方式和思想观念的冲突、交锋、震荡。恩格斯曾描述了形而上学思维方式向唯物辩证思维方式转变过程中的冲突与碰撞。恩格斯指出，形而上学思维方式是符合人的日常生活常识的，"常识在日常应用的范围内虽然是极可尊敬的东西，但它一跨入广阔的研究领域，就会碰到极为惊人的变故。"② 这种思维方式迟早会达到一个临界点，"一超过这个界限，它就要变成片面的、狭隘的、抽象的，并且陷入无法解决的矛盾"。③ 而这一矛盾是由已经取得的成果与传统思维方式的冲突造成的，人们在这种矛盾中会产生一种"感到绝望的那种无限混乱的状态"。④ 就我国当代人的思想观念现状而言，按照中央的判断，从目

---

① 中共中央宣传部：《社会主义核心价值体系学习读本》，学习出版社2009年版，第8页。
② 《马克思恩格斯文集》（第3卷），人民出版社2009年版，第540页。
③ 同上。
④ 同上书，第541页。

前我国所处国际环境看,"当今世界正处在大发展、大变革、大调整时期,世界多极化、经济全球化深入发展,科学技术日新月异,各种思想文化交流交融交锋更加频繁";① 从我国的发展状况来看,社会思想意识多元多样多变,人的思想观念深刻变化,在此过程中,人的思想观念就会产生不平衡。弘扬主旋律是必须坚持的,但应当与提倡多样化统一起来,大力弘扬一切有利于国家统一、民族团结、社会进步的思想观念和精神,一切有利于改革开放和社会主义现代化建设的思想观念和精神,一切用诚实劳动争取美好生活的思想观念和精神,形成生动活泼、蓬勃向上的主流思想环境。② 二是新的主导观念的形成时期。思想观念的冲突与碰撞形成的危机,使人们面临着一大批新的问题,于是人们通过对一个个思维矛盾的思索,寻找问题的答案。一旦一个具有巨大包容性的主导观念创造出来,立即会调动思维的激情,用它来阐释和构建各种问题,并把它发散到各个领域之中,于是新的主导观念开始出现。爱因斯坦曾经揭示了科学上不同思想观念的更新过程,"差不多科学上的重大进步都是由于旧理论遇到了危机,通过尽力寻找解决困难的方法而产生的。我们必须检查旧的观念和旧的理论,虽然它们是过时了,然而只有先检查它们,才能了解新观念和新理论的重要性,也才能了解新观念和新理论的准确程度"。③ 人的心理状态、思维方式与思想观念的发展与科学理论的发展具有类似之处,总是通过旧的思维方式与思想观念的冲突、碰撞与不适应而产生,从而找到新的出路,形成新的主导观念与核心观念。三是新的思维方式确立时期。当主导观念形成之后,经过人们的共同努力,在各个领域、各个方面都建构起新的思维角度、思维方法,形成新的观念,更新旧的观念,并把这种新的思维方式贯彻运用到人们的实践活动中,在人们的社会生活中与知识、语言、情感结合起来,从而成为社会生活和社会实践的巨大精神动力。

总之,社会变革促进了人的思想解放和观念转变,推进了人的观念现代化;人的观念现代化反过来指导并推动了社会改革与发展。人的观

---

① 本书编写组:《推动社会主义文化大发展大繁荣学习参考》,中央文献出版社2011年版,第3页。
② 《十四大以来重要文献选编》(上),人民出版社1996年版,第674页。
③ [德]爱因斯坦等:《物理学的进化》,上海科技出版社1962年版,第53页。

念现代化发挥前瞻性,作为推动社会进步的精神因素,其作用主要体现在:为社会发展和人的进步提供方向性指导,为社会变革和人的发展汇入动力和活力,为社会制度的变迁提出具体的思路与启示。符合现代社会要求的新观念是促进社会变革与发展进步的酵母,是社会进步与人的发展的前导。人的观念现代化不仅要从个体现实的思想观念状况出发,更要从社会发展的需要和全面发展的目标出发,开展人的观念现代化实践,自觉引导个体主动适应现代社会、未来社会的需要,提升自身的思想政治观念和综合观念,超越自身的现实观念,实现自身思想观念的飞跃,把自己塑造成为能够适应社会未来发展的人才!

# 第二章　人的观念现代化的时代价值

　　作为哲学范畴的"价值"，不同于政治经济学研究的商品价值，而是同经济学中的"使用价值"和伦理学中的"善"大体接近，只是"价值"更为抽象、更具有普遍性而已。价值就是在人的生存发展活动中形成的一种特定关系。① 也就是马克思所说的"表示物和人之间的自然关系，实际上是表示物为人而存在"，② 列宁所说的"事物同人所需要它的那一点的联系"，③ 实质就在于客体的存在、属性及其变化同主体的尺度和需要相一致、相符合或者相接近。人的观念现代化的时代价值就是要发掘人的观念现代化对于人的"使用价值"，也就是人的观念现代化在社会经济发展中的作用和功能，并且要体现对于当今时代中国人的发展的价值。

　　人的观念现代化在改革开放初期表现为思想解放。中国共产党在改革开放实践中认识到人的观念现代化的价值，并用中国化的语言予以揭示。首先，把思想观念作为总开关，"只有解放思想，创新观念，才能冲破落后的传统观念和主观偏见的束缚，提高改革的自觉性；才能正确分析形势，发现问题，增强改革的紧迫感；才能从发展变化的实际出发，找准改革的突破口，实现体制和机制的创新"。④ 要实现观念上的创新，也就"要从社会主义初级阶段的实际出发，扎根改革开放和现代化建设的生动实践，自觉把思想认识从那些不合时宜的观念、做法和

---

① 肖前：《马克思主义哲学原理》（下册），中国人民大学出版社1994年版，第657页。
② 《马克思恩格斯全集》（第26卷第3册），人民出版社1974年版，第326页。
③ 《列宁全集》（第40卷），人民出版社1986年版，第292页。
④ 《十七大以来重要文献选编》（上），中央文献出版社2009年版，第740页。

体制的束缚中解放出来,从对马克思主义的错误的和教条式理解中解放出来,从主观主义和形而上学的桎梏中解放出来。通过思想认识上的新飞跃,来实现工作思路的新突破,提出打开局面的新举措"。① 这里的"思想认识上的新飞跃"就是通过观念创新实现观念现代化的过程。大力推进观念创新,就是要"树立与时代要求相适应、与实践发展相符合、与人民呼声相一致的新观念"。② 其次,"观念决定思路,思路决定出路",在改革开放与现代化建设中,观念创新、理念创新、意识创新以及各类具体的理念创新如创新增长理念、创新合作理念、创新管理理念、创新发展理念、创新德育观念等方面已经实现了认知观念的现代化,要在此基础上进一步实现人的实践观念的现代化。

在现代化科学中,存在着分段现代化、分层现代化、领域现代化、部门现代化等具体研究内容,人的观念现代化的时代价值就体现在这些阶段、层次、领域与部门的现代化之中。就分段现代化而言,无论是第一次现代化还是第二次现代化,或者是很多发展中国家采取两次现代化协调发展模式选择综合现代化路径,都离不开人的观念现代化;就分层现代化而言,在世界现代化、国际现代化、国家现代化、地区现代化、机构现代化与个体现代化中,人的观念现代化的时代价值主要体现在国家现代化、地区现代化、机构现代化与个体现代化之中;就领域现代化而言,经济现代化、社会现代化、政治现代化、文化现代化、生态现代化与人的现代化中,人的观念现代化对其均具有时代价值,在当代中国这种价值突出地显现在文化现代化与人的现代化之中;就部门现代化而言,在农业现代化、教育现代化与科技现代化中,人的观念现代化在教育现代化中得以彰显。

## 一 人的观念现代化是人的发展的核心

从生物学的意义上看,人的发展至少包括两种含义,第一种,也是

---

① 《十六大以来重要文献选编》(上),中央文献出版社2005年版,第341页。
② 同上书,第543—544页。

不常用的一种，是把人的发展同物种发展史联系起来，将它看成是人类在地球上出现的过程，用以与其他生物的产生过程相比较；但是通常的一种解释是把它和个体发展联系起来，从而看成是一个人从胚胎到身体死亡的过程。① 这都是指人的自然属性的发展。我们理解的人的发展是指作为个体的人的社会属性的发展。马克思主义关于人的发展理论是整个马克思主义人学理论体系的必然结论，也是在马克思主义理论指导下开展人的观念现代化实践活动的必然归宿。在社会主义初级阶段，人的观念现代化的价值目标是工具价值与目的价值的有机统一。

就分段现代化而言，第一阶段的现代化就是从农业文明向工业文明的转变，包括从农业经济向工业经济、农业社会向工业社会、农业政治向工业政治、农业文化向工业文化的转型等，它的时间跨度为200多年，2005年发达国家和部分发展中国家已经完成了第一次现代化，绝大多数发展中国家尚未完成第一次现代化，第一次现代化在经济社会发展方面，就遇到了现代性的挑战，也就是现代观念和制度以及现代化的拥护者使社会在传统知识范围内遭遇到最初的对抗，这种现代性一方面反映了现代化过程的主要结果，另一方面也部分反映了现代化过程的主要内容和特征。学者们把传统农业社会的特点归结为传统性，这种传统性在个人领域而言就是保守、被动、依赖、情感、等级观念、社区价值取向、家族动机等；把已经完成现代化进程的国家的现代工业社会的特征称为现代性，在个人方面就体现为开放性、参与性、独立性、平等性、个人利益取向、成就动机等。② 在人的发展中，人的观念现代化的价值功能就在于促进人的现代性的进一步发展，消除人的传统性对人的发展的现实影响和制约。

在人的发展特别是人的思想观念发展过程中，首先，主体要实现对于自身的反思与批判，以此确立人的观念现代化的基本前提；其次，要在其所处的思想观念与舆论环境中，冲破传统观念对人的发展的现实制约，这种现实制约表现为人的思维习惯、主观偏见、宗教影响与观念专

---

① 中央教育科学研究所：《简明国际教育百科全书：人的发展》，教育科学出版社1989年版，第1页。

② 何传启：《中国现代化报告2011——现代化科学概论》，北京大学出版社2011年版，第62—65页。

断四种观念惰性,这成为实现人的观念现代化的阻碍因素;最后,在人的观念现代化中,推进人的发展还要确立与现代社会相符合的个体人格与自主意识,这是实现人的观念现代化的关键。

### (一) 自我反思与自我批判的现实推进

无论是从理论上看,还是就实践探索而言,都会发现:一个国家、民族、组织与社会个体的观念现代化都有一项基础性工作要做,这就是要反思和批判这个国家、民族和社会成员的思想观念的历史和现状。我们把这项工作看作是实现人的观念现代化的前提,也就是说,不做这项工作,人的思想观念就不可能实现现代化。

第一,对于中国与中国人来说,现代思想观念不是在一片空地上凭空构建起来的,而是要在已经充满着"建筑物的土地上"重建。就像现在城市发展中的拆迁现象一样,不拆除旧的和清理原有的思想上的"建筑物",就不可能构建起新的"建筑物"。与许多其他国家及其国民不同,中国历史悠久,各类传统的和外来的思想观念扎根很深,同传统观念实现最彻底决裂的任务,既不可能由外力来摧毁,更不能自行坍塌,而必须靠自己去拆除。大概言之,我们的思想观念上的原有"建筑物"包括很多,大致可以总结为以下几类(先不区分所谓的"精华"与"糟粕"):一是我国长期的传统思想观念,这主要是封建主义的思想文化遗留。我国的社会发展与政治进步在历史上因为民族独立的原因(外力作用的结果)没有或者少有思想观念上的启蒙,传统思想观念直到现在仍然根深蒂固,可以简称为"国粹派";二是在近代化、现代化以来,西方资本主义思想观念的腐蚀和影响(从总体意义上而言,当代西方思想文化的主体就是资本主义思想文化),在全球化、信息化、民主化时代更为典型、激烈,可以简称为"西化派";三是在鸦片战争以来,中国人在长期"救亡图存"主题下产生的革命思维、革命心理、革命思想及其后来的变种,也就是极"左"的思潮。所以邓小平说,中国现代化建设中"警惕右,但主要是防止'左'",[①] 虽然中国共产党已经全面执政60余年,但革命仍然成为中国人心理状态、思维方式

---

① 《邓小平文选》(第3卷),人民出版社1993年版,第375页。

与思想观念中的"梦魇"（当然，这离不开思想文化宣传以及大众传媒主导的社会舆论的强化与固化），可以简称为"极左派"；四是在短暂的新民主主义建设、社会主义建设探索时期，从苏联移植或借鉴而来的、开始仅仅体现在经济建设方面、后来全面推向国家与社会各个领域的计划经济体制及其模式，虽然在市场经济时代已经从总体上消失，但在人的深层次思想观念上仍然发生着影响，可以简称为"计划派"；五是中国社会转型也就是改革开放以来形成的各种社会思潮，虽然这些社会思潮根源于传统观念、西方思想文化，但在中国本土上已经实现了变异，也成为一种影响人们思想观念的重要资源与观念来源，可以简称为"思潮派"；六是中国市场经济尽管具有社会主义特质，但与西方资本主义市场经济一样，市场在资源配置中起着基础性作用，但市场原则及其内含的等价交换原则已经突破经济生活领域的限制，扩展、蔓延、渗透到其他领域，特别是政治生活、文化生活当中，严重影响了社会主义主流意识形态的巩固与发展，一定程度上造成政治腐败、道德退化。这对人的思想观念产生重大影响，这种影响既不同于前述西方思想文化（资本主义思想文化）的影响，也不同于下述的中国市场经济发展中形成的"新传统"，而是一种市场经济本身固有的机能及其缺陷引发的思想观念上的变化，这可称为"市场派"；七是中国改革开放以来正在形成的"新传统"，这些"新传统"按照学者的概括，主要体现为以经济建设为中心的观念、改革开放的观念与竞争观念，这些观念曾经对国家经济社会发展与人的发展发挥着积极作用，在现在乃至未来仍然要发挥重要作用，但是不可回避的就是这些思想观念已经"具有意识形态意义、可能成为某种'新传统'，并且有待澄明"，[①] 这种"新传统"不同于社会思潮，它是在马克思主义指导下对国家经济社会发展与人的发展的一些新认识，特别是对上述后三种观念的负面性因素的超越，可以简称为"新传统派"。总之，如果我们自己不去拆除和清理这些思想观念上已有的"建筑物"，社会主义（现代中国就是中国特色社会主义）的思想观念、以社会主义核心价值体系为主导的社会主流思想观念作为一种性质根本不同的思想观念就难以拥有立足之地，中国人的自我反思

---

[①] 樊浩：《中国大众意识形态报告》，中国社会科学出版社2012年版，"序"，第1—10页。

和批判就是要继续做这种"拆迁"和清理工作。

　　第二，现代思想观念从根本上说和总体上说不是我国土生土长的，而是外来的，而且与我国传统思想观念是根本对立的。如果没有对我国已有思想观念的反思和批判，就不可能发现我国业已存在的思想观念的弊端与问题，以及与现代社会的不相适应，我们就可能仍然抵制现代思想观念，充其量也只能接受其皮毛，而不可能实现人的观念的根本性转换与转型，更谈不上实现人的观念现代化。中国受现代价值观念的影响在事实上已经有100多年了，但为什么到今天还没有实现思想观念的现代转换呢？而与我国形成鲜明对照的是，日本为什么却能在大约半个世纪的时间内就完成了这种转换呢？其中重要的原因之一，估计还是我们缺乏一种自我反思和自我批判的精神。因而也没有进行认真、系统、深入的自我反思和自我批判。这种反思与批判的对象应该是传统思想观念的四种惰性：习惯、偏见、迷信、专断（思想方面的）。我们总是在肯定我国已有思想观念（包括传统观念与现实观念）是好的甚至是优秀的前提条件下，再来吸收一些别人的东西，但骨子里仍然是我们自己的东西，仍然是传统的东西；我们对传统文化总要讲"取其精华、去其糟粕"，但是精华与糟粕（或者形象的比喻就是"婴儿"与"脏水"）并非像稻谷与秕糠一样用风车一扇就可以实现分离（传统农村使用的稻谷清理方式），而是像一个人的优点与缺点一样共存于同一个人身体上。有学者曾对现实中有人对"岳母刺字"这一传统观念如何实现"取其精华、去其糟粕"的机械方式进行过批评，他们认为这个传统观念中的"精华"就是爱国主义，"糟粕"就体现为岳母与岳飞的忠君思想以及岳母搞的"文身的陋习"，这样的分析肯定是可笑的。[①] 传统既然对现代人以及人的观念现代化总体上是一个包袱，又很难用"取其精华、去其糟粕"的方式实现扬弃，那么我们就可以不必刻意地去寻找什么传统要发扬，过分强调传统会禁锢自己的思想。传统不是存在于那些线装书、文化遗产、历史文物、文化古迹、传统节日、民族风俗里，而是存在于我们每一个现实个体的头脑之中；传统也不是那些死去的或过去的东西，而是像人的基因一样活着的东西，通过人的肉体及其

---

[①] 解思忠：《国民素质演讲录》，上海社会科学院出版社2003年版，第109页。

精神生活来延续其生命。从这个意义上说，传统就是我们，就是我们每一个活生生的个体，传统就是现实。

第三，对中国本土已有的思想观念只能主要由我们中国人自己来反思和批判，而不能由外国人来代替进行反思和批判。自己的问题只有自己看得最清楚，只有自己感受最深刻，特别是在有参照系可供借鉴的情况下更是如此。从历史发展来看，一些较早实现思想观念现代化的国家及其国民，对自己的传统的过去的思想观念的反思和批判也都主要由自己进行，而不是由外人进行的。

### （二）观念惰性与思想障碍的根本消除

在人的发展中，人的现代性的张扬必然受到传统性的制约与阻滞，与人的传统性相联系的观念惰性就必然成为促进人的现代性的思想障碍。我们认为，在人的思想观念中，思维习惯、主观偏见、宗教意识、观念专断四种因素成为阻碍人的观念现代化的观念惰性，人的发展必须冲破这些思想障碍的现实阻滞。

第一，习惯对人的思想观念发展具有重要的作用。习惯，就是由于重复或练习而巩固下来的并成为需要的行动方式，或者指经过不断实践已能适应新情况。① 简而言之，习惯有思想观念习惯与行为方式习惯两大类，就其作用来说，也存在着正面、积极作用与负面、消极作用两个方面。人的思想观念习惯一旦形成，就对人的发展产生着影响，符合现代要求的习惯能够起到正面、积极的影响，反之则只能起到负面、消极的影响。人的观念现代化对于人的发展而言，就是要排除与现代社会发展要求不相适应的思想观念习惯，确立与现代社会发展相一致的思想观念习惯。

中国古代传统重视习惯对人的思想观念发展的正反两个方面作用。首先，古人认为，习惯是自身养成的。这就体现为我国古代的"习与性成""习惯成自然"思想。"习与性成"最早见于《尚书·太甲上》，"兹乃不义，习与性成"，程颐《四箴》中说，"习与性成，圣贤同归"，意思是长期习惯怎样，就会养成什么样的性格；"习惯成自然"

---

① 《辞海（缩印本）》，上海辞书出版社1980年版，第96页。

就是习久成性的意思，语出《孔子家语·七十二弟子解》，"少成则若性也，习惯若自然也"，《汉书·贾谊传》也说，"少若成天性，习惯如自然"，就是讲从小就要养成良好的习惯，习惯了以后就会变成自然而然的事情了。《南史·王筠传》中提到："余少好读书，老而弥笃，虽偶见瞥观，皆即疏记，后重省览，欢兴弥深。习与性成，不觉笔倦。"讲的也是习惯成自然的意思，也就是长期习惯怎样，就会形成什么样的性格。其次，古人也认为，习惯也是受传统思想观念影响形成的。《魏书·临淮王传》中记载，"将相多尚公主，王侯亦娶后族，故无妾媵，习以为常"。这里讲的"习以为常"就是指人的习惯是受传统观念影响的，养成了习惯，也就当作平常的事情了。再次，古人还认为，习惯既有良好的方面，也有不好的方面，古人讲的"习焉不察"与"习非成是"就是对习惯不良方面的揭示。前者出自《孟子·尽心上》，"习矣而不察焉"，就是说习惯于某些事物，就觉察不出其中的问题；后者本作"习非胜是"，出自汉代扬雄《法言·学行》，"一哄之市，必立之平；一卷之书，必立之师。习乎习，以习非之胜是，况习是之胜非乎？"这里的"习"就是指习惯，"非"指错误，"胜"就是成功的、正确的，意思是说当人习惯于某种错误的做法或说法，因而就把另一种做法或说法误认为也是正确的，或者说对错误既已习惯，反以为本来就是这样了。这两者都是有惰性的，也是需要我们克服的。

西方思想文化传统中的习惯主要立足于伦理意义与认识论意义而言的，这对人的观念现代化也具有重要意义。习惯作为一种哲学范畴，是从亚里士多德开始的。他在伦理学中提出"道德方面的美德乃是习惯的结果"的命题。亚里士多德把美德分为两种，一种是智力方面的美德，也就是沉思生活，其产生与发展大体上是由教育决定的；另一种是道德方面的美德，"我们的美德既不是由于自然，也不是由于违反自然而产生的；毋宁说，我们是由于自然而适于接纳美德，又由于习惯而达于完善"。[①] 为此，亚里士多德注重习惯对形成美德的作用，在他看来，节制、文雅之士与放荡不羁之徒的品行，皆因为各自不同的行为习惯，

---

[①] 北京大学哲学系外国哲学史教研室：《古希腊罗马哲学》，商务印书馆1961年版，第323页。

这主要是因为一个人从小受到的训练不一样。"所以，我们从年轻时起就要养成一种或另一种习惯，关系是不小的；它造成了一个很大的差别，或者可以说整个的差别。"① 在思想观念与道德领域，如果没有道德习惯，就会变得不可思议，如公共道德领域中的很多问题，讲究文明用语、讲究卫生如不随地吐痰等道德要求，只能诉之于人们的道德习惯，而非经过长时间的、激烈的思想斗争之后才能做到。道德习惯不仅使人获得了易于实现道德目的的行为手段，而且还由于它的受阻会引起消极的情感体验，它还会成为进一步激励人们行为的内在驱动。休谟则把习惯提升为认识论的命题，认为"习惯是人生的伟大指南"。休谟在他的不可知论关于因果关系的论述中指出，原因和结果的发现，不能通过理性，只能通过经验；但"如果没有习惯的影响，我们除了直接呈现于记忆和感觉的东西以外，对于其他的事实就会一无所知；我们就会根本不知道如何使手段适应目的，或者运用我们的自然力量来产生效果；一切行动就会停止，思辨的主要部分也会停止了"。② 休谟的意思就是说因果关系之间的客观联系是子虚乌有的，如果你一定要说它存在，那它其实只是一些经验而已；在经验不起作用的情况下，就必须依赖习惯，因此习惯囊括一切。习惯作为一种感性认识，按照马克思主义理论，还是可以上升到理性认识的，虽然我们不能仅由事物的表象来确定它的因果性，但是人类通过自己的实践，能够完成从感性认识到理性认识的飞跃，进而认识和把握事物之间的因果联系，并用实践来检验它。人的观念现代化就要破除人的发展过程中思维习惯的阻碍。习惯对人的观念发展的惰性影响是不可低估的。面对新的情况和新的问题，我们不少人往往不能先自行卸下已有的生活习惯、语言习惯、文化习惯、道德习惯、思维习惯等。从某种意义上说，语言习惯和思维习惯是最固执的，常常束缚人们的头脑。为此，人的观念现代化就要破除习惯的阻碍。

第二，主观偏见也是实现人的发展的一种观念惰性与障碍因素。从

---

① 北京大学哲学系外国哲学史教研室：《古希腊罗马哲学》，商务印书馆1961年版，第324页。

② 北京大学哲学系外国哲学史教研室：《西方哲学原著选读》（上），商务印书馆1982年版，第528页。

心理学上看，人是一种可塑性很强的动物，又是一种固执的、不容易改变原有观念的高等动物。从出生开始，人就被其所在环境中的父母、家庭、他人、社会、历史所塑造；成年之后，虽然接受了更多更客观的信息，但人们对自我、对他人、对社会、对世界的看法却相对固定了，偏见也就在这种对自我、对他人、对社会、对世界的固定看法中诞生了。这些固定的看法可能让人更快地适应社会，但在一定程度上也给他人、给自己带来了更多的痛苦。偏见是人类社会的普遍现象，从古到今、从此至彼，偏见莫不存在。偏见的核心就是用一成不变的、以偏概全的标准对人、事、物进行评价后产生的一种态度。在经济、政治、文化的交互作用下，偏见的形成有各种各样的原因，但也使偏见的彻底消除变得困难重重。偏见，又是一种制约人的发展的观念障碍，就是偏重于一方面的见解或成见，表现为固执己见和偏听偏信。

　　偏见的实质是一种思想观念上的主观性。偏见的哲学意义就在于它是主观性、片面性与表面性的同义语。主观性就是不知道或不能用唯物的观点看待问题，毛泽东在《实践论》中对此有深刻论述；片面性，就是不知道全面地看问题，不了解矛盾各方面的特点；表面性，就是对矛盾的总体情况和矛盾各方面的特点都不去了解，否认深入到事物的里面去精细地研究矛盾特点的必要。① 毛泽东在《矛盾论》中对片面性与表面性进行了全面阐述和细致分析。片面性、表面性也就是主观性，不是按照事物本来的面目去认识事物，否认事物的相互联系及其内部规律，都是主观主义的东西，成为思想发展的最大障碍。按照列宁的理解，全面性是辩证法的基本要求和基本原则。列宁曾说过："要真正地认识事物，就必须把握住、研究清楚它的一切方面、一切联系和'中介'。我们永远也不会完全做到这一点，但是，全面性这一要求可以使我们防止犯错误和防止僵化。"② 毛泽东在《矛盾论》中不仅引用了列宁的这段论述，而且把批判的矛头直指片面性，他认为唐朝的魏征都知道"兼听则明，偏听则暗"，就"懂得片面性不对。可是我们的同志看问题，往往带片面性，这样的人就往往碰钉子"，③ 后来他在《在中国

---

① 《毛泽东选集》（第 1 卷），人民出版社 1991 年版，第 312 页。
② 《列宁全集》（第 40 卷），人民出版社 1986 年版，第 291 页。
③ 《毛泽东选集》（第 1 卷），人民出版社 1991 年版，第 313 页。

共产党全国宣传工作会议上的讲话》中又指出,"片面性往往是难免的,有些片面性也不是不得了",① "要求所有的人都不带一点片面性,这是困难的。人们总是根据自己的经验来观察问题、处理问题、发表意见,有时候难免带上一点片面性。但是,可不可以要求人们逐步地克服片面性,要求看问题比较全面一些?我看,可以这样要求。……所谓片面性,就是违反辩证法。我们要求把辩证法逐步推广,要求大家逐步地学会使用辩证法这个科学方法"。② 这表明,用全面性去克服偏见和片面性,这不仅是辩证法的要求,也是科学的方法。这种片面性表现在人的思想观念中,就是思考问题和行动实践中简单化、绝对化、极端化与夸大化等。人的发展要在实践中克服偏见,在综合思维中克服偏见。偏见的克服要从其产生的根源入手,外界事物与头脑中观念之间的鸿沟、距离要用实践来填平。按照马克思主义观点,战胜偏见最有说服力的途径就是实践。每个人的头脑中都装满了各种形式的经验、理论、思想、学说、逻辑、判断、知识等,它们成为主观的意识,会形成一种成见,成为我们认识事物的最大限制。只有实践才能打破这种僵局,只有实践才能唤起人们思想意识的新觉醒。

第三,宗教观念及其对人的思想观念影响,成为人的思想发展的观念惰性之一。宗教本质上是对支配人们日常生活的外部力量的幻想的颠倒的反映。作为一种社会意识形态,宗教是指相信并崇拜超自然的神灵,是自然力量和社会力量在人们意识中的歪曲的、虚幻的反映。宗教作为一种特殊的意识形态、一种社会文化现象和一种人生关怀体系,在我国社会还将长期存在下去,并对社会生活的诸多方面产生广泛而深刻的影响。③ 宗教要求人们信仰上帝、神道、精灵、因果报应等,把希望寄托到所谓的天国和来世。宗教也成为人们思想发展的重大障碍性因素。

宗教对人的思想观念具有束缚性。作为社会意识形态、社会文化现象与社会群体活动,宗教对人的精神具有不同程度的影响:一是宗教的

---

① 《毛泽东文集》(第7卷),人民出版社1999年版,第277页。
② 同上书,第276—277页。
③ 郑永廷:《宗教影响与社会主义意识形态主导研究》,中山大学出版社2009年版,第1页。

神学理论、宗教哲学,对人们的世界观、人生观产生巨大的影响;二是宗教活动、宗教禁忌对人们的行为方式产生深刻的影响,如基督教的礼拜、洗礼与悔改等;三是宗教道德对世俗道德产生影响,如基督教的"摩西十诫"等;四是宗教思想对人们的价值观产生影响,如佛教的因果报应说;五是宗教不仅对人的社会素质,而且对人的自然素质如人的生理、心理产生影响。① 宗教作为一种虚幻的颠倒的思想观念,对人们的精神状况与思想观念会造成消极阻抗作用。恩格斯认为:"一切宗教都不过是支配着人们日常生活的外部力量在人们头脑中的幻想的反映,在这种反映中,人间的力量采取了超人间的力量的形式。"② 在谈到伊斯兰教时,经典作家指出"伊斯兰教的核心正是宿命论"。③ 恩格斯在将基督教与社会主义作比较时说,"基督教和工人的社会主义都宣传将来会从奴役和贫困中得救;基督教是在死后的彼岸生活中,在天国里寻求这种得救,而社会主义则是在现世中,在社会改造中寻求"。④ 马克思在《〈黑格尔法哲学批判〉导言》中揭露宗教对人的精神的麻醉作用时指出,"宗教是人民的鸦片。废除作为人民的虚幻幸福的鸦片,就是要求人民的现实幸福。要求批判关于人民处境的幻觉,就是要求抛弃那需要幻觉的处境"。⑤ 列宁也同样指出,马克思关于宗教的论述成为"马克思主义在宗教问题上全部世界观的基石",并把宗教比作人们"精神上的劣质酒"。⑥ 古往今来,被压迫者受传统信仰的束缚和历史条件的限制,常常在宗教的虚幻世界中去寻找精神上的慰藉。

当然,具有巨大惰性的宗教也具有一定的积极意义。但是,是不是就可以不与宗教做斗争了呢?肯定不是,马克思主义创始人曾经对宗教产生的各种来源做了深刻的分析。列宁也曾经指出,"必须善于同宗教作斗争,为此应当用唯物主义观点来说明群众中的信仰和宗教的根

---

① 郑永廷:《宗教影响与社会主义意识形态主导研究》,中山大学出版社2009年版,第82页。
② 《马克思恩格斯文集》(第9卷),人民出版社2009年版,第333页。
③ 《马克思恩格斯全集》(第12卷),人民出版社1998年版,第481页。
④ 《马克思恩格斯文集》(第4卷),人民出版社2009年版,第475页。
⑤ 《马克思恩格斯文集》(第1卷),人民出版社2009年版,第4页。
⑥ 《列宁全集》(第12卷),人民出版社1987年版,第131页。

源",①"凡是不愿一直留在预备班的唯物主义者,都应当首先而且特别注意这种根源。"② 列宁在《论战斗唯物主义的意义》一文中特别强调,社会主义文化建设的主体力量,是党员与党外人士、哲学家与自然科学家、当今的马克思主义者同历史上唯物主义哲学家结成的三种联盟;社会主义文化建设的舆论引导,要重视反宗教宣传,加强无神论教育。写作这篇文章的初衷,据克鲁普斯卡娅回忆,是列宁认为"我们这里反宗教宣传搞得太肤浅,有许多庸俗化的做法,反宗教宣传没有同自然科学深刻地结合在一起,很少揭示宗教的社会根源,不能满足在革命年代迅速成长的工人们的要求"。③ 为此,列宁严厉批评国家机关的反宗教宣传工作做得非常软弱无力,非常不能令人满意。所以,现在最重要的事情,"就是要善于唤起最落后的群众自觉地对待宗教问题,自觉地批判宗教",④ 亦即社会主义文化建设在人的观念现代化中要破除宗教的影响,形成正确的舆论导向。首先,在开展反宗教宣传、加强无神论教育方面,列宁提出要翻译出版18世纪末战斗的老无神论者的著作,并在人民中广泛传播,以实现无产阶级的思想引导。一方面,这是恩格斯1874年6月在《流亡者文献》中对现代无产阶级领导者的嘱托;⑤ 另一方面,也是回应当时诸如"18世纪无神论的旧文献已经过时、不科学、很幼稚等等"的辩护、"不会用马克思和恩格斯的修正意见来补充旧无神论和旧唯物主义"的担心。他认为,那些锐利生动的无神论著作在打击盛行的宗教唯心主义,唤醒人们宗教迷梦方面,往往要比那些枯燥无味地转述甚至歪曲马克思主义的读物有效得多。当然,对前述的辩护与担心,列宁指出,18世纪的文献肯定会有幼稚和不科学的地方,但是在出版时可以适当删节和附上短跋,指出人类在批判宗教方面的新进展与最新著作;马克思主义的所有比较重要的著作都已经有了译本,相信人们能够学会用马克思主义观点来加以修正。这些都能确保无产阶级破除宗教对人的观念现代化的影响。其次,列宁重视揭露宗教的社会根

---

① 《列宁全集》(第17卷),人民出版社1988年版,第391页。
② 同上书,第392页。
③ 《列宁专题文集 论辩证唯物主义和历史唯物主义》,人民出版社2009年版,第387页。
④ 《列宁全集》(第43卷),人民出版社1987年版,第26页。
⑤ 《马克思恩格斯文集》(第3卷),人民出版社2009年版,第36页。

源，提出要利用那些有许多具体事实和对比以说明现代资产阶级的阶级利益、阶级组织同宗教团体、宗教宣传组织的关系的书籍和小册子去揭露宗教的社会根源。并且，要批判当时某些利用现代科学主要成就对宗教作"科学批判"的"资产阶级的思想奴隶"，这些代表人物不是"为现在占统治地位的资产阶级效劳"，就是"公开帮助剥削者用更为卑鄙下流的新宗教来代替陈旧腐朽的宗教偏见"，对此要坚决地揭露他们，以此消除宗教的观念惰性与思想障碍。

第四，人的思想观念具有一种"独断性"。这种思想观念上的专制、独断主要有两种表现形式：一是垄断观念的话语权，也就是通过干涉或剥夺别人的观念选择，以自身观念来改变别人的思想文化，以这种方式来垄断话语权，就是观念传播"守门人"的角色；二是观念惰性，这种心理惰性使观念的持有者难以摆脱。对某一种文化而言，这种惰性要么使其变得僵化、麻木与保守，也可能使其变得排斥和抗拒而走向极端。

这种观念的"独断性"来源于两个方面。一是人性所具有的弱点，弱肉强食是人类生物的本能，喜欢以强凌弱，人类这种自私的欲望宣泄，也就演变为侵略和掠夺，也就表现为对别人话语权的剥夺。从历史上看，那些玩弄强权政治的寡头和专制暴君们，无一例外都以压制和限制民众的言论自由的方式，来达到其实现统治的目的。全球化与信息化时代，在互联网络中，英语的运用以及西方发达资本主义国家的经济、科技领先地位也决定着其在世界上享有更多的、更大的话语权。二是来自观念本身的局限性，比如，相对独立和歧义性的观念不仅容易被人利用，而且会被诱导误解，一旦被别人加以利用，就有可能形成一种欺骗危害他人；尤为值得重视的是，观念是一种表达的方式，表达自己的思想观念任何人都可以使用，那些心存邪恶、诡诈和卑鄙的思想观念，都会以观念的符号化而久远相传，一旦成为社会公害，将难以消除。

观念上的"独断性"势必引起文化的冲突。应该说，在一定程度上人类社会的历史就是反对观念独断的历史，也是反对文化冲突的历史，人的观念现代化也就是一部不断冲破观念"独断性"的历史。首先，观念的"专断性"表现为一种思想文化上的专制、独断与垄断。中国历史上秦汉的"焚书坑儒""罢黜百家，独尊儒术"以及后世大兴

"文字狱"就是这种观念专制典型且生动的写照。就是在近现代历史上,在我们当代人的生活中间,仍不时发现有这种"独断性"的思想文化影子。回顾毛泽东在延安时期对"本本主义"的批判、"文化大革命"时期的现代迷信悲剧、党的十一届三中全会以及关于真理标准问题的讨论,从正反两方面我们都能感受这种观念"独断性"的力量。其次,在处理国际关系时,强权政治推行者也以这种"独断性"的观念作为他们的基本准则。鸦片战争以后,直到新中国的成立,中国就曾深受西方国家这种"独断性"的欺辱。在列强的强迫下签订了割让土地的不平等条约,我们不仅丧失了土地和白银,更重要的是丧失了中华民族作为一个国家应有的话语权。应当看到,在当今国际政治关系和经济活动中,更是存在着一个"文化话语权"的问题。对此,有学者这样认为:"所谓文化话语权就是国家主权在文化领域里的集中体现,是一个国家出于经济、政治、文化发展和国家安全的需要,自主地提出、表达、传播、交流文化话语、维护国家文化安全和文化权益的权利,它包括文化话语的创造权、文化话语的表达权、文化话语的传播权、文化议题的设置权和文化发展的自主权,本质上是一个国家的文化主导权。"① 在当今时代,世界已走向文化多样化、社会信息化、经济全球化,在这种环境下,"国家的文化话语权已经成为表达、维护和实现国家政治利益、经济利益、文化权益乃至国家安全的重要手段。谁掌握了文化话语权,谁就能有效地维护自身的文化安全和国家安全,增强国家文化软实力,提升国家的综合实力和国际竞争力。谁丧失了文化话语权,谁就会削弱自己的文化软实力,损害国家的综合实力和国际竞争力,甚至危及本国的国家安全和国家利益。"② 也就是说,当前依然存在着霸权主义与强权政治,他们无所顾忌而且随心所欲地在剥夺其他国家与人民的话语权,尤其是在人权、民主与自由的思想观念上,以及在粮食、资源、网络等全球性问题上,表现出的是那种专横。因此,在当今国际关系中,思想观念的冲突和话语权的斗争日益激烈,我们要为打破种族歧视和摒弃意识形态的偏见而斗争,要赢得话语权,打破霸权主

---

① 骆郁廷:《提升国家文化话语权》,《人民日报》2012年2月23日。
② 同上。

义推崇的"暴政"。最后，用前一代人的思想观念束缚后一代人，这是以传统观念统治人，更是"独断性"观念在民族文化传统中的表现。在我国历史的长河中，传统封建思想的影响非常广泛而十分深刻。这种无形的封建思想观念，与社会主义核心价值体系，与中国特色社会主义的理论体系、道路、制度基本上是背道而驰的。因此，必须打破那些传统封建思想观念的影响，树立符合时代要求的社会主义思想观念体系，实现人的观念现代化。

### (三) 个体人格与自主意识的主体建构

在人的观念现代化中，要把个体意识与自我意识的普遍形成作为思想观念实现现代化的关键，以此彰显实践的主体要素。观念形态的指导作用、定向作用和激励作用的发挥，要以每一个具体的现实的个人思想观念上的个体意识的确立、自主意识的强化为基础，但每个人的原有思想观念都具有惰性，观念一旦固化为传统，就成为"一种巨大的阻力，是历史的惯性力",[①] 就成为实现思想观念现代化的障碍因素，必须要加以克服。

一方面，个体意识以及以之为基础的自主意识是整个现代思想观念的实质和核心，或者说是整个现代思想观念的根本之所在。这可以从现代思想观念的形成与结构两个方面来看。从现代思想观念的形成看，现代思想观念是近代西方个体主义运动的结果。从文艺复兴开始一直到第二次世界大战结束的西方个体主义运动，其初衷和目的就在于把个体（做广泛理解，包括民族、国家和个人，但主要是个人）从天主教会和封建专制的束缚以及其他的一切束缚（例如，后来的经济发展对个体的束缚，科学技术对个体的束缚）下解放出来，使个体成为独立自主的主体。正是在这一系列运动中，经过长期的、各种形式表现出来的革命与变革，人们才逐渐确立了个体观念，形成了个体意识与主体意识，并随着个体在社会中主体地位的确立，相应地逐渐形成了个体的自主意识。这就典型地表现为确立了现代人必备的人格素质，如独立人格、主体意识、个性解放、自我实现、个人尊严、自由精神、宽容精神、平等精神以及民

---

① 《马克思恩格斯文集》（第3卷），人民出版社2009年版，第521页。

主精神、法治精神、人权意识、公民意识等现代人格素质。这种以个体为本位、以个体为主体的个体意识和自主意识是以整体为本位、以整体为主体的传统思想观念的直接对立面，它们的形成是现代思想观念确立的根本标志。正是以这种个体人格、个体意识和自主意识为中心，现代思想观念才得以形成并实现体系化。从现代思想观念的结构来看，现代思想观念是以个体意识和自主意识为中心，确保个体作为主体的自由和权利为目的构建起来的。从国家的层面看，现代思想观念主要包括国家独立、富强、民主、文明、和谐、平等互信、包容互鉴、合作共赢等观念；从社会的角度看，现代思想观念主要包括公民观念、自由观念、平等观念、公正观念、民主观念、法治观念、市场观念、科技观念等；从个体来讲，现代价值观念主要包括自主观念、自律观念、成功观念、超越观念、责任观念等。在我国社会主义核心价值体系建设中，与此相对应，就把其中主导的、主流的观念确立为核心价值观念，如十八大报告中所倡导的：在国家层面的富强、民主、文明、和谐，在社会层面的自由、平等、公正、法治，在个体层面上的爱国、敬业、诚信、友善。所有这些观念都无非是直接肯定个人的主体地位，或间接地为实现个体主体地位服务，或为主体地位的实现提供基础和保障。所以，抓住了个体意识和自主意识就能抓住人的观念现代化的关键。

另一方面，确立个体意识和自主意识对于人的观念现代化是最重要的，也是最困难的。现代观念与传统观念的根本对立就在于以个体为本位还是以整体为本位，人的观念现代化最重要的就是实现这种本位的转换。这种根本性的转换会遭到保守势力的反对，即使每一个社会个体虽然在这种转换中受益，也会本能地去反对。这就是习惯作为人的思想观念的惰性决定的。习惯是由于重复或练习而巩固下来的并变成需要的行为方式。习惯是自身养成的，人是生活在习惯之中的，要从根本上改变我们习以为常的一切，要从心灵深处更新我们的思维定式和行为习惯，不仅是困难的，也是痛苦的，必定遭到个人本能的抵制和反对。确立个体意识和自主意识，就是要把习惯性思维在人的头脑中排除掉，排除头脑中已有的观念，以新鲜好奇的目光重新打量我们面前的世界。这里讲的"排除"，是指一种状态，是一种改变旧思维方式、进入新思维的精神状态，是一种争得自由、摆脱束缚的思想解放，并不是把一切都当作垃圾扔掉。例如，摆脱利益、情感和目的的障碍，在个体身心自由状态下发现真理；放下利益色彩的东西，利害、得失、功利、名利、个人地位、个人种种实惠等（这也是邓小平、江泽民、胡锦涛、习近平经常讲的领导干部要树立正确的"世界观、权力观、事业观"的具体体现），放下与利益相关的各种感情趋向与个人的好恶，放下各种与利益有某种联系的目的、计划、追求、打算、安排等。确立个体意识和自主意识，就要排除掉与现代思想观念相对立的习惯、偏见、迷信和已有思想观念的专断。

## 二 人的观念现代化是社会发展的灵魂

人的观念现代化是在社会实践的基础上产生与推进的。这种社会实践推动着社会发展。人的观念现代化对于社会发展的价值就体现在人的现代化的思想观念成为社会发展的灵魂，这是由思想意识对社会实践的反作用决定的。社会发展需要先进的、科学的理论进行指导，这种指导意义体现在当代社会"五位一体"的中国特色社会主义建设之中。其中，人的思想观念发展可以夯实市场经济发展和民主政治推进的实践基础，用社会主义特色、体现现代社会要求的现代法治与现代德治及其相互协调统一来强化社会实践的现实保障，用走出封闭、破除迷信等实现人的脑筋转换，增强主体的精神力量，显示主体的精神状态，来促进进一步解放思想，实现社会发展中的主体作用。

### （一）走出封闭与破除迷信的思想引领

社会实践具有活生生的现实性，它在本质上就是与封闭不相容的，因而社会发展首先要求走出封闭。随着社会实践的发展，人的原有思想观念也就是现实观念就会显示其落后性，又会提出思想发展的要求，必然要求进一步破除迷信、打破僵化。只有投身于社会实践，主体才能知道传统观念、现实观念落后在什么地方，以及现实社会实践需要什么样的新思想、新观念，也就是如何合理确定未来观念，这就体现了转换脑筋的要求，也就是转换思维方式、实现观念现代化。由此构成了人的观念现代化在思想解放上的三大内容要素：走出封闭、破除迷信和转换脑筋。这三个方面的基本要求，是与社会发展中主体实践的"认识、再实践、再认识"的思想发展过程相一致的。

第一，未来观念要求人的思想观念走出封闭。封闭，就是指人对于事物的内在机制保持一种相对静止并独立于外界的静态观念的认识。中国古语说，"天不变，道亦不变"，就给人们造成一种不注重时空条件转换的心理，不是以一种流动的、变化的思维方式、心理状态和思想观念去适应外界事物的发展变化；相反，是以一种以不变应万变的体系化的、固化的、僵化的思维方式来裁剪客观事物和社会实践。要让与现代社会发展相适应的未来观念得以确立与发展，就必须走出封闭。

封闭必然导致保守性和排他性。中国古代的思想体系和科学体系一经产生就具有保守性与排他性，这已经成为思想学术上的共识。这使得与该体系相违背的思想观念、科学思想及其成果的出现，成为很困难的事情，也就是说，要突破原有思想观念的框框是很不容易的，对于外来的思想观念和科学技术的吸收、借鉴具有很大的选择性和局限性。这种由封闭而产生的保守性与排他性，是中国长期封建社会得以稳定、延续的法宝。这是因为，在中国封建社会，小生产者的自然经济占有很大的比重。自然经济的特点是自给自足，不需要或者很少需要进行商品交换，所以往往是"鸡犬之声相闻，民至老死不相往来"。马克思在分析这种自然经济的社会特征时指出："小农人数众多，他们的生活条件相同，但是彼此间并没有发生多种多样的关系。他们的生产方式不是使他们互相交往，而是使他们互相隔离。"① 这种自然经济基础之上的封建国家，有着"大一统"的特点，政治结构和意识形态结构实现了一体化。这种一体化，把意识形态的组织力量和政治结构中的组织力量结合起来，相互沟通，从而形成一种超级组织力量。中国封建社会这种"超稳定的社会系统"（金观涛等用以解释中国朝代循环与封建社会长期延续之间关系的理论模型②），具有极大的抗干扰性，直接导致封闭性的出现，限制着人的思想发展。

---

① 《马克思恩格斯文集》（第2卷），人民出版社2009年版，第566页。
② 参见金观涛、刘青峰《兴盛与危机：论中国社会超稳定结构》，法律出版社2011年版。

走出封闭，必然要求开放。所谓开放，就是指事物作为系统与外界环境之间进行物质、能量、信息的动态转换，使之相互作用、依赖、制约的动态关系。所以，开放性是一切有机体系统的一个重要特征。在开放的环境中事物才能发展，同理，在开放的环境中，国家与民族才能发展与进步，也只有在开放的环境中，人的思想观念才能正确把握事物的本质和规律。首先，思路开阔才能体现思想观念的开放性，既要思考事物的内因，又要看到外部环境的作用；既要考虑事物本身的特征，又要看到客观条件；既要考虑本国的现状，又要看到国际环境对我国社会发展与思想观念变动的有利因素与不利条件。其次，思想观念的开放性必然要求实现信息交换，社会信息化是当代社会发展与科技进步的重要条件，这必然要求人与外界加强信息交换，既要广泛地、大量的收集观念信息，又要输出自己的信息，实现信息的有效反馈，还要对外界正负反馈信息及时选择，实现消化、吸收，使之成为个体实现思想观念发展的内在动因，也就是外来信息观念的内化。再次，思想观念的开放性必然要求实现自我更新，传统思想观念习惯于做自我的纵向比较，这就使人容易满足于现状，取得成绩就沾沾自喜，遇到挫折就悲观失望。开放性则要求在横向比较的同时，还要对自我的现实与未来进行比较，将传统的、现实的观念与未来的观念进行比较。在比较中正确认识自我，既不要夜郎自大，把自我看成完美无缺；又不能全盘否定，把自我看成一无是处。要在开放性中认识自我，增强自我的自信心与竞争力，使自我不断得以完善和发展。

第二，未来观念要求人的思想观念破除迷信。迷信就是一种盲目的崇拜和信仰，如迷信书本、迷信经验、迷信权威。当然宗教观念也是一种迷信。在当代中国，现实生活中的迷信大概可以归纳为三种类型：一是传统的封建迷信活动死灰复燃，如烧香问卦、算命、求菩萨等，这类迷信活动不仅占的比重最大，而且也有许多新的发展。例如，以前的烧纸钱，现在"进步"到烧纸质的冰箱、彩电、轿车、存折乃至"美女"，商店等经营场所供奉的财神爷在沿海和内地都到处可见。二是新产生的迷信，例如，从南方流传到内地、近年来蔓延开来的机动车驾驶室里挂的毛主席像，人们都说毛泽东已经成神了，他老人家可以保佑司机不出车祸、不被警察拦下。三是国外传来的各种迷信，例如，前些年的"连锁信",没有发信地址和发信人,内容要你"抄写100份,在九天之内发给你的朋友,以免遭受不幸"等。这些无论是在经济发达地区还是中西部欠发达地区,无论是在城市还是农村,我们都随处可见。就中西比较而言,中国人因为宗教意识与信仰总体上淡薄,在日常生活中迷信胜于宗教的影响(当然,这也只是一种理论推演,现在不少地区,包括经济发达地区与一些革命老区,宗教特别是基督教的影响也逐渐扩大,田间地头随处可见农民的教堂)。大多数中国人没有单一的宗教信仰观念,在民间精神生活中,具有决定性意义的因素不是宗教,而是迷信。正如毛泽东在1919年7月4日的《湘江评论》创刊号上发表《陈独秀之被捕及营救》一文中就指出的:"现在的中国,可谓危险极了。……危险在全国人民思想界空虚腐败到十二分。中国的四万万人,差不多有三万万九千万是迷信家。迷信鬼神,迷信物象,迷信命运,迷信强权。全然不认有个人,不认有自己,不认有真理。这是科学思想不发达的结果。"① 在近百年之后的今日,迷信活动不仅没有随着社会变革而削弱,却有重新燃起之势,对人的观念发展具有很大的负面影响。

学者研究指出,迷信在性质上,可以作为条件反射、作为社会现象、作为思维方式、作为未知事物。② 其中,迷信作为一种思维方式,更是成为实现人的观念现代化的障碍因素。奥地利学者G.贾霍达在《迷信》一书中引用布留尔的观点指出:在传统的社会中流行的文化氛围是魔幻的和神秘的。语言、民俗和宗教信仰,所有这些都与不断成长而形成的、喜欢保持我们广义地称之为迷信的那些共同模式结合在一起;自我和外部世界、名称和实物绝不会明显地分开,所以神秘的魔法概念渗透于毕生的思维模式之中。换句话说,西方社会中占优势的自然主义和理性主义思想体系,阻碍了早期的观念,强调自我与环境的差别,由此培养出一种客观的观点。③ 虽然中国进入社会主义现代化的全面建成小康社会的历史新时期,但是两千多年来封建专制遗留在国民身上的愚昧与迷信,仍然是中国实现社会主义现代化与中华民族伟大复兴的最大障碍。一个民族前进的步伐,是与该民族思想解放、观念发展的

---

① 《毛泽东早期文稿》(第2版),湖南人民出版社1995年版,第305—306页。
② [奥] G.贾霍达:《迷信》,上海文艺出版社1993年版,第123—238页。
③ 同上书,第187—188页。

程度成正比的,这在很大程度上又取决于对新旧迷信的破除。"十年内乱"期间的现代迷信,已经让我们的民族与国民饱尝了苦果,这些惨痛的教训是我们永远不能忘记的。

**(二)市场经济与民主政治的观念基础**

个人的观念现代化的展开及其推进、实现,不是一个人的主观意愿问题,还必须有相应的基础。这种基础至少包括人性与社会两个方面,人性的基础在于人为了谋求生存得更好的本性要求,如"快乐""幸福"等要求,人寻求最适应这种本性的思想观念并且在这种思想观念支配与指导下进行实践、行动;人的观念现代化的社会基础主要还在于社会实践,这是符合马克思主义基本观点的。现代思想观念的社会基础主要就是市场经济与民主政治,二者不仅是产生某种现代思想观念的土壤,而且也会产生某种客观要求,要求建立与市场经济、民主政治发展相适应的思想观念。

第一,从西方现代化的过程来看,现代化最早发源于英国,文艺复兴、启蒙运动和宗教改革改变了人们的思想观念,推动了资本主义私有财产制度、民主政治制度等在内的现代化的制度创新。文艺复兴与宗教改革是适应商业革命(地理大发现之后的资本主义商品的全球商业推销与运转)和资本主义的经济要求而发生的。资本主义市场经济的最初发展,产生了冲破宗教教会和封建专制束缚、让个体按照自己的意愿自主生产和经营的现实要求,产生了建立相应的民主政治制度为个体的自由提供保障的客观要求,个体自由需要相应的民主政治提供保障,而民主政治则以个体思想解放、个性自由为前提,需要建立以个体自由为基础的和谐的社会秩序。正是适应这种经济的和政治的要求,西方近代以来发生了文艺复兴、宗教改革、思想启蒙、资产阶级革命等一系列的革命运动,并通过这些各个领域的革命运动逐渐实现了人的思想观念的转换,确立了现代思想观念。现代思想观念的确立反过来又为市场经济和民主政治的发展提供了理论指导、舆论支持和观念保证。当市场经济和民主政治进一步走向现代化的时候,过去奉行的那些自由放任的资本主义核心价值观念已严重不适应这种经济政治发展的要求,于是形成了20世纪的国家干预主义。在当今时代,以往的思想观念又不能适应全球化、信息化的发展，于是又推动着西方国家现代思想观念的进一步现代化。

第二，从中国的现代化进程来看，在中国特色社会主义的改革开放与现代化建设中，人的观念现代化的先导性和根本性体现得更为典型。一般认为，东方国家的思想文化与历史传统不利于自发地实现现代化，但是可以在现代化进程中发挥积极作用。"文化大革命"后期的中国，不说商品经济无法发展，就是计划经济也无法维持，就当时的经济社会发展的必然性来看，根本没有进行现代化建设的可能性。如果说中国经济有可能恢复和发展的话，那也只是计划经济的恢复与重新确立，不管怎样说，都不会有市场经济。在这种情况下，邓小平提出了改革开放的政策，但改革本身并不能使中国走上现代化之路，因为中国历史上那么多的改革，最终都是以改朝换代的面目出现的，并且大多数都是失败了的，因为这些改革都是在原有的封闭的封建主义体制内进行的，找不到走出迷宫的路径；改革开放的重点还在于开放，开放更强调思想解放，强调观念的变革、更新与转型，思想解放了，观念发展了，条条框框变少了，就可以接受新的外来的思想观念，就可以学习别人先进的思想观念和管理经验。这样，市场经济就在改革开放的进程中确立并发展了，人的思想观念也在这个过程中实现了更新与发展。市场经济的发展，必然在思想观念上提出民主政治的要求，这既是社会主义内在的本质要求，更是实践中各类主体的自觉要求：农民在实行家庭联产承包责任制后基本解决了温饱问题，要求实现村民自治；城市的各类企业、各类市场主体也需要民主权利，需要保障个体的自由；"先富"起来的各类精英也要在民主政治中"分一杯羹"，以"贵"来保障自己通过各种途径与渠道得到的大量财富得以保持、流转和继承，这符合中国人传统的"富贵"观念，"富"了之后只有"贵"，才能保持自己的财富，各种级别的人大代表、政协委员，各类与国家政权紧密联系的社会团体成员就成为他们谋取的目标；就连执政党内也发出了要求民主权利的呼声，这就导致"党内民主"的生成。所以，市场经济的发展，民主政治的要求，与人的观念现代化的推进有着必然的、相互的、双向的联系。市场经济与民主政治成为实现人的观念现代化的社会基础、现实基础、实践基础。

### (三) 现代法治与现代道德的价值重构

现代思想观念的形成与发展不仅要有必要的社会基础，还要有良好的社会环境。只有在良好的社会环境中，思想观念的现代转型才会顺利，也才可能有所保障。观念现代化的良好社会环境在现代社会需要有现代法治和现代道德以及与之相适应的大众传媒主导的社会舆论来营造，换句话说就是人的观念现代化需要良好的法治环境、道德环境和舆论环境的保障。当然，社会主义条件下的舆论也是在中国共产党的领导下、以法治建设和道德建设为其内容的，并且也作为推进人的观念现代化的具体途径，这里只讨论现代法治与现代道德的观念保障问题。

第一，作为人的观念现代化保障的法治和道德只能是体现现代社会要求的现代法治和现代道德，传统的、历史上的"以法治人"和传统道德不能提供这种保障作用，不能发挥这种保障功能。传统上的"法治"和道德，其目的不在于保护和扩大国民的自由和权利，从而成为扼杀国民自由、限制国民权利的手段，实现统治者的统治利益。现代法治，就是"法治成为治国理政的基本方式"，从总体上讲就是在四个环节上实现法治：立法中体现科学性，执法中体现严格性，司法中体现公正性，守法上体现全民性，坚持法律面前人人平等，保证有法必依、执法必严、违法必究。作为一种心理状态、思维方式和思想观念，就是各项工作和各种领域中"法治思维和法治方式"的运用。[1] 现代道德，就是一种民主性道德，是适应民主政治的要求构建的，基础就是市场经济、民主政治、先进文化、有序社会与良好生态，其目的是为建立以公正为基础的和谐社会服务，为全体公民的幸福服务。按照十八大的要求，这种现代道德就是要弘扬中华传统美德，弘扬时代新风，弘扬真善美、贬斥假丑恶，营造劳动光荣、创造伟大的社会氛围，培育知荣辱、讲正气、做奉献、促和谐的良好社会风尚，培育自尊自信、理性平和、积极向上的社会心态。[2]

第二，现代法治和现代道德可以全方位地为人的观念现代化提供保

---

[1] 《中国共产党第十八次全国代表大会文件汇编》，人民出版社2012年版，第25—26页。
[2] 同上书，第29—30页。

证、营造环境、指示方向。作为现代社会规制的两种最常用手段，法治与道德是两种不同的控制机制，它们分别以硬约束和软约束的方式控制社会运转和发展方向，分别以外在制约和内在制约控制人的活动及其追求的方向。正如中央所强调的，"对一个国家的治理来说，法治和德治，从来都是相辅相成、相互促进的，法治以法律的权威性和强制性规范社会成员的行为，德治以道德说服力和感召力提高社会成员的思想认识和道德觉悟。"[①] 国家的治理如此，人的观念现代化也是如此。首先，现代法治和现代道德可以为人的观念现代化提供保证。现代观念从根本上说是与传统思想观念及其保障机制的传统"法治"和传统道德对立的，在构建现代观念的过程中，必然会遭到传统思想观念的抵制，遭到传统"法治"和道德的阻滞。如果建立起现代法治和现代道德，思想观念现代化就可以得到现代法治与现代道德的支持和保护，可以用现代社会法治与道德两种方式打击保守势力、传统观念的阻挠。其次，现代法治和现代道德可以为人的观念现代化营造环境。现代观念作为新生事物，肯定会受到习惯势力的阻挠。这种习惯势力一般会营造一种不利于现代观念生成与发展的舆论环境。在这种情况下，现代法治和现代道德就可以在法律层面肯定和保护人的观念现代化的合理性与合法性，在道义层面支持和赞扬现代观念与人的观念现代化，来消除人的观念现代化中的习惯、偏见、迷信以及专制，这样就可以遏制、冲破保守势力的攻击和习惯势力的阻挠，为人的观念现代化营造良好的舆论环境。最后，现代法治和现代道德可以为人的观念现代化指示方向。作为现代社会两种主要的调控机制，法治和道德不仅具有制约功能，还有导向作用。它们可以以不同的约束方式、心理机制、思维方式与思想观念告诉人们，什么是好的，什么是坏的，什么是更好的，什么是最好的，引导人们形成主流意识形态、核心价值体系所期望的思想观念。这种导向机制，告诉人们什么是现代思想观念，现代思想观念为什么是好的，如何确立现代思想观念，什么是现代思想观念发展的方向和追求的目标，以提高人们追求观念现代化的自觉性。

---

① 中共中央宣传部：《"三个代表"重要思想学习纲要》，学习出版社2003年版，第67页。

## 三 人的观念现代化是民族复兴的先导

党的十八大确立了我国经济社会发展的新目标,这就是到 2020 年实现"全面建成小康社会"的宏伟目标,也就是要在十六大、十七大确立的全面建设小康社会目标的基础上努力实现新的要求,这种新要求就是"经济持续健康发展,人民民主不断扩大,文化软实力显著增强,人民生活水平全面提高,资源节约型、环境友好型社会建设取得重大进展"。要在一个并不算长的时期内全面实现这些发展目标,必须把实现了观念现代化的人既作为社会主义现代化建设的主体,又作为现代化建设的目标。作为主体,只有依靠具有现代观念的人,才能全面建成小康社会,为社会主义现代化的"基本"实现打下坚实的基础,为社会主义现代化的"全面"实现提供主体条件,为中华民族伟大复兴做好思想观念上的准备;作为目标,全面建成小康社会也必然通过改革开放的实践把人的思想观念推进到一个更高的水平,人的观念现代化先行实现。人的观念现代化成为全面建成小康社会必须解决好的一个时代性课题。

### (一) 经验教训与观念进步的时代呼唤

历史的经验教训表明,人的观念现代化是国家现代化和民族现代化的基础性条件之一。在国家和民族现代化的历史进程中,没有思想观念上的不断创新和进步,国家和民族的现代化就永远不可能取得实质性进展。从这种意义上说,一个国家和民族现代化的历史命运是和自身观念更新的状况密切相连的。任何落后,首先是一种观念上的落后;任何进步,首先表现为一种观念上的进步。

第一,一部中国近现代史,也就是一部观念现代化的历史。中国作为文明古国,在以往的历史进程中曾经创造出辉煌无比的历史纪录,在人类文明史上写下了自己独领风骚的骄傲与自豪。但是,从世界范围来看,从明末开始,中华民族在世界文明史上的优势地位便开始丧失。特别是 1840 年鸦片战争爆发以来,随着资本主义工业文明的扩展以及由此而来的西学东渐，中华民族传统的、以农业文明为特征的观念体系遭遇到前所未有的挑战。时至今日，这种挑战不仅依然存在，而且变得越来越严重。因此，一部中国近现代史，也就是一部中国人不断摆脱自身观念困境、吸收和缔造能够满足现实要求的观念体系的历史，一部观念现代化的历史。然而，"传统是一种巨大的阻力"，① 观念的力量拥有巨大的惯性，"同传统的观念实行最彻底的决裂"② 并不是一件轻而易举的事情。近代以来，我们的先辈为此不仅绞尽脑汁，而且还曾付出过鲜血与生命。但无情的历史却不断证明，种种陈腐错误的观念，总是像一副沉重的枷锁，严重影响着中华民族的现代化进程。反思近代以来中国人的观念现代化的经验和教训，发现我们缺少的正是一种发自内心的、自觉自愿的反思和自我批判精神。

第二，中国现代化有器物、制度到观念现代化的三个层面。有学者认为，中国的现代化包括器物技能层面的现代化、制度层面的现代化与思想行为层面的现代化三个层面。③ 在中国现代化的启蒙时期（鸦片战争以后到1895年甲午战争时期），作为对鸦片战争失败的一种应急性反应，当时的一些有识之士如曾国藩、李鸿章和张之洞等洋务派，提出了兴洋学、译洋书、建工厂、筑铁路、开矿山、炼钢铁、造船炮的主张，这种观念上的转变，表面上看是对世界现代化潮流的一种正式的回应，但是在"中学为体、西学为用"主导思想的束缚下，却只注重器物技能层次的现代化而无视国家现代化建设中的政治制度基础和社会文化心理基础。结果，这场积极的、防御性的现代化运动，伴随着甲午战争的失败一起灰飞烟灭。器物技能层面现代化的努力失败后，洋务运动中分化出来的一批知识分子通过反思甲午战争失败的惨痛教训，提出了革新政治的主张，开始将中国的现代化建设推向制度层面和思想文化层面，这中间经过戊戌变法、辛亥革命等一系列的曲折和反复，最后直到五四运动，以陈独秀为首的激进民主主义者才在"民主"和"科学"的旗帜下找到了摧毁封建传统观念的精神武器，掀起了中国历史上影响深远

---

① 《马克思恩格斯文集》（第3卷），人民出版社2009年版，第521页。
② 《马克思恩格斯文集》（第2卷），人民出版社2009年版，第52页。
③ 参见金耀基《从传统到现代》，中国人民大学出版社1999年版，第131—137页；殷海光《中国文化的展望》，文星出版社1966年版，第459—477页。

的、真正的思想启蒙运动。五四运动,将近代西方资产阶级的主要思想观念,如自然状态和社会契约理论、人性理论、天赋人权和人民主权学说等介绍到中国,对近代中国人的思想解放和观念更新产生了积极的影响。五四运动作为资产阶级新文化与封建主义旧文化之间的激烈斗争,是近代中国人思想观念的一次大冲突和大变革,在政治思想上给封建主义以沉重打击,对中国人特别是时代青年思想的觉醒起到了巨大的启蒙作用。这场观念变革使中国真正走上了永不回头的现代化发展道路。但是,五四运动是小资产阶级激进民主主义者发动和领导的,其最大的缺陷首先是运动的倡导者忽视了人民群众的作用,没能和广大人民群众真正相结合;其次,在思想方法上,运动的领导人和倡导者是形而上学的,对中国传统文化持全盘否定的态度,而对西方文化则盲目崇拜,全盘肯定和吸收。从历史的角度看,五四运动并没能真正实现中国人救亡图存、完成社会政治经济的现代化转型的任务。

第三,马克思主义成为实现中国现代化的观念工具。在五四运动的鼓舞和推动下,同时也受俄国十月革命的影响,五四新文化运动中的一些先进分子,开始初步接受和宣传马克思主义、列宁主义。马克思主义在我国的传播,引起了知识界和工农群众思想观念的新变革。从此以后,在中国出现的三条可能的现代化发展道路中,即一是官僚垄断资本主义现代化模式,二是民族资本主义现代化模式,三是资产阶级民主主义现代化模式(分为旧民主主义现代化以及作为其继承和发展的新民主主义现代化模式),①中国人民最终选择了新民主主义的现代化及其发展的社会主义的现代化道路。历史证明,这一选择是唯一正确的选择。经过100多年的集体反省,中国人民才在中国共产党的带领下,找到了可以指导自己实现民族振兴、国家富强理想的观念工具——马克思列宁主义。至此,近现代以来中国社会才真正在观念系统的层面上完成了历史性的变革。中华民族今天能够屹立于世界民族之林,中国能够成为具有国际影响的国家,都是这次人的观念现代化实现的必然结果。

---

① 严立贤:《略论近代中国历史上的三种现代化模式》,载北京大学世界现代化进程研究中心编《现代化研究》(第二辑),商务印书馆2003年版,第34页。

### (二) 小康社会与主体状态的精神凝聚

20世纪80年代以来，在中国改革开放的背景下，随着国际共产主义运动的曲折发展和世界政治经济科技环境的变化，当代中国又面临着一次新的观念变革的严重挑战。"许多致力于实现现代化的发展中国家，正是经历了长久的现代化阵痛和难产后，才逐渐意识到：国民的心理和精神还被牢固地锁在传统意识之中，构成了对经济和社会发展的严重障碍。"[①] 在国际国内环境深刻变化的新形势下，在立足我国基本国情、深刻分析国际形势、顺应世界发展趋势、借鉴国外发展经验的背景下，如何坚持社会主义独特的价值观念体系，在两种制度的较量中不断前进，继续实现人的观念现代化，都需要我们以前所未有的勇气、胆识和智慧，站在历史的高度，实现新的观念变革、观念更新与观念创新，以不断实现人的观念现代化。当代中国人的观念现代化的任务，其艰巨性和复杂性，比以往任何时候都更为迫切和更为重要。

第一，人的观念现代化是国家现代化的前提。现代化作为一种世界性潮流，尽管起源于英国资产阶级革命和工业革命，但真正形成世界性风潮并带来社会各个领域全面现代化却是在20世纪。英国、法国、德国等欧洲国家以及美国、加拿大、澳大利亚等国的早发现代化模式，成为20世纪50年代发展中国家追求现代化潮流竞相效仿的榜样，但后发现代化国家发展失败遭遇到的挫折却表明：没有人的观念和心理现代化，国家现代化是很难实现的；国家落后也是国民的一种心理状态。对此，美国社会学家英克尔斯做出了这样的总结：[②]

    一个国家可以从国外引进作为现代化显著标志的科学技术，移植先进国家卓有成效的工业管理方法、政府结构形式、教育制度以至全部课程内容。在今天的发展中国家里，这是屡见不鲜的。进行这种移植现代化尝试的国家，本来怀着极大的希望和信心，以为把外来的先进技术播种在自己的国土上，丰硕的成果就足以使它跻身

---

[①] [美]阿历克斯·英克尔斯：《人的现代化：心理·思想·态度·行为》，殷陆君编译，四川人民出版社1985年版，第3页。
[②] 同上书，第4页。

于先进的发达国家行列之中。结果，它们往往收获的是失败和沮丧。原先拟想的完美蓝图不是被歪曲成奇形怪状的讽刺画，就是为本国的资源和财力掘下了坟墓。

"痛切的教训使一些人开始体会和领悟到，那些完善的现代制度以及伴随而来的指导大纲，管理守则，本身是一些空的躯壳。如果一个国家的人民缺乏一种能赋予这些制度以真实生命力的广泛的现代心理基础，如果执行和运用着这些现代制度的人，自身还没有从心理、思想、态度和行为方式上都经历一个向现代化的转变，失败和畸形发展的悲剧结局是不可避免的。再完美的现代制度和管理方式，再先进的技术工艺，也会在一群传统人的手中变成废纸一堆。"

发展中国家现代化的经验教训表明，人的观念现代化是国家现代化的重要前提条件。如果一个国家的人民缺乏一种广泛的现代心理基础，如果执行和运用现代制度的人们自身还没有从心理、思想、观念、态度和行为方式上都经历一个向现代化的转变，那么这个国家的全面现代化是没有主体基础的。任何国家，只有它的人民从思想、观念、态度上，都能与现代形式的经济社会发展同步前进，相互配合，这个国家的全面现代化才能真正得以实现。所以，中国社会主义现代化建设与改革开放，不应该只拘泥于单纯的经济现代化（我国"四个现代化"都只是物质文明的现代化）或一时的经济高速增长，只有实现了全体人民的观念现代化，才能保证我国现代化的全面实现。国家现代化是不可缺少人的观念现代化的，它是国家现代化发展的先决条件。我国改革开放的根本目标是实现整个社会全方位的现代化，然而，"观念的变革是社会改革的前奏，新的观念并不是产生于社会变革之后，而每每产生于变革之前的先决人物头脑之中，或者从国外引进，传播先决的思想，结果冲突和抉择，终于形成了新的观念，一旦这种先进思想同改革的需要结合起来，就会产生巨大的力量。现代化事业需要有新的、先进思想的现代人来推动，并在现代化的过程中，造就一代新人。"[1]

---

[1] 叶南客:《社会现代化的主旋律》，载北京大学世界现代化进程研究中心编《现代化研究》（第二辑），商务印书馆2003年版，第163页。

实现社会现代化,首先是要实现人的现代化和人的观念现代化,我们不可能等到社会现代化实现之后再来实现人和人的观念现代化,这个进程是不可倒置的。促进人及其观念现代化,思想政治教育担负着重要任务:① 其一,我们所要树立的现代化观念,是在马克思主义指导下,把我国社会主义现代化建设的实际要求结合在一起,要符合时代要求和当代社会的实际,它既不是简单地引进西方观念,也不是简单地继承传统观念。其二,现代社会的观念是一个观念体系,而不是某一个具体观念,涉及面广,内容相当丰富。要形成和完善现代化的观念,需要进行长期的教育和培养。

第二,人的观念现代化是实现区域现代化的条件。在现代化理论的组成部分中,既包括世界现代化、国家现代化、地区现代化、个体现代化等不同层次,也包括农业、工业、教育、科技等不同部门;在现代化科学研究对象与研究内容的研究矩阵中,作为研究内容的"观念与知识要素"与作为研究对象的"文明"因素组合,就形成了与行为现代化、结构现代化、制度现代化相并列的"观念现代化",再与"经济、社会、政治、文化、个人"五个领域以及"环境"等因素组合,就形成了各领域的观念现代化。② 在我国社会主义现代化的建设实践中,中央很早就提出"有条件的地区要率先基本实现现代化"以及实现"教育现代化"的现代化政策。在此过程中,人的观念现代化仍然是我国区域现代化与教育现代化的核心。

按照"三步走"的安排,我国要在21世纪中叶也就是新中国成立100周年之际基本实现现代化,但这并不妨碍和排除某些地区率先基本实现现代化。十五大以来,中央对此强调比较多,"东部地区要继续发挥优势,不断提高经济素质和竞争力,更好地发展和壮大自己,有条件的地方要率先实现现代化"③,"继续发挥东部沿海地区在全国经济发展中的带动作用,有条件的地方争取率先基本实现现代化"。④ 十六大以

---

① 郑永廷:《现代思想道德教育理论与方法》,广东教育出版社2000年版,第20页。
② 何传启:《中国现代化报告2011——现代化科学概论》,北京大学出版社2011年版,第9、14页。
③ 《十五大以来重要文献选编》(中),人民出版社2001年版,第1177页。
④ 同上书,第1381页。

来，则"鼓励东部有条件的地区率先实现基本现代化"。① 十七大以来，要求在我国最发达的地区率先实现现代化：长江三角洲地区要在2020年改革开放与经济社会发展的基础上，"再用更长一段时间，率先基本实现现代化"；② 珠江三角洲地区要"继续在改革开放上先行先试，率先实现科学发展、和谐发展，率先基本实现现代化"。③ 在这些发达地区率先基本实现现代化的过程中，观念现代化起着核心作用。以广东地区为例，广东作为中国社会主义改革开放的前沿地区，是我国全面改革的试验区，是改革开放"先行一步"的尖兵，1978年以来广东的急剧变化与"先行一步"的观念变革，在改革开放的伟大实践中变革观念，不断倡导与社会主义市场经济相适应的新观念、坚持面向世界的全方位开放观念、重新认识社会主义经济与非公有制经济、确立符合社会主义初级阶段和市场经济要求的义利观，实现发达地区人的观念现代化。④ 有学者特别对广州地区居民的"人的现代意识"以及"人的现代状况"进行调研，前者包括就人的开放意识、竞争意识、效率意识、创新意识、自主意识、责任意识、平等意识、公正意识八项内容在国企工人、外来工、农民、公务员、商业管理人员、大学生以及中学生七类人群中进行调研，针对的就是人的观念现代化水平，后者针对的则是人的行为现代化水平。⑤

第三，人的观念现代化是推进教育现代化的基础。在人的发展中，教育是主要途径。这既是因为教育有助于实现国家现代化的发展目标，又是由于教育可以培养人的现代品质、生成人的现代观念，提高人的素质。在我国，实现教育现代化，也是改革开放以后就提出的部门现代化的目标之一。⑥ 2010年，中共中央、国务院印发的《国家中长期教育改革和发展规划纲要（2010—2020年）》则明确提出"基本实现教育现

---

① 《十六大以来重要文献选编》（上），中央文献出版社2005年版，第471、879页。
② 《十七大以来重要文献选编》（上），中央文献出版社2009年版，第539页。
③ 同上书，第838页。
④ 吴灿新、苟志效、吴奕新：《社会变革与观念变革——新时期广东观念变革实践的理性思考》，人民出版社2003年版，第85—94页。
⑤ 李萍等：《人的现代化——开放地区人的现代化系列研究报告》，人民出版社2007年版，第7页。
⑥ 《十四大以来重要文献选编》（上），人民出版社1996年版，第63页。

代化"是 2020 年的战略目标之一。①胡锦涛指出："优先发展教育、提高教育现代化水平，对全面实现建设小康社会奋斗目标、建设富强民主文明和谐的社会主义现代化国家具有决定性意义。"②教育现代化就是为适应经济社会现代化进程，教育发展所应具有的重要特点和趋势，是传统教育向现代教育转变的过程。人类社会从工业革命特别是信息化以来所发生的一系列教育变革，以及发展中国家追赶发达国家教育发展水平的过程，都是教育现代化的重要标志。教育现代化是国家现代化的先导，主要体现在教育观念、教育制度、教育程度、教育内容、师资水平、教育设施、教育手段和方法、教育公平、教育国际化等方面。③我国教育事业发展，面临着前所未有的机遇和挑战，但是必须清醒地认识到，我国教育"还不完全适应国家经济社会发展和人民群众接受良好教育的要求"，第一种表现就是"教育观念相对落后"。④所以，人才培养是整个教育工作的核心，深化教育体制改革的关键就是"更新教育观念"，就是更新人才培养观念。人才培养观念深刻影响着人才培养体制和教育教学实践，决定着人才培养体制改革的导向。社会主义建设事业对人才提出的要求、人才成长规律以及我国特有的教育和文化传统，对人才培养观念的形成具有决定作用。更新人才培养观念，就是要从全面建设小康社会和建设人力资源强国的目标出发，按照科学发展观的要求，坚持以人为本，尊重教育规律，适应社会需要，发扬优良传统，摒弃与时代要求不相适应的观念，树立新的人才培养观念，以培养创新精神和实践能力为重点，全面实施素质教育，多出人才、快出人才、出好人才。具体而言，就是树立全面发展观念，使学生德智体美诸方面得到发展；树立人人成才观念，为每个人提供成才的阶梯；树立多样化人才观念，在个性发展基础上，尊重个人选择，鼓励个性发展，不拘一格培养人才；树立终身学习观念，使学习场所不再局限于学校，让学习成为

---

① 《国家中长期教育改革和发展规划纲要（2010—2020）》，人民出版社 2010 年版，第 14 页。
② 《教育规划纲要》工作办公室：《全国教育工作会议文件汇编，教育科学出版社 2010 年版，第 6—7 页。
③ 同上书，第 218 页。
④ 《国家中长期教育改革和发展规划纲要（2010—2020）》，人民出版社 2010 年版，第 10 页。

贯穿于人一生的活动；树立系统培养观念，尊重人才成长规律，把人才成长当作一个连续过程、系统工程。①

### （三）改革开放与观念转型的思想先导

胡锦涛曾经指出，"近一个世纪以来，我国先后发生3次伟大革命"，也就是孙中山领导的辛亥革命，中国共产党领导的新民主主义革命和社会主义革命，第三次就是"我们党领导的改革开放这场新的伟大革命，引领中国人民走上了中国特色社会主义广阔道路，迎来中华民族伟大复兴光明前景"。②作为近代以来中国发生的第三次伟大革命，改革开放是社会主义制度自我完善的革命，是解放和发展生产力的革命，是改变人们思维方式、思想观念的革命，是改变中国社会面貌的革命。③

第一，传统观念对实现国家现代化的无能为力。有人认为，中国传统的"刚健有为，自强不息"的精神，"民贵君轻""仁者爱人"的"原始人道主义"思想，可以成为构建"新的世界观、新的人和新的美"的基础；"天人合一"观念可以弥补当今世界日益扩大的人与自然之间的鸿沟；"血缘伦理"可以使人类摆脱孤独凄凉的困境而拥有充满亲情的人际关系；"乐感文化"可以缓解人类对未来的无名恐惧而达致一种文质彬彬、温柔敦厚，充满稳定感、安全感、平衡感和归宿感的审美境界。在这些人眼里，中国文明是唯一的文明，中国的生活方式是人类心力所及的唯一的生活方式。改革开放以来的"文化热""国学热"都透露出中国人割舍不掉的传统情结。在目前热火朝天的国学热中，最热的是儒学。在某些人看来，不仅社会无序、道德失范，可以在儒家学说中寻求救治良方，就连通货膨胀、物价高涨，也可在儒家学说中发掘不朽资源。不少有着过分膨胀的民族自尊心的中国人寄希望用儒家的义利观来遏制市场经济中的拜金主义，用儒家的理欲观来抑制享乐主义，

---

① 《教育规划纲要》工作办公室：《教育规划纲要辅导读本》，教育科学出版社2010年版，第123—128页。
② 《十七大以来重要文献选编》（上），中央文献出版社2009年版，第809页。
③ 本书编写组：《胡锦涛在〈纪念党的十一届三中全会召开30周年大会上的讲话〉学习读本》，人民出版社2008年版，第160—165页。

用儒家的天人观来给全人类以终极关怀。主张工业文明、工具理性的过分强调导致人性异化的现代新儒家,坚定地拥抱传统文化观念,认为中国传统文化的生命力已由代表儒学精神的亚洲"四小龙""四小虎"的崛起给予了肯定性的证明,认为中国传统文明足以除去西方文明之弊端,济西方文明之穷尽,可以成为挽救西方文明病症的灵丹妙药和走向未来的灯塔,当今中国甚至世界文化建设的希望只能是中国传统文化特别是儒家的复兴。更有甚者,妄图把马克思主义以中国文化传统来取代,把马克思主义辩证法的科学性与真理性以所谓"斗争哲学"来否定。难道被五四新文化运动从整体上予以彻底否定了的传统文化观念真的像有人描绘的那样生意盎然么?振兴儒学价值观念以重构国人统一的信仰真的可靠吗?中华民族的历次改革真的都要复归传统而终结吗?

第二,我国人的观念现代化存在着人的发展的片面性障碍。就我国古代社会、古代人的片面性而言,古代社会是伦理主导的社会,道德成为人最具优势的价值追求,社会和国民对伦理和道德的过分偏重,以致发生了用道德替代经济、科技的偏向。用道德制约或替代物质生活、科学技术价值、民主法制生活是这种片面性的真实写照。我们必须正视我国古代人和社会在发展取向上的侧重与替代,以及给我国社会现代化与人的现代化所带来的利弊得失。就新民主主义革命胜利后的人的片面性而言,政治价值观成为社会的主导价值观,政治成为人生存与发展最具优势的价值追求,出现了政治替代经济、科技的严重错误,出现了政治替代道德的严重倾向。政治作为社会主导价值观,其前提是要承认经济、科技、文化、道德等价值取向的客观存在与作用,用政治价值取向替代其他价值取向,不管是社会还是人,都只会陷入片面的、畸形的状态。其实,改革开放时期人的全面性、片面发展仍然明显存在,经济价值观成为社会的主导价值观,经济成为人生存与发展最具优势的价值追求,在政治层面、管理层面、市场领域、社会生活领域、科学教育领域都存在,其实质是重经济、科技价值,轻法治、道德价值,并用经济、科技抑制和替代政治和道德,这严重阻碍了人的现代化进程。造成这种片面性的原因何在?在我国社会发展过程中,为什么会出现道德、政治抑制和替代经济、科技取向,转化为经济、科技抑制和替代道德、法治的价值倾向呢?首先,有着深刻的历史原因和文化背景。这种替代表明我国社会和人的发展受自然经济的制约与传统文化的影响而呈现出历史局限性，根本原因在于人对其自身本质的认识、占有和把握片面而不全面、矛盾而不协调、肤浅而不成熟，表明人的主体性的欠缺。两种片面性是现代性缺乏、主体性不强的表现，是历史惯性的阻滞，克服这种历史惯性的阻滞将是一项长期的任务。其次，广泛的社会原因与国际背景。我国不可避免地会有人自觉或不自觉地走发达国家曾经靠单纯追求经济增长以实现现代化的老路，并以刺激物质消费、鼓励物质享受、强化物质欲望作为经济增长的动因，把金钱、物质价值取向作为社会与人发展的唯一决定因素，忽视精神、文化的应有作用。同时，西方社会不断确立和强化科学主义和技术主义思潮，推出了与"商品拜物教"并行的"科技神"，也会使有些人萌生对科技的盲目崇拜而走上以科技替代人文、道德的极端。最后，更有现实体制的原因和竞争背景。竞争使我国社会过去的均衡状态和物质与精神、经济与政治的二分格局发生新的裂变，一方面赋予社会和个人强大的动力，另一方面也在一定程度上消解人的精神动力。物质的、科技的成果有形、能被量化、指标化，直接与个人利益挂钩，体现价值优势；而隐藏和渗透在这些物质、科技后面的精神动力、道德品质和政治因素，因其无形且无法量化、指标化，很难显示差距而直接感受其存在与作用。

第三，传统观念实现现代化转型的根本要求。马克思主义经典作家指出："历史的每一阶段都遇到一定的物质结果，一定的生产力总和，人对自然以及个人之间历史地形成的关系，都遇到前一代传给后一代的大量生产力、资金和环境，尽管一方面这些生产力、资金和环境为新的一代所改变，但另一方面，它们也预先规定新的一代本身的生活条件，使它得到一定的发展和具有特殊的性质。"[①] 在面对历史传统中，一个极其重要的方面是文化观念的历史成果，这是一个全新的观念创新、观念现代化的前提与基础。中国共产党自掌握国家政权之时起，就开始对旧的文化传统观念如何继承的问题进行探索。毛泽东曾向全党提出了"从孔夫子到孙中山，我们应当给以总结，承继这一份珍贵的遗产"的

---

[①] 《马克思恩格斯文集》（第2卷），人民出版社2009年版，第544—545页。

任务，提出了"古为今用，洋为中用""百花齐放，百家争鸣"的方针政策。①邓小平曾指出："一个新的科学理论的提出，都是总结、概括实践经验的结果。没有前人或今人、中国人或外国人的实践经验，怎么能概括、提出新的理论？"②江泽民强调："中华民族的优秀文化传统，党和人民从五四运动以来形成的革命文化传统，人类社会创造的一切先进文明成果，我们都要积极继承和发扬。我国几千年历史留下了丰富的文化遗产，我们应该取其精华、去其糟粕，结合时代精神加以继承和发展，做到古为今用。"③胡锦涛同志结合中国特色社会主义建设的新发展，对继承优秀文化传统与科学发展观的关系进行了阐述："科学发展的理念，是在总结中国现代化建设经验、顺应时代潮流的基础上提出来的，也是在继承中华民族文化传统的基础上提出来的"；④社会主义制度是必然要坚持的，那就必须要"促进弘扬中华文明与借鉴国外文明相结合，使社会主义制度的优越性更加充分地发挥出来"。⑤总之，在对待马克思主义与中华民族传统文化的关系上，我们党是"马克思主义真理的坚定实践者，也是中华民族优秀传统的真正继承者"。⑥

当代中国人的观念现代化必须而且应当尊重文化传统。中国传统文化的消极积淀，实然受到革命的猛烈冲击和涤荡，其阻滞大大削弱，但它不可能在短时期内彻底消解，潜藏在人们思想深处的传统观念，总是会以各种方式顽固地表现着。除了"文化大革命"中个人崇拜、个人迷信盛行，自我封闭、妄自尊大明显以外，传统的计划体制对人的观念现代化的阻滞更为突出：一是没能创造出一个适宜人才成长、发挥才能和优秀人才脱颖而出的环境，没有条件和机制，没有形成社会风尚和氛围；二是计划体制使个人的心智和态度受到忽略；三是主人翁地位无法落到实处，不能从个人与集体的真实关联中培育集体的价值，无法透过集体的价值来体会和印证个人的价值；四是人缺乏积极性、主动性和创

---

① 《毛泽东选集》（第 2 卷），人民出版社 1991 年版，第 534 页。
② 《邓小平文选》（第 2 卷），人民出版社 1994 年版，第 57—58 页。
③ 《江泽民文选》（第 3 卷），人民出版社 2006 年版，第 278 页。
④ 《科学发展观重要论述摘编》，中央文献出版社 2009 年版，第 8 页。
⑤ 《十六大以来重要文献选编》（中），中央文献出版社 2006 年版，第 274 页。
⑥ 《江泽民文选》（第 1 卷），人民出版社 2006 年版，第 620 页。

造性，社会生活的生机活力无从谈起。结束了封建社会，封建传统还可能在新的历史条件下回潮；改变了计划体制，计划体制的影响还会存在。从依附、封闭、顺从向自主、开放、创造的转化就是从传统向现代的转化，人的主体性的发展就是在这种转化的过程中实现的。这样，主体的发展程度就成为区分传统人与现代人的重要分野。

# 第三章　人的观念现代化的理论基础

　　人的观念现代化研究的中心议题就是置身于中国改革开放条件下在人的思想观念由传统向现代的转换过程中如何推进人的观念现代化，主要探究人的观念现代化实践活动从何而来、如何发生以及为何发生等关涉思想政治教育过程的理论与实践问题。因此，我们把它主要定位为一种对于思想政治教育学基础理论的研究。为此，人的观念现代化研究必须建立在坚实宽广的理论平台之上。首先，马克思主义是人的观念现代化的科学依据。马克思主义是对时代课题的哲学解答，以科学的实践观为基础实现了辩证唯物主义与历史唯物主义的统一，以彻底的批判性为标志实现了科学性与革命性的统一，有利于在人的观念现代化中确立辩证的思维方式，确立正确的人生观，确立中国特色社会主义的理想信念。马克思主义关于思维与存在关系的辩证原理、社会意识与社会存在辩证关系原理是人的观念现代化的基本理论。以此为指引，马克思主义重视人的主观能动性，关注人的精神需要，强调人的精神与物质的相互转化，认为社会主义与共产主义的终极价值追求就是实现人的全面发展，指出无产阶级革命还要实现人的思想观念同传统的最彻底决裂。马克思主义中国化的过程中，强调实践进程中要发挥思想领先的功能，在中国特色社会主义建设中要实现人的思想观念的科学发展。其次，除了从马克思主义基本理论特别是唯物史观方面寻找人的观念现代化的科学理论依据之外，也要从哲学、历史学、社会学、教育学、政治学等西方哲学社会科学成果中，挖掘对人的观念现代化具有借鉴与启发意义的理论成果。最后，还要从中国古代以及近现代以来的思想观念及其历史实践活动中汲取人的观念现代化的本土资源，以彰显当代中国推进人的观念现代化的历史继承性。

在当代中国，实现人的观念现代化，就是要以中国特色社会主义理论体系为指导思想。按照中国共产党十八大的要求，人的观念现代化是现时代发展中国特色社会主义的历史任务之一，为此，就要不断丰富中国特色社会主义的实践特色、理论特色、民族特色、时代特色，把马克思主义先进思想观念、西方发达国家现代化文明成果与本国的优秀文化传统结合起来，实现中国人的观念现代化。

## 一　人的观念现代化的科学依据

马克思主义是思想政治教育学科与实践的理论基础，也是指导我们进行人的观念现代化理论研究和工作实践的科学指南和科学依据。历史唯物主义是关于人类社会发展一般规律的科学，马克思和恩格斯从社会存在与社会意识的辩证关系出发，深刻揭示了一系列矛盾运动规律，即生产力与生产关系、经济基础与上层建筑的矛盾，为人们正确认识人类社会历史及其发展趋势，正确认识资本主义社会和社会主义社会的发展规律，提供了科学的指导原则。社会存在与社会意识的关系问题，是社会历史观的基础，自然成为人的观念现代化研究的指导思想与理论依据。在对待社会历史发展及其规律问题上，历来存在着两种根本对立的观点，也就是唯物史观与唯心史观的对立。在马克思主义产生以前，唯心史观一直占据统治地位，其主要缺陷是：太多地考察了人们活动的思想动机，而没有进一步考察思想动机背后的物质动因和经济根源，因而从社会意识决定社会存在的前提出发，把社会历史看成是精神发展史，根本否认社会历史的客观规律，根本否认人民群众在社会历史发展中的决定作用。

马克思发现了人类社会发展的客观规律，科学解决了社会存在与社会意识的关系问题，创立了唯物史观。马克思1859年在《〈政治经济学批判〉序言》中指出："人们在自己生活的社会生产中发生一定的、必然的、不以他们的意志为转移的关系，即同他们的物质生产力的一定发展阶段相适合的生产关系。这些生产关系的总和构成社会的经济结构，即有法律的和政治的上层建筑竖立其上并有一定的社会意识形式与之相适应的现实基础。物质生活的生产方式制约着整个社会生活、政治生活和精神生活的过程。不是人们的意识决定人们的存在，相反，是人们的社会存在决定人们的意识。社会的物质生产力发展到一定阶段，便同它们一直在其中运动的现存生产关系或财产关系（这只是生产关系的法律用语）发生矛盾。于是这些关系便由生产力的发展形式变成生产力的桎梏，那时社会革命的时代就到来了。随着经济基础的变更，全部庞大的上层建筑也或慢或快地发生变革。在考察这些变革时，必须时刻把下面两者区别开来：一种是生产的经济条件方面所发生的物质的、可以用自然科学的精确性指明的变革；另一种是人们借以意识到这个冲突并力求把它克服的那些法律的、政治的、宗教的、艺术的或哲学的，简言之，意识形态的形式。我们判断一个人不能以他对自己的看法为根据，同样，我们判断这样一个变革时代也不能以它的意识为根据；相反，……必须从物质生活的矛盾中，从社会生产力和生产关系之间的现存冲突中去解释。"[1] 经典作家的这一段论述科学概括了唯物史观的基本思想，是我们考察人类社会历史及其发展规律的基本理论依据，也成为实现人的观念现代化的直接的、根本的理论依据。

### （一）社会存在与社会意识辩证关系原理

社会存在也称为社会物质生活条件，是社会生活的物质方面，主要是指物质生活资料的生产与生产方式，也包括地理环境和人口因素。其中生产方式是社会历史发展的决定力量。社会意识是社会生活的精神方面，是社会存在的反映。社会意识具有复杂的结构，根据不同角度可以将其划分为个人意识与群体意识、社会心理与社会意识形式以及作为上层建筑的意识形式和非上层建筑的意识形式。人的观念属于社会意识的范畴，包括个人的观念与群体的观念。社会存在和社会意识是辩证统一的。社会存在决定社会意识，社会意识是社会存在的反映，并反作用于社会存在。社会意识以理论、观念、心理等形式反映社会存在，这是社

---

[1] 《马克思恩格斯文集》（第2卷），人民出版社2009年版，第591页。

会意识对社会存在的依赖性。① 马克思曾指出:"思想、观念、意识的生产最初是直接与人们的物质活动,与人们的物质交往,与现实生活的语言交织在一起的。人们的想象、思维、精神交往在这里还是人们物质行动的直接产物。表现在某一民族的政治、法律、道德、宗教、形而上学等的语言中的精神生产也是这样。"② 马克思主义唯物史观的这一基本原则对于我们揭示社会意识的来源以及人的思想观念形成发展的社会基础,揭示人的观念现代化发生的深层根源,具有重要的认识论和方法论意义。

第一,作为上层建筑领域中一种特殊的精神生产实践活动,人的观念现代化发生发展的深层根源必须到社会生产力的发展和经济基础的发展中去寻找。脱离了物质生产实践和物质交往活动,人的观念现代化就失去了产生的根基。众所周知,我国学术理论界最初探讨现代化理论时,提到的是"四个现代化"(也就是工业、农业、科学技术和国防现代化)。"四个现代化"的目标设定得很具体,但社会存在是社会意识内容的客观来源,社会意识是社会物质生产过程及其条件的主观反映,是人们社会物质交往的产物,所以无论是包括"四个现代化"在内的外在的物质现代化,还是包括人的现代化、人的观念现代化在内的内在的主体现代化,其基本的出发点都是现代化所应当具备的经济基础,社会主体"在改变自己的这个现实的同时也改变着自己的思维和思维的产物。不是意识决定生活,而是生活决定意识"。③ 对此,斯大林也有过精辟的论述:"形成社会的精神生活的源泉,产生社会思想、社会理论、政治观点和政治设施的源泉,不应当到思想、理论、观点和政治设施本身中去寻求,而要到社会的物质生活条件、社会存在中去寻求,因为这些思想、理论和观点等等是社会存在的反映。"④

第二,随着社会主义市场经济的逐步建立与快速发展以及社会主义现代化进程的展开,人们发现,人的文化素质和观念的现代化也构成现代化总体进程中一个不可或缺的环节。如果人的文化素质和观念的现代

---

① 本书编写组:《马克思主义基本原理概论》,高等教育出版社2008年版,第87页。
② 《马克思恩格斯选集》(第1卷),人民出版社1995年版,第72页。
③ 同上书,第82页。
④ 《斯大林文集(1934—1952)》,人民出版社1985年版,第212页。

化上不去，即使人们拥有最先进的物质设施，他们也会糟蹋乃至破坏这些设施。这个发现无疑是正确的，但在现代化理论研究中却可能把这一因素无限地夸大了。这样一来，也就自觉地或不自觉地落入到"观念论"的窠臼之中。这正应了"只要再多走一步，哪怕是一小步，真理就会变成谬误"的名言。这里所说的"观念论"乃是传统的历史哲学的核心观念。按照这种理论，历史的进程不需要从现实的人类物质生产活动与物质交往中得到说明，而只要考察历史精神和思想观念的自我运动就行了，仿佛单纯的人类精神活动，如一个旧观念的被抛弃、一个新观念的被接受，就足以构成全部历史运动。对照近年来的现代化理论研究，这种违背唯物史观关于社会存在决定社会意识的观念论的影响还在一定程度上客观存在着。

第三，当代中国现代化进程中人的观念现代化是一条艰难而漫长的无形历史隧道，就要改革传统的和既定思想观念中一切不适合改革开放和社会主义现代化建设要求的因素，实现人的观念与社会主义现代化建设的协调发展，从而建立起与我国社会主义市场经济体制和改革开放相适应的新观念群。因此，对于观念现代化过程中旧观念的变革而言，我们应该认识到，即使我们要抛弃、变革一种观念，至少也得同步地摧毁这种思想观念赖以存在的物质条件；同样地，我们要弘扬一种新的思想观念，至少也得同步地造就这种新观念得以存在和发展的物质条件。纯粹的观念似乎什么都是，但实际上什么也不是。对于观念现代化过程中新观念的生成而言，随着社会存在的发展，社会意识也相应地或早或迟地发生变化和发展，社会意识是具体的、历史的，每一时代的社会意识都有其独特的内容和特点，具有不断进步的历史趋势，但是不管怎么样变化、发展，新的社会意识或曰新的思想观念的根源仍然深深地埋藏在经济事实之中。所以说，现代化的健康发展有赖于物的因素和观念因素的同步的、协调的发展。仅仅诉之于物的因素的"物本论"是错误的；同样地，仅仅诉之于观念自身运动的"观念论"也是站不住脚的。①

第四，社会存在与社会意识辩证关系的另一方面就是社会意识具有

---

① 俞吾金：《谈谈现代化理论研究上的观念论倾向》，《复旦学报（社会科学版）》，1996年第1期。

相对独立性,即它在反映社会存在的同时,还有自己的发展形式和规律。这就是社会意识的能动作用,并通过指导人们实践活动来实现。思想观念本身并不能实现什么,要实现某种观念就要诉之于实践。正确而充分地发挥社会意识的能动作用,有赖于社会文化建设特别是先决文化的建设。人的观念现代化作为主体自身现代化的重要内容,属于人的现代化的范畴;作为社会不同领域现代化的组成部分,属于文化现代化的范畴。人类的智慧和价值追求以及审美情趣都蕴含在文化之中,凡是适应先进生产力发展要求、代表人民群众长远利益、顺应人类文明发展趋势的文化都能起到促进社会进步和发展的作用。在人类历史中,先进文化是有效解决人类社会生存和发展中各种矛盾的精神武器。在当代中国,人的观念发展必须顺应先进文化建设的内在要求,以思想观念的科学发展为主题,以建设社会主义核心价值体系为根本任务,以满足人民精神文化需求为出发点和落脚点,以改革创新为动力,发展面向现代化、面向世界、面向未来的,民族的、科学的、大众的社会主义文化,培养人们高度的文化自觉和文化自信,以提高全民族文化素质,增强国家文化软实力,弘扬中华文化,建设社会主义文化强国。

### (二) 同传统观念实现最彻底决裂原理

马克思和恩格斯在《共产党宣言》中提出了"两个决裂"的重要论断:"共产主义革命就是同传统的所有制关系实行最彻底的决裂;毫不奇怪,它在自己的发展进程中要同传统的观念实行最彻底的决裂。"① 结合经典作家"两个决裂"的上下文来理解,马克思和恩格斯是在驳斥资产阶级关于共产党人要消灭私有财产、消灭家庭、取消祖国、取消民族等责难后,又驳斥了资产阶级从宗教的、哲学的和一切意识形态的观点对共产党人提出的种种责难。他们用唯物史观阐明了人们的思想观念、社会意识同人们的生活条件、社会存在的关系,指出:至今一切有文字记载的社会历史都是在阶级对立中运动的,在阶级社会中,一部分人对另一部分人的剥削是过去各个世纪所共有的事实,因此,各个世纪必然有适应这种阶级对立的社会意识,这些意识形式只能随着阶级对立

---

① 《马克思恩格斯文集》(第2卷),人民出版社2009年版,第52页。

的消失而消失。由此，马克思和恩格斯提出了关于"两个决裂"的科学论断。这里所说的"传统的所有制关系"就是指存在于阶级社会中的、建立在私有制基础上的生产关系，也就是社会存在；所谓"传统观念"，并不是指"资产阶级对共产主义的种种责难"，而是指同这些传统的所有制关系相适应的各种观念。这种理解还可以由《1848年至1850年的法兰西阶级斗争》中的一段话来印证。马克思说：无产阶级专政"是达到消灭一切阶级差别，达到消灭这些差别所由产生的一切生产关系，达到消灭和这些生产关系相适应的一切社会关系，达到改变由这些社会关系产生出来的一切观念的必然的过渡阶段"。①

第一，马克思和恩格斯在其革命实践中是这样认识的，在实践中也是这样做的。他们在革命实践中认识到，"如果其他阶级出身的这种人参加无产阶级运动，那么首先就要求他们不要把资产阶级、小资产阶级等等的偏见的任何残余带进来，而要无条件地掌握无产阶级世界观。"②列宁在领导俄国社会主义革命和建设的过程中，对实现"两个决裂"也有深刻的认识，进一步发展了马克思主义创始人的思想。列宁指出，"工人和旧社会之间从来没有一道万里长城。工人同样保留着许多资本主义社会的传统心理。工人在建设新社会，但他还没有变成新人，没有清除掉旧世界的污泥，他还站在这种没膝的污泥里面。现在只能幻想把这种污泥清除掉。如果以为这可以马上办到，就是十足的空想，就是在实际上把社会主义世界移到半空中去的空想"，并且针对社会主义建设中各种传统观念的影响，一针见血地指出，"我们是站在资本主义社会的土壤上进行建设的，是在同劳动者身上同样存在的、经常拖无产阶级后腿的一切弱点和缺点作斗争中进行建设的。在这场斗争中，常常碰到小私有者那种各人顾各人的旧习惯、旧习气，'人人为自己，上帝为大家'的旧口号仍然在作怪。这种情形在每个工会、每个工厂里真是太多了，它们往往只顾自己，至于别人，那就让上帝和首长去照顾吧。这种情况我们是看到了，亲身体验到了，它使我们犯过许多错误，犯过许多严重的错误。有鉴于此，我们要告诫同志们，在这方面万万不可擅自

---

① 《马克思恩格斯文集》（第2卷），人民出版社2009年版，第166页。
② 同上书，第484页。

行动。我们认为,那样做将不是建设社会主义,而是我们大家向资本主义的恶习屈服。"① 斯大林在领导苏联社会主义建设中,对此更有着清醒的认识,他说:"党在无产阶级专政时期的重大任务之一,就是开展以无产阶级专政和社会主义精神改造老一代和教育新一代的工作。旧社会遗留下来的旧的习气、习惯、传统和偏见是社会主义最危险的敌人。这些传统和习气控制着千百万劳动群众,它们有时笼罩着无产阶级各阶层,有时给无产阶级专政的存在造成极大的危险。因此,同这些传统和习气作斗争,在我们各方面的工作中必须克服这些传统和习气,并且以无产阶级的社会主义精神教育新的一代,——这就是我们党的当前任务,不执行这些任务,就不能取得社会主义的胜利。"②

第二,中国化的马克思主义理论继承和发展了马克思主义经典作家的相关思想。针对中国社会主义文化建设中传统观念的几个方面的对象,实现同传统观念的最彻底决裂:一是要科学对待中国传统文化,二是要合理对待外国文化,三是要正确对待改革开放新时期形成的新的错误观念或倾向。中国共产党自登上历史舞台之时起,就坚持探索新民主主义革命时期、社会主义革命与建设时期的新文化建设与旧有文化传统、传统思想观念与新的思想观念之间的关系问题,并取得了丰富的认识成果。毛泽东向全党提出了"从孔夫子到孙中山,我们应当给以总结,承继这一份珍贵的遗产"的任务,③ 提出了"古为今用""百花齐放,百家争鸣"等对待中华民族优秀文化传统的方针政策。邓小平认为,"一个新的科学理论的提出,都是总结、概括实践经验的结果。没有前人或今人、中国人或外国人的实践经验,怎么能概括、提出新的理论?"④ 江泽民拓展了中华民族优秀文化传统的内涵,认为中国特色社会主义文化建设要继承的传统,既包括中国古代优秀文化传统,还包括革命文化传统,从而明确提出了"两个传统"的思想。1994 年,江泽民指出:"要用科学的态度对待我们民族的传统文化和外来文化。我们民族历经沧桑,创造了人类发展史上灿烂的中华文明,形成了具有强大

---

① 《列宁全集》(第 35 卷),人民出版社 1985 年版,第 438 页。
② 《斯大林全集》(第 6 卷),人民出版社 1956 年版,第 217 页。
③ 《毛泽东选集》(第 2 卷),人民出版社 1991 年版,第 534 页。
④ 《邓小平文选》(第 2 卷),人民出版社 1994 年版,第 57—58 页。

生命力的传统文化。我们要取其精华,去其糟粕,很好地继承这一珍贵的文化遗产……我们讲继承、讲借鉴,目的是通过继承和借鉴,使民族传统文化、外来文化的精华,同我们党领导人民在长期革命和建设中形成的优良传统和革命精神有机地结合在一起,并在新的实践基础上不断创新,建设和发展有中国特色的社会主义文化。"① 1995 年,江泽民指出:"弘扬中国古代优良道德传统和革命道德传统,吸取人类一切优秀道德成就,努力创建人类先进的精神文明。"② 1996 年,江泽民再次谈到以高尚的精神塑造人的问题时指出:"我们说的高尚精神,就是指我们党的崇高理想和信念、优良传统和美德,包括中华民族几千年形成、发展起来的优秀传统文化和美德。"③ 2001 年,江泽民指出:"发展社会主义文化,必须继承和发扬一切优秀的文化……中华民族的优秀文化传统,党和人民从五四运动以来形成的革命文化传统,人类社会创造的一切先进文明成果,我们都要积极继承和发扬。我国几千年历史留下了丰富的文化遗产,我们应该取其精华、去其糟粕,结合时代精神加以继承和发展,做到古为今用。"④ 以胡锦涛同志为总书记的党中央结合中国特色社会主义建设实践的新发展,继承并进一步发展了"两个传统"的思想。就民族精神而言,"中国共产党是中华民族精神的继承者、弘扬者和培育者,在领导全国各族人民进行革命、建设和改革的实践中……形成了自己的优良传统,培育出了井冈山精神、长征精神、延安精神……这些精神,继承和发扬了中华民族的优良传统";就社会主义荣辱观而言,"丰富和发展了社会主义道德规范","弘扬了中华民族传统道德的精华"。⑤在开展社会主义核心价值体系学习教育中,要"加强思想道德建设,加强党的优良传统教育,加强中华优秀文化传统教育"。在当代中国,先进文化的建设,社会主义核心价值体系的建设,同样是基于传统的创造,既需要科学对待中华民族数千年积淀下来的悠久的文

---

① 《十四大以来重要文献选编》(上),人民出版社 1996 年版,第 658 页。
② 《毛泽东邓小平江泽民论社会主义道德》,学习出版社 2001 年版,第 70 页。
③ 《江泽民文选》(第 1 卷),人民出版社 2006 年版,第 503 页。
④ 《江泽民文选》(第 3 卷),人民出版社 2006 年版,第 278 页。
⑤ 中共中央宣传部:《社会主义核心价值体系学习读本》,学习出版社 2009 年版,第 40、50、52 页。

化传统，更需要继承和发扬中国共产党在革命、建设和改革时期创造的革命文化传统。

第三，以"两个决裂"思想为指导，在人的观念现代化的过程中自觉划清社会主义文化与中华民族文化传统、资产阶级腐朽文化的界限。十七大报告指出，"要全面认识祖国传统文化，取其精华，去其糟粕，使之与当代社会相适应、与现代文明相协调，保持民族性，体现时代性。加强中华优秀文化传统教育"。[1] 中央要求，在开展社会主义核心价值体系学习教育中，要"加强党的意识形态工作和思想政治工作，引导党员、干部增强政治敏锐性和政治鉴别力，筑牢思想防线"，自觉划清"四个界限"，其中之一就是划清"社会主义思想文化同封建主义、资本主义腐朽思想文化的界限"。[2]从马克思主义文化观的角度看，社会主义条件下的中华民族优秀文化传统是社会主义性质的思想文化；从整体上看，中华文化主要属于封建主义的思想文化，与社会主义核心价值体系具有不同的文化属性。正如毛泽东所指出的："中国现时的新文化也是古代的旧文化发展而来，因此，我们必须尊重自己的历史，决不能割裂历史。但是这种尊重，是给历史以一定的科学地位，是尊重历史的辩证法的发展，而不是颂古非今，不是赞扬任何封建的毒素。"[3]因此，划清社会主义核心价值体系同作为封建主义腐朽思想文化的中华民族文化传统整体的界限，是推动社会主义文化大发展大繁荣的内在要求，是实践社会主义核心价值体系的明确指针。划清社会主义思想文化同中华民族文化传统整体的界限，需要处理好以下几种关系。一是多样性与主导性的关系。在文化发展中，我们既要尊重差异、包容多样，不能把中华民族文化传统都简单地划归到腐朽思想文化的阵营中去，又要确立社会主义思想文化在社会文化发展中的主导地位，有力抵制各种错误和腐朽思想的影响。二是破与立的关系。清除中华民族文化传统中腐朽思想文化的影响，首先要弄清楚哪些是封建主义的腐朽思想文化，它们在现实生活中有哪些表现，并讲清楚这些腐朽思想文化的现实危害。

---

[1] 《十七大以来重要文献选编》（上），中央文献出版社2009年版，第2页。
[2] 《中共中央关于加强和改进新形势下党的建设若干重大问题的决定》，人民出版社2009年版，第13页。
[3] 《毛泽东选集》（第2卷），人民出版社1991年版，第708页。

要坚决反对封建迷信、官本位、裙带关系、拜金主义、享乐主义和极端个人主义等腐朽思想观念；同时，要加大社会主义思想文化的建设力度，增强社会主义思想文化的吸引力和凝聚力。三是继承与摒弃的关系。中华民族文化传统中既有落后、腐朽的内容，也有体现人类优秀文明的成果，我们应当按照古为今用、洋为中用、以我为主、为我所用的方针，借鉴吸收人类的一切优秀文化成果。中华民族文化传统作为一个整体已经过时，继承、弘扬文化传统中的优秀成分即中华民族优秀文化传统，绝不是对文化传统的进一步完善，我们也不能通过简单比附的办法去寻找社会主义核心价值体系与文化传统相结合的某些契合点，这样既不利于我们认清中华民族文化传统的真面目从而去批判继承，又不利于我们领会马克思主义的原本真髓从而去坚持发展，这两方面都无益于推进中国特色社会主义文化建设。

第四，"同传统的观念实行最彻底的决裂"，就是在"同传统的所有制关系实行最彻底的决裂"的基础上，在实现物质生活条件的变革之后，进一步转变人的思想观念、实现思想文化新觉醒，这些都属于人的观念现代化的范畴。历史的伟大进步，总是以适应社会发展需要的进步思想观念为先导的。无论是世界文明史、中国近现代史，还是我国党的十一届三中全会以来的改革开放发展史，已经一再昭示：没有观念变革的思想解放运动，就没有人类和社会的进步。变革旧观念，创造新观念，这是赋予当代中国人的历史使命。当然，要由继承下来的既定历史过程演化出一个新的历史进程，要由作为既定思想观念的承担者来变革已有的观念，又谈何容易！作为生活在某个特定时代的个体或群体，思维方式和思想观念的形成不可避免地要被这个时代打上烙印。人类社会的历史总是一个新旧交替、不断发展的过程。因此，传统与现实、继承与创新的关系便是贯穿于人类社会历史进程中的一个永恒之维。恩格斯晚年得出的结论就是："每一个时代的哲学作为分工的一个特定的领域，都具有由它的先驱传给它而它便由此出发的特定的思想材料作为前提。"[①] 因此，新与旧、落后与先进、传统与现代，在一个变革的时代，构成了思想观念中矛盾冲突与现实风险的要素。马克思早就告诫后人，

---

① 《马克思恩格斯文集》（第10卷），人民出版社2009年版，第598页。

如果斗争只是在机会绝对有利的条件下才着手进行，那么创造世界历史未免就太容易了。①

第五，在《共产党宣言》中，人们更多的是强调"两个必然"，对"两个决裂"现在提得并不多。第一个"决裂"主要是指在经济领域与经济关系的变革；第二个"决裂"则是从思想观念和意识形态的角度来讲的，这是思想政治教育学关注的核心问题，也是人的观念现代化的理论依据。在我国的马克思主义理论研究中，有人认为第二个"决裂"讲得过于绝对。其实，这里有一个对马克思主义经典理论的正确理解问题。这里讲的"传统观念"并不是专指我们通常所理解的传统文化或文化传统，而是指以往阶级社会中反映阶级剥削、阶级压迫和阶级对立的社会意识形态和思想观念。马克思和恩格斯在提出这个论断之前写道："至今一切社会的历史都是在阶级对立中运动的，而这种对立在不同的时代具有不同的形式。但是，不管阶级对立具有什么样的形式，社会上一部分人对另一部分人的剥削却是过去各个世纪所共同的事实。因此，毫不奇怪，各个世纪的社会意识，尽管形形色色、千差万别，总是在某些共同的形式中运动的，这些形式，这些意识形式，只能当阶级对立完全消失的时候才会完全消失。"② 接着，马克思和恩格斯才提出了"两个决裂"的论断。可见，这些传统观念无非是指打着阶级剥削和压迫印记的意识形态，这样的意识形态与消灭阶级压迫、实现高度和谐的共产主义社会是截然对立、不能相容的。而且，"两个决裂"本身也是相互联系的，第二个决裂是建立在第一个决裂的基础之上的。第一个决裂指出的是与传统的私有制关系实行彻底决裂，也就是与资产阶级私有制彻底决裂；第二个决裂是从思想意识上讲的，实际上是与反映私有制关系的传统观念彻底决裂，而不是单纯地讲与所有的传统文化或传统思想观念彻底决裂。当然，马克思与恩格斯还在其他一些场合谈到一般意义上的传统观念，多数时候往往突出其消极和否定的意义。这当然未必全面，但那有其特定的社会背景，我们不能也不必苛求。站在今天的立场上，我们可以用更为全面的眼光看待和评价传统思想观念，区别其中

---

① 《马克思恩格斯文集》（第10卷），人民出版社2009年版，第354页。
② 《马克思恩格斯选集》（第1卷），人民出版社1995年版，第292—293页。

的精华和糟粕,取其精华,去其糟粕。可见,同传统观念彻底决裂的思想与我们继承中华民族优秀文化传统,弘扬伟大民族精神,并不存在矛盾。我们在面对传统思想观念时,不一定非要"实行最彻底的决裂"。但是,在继承民族优秀文化传统的过程中,就要全面分析对待传统观念,要与那些体现阶级压迫和剥削的传统观念实现最彻底决裂,这也是社会主义文化的性质所决定的。

### (三) 人的自觉能动性原理

人的自觉能动性是人类特有的现象,历来是马克思主义关注和探讨的焦点之一。这些长期关注和探讨的理论成果,便形成了马克思主义自觉能动性或称主观能动性的理论。这一理论是我们探讨人的观念现代化的理论基础。自觉的能动性是人类的特点,[①] 这是马克思主义的一个基本观点。对此,毛泽东用中国化的语言进行了生动的描述:"一切事情是要人做的……做就必须先有人根据客观事实,引出思想、道理、意见,提出计划、方针、政策、战略、战术,方能做得好。思想等等是主观的东西,做或行动是主观见之于客观的东西,都是人类特殊的能动性。这种能动性,我们名之曰'自觉的能动性',是人之所以区别于物的特点。一切根据和符合于客观事实的思想是正确的思想,一切根据于正确思想的做或行动是正确的行动。我们必须发扬这样的思想和行动,必须发扬这种自觉的能动性。"[②] 马克思主义自觉能动性理论是社会存在决定社会意识、社会意识反作用于社会存在这一基本原理的深刻体现和具体运用。一方面,自觉能动性理论强调了人的主观意识、思想观念、精神是人脑对客观存在的能动反映,揭示了人的思想观念产生的根源;另一方面,自觉能动性理论强调了人的意识、思想、观念、精神在指导和推动改造客观世界的社会实践活动以及改造人的主观世界过程中的能动作用,揭示了人的观念现代化的实质所在。辩证唯物主义在坚持物质决定意识,意识依赖于物质的同时,承认意识对物质的能动作用,这种能动作用是人的意识所特有的积极反映世界和改造世界的能力和活

---

① 《毛泽东选集》(第2卷),人民出版社1991年版,第478页。
② 同上书,第477页。

动。有学者将马克思主义自觉能动性理论概括为三个方面，即意识论、目的论、动机论，① 这对人的观念现代化的实现都具有指导意义。

第一，意识的本质是对客观世界的主观映像，正如马克思所言，"观念的东西不外是移入人的头脑并在人的头脑中改造过的物质的东西而已"。② 从意识的形式看，人的意识有心理的、感性的和理性的等多种层次，每一层次上的具体形式都是多种多样的，其中人的思想观念是一种理性的意识形式，观念现代化呈现出人的理性认识的现代化。从意识的内容看，人的一切意识形式都联系着一定的意识内容，这些内容表现在三个方面：③ 一是对象意识，即人作为主体在头脑中以一定的形式反映作为对象的客体，包括客体的存在、运动，外部世界的联系和规律等。人对任何对象的意识和认识，无论采取何种形式，其内容都属于对象意识。人的观念现代化过程中的主体对象意识就是主体对外部世界的客体的认识在头脑中的理性反映，这种对象意识也就成为人的"观念"；二是自我意识，即人作为主体对其自身的存在、地位、状态和需要的意识。当人同任何对象打交道时，自觉或不自觉地使自己同对象区别开来的意识。在观念现代化的过程中，主体对于自身的认识、看法所形成的观念，也存在一个现代化的问题；三是思维方式，或者说意识活动的主体结构模式、图式、定式等，即人在处理各种精神活动材料中所使用的方式、方法、程序等的总和。思维方式是人的意识活动中最深层次的、相对稳定的形式，是在千百万次重复的实践中形成的。人的观念现代化必须注重人的思维方式的现代化，思维方式现代化是人的观念现代化的具体内容之一。从意识的性质看，意识有正确和错误之分，其界限在于意识的内容是否如实反映客观事物的本来面貌。虽然错误的意识也同样来源于客观存在，其内容仍然具有客观性（只不过不是正确地而是歪曲地反映了客观实在），但是在人的观念现代化的过程中，只有正确的思想观念才能实现现代化，错误的思想观念与现代化的要求自然不相符合，也就不能实现"现代化"。

第二，意识的目的性和计划性要求在实现人的观念现代化进程中，

---

① 骆郁廷：《精神动力论》，武汉大学出版社2003年版，第78—85页。
② 《马克思恩格斯文集》（第5卷），人民出版社2009年版，第22页。
③ 肖前：《马克思主义哲学原理》（上），中国人民大学出版社1994年版，第118页。

要增强主体的自觉性，减少自发性与盲目性。马克思主义认为，意识不仅是人脑在实践活动中形成的对客观存在的反映，而且是人区别于动物的特点。意识反映存在，存在决定着意识，意识始终是被意识到的存在。意识尤其是作为其理性化成分的思想观念只有反映客观存在的事物及其发展规律，才可能成为现代化的观念，意识的主体自身也才可能实现观念现代化。人具有社会意识，人的活动是自觉的、有意识的、能动的，人把自己的活动变成了自己意识和意志的对象。人借助这种自觉的、有目的的、有意识的、能动的活动，一步步把自己同动物区别开来，一步步促进人类自身的发展。人类越是发展，人类活动的自发性、盲目性就越少，意识性与自觉性就会越强。在人的观念现代化过程中，就是要进一步加强观念现代化的自觉性与理性化，减少这一进程中的自发性与盲目性，其中思想政治教育就是在马克思主义灌输理论指导下增强教育对象自觉性的一种实践工作。

第三，意识活动的创造性要求在推进人的观念现代化进程中实现人的思想观念的创新。人的意识不仅采取感觉、知觉、表象等形式反映事物的外部现象，而且能够运用概念、判断、推理等形式对感性材料进行加工制造，选择建构，从而将感性认识上升到理性认识，把握事物的本质和规律。意识反映对象不是一般的模仿，而是能动的创造。意识既有对当前的反映，又有对过去的追溯和对未来的预测，可以超越特定时空的限制。正因为如此，人的意识就能够根据已经掌握的客观规律，在一定的事实材料的基础上，通过合理的推理和想象，超越事物的现状，洞察事物发展变化的趋势，预见新事物的出现和旧事物的灭亡。这种超前反映能力是人的意识在认识世界方面的能动作用的突出表现。

第四，在人的观念现代化中，对意识的能动作用必须充分估计，但也不能夸大。这就是说，承认意识的能动作用与世界的物质统一并不矛盾。归根到底，人的思想观念是物质的产物，它的内容是对客观物质世界的反映，观念并不是可以脱离物质、脱离人类实践而独立存在的实体。意识的能动作用实际上只是在物质对意识、社会存在对社会意识的决定作用的大前提下，意识对物质、观念对实践的一种反作用。意识能动作用的发挥要受到物质条件的制约，受认识主体状况的制约。意识能动作用的发挥归根到底要取决于意识的内容对客观事物及其规律的符合程度，而且更重要的是表现在意识向物质的转化要受现实物质条件的制约。这就是说，即便是指导实践的思想确实具有科学的预见性，它所设计的改造世界的方案确实正确，它所创造的新世界也只是思想观念上的，并不能直接变为现实。正如经典作家指出的："思想本身根本不能实现什么东西。思想要得到实现，就要有使用实践力量的人。"① 只有具备一定的物质条件，意识改造世界的能动性才能实现。这个物质条件，既包括实践力量即一定的物质技术手段，也包括使用实践力量的人。

总之，以意识的能动性原理指导人的观念现代化，必须反对两种错误倾向：一种是低估甚至否认意识、观念的能动作用，这是形而上学的机械论；另一种是夸大意识与思想观念的能动作用，甚至完全颠倒物质与意识的真实关系，使人的观念成为脱离物质与实践并派生出物质的世界本源，这是唯心主义。在无产阶级革命与社会主义建设的历史实践中，后一种错误倾向影响深远，成为一种"观念论"，给社会实践以及人的发展造成了恶劣的影响，我们为此付出了沉重的代价。

### （四）思想领先理论

思想领先，又叫思想先行，通常指在从事各项工作时，要把思想工作做在前头。毛泽东指出，世界是物质的，物质是第一性的，人的思想是客观存在在人的头脑中的反映。但是思想对物质的反映又不是消极、被动的，而是一种自觉的能动反映过程。这种反映表现在思想能够指导人们的实践活动。在正确思想指导下，人们能够采取正确行动，最大限度地发挥物质和技术条件作用，对客观事物的发展起促进作用。在错误思想指导下，就会产生错误的行动，对客观事物的发展起阻碍作用。因此，提高人们的思想觉悟和认识能力，是有效地认识世界和改造世界的先决条件。这就是要做好思想工作，用马克思主义武装人们的头脑，帮助人们掌握客观规律，树立正确的思想意识，从而凭借一定的物质条件去进行能动地改造客观世界的活动。这一理论是毛泽东在实现马克思主义中国化的过程中确立起来的。

---

① 《马克思恩格斯文集》（第1卷），人民出版社2009年版，第320页。

第一，思想领先是中国共产党在抗日战争时期思想政治工作的重要方法与成功经验。党中央在抗战时期把思想、政治、政策、军事与党务（也就是党的组织工作）作为中央政治局的五大业务，并且将思想放在首位。1942年2月，毛泽东在题为"目前应以整顿内部训练干部为中心工作"致周恩来信中指出，"思想、政治、政策、军事、党务五项为政治局业务中心，而以掌握思想为第一项。掌握思想之实施为干部教育"，①"政治局五大业务中以思想为第一位，要抓住思想首先要以干部教育为主"。②在1944年中央发布的《关于军队政治工作》的报告中，这一思想阐述为，"在一定的物质基础之上，思想掌握一切，思想改变一切"。③在党的七大上，毛泽东强调："掌握思想教育，是团结全党进行伟大政治斗争的中心环节。如果这个任务不解决，党的一切政治任务是不能完成的。"④

第二，思想领先一直作为党和国家各项工作的主要原则。1954年1月，肖华在《关于军队政治工作建设的几个问题》的报告中指出："历史的经验告诉我们，在一定物质基础之上，思想可以掌握一切，改变一切，而提高干部的思想水平与理论水平又是思想领导的决定性的环节。"⑤1960年12月，中共中央对军委扩大会议《关于加强军队政治思想工作的决议》的批示中，继续强调："在一定的物质基础上，思想掌握一切，思想改变一切。"⑥1965年5月，中共中央批转关于1965年财贸工作的两个文件中再次指出："应当懂得，在一定的物质基础上，思想掌握一切，思想改变一切。"⑦但是，之后由于"左"的错误思想的影响，在较长时期内，往往把"思想领先"与"政治挂帅"混同起来，在实践中产生了一些不良的后果。叶剑英明确将毛泽东的上述思想概括为"思想领先"，并在各类文件、报告、指示中予以使用，作为当时各

---

① 《毛泽东文集》（第2卷），人民出版社1993年版，第392页。
② 《毛泽东年谱（1893—1949）》（中），人民出版社1993年版，第366页。
③ 《建党以来重要文献选编》（第21册），中央文献出版社2011年版，第206页。
④ 《毛泽东选集》（第4卷），人民出版社1991年版，第1094页。
⑤ 《建国以来重要文献选编》（第5册），中央文献出版社1993年版，第89页。
⑥ 《建国以来重要文献选编》（第13册），中央文献出版社1996年版，第746页。
⑦ 《建国以来重要文献选编》（第20册），中央文献出版社1998年版，第248页。

项工作的指导思想。叶剑英明确提出,"政治挂帅,思想领先",①"要坚持政治思想领先,完成今年的计划,发展大好形势,做出更大贡献"。② 1960 年 10 月,中共中央批转全国财贸书记会议《关于坚决做好秋冬粮食工作的讨论纪要》中,"大队统一管理粮食,是可行的制度,但制度不是万能,必须政治挂帅,思想领先,上下齐心,掌握制度,实现制度。"③ 1960 年 12 月,中共中央对军委扩大会议《关于加强军队政治思想工作的决议》的批示中指出:"政治机关必须把主要力量用在思想工作上,及时传达党中央和军委的指示、决议,准确地掌握部队的思想动态,在各项工作中实行政治挂帅,思想领先,在各个思想领域里坚持兴无灭资斗争,打好思想仗。"④ 1964 年 2 月,中共中央在传达石油工业部《关于大庆石油会战情况的报告》的通知中指出,相关工作要"严字当头,思想领先,要做到说服教育和严格要求相结合"。⑤ 1964 年 11 月,在《关于一二两线各省、市、区建设自己后方和备战工作的报告》中要求:"在比武中做到了事事政治挂帅,处处思想领先,大大发扬了'见荣誉就让,见困难就上,见先进就学,见后进就帮'的共产主义风格。"⑥ 1965 年 5 月,中共中央批转国家体委党委关于全国体育工作会议的纪要中,要求各行各业"以国家乒乓球队为标兵,学习乒乓球队政治挂帅,思想领先,把祖国荣誉放在第一位",⑦同月,中共中央批转关于 1965 年财贸工作的两个文件时进一步指出:"目前,财贸工作中一个突出的问题是,在许多单位中,四个第一还没有落实,解放军的经验还没有学到手,政治没有挂帅,思想没有领先,不问政治的单纯业务观点还很严重,还比较普遍。"⑧ 1965 年 9 月,中共中央批转卫生部党委《关于把卫生工作重点放到农村的报告》中部署工作时指出,要"突出政治,思想领先,坚持四个第一;厉行精兵简政,减少层次,

---

① 《叶剑英选集》,人民出版社 1996 年版,第 468 页。
② 同上书,第 442 页。
③ 《建国以来重要文献选编》(第 13 册),中央文献出版社 1996 年版,第 646 页。
④ 同上书,第 780 页。
⑤ 《建国以来重要文献选编》(第 18 册),中央文献出版社 1998 年版,第 195 页。
⑥ 《建国以来重要文献选编》(第 19 册),中央文献出版社 1998 年版,第 319 页。
⑦ 《建国以来重要文献选编》(第 20 册),中央文献出版社 1998 年版,第 202 页。
⑧ 同上书,第 246 页。

裁并机构；领导干部亲自蹲点，大兴调查研究之风"。①在思想政治教育中，更是强调政治挂帅、思想领先。例如，1960年12月，中共中央对军委扩大会议《关于加强军队政治思想工作的决议》的批示中，明确军队指导员的工作作风包括依靠党团、联系群众、思想领先、说服教育，实事求是、雷厉风行、三八作风、处处表率等四项。② 1961年11月，中共中央对总政治部关于全军政治工作会议通过的四个条例和综合报告的批复中继续对政治指导员的这一职责进行强化。③

第三，改革开放初期，党以及当时中央领导人仍然强调"思想领先"原则对于各项工作重要指导意义和现实价值。例如，1983年7月，中共中央关于批转《国营企业职工思想政治工作纲要（试行）》的通知中指出："只有坚持思想领先，正确有效地解决这些矛盾，才能充分调动职工的积极性和创造性，保证经济工作的健康发展，促进经济效益的不断提高。"④ 1994年9月，刘华清在《加强新形势下的军队管理工作》的讲话中，仍然要求"在严格管理中，要坚持思想领先，注重教育疏导，特别是对新兵和后进战士更要动之以情，晓之以理，使其自觉服从管理，遵守纪律"。⑤ 也有研究者认为，鉴于历史形成的客观原因，现在一般不再使用"思想领先"的提法。⑥ 但也有不同看法，如有学者在研究中指出，在延安整风运动中，思想解放、思想教育与思想改造紧密结合在一起，发挥了积极的历史作用，而作为整风运动主要工作原则的思想领先，既有重要的理论价值，又有特殊的现实意义。⑦

### （五）科学发展观

按照中国共产党的认识，"科学发展观是马克思主义同当代中国实际和时代特征相结合的产物，是马克思主义关于发展的世界观与方法论

---

① 《建国以来重要文献选编》（第20册），中央文献出版社1998年版，第529页。
② 《建国以来重要文献选编》（第13册），中央文献出版社1996年版，第769页。
③ 《建国以来重要文献选编》（第14册），中央文献出版社1997年版，第779页。
④ 《十二大以来重要文献选编》（上），人民出版社1986年版，第374页。
⑤ 《十四大以来重要文献选编》（中），人民出版社1997年版，第991页。
⑥ 中国毛泽东思想理论与实践研究会理事会：《毛泽东思想辞典》，中共中央党校出版社1989年版，第158页。
⑦ 王树荫：《思想解放、思想教育与思想改造》，《思想理论教育导刊》2012年第6期。

的集中体现,对新形势下实现什么样的发展、怎样发展等重大问题做出了新的科学回答,把我们对中国特色社会主义规律的认识提高到新水平,开辟了当代中国马克思主义发展新境界。"① 人的发展也要实现科学发展,科学发展观对于人的发展、人的观念发展具有根本的指导意义。在当代中国,实现人的思想观念从传统观念向现代观念的转换、实现人的观念现代化,就必须按照科学发展观的要求,更加自觉地把推动经济社会发展作为深入贯彻科学发展观的第一要义,夯实人的观念现代化的物质基础;更加自觉地把以人为本作为深入贯彻落实科学发展观的核心立场,彰显人的观念现代化的主体要素;更加自觉地把全面协调可持续作为深入贯彻科学发展观的基本要求,凸显人的观念现代化的实现路径;更加自觉地把统筹兼顾作为深入贯彻落实科学发展观的根本方法,把握人的观念现代化的根本方法。

第一,人的观念现代化要实现人的发展。这是科学发展观把促进经济社会发展与促进人的全面发展统一起来的本质要求。我们党领导人民进行改革开放和社会主义现代化建设的根本目的,就是通过发展社会生产力,不断提高人民的物质文化生活水平,促进人的全面发展。实现物质财富极大丰富、人民精神境界极大提高、每个人自由而全面发展的共产主义,是马克思主义最崇高的社会理想。以人为本坚持了马克思主义的社会理想,同时又为实现远大理想和最终目标指明了现实途径。坚持以人为本,就是要把促进人的全面发展作为经济社会发展的最终目的,既着眼于人民现实的物质文化生活需要,又着眼于促进人民素质的提高,在经济生活不断发展的基础上,不断提高人的素质和能力,通过不断提高人的素质和能力,不断推进经济社会发展。② 在人的观念现代化过程中,就要坚持以人为本,将人作为发展的最终目标,把以人为本贯穿到经济社会发展的各个方面,体现到党和国家的各项方针政策之中,在不断提高人民物质生活与精神生活水平的同时,着力提高人民思想道德素质与科学文化素质,不断保障人民经济、政治、文化、社会、生态权益。在推动经济不断发展的基础上,通过人的观念现代化这一阶段性

---

① 《中国共产党第十八次全国代表大会文件汇编》,人民出版社2012年版,第7页。
② 中共中央宣传部:《科学发展观学习读本》,学习出版社2008年版,第34页。

目标的实现，促进社会进步和人的全面发展。

第二，人的观念现代化要实现自觉发展。这就是说，在人的观念现代化进程中，要以科学发展观为指导，实现人的自主意识发展、自觉寻找发展、实现理性发展。自觉发展与自发发展，是人的发展的两种不同状态，列宁在《怎么办？》等著作中从马克思主义革命运动的角度科学阐明了自发性与自觉性的关系。列宁首先肯定了自发性的作用，"自发要素实质上无非是自觉性的萌芽状态"，① 也就是说，自发性是人的个体人格、自主意识与主体状态的初级阶段，是产生自觉性的前提和基础；但是，革命也好，人的发展也好，不能仅仅停留在自发状态，人的观念发展也不能满足于自发状态，必须实现从自发向自觉的转变。列宁针对俄国革命运动中工联主义盲目崇拜自发的错误，强调"反对任何非工人的知识分子（哪怕是社会主义的知识分子）的人，为了替自己的立场辩护，竟不得不采用资产阶级'纯粹工联主义者'的论据。这个事实向我们表明：《工人思想报》一开始就已经着手（不自觉地）实现《信条》这一纲领。这个事实表明（这是《工人事业》始终不能了解的）：对工人运动自发性的任何崇拜，对'自觉因素'的作用即社会民主党的作用的任何轻视，完全不管轻视者自己愿意与否，都是加强资产阶级思想体系对工人的影响。所有那些说什么'夸大思想体系的作用'，夸大自觉因素的作用等等的人，都以为工人只要能够'从领导者手里夺回自己的命运'"，② "工人运动的自发的发展，恰恰导致运动受资产阶级思想体系的支配"。③ 在此基础上，列宁提出了"没有革命的理论就没有革命的运动"的思想，要求学习、掌握马克思主义理论，也就是要从阶级的、革命全局的意义上认识工人阶级的历史使命和革命的发展规律，实现由自发到自觉的转变。在社会主义现代化进程中，市场经济发展及其引发的竞争观念、科学技术革命及其强化的信息发展，使人的发展在一定程度上仍然呈现出自发性，例如，只顾眼前的、个人的、物质的、工作的发展，而有意无意忽视了长远的、全局的、精神的、思想的发展，这就需要用科学发展观来指导、推动并促进人的发展

---

① 《列宁专题文集 论无产阶级政党》，人民出版社 2009 年版，第 75 页。
② 同上书，第 83 页。
③ 同上书，第 85 页。

过程中的自觉性，克服市场经济本身固有的缺陷带来的自发倾向。同时，人的观念现代化的自觉发展，就是要发挥思想政治教育对人的思想观念的积极引导作用，促进人的观念现代化进程的自觉推进。

第三，人的观念现代化要实现全面发展。马克思看到了在所有制条件下，剥削阶级为了自身的利益，人为地扩大和强化了分工，并使分工带上了对立的性质，"真正的工场手工业不仅使以前独立的工人服从资本的指挥和纪律，而且还在工人自己中间造成了等级的划分。简单协作大体上没有改变个人的劳动方式，而工场手工业却使它彻底地发生了革命，从根本上侵袭了个人的劳动力。工场手工业把工人变成畸形物，它压抑工人的多种多样的生产志趣和生产才能，人为地培植工人片面的技巧"，① 使劳动者"个体本身也被分割开来，转化为某种局部劳动的自动的工具"，② 而社会化的大工业却要求承认人的劳动的变换，承认工人"尽可能多方面的发展"，要求用那种把不同社会只能当作相互交替的活动方式的全面发展的个人来代替只能承担一种社会部分职能的局部发展的个人。马克思主义关于人的全面发展的思想内涵极为丰富，人的观念现代化要促进人的全面发展，就要做到：其一，实现人的劳动能力的全面发展。从劳动能力的结构上看，包括个体能力和集体能力，人的思想发展是每个人劳动能力发展的基础；从劳动能力性质上看，劳动能力包括"自然力"和社会能力，人的思想观念是人的社会能力的重要组成部分；从劳动能力的主体发展看，劳动能力包括智力、体力以及各方面的潜力，人的思想观念毫无疑问是智力和潜力的前提条件。其二，实现人的社会关系的全面发展。人的社会关系的全面发展及其极大丰富的过程，也就是人的全面发展逐步实现的过程。20世纪以来，随着科技革命的发展与进步，个人越来越多地直接或间接地参与各领域、各层次的社会交往，同无数其他个体从而也同整个世界的物质生产与精神生产进行普遍的交换，使个人活动空间得到大大扩展，进而使个体进一步摆脱个体性的、地域性的和民族性的狭隘与限制，开阔了人的视野，更新了人的思想观念，为全面塑造自己，发展丰富多彩的个性，显示自己

---

① 《马克思恩格斯文集》（第5卷），人民出版社2009年版，第417页。
② 同上。

的聪明才智提供了舞台。其三,实现人的个性的全面发展。人的能力的发展、社会关系的发展都与人的个性发展分不开。人的个性是人的观念现代化的关键,要实现人的独特性发展、人的自主性发展。

第四,人的观念现代化要实现协调发展。人的思想观念要实现协调发展,人在发展过程中必须与其所处的现实环境以及自身素质实现互动和和谐,而不是分裂与对抗。人的协调发展,主要包括人与社会、人与自然的协调以及人自身长远发展的协调。这也与执政党推进社会主义和谐社会的理论与实践相一致。对此,在庆祝中国共产党成立80周年之际,江泽民代表中共中央指出,"推进人的全面发展,同推进经济、文化的发展和改善人民物质文化生活,是互为前提和基础的。人越全面发展,社会的物质文化财富就会创造得越多,人民的生活就越能得到改善,而物质文化条件越充分,就越能推进人的全面发展。社会生产力和经济文化的发展水平是逐步提高、永无止境的历史过程,人的全面发展程度也是逐步提高、永无止境的历史过程。这两个历史过程应相互结合、相互促进地向前发展",同时,要"促进人和自然的协调发展与和谐,使人们在优美的生态环境中工作和学习"。[①]这就提示我们,在促进人的观念现代化实现过程中,要实现人的思想观念的协调、和谐发展,也就是说,要使人的心理状态、思维方式与思想观念在改革开放的实践中,实现结构优化,其中人的心理状态现代化是人的观念现代化的发生机制,人的思维方式现代化是人的观念现代化的本质特征,人的思想观念现代化是人的观念现代化的精神成果。

第五,人的观念现代化要实现持续发展。这种持续发展,就是指人在实现现代化的过程中要立足于长远发展并坚持对传统观念、现实观念的不断超越。人的思想发展同社会发展一样,也存在着眼前发展与长远发展、持续发展与间断发展、缓慢发展与快速发展的不同状态。在现时代,市场经济带来了激烈竞争,现代科学技术发展日新月异,社会信息传播瞬息万变,以及终身学习理念的提出和学习型社会建设的推进,都要求每个人坚持并实现持续发展。在我国社会主义初级阶段,我国的经济社会发展的良好态势,民主政治与法治的扎实推进,思想文化的发展

---

① 《江泽民文选》(第3卷),人民出版社2009年版,第295页。

繁荣，社会建设的和谐有序以及生态建设的良好局面，我国提出的人的全面发展的目标追求和可持续发展战略，科教兴国战略与人才强国战略的实施，为人的持续发展提供了保障和创造了有利条件。在人的观念现代化中，要实现人的心理状态的持续发展，特别要强化在改革开放条件下的改革心理，形成良好的个人心态与社会心态；要实现人的思维方式的持续发展，就要打破思维僵化，冲破思维惯性和思维定式，促进思维创新，以形成与市场经济和科技发展相适应的现代思维方式；要实现人的思想观念的持续发展，就要在"五位一体"的中国特色社会主义建设全局中把握各种现代观念。

## 二 人的观念现代化的理论借鉴

世界文化是丰富多彩的。每一个国家和民族的思想文化都有自己的优势和长处，不同思想文化体系之间、不同思想观念之间的相互作用和借鉴是思想发展的必要条件。世界各国、各个民族的优秀思想文化成果，都是全人类的宝贵精神财富。我们要坚持用科学的态度对待外来文化，使中国人的思想观念不仅根植于民族优秀文化传统的沃土之上，而且站在世界思想文化发展进步的潮头。要从当代中国人思想观念发展的现实需要出发，对外来思想文化观念进行具体分析，立足国情，以我为主、为我所用，既要大胆吸收借鉴世界一切优秀文化成果来丰富国民的精神世界，又要有效抵制和防御西方的腐朽思想文化对国人观念上的侵蚀。在人的观念现代化研究中，不仅应当将马克思主义的理论、观点、方法贯彻始终，以此作为研究的科学依据和理论指导，而且应当广泛地吸收和借鉴西方人文社会科学领域中富有启发意义的理论成果，以马克思主义为指导，取其精华，去其糟粕，为我所用。

### （一）人的现代化理论

西方对现代化的研究，总体上可以分为两类：一类侧重于制度层面的研究，关注"组织与行为"，偏重于经济和政治的因素，这是国外现代化研究中的主要部分；另一类侧重于个人层面的研究，关注"思想与行为",偏重于人所处的文化和心理因素。人的观念现代化的资源借鉴,主要是针对后一类研究进行的。

第二次世界大战结束后,随着国际形势的变化,现代化研究在以美国为首的西方国家悄然兴起,并逐渐发展成为国际学术界的一个热门研究话题。半个多世纪以来,来自经济学、社会学、政治学、文化心理学、历史学、法学等领域的学者,纷纷涉足这一新兴研究领域,一大批开创性研究成果纷纷涌现,现代化越来越成为一门跨学科的研究领域。时至今日,现代化研究依然方兴未艾。学术研究来源于现实并为现实服务,现代化研究这一全新学科的诞生,从根本上而言是战后世界面临的新形势和新问题在学术界的反映。西方学者对观念现代化的研究是从对现代化的概念界定开始的。从学科视野来看,现代化概念主要有经济学、政治学、社会学、心理学与历史学等五种不同视角。① 其中,心理学视野下的现代化概念强调从价值观念、心理因素等方面对现代化进行研究,成为观念现代化研究的源头。这一学派的主要代表人物是美国的三位学者:麦克莱兰(D. C. McClelland)、丹尼尔·莱勒(Daniel Lerner)与英克尔斯。其理论被称为经典人的现代化理论,是在20世纪60—80年代形成的,有的时候也被称为经典现代化理论的行为心理学派。

第一,美国社会心理学家麦克莱兰把人们对业绩的追求看作现代化的关键性和决定性因素。在其1961年出版的著作《业绩社会》(*The Achieving Society*,也译作《成就社会》)中,他认为在一个社会中,业绩水平是用有多少创新精神和企业家精神这种术语来说明的。在传统社会,缺少创新精神和企业家精神;在现代社会,企业家个人的高度进取精神可以打破各种经济上的束缚。为此,"业绩卓著的人将使他们找到通往经济成功之路,给他们带来各种机遇并使他获得社会升迁。……这就使社会科学家的注意力不仅仅集中在历史的表面现象上,而是去注意那些决定历史事实的始终起作用的内在心理因素。"② 其中,麦克莱兰关于现代人成功欲望的描述特别值得关注。他认为,取得成功的欲望是

---

① 钱乘旦:《世界现代化历程(总论卷)》,江苏人民出版社2010年版,第3—15页。
② 同上书,第10页。

人格中的一个必要组成部分，这种欲望的驱动力来自价值观、信念、意识形态，这些是一个国家对成功强烈关注的真正重要源泉。成功的欲望与经济发展之间存在某种关联：成功关注水平较高的社会将会造就精力更旺盛的企业家，反过来，又是他们推动了更迅速的经济发展。① 通过对相关国家的数据分析，他指出："不同国家的 n 值（'成功关注'的水平）和随后的经济增长速率比较，都惊人地证实了历史研究的发现。1925 年左右的儿童读本中成功关注水平越高，随后的经济发展也越快；而且，在 1950 年儿童读本中成功关注水平越高，该国在 1952—1958 年间经济增长也越快。"② 麦克莱兰的分析有利于人们重视心理因素对现代化的影响。

第二，美国学者丹尼尔·莱勒在现代化研究中也突出了心理、思想因素的重要性，以思想和心理因素为主线来解释从传统社会向现代社会的转变。在其著作《传统社会的消逝：中东的现代化》中，他在认可现代化是从传统社会向现代社会转变的基础上，深入分析了传统社会与现代社会的不同特征，并提出了现代化过程中的"过渡人"概念。传统社会是一个"非参与型社会，它通过世袭的办法把人们安排在各个批次隔绝和偏僻的社区中，它缺少使人们相互依存的纽带，人们的视野被局限在一个地方"。一般来说，一个社会越是表现出情感移入性，它就越可能成为现代型社会。在此基础上，他指出，现代化"是一个具有其自身某些明显特质的进程，这种明显的特质足以解释，为什么身处现代社会中的人们确实能感受到社会的现代性是一个有机的整体。……城市化、工业化、世俗化、民主化、普及教育和新闻参与等，……它们是如此地密切相连，以致人们不得不怀疑，它们是否算得上彼此独立的因素，换言之，它们之所以携手并进且如此有规律，就是因为它们不能单独实现"。

第三，英克尔斯也把现代化看作是一种心理态度、价值观和思想的改变过程。在他看来，所谓"现代化"，不应该被理解为一种经济制度和政治制度的形式，而是一种精神现象或一种心理状态。基于此，他提

---

① 钱乘旦：《世界现代化历程（总论卷）》，江苏人民出版社 2010 年版，第 24 页。
② 谢立中、孙立平：《二十世纪西方现代化理论文选》，上海三联书店 2002 年版，第 652 页。

出"现代化的关键是人的现代化"这一著名观点。这是因为,"在整个国家向现代化发展的进程中,它的国民从心理和行为上都转变为现代人格,它的现代政治、经济和文化管理机构中的工作人员都获得了某种与现代化发展相适应的现代性,这样的国家才可真正称之为现代化的国家。……人的现代化是国家现代化必不可少的因素。它并不是现代化过程结束后的副产品,而是现代化制度与经济赖以长期发展并取得成功的先决条件。"① 在确立了"人的现代化"最为关键的这一前提后,英克尔斯将现代化过程视为"传统人"向"现代人"转变的过程,并由此勾勒出现代人12个方面的特征:(1)现代人准备和乐于接受他未经历过的新的生活经验、新的思想观念、新的行为方式;(2)准备接受社会的改革和变化;(3)思路开阔、头脑开放,尊重并愿意考虑各方面的不同意见、看法;(4)注重现在与未来,守时惜时;(5)强烈的个人效能感,对人和社会的能力充满信心,办事讲求效率;(6)计划;(7)知识;(8)可依赖性和信任感;(9)重视专门技术,愿意根据技术水平高低来领取不同报酬的心理基础;(10)乐于让自己和他的后代选择离开传统所尊重的职业,对教育的内容和传统智慧敢于挑战;(11)相互了解、尊重和自尊;(12)了解生产及过程。② 1962—1964年,以英克尔斯为首的一大批社会学家,在哈佛大学资助下,在亚非拉的六个国家,走访6000人,进行了一次规模庞大的关于人的现代化的调查。他认为,落后和不发达不仅仅是一堆能勾勒出社会经济图画的统计指数,也是一种心理状态。"经济学家以人均国民生产总值衡量现代性,政治家以有效的管理制度机构来衡量现代性。我们的意见是:如果在国民之中没有我们确认为现代的那种素质的普遍存在,无论是快速的经济成长,还是有效的管理,都不可能发展;如果已经开始发展,也不会维持太久。在当代世界的情况下,个人现代性素质并不是一种奢望,而是必须。它们不是派生于制度现代化过程的边际收益,而是这些制度得以长期成功运转的先决条件。现代人素质在国民之中的广为散布,不

---

① [美]阿历克斯·英克尔斯:《人的现代化:心理·思想·态度·行为》,殷陆君编译,四川人民出版社1985年版,第8页。
② 同上书,第22—23页。

是发展过程的附带产物,而是国家发展本身的基本因素。"① 在研究方法上,英克尔斯注重"个人现代性量表"的编制和运用,并以此测量人的现代化素质。② 英克尔斯对人的现代化问题的关注,大大拓展了现代化研究的领域,同时,也为后人从文化心理角度研究现代化提供了榜样。

总之,就理论渊源而言,人的观念现代化理论的基础是产生于西方发达国家中的现代化理论,并且随着这些现代化理论的发展而变化。西方发达国家现代化的发展,注重经济和物质的增长,忽视甚至排挤人文精神和价值主体,这种倾向正如马克思早就指出的,"物的世界的增值同人的世界的贬值成正比"③。资本主义现代化的发展过程,从某种意义上说是以牺牲人的发展而获得社会经济发展的。人的现代化理论及观念现代化理论正是对当时西方国家社会现实的反映。

### (二) 学习型组织理论

管理学是对管理活动一般规律的总结和概括。由于管理既要面对着物质条件和具体事件,又要面对着由人所组成的社会系统的运行,所以管理在一定程度上看,就是管理者进行的有目的的、有意识的控制行为,就是一种由某个人或更多的个体来协调其他更多人的实践活动,以在管理中得到个人单独活动所不能达到的效果。管理理论就是对如何开展有效管理的研究和探索。现代社会特别是各类企业、组织迅猛发展,现代管理系统已经成为一个纵横交错、日益复杂专业的网络体系,这就提出了管理思想现代化和现代管理促进人的发展、推动人的观念发展的现实要求。因此,管理理论必须随着现代管理实践的发展而不断实现更新与发展,在实现组织目的的条件下促进人的发展,用人的思想观念的发展来提高管理的效率,实现业绩的增长,完成组织的目标。

在当代社会,特别是在 20 世纪 60 年代,法国教育家保罗·郎格郎

---

① [美] A. 英克尔斯、D. 史密斯:《从传统人到现代人——六个发展中国家中的个人变化》,中国人民大学出版社 1992 年版,第 454—455 页。
② [美] A. 英克尔斯:《人的现代化素质探索》,曹中德等译,天津社会科学院出版社 1995 年版,附录部分。
③ 《马克思恩格斯文集》(第 1 卷),人民出版社 2009 年版,第 156 页。

(Parl Langland）提出终身教育的概念及学习型社会的基本内涵。20 世纪 70 年代，联合国教科文组织提出创建学习型社会，但在实践中没有得到足够的重视与运用。20 世纪 90 年代以后，西方管理学为了适应科学技术发展进步和知识经济发展、知识社会形成的需要，在企业文化管理理论的基础上，又发展出来许多新的管理理论，其中以美国学者彼得·圣吉（Peter Senge）在《第五项修炼——学习型组织的艺术与实践》[①] 中阐述的学习型组织理论更为典型，此后他在《变革之舞》一书中对这一理论做了进一步发挥和发展。彼得·圣吉通过考察现代企业的兴衰成败，从一些企业内部存在的"学习障碍"出发，就企业内部成员的有限思考、专注于个别事件、逃避责任、缺乏整体观念、限于经验主义的错误等管理现实，总结出企业内部的摩擦、成员之间的倾轧、争权夺利等内耗现象这一"组织病毒"，导致企业被动发展甚至可能导致最终破产的事实为依据，认为这就像那种缺乏学习能力的儿童不能健康成长一样，不会学习的企业在竞争激烈的市场环境中将面临致命的风险。企业只有提高学习能力，将自己改造成为一个"学习型组织"，才能求得生存与长远发展，这才应该是现代企业与现代组织的根本所在。用圣吉的话来说，所谓的学习型组织就是"一群人不断地提高自己的能力来创造他们的未来，这一切都是靠改变自身而得到他们想要的结果，实现对他们来说重要的事情"。学习型组织理论的提出被称为西方"一场管理学的革命"。它强调通过个人学习与团队学习，使个人不断获取新的信息、知识和能力，是组织由一个被动的机械体系变革为一个主动的生态体系的前提条件。它改变了人与组织的传统关系，将组织由一架靠别人驱动的机器，变成一个能自我驱动、自我调节、自行变革的生命体，充满生机活力的生态体系。彼得·圣吉提出，学习型组织的核心就是"系统思考"，这就要打破传统的孤立思考的思维定式，面对信息化、多元化的复杂局面，要学会运用系统的、整体的、全面的思维方式来思考问题，自始至终都要坚持从全局的、动态的层面分析和解决问题。学习型组织的目的，一是要实现"个人愿景"，也就是激发个人的

---

[①] ［美］彼得·圣吉：《第五项修炼——学习型组织的艺术与实践》，中信出版社 2009 年版。

期望，促使人不断发展并实现自我超越，提升人力资源价值，追求并实现个体的价值；二是实现"共同愿景"，就是通过群体、组织内部开展"深度会谈"，消除制约组织发展的"结构性冲突"与"组织病毒"，形成共同的价值取向和一致的奋斗目标，这样既有个人的不懈追求，又有组织的共同目标，组织就能实现长远发展、持续发展。

彼得·圣吉提出的学习型组织理论，立足于消除人的发展障碍，特别是学习中的思想观念障碍，依靠和发展个体与群体的新的管理理论，既继承了传统的人本管理理论和企业文化理论，又进一步深化了人本理论和企业文化理论，并提出了适应当今社会发展的一系列方法。学习型组织理论与教育学上的终身教育理念和学习型社会理论不谋而合，都把理论建立在人的发展这一现实基础上，致力于在人的发展中，实现思想观念的变革与更新，成为人的观念现代化的资源借鉴。

中国共产党在借鉴、吸收西方社会学习型组织、学习型社会理论基础上，结合马克思主义中国化过程中形成的马克思主义学习观，提出了在中国建设学习型社会、学习型组织以及学习型政党（学习型党组织）的任务。所谓学习型政党，就是不断学习、善于学习，努力掌握和运用一切科学的新思想、新知识、新经验的政党。建设学习型政党，是我们党总结自身建设的经验，并借鉴国外学习型组织和学习型社会的理论提出来的。从概念上讲，学习型政党来源于学习型组织、学习型社会。重视学习、善于学习，是中国共产党在长期实践中形成的优良传统，也是中国共产党的一个重要政治优势。毛泽东在领导中国革命的实践中，从反对把马克思主义教条化的错误倾向出发，创立了实事求是的学习观，大力倡导理论与实际相结合、向实践学习、向群众学习的思想。改革开放以后，邓小平始终强调，全党同志一定要善于学习，善于重新学习；学习马列要精，要管用；要努力把马克思主义的普遍原理同我国实现四个现代化的具体实践结合起来；要大胆吸收和借鉴人类社会创造的一切文明成果，吸收和借鉴当今世界各国包括资本主义发达国家的一切反映现代社会化生产规律的先进经营方式、管理方法。世纪之交，江泽民在国际竞争激烈，国内发展市场经济的历史背景下，向全党提出了"学习学习再学习"的号召，要求全党首先是党的高级干部，必须以对党、对人民、对历史高度负责的态度来加强学习。2001年5月，江泽民在亚太经合组织高峰会议上提出，要构筑终身教育体系，创建学习型社会。2002年，江泽民在党的十六大报告中进一步强调，要"形成全民学习、终身学习的学习型社会，促进人的全面发展"。江泽民关于学习的上述思想，把我们党的学习观提高到一个新的阶段。以胡锦涛同志为总书记的中央领导集体则把学习问题放在更加突出的地位。党的十六大召开不久，党中央就提出，创建学习型社会，首先要把我们党建设成为学习型政党。2004年9月召开的十六届四中全会通过的《中共中央关于加强党的执政能力建设的决定》明确提出了"努力建设学习型政党"的任务，强调要重点抓好领导干部的理论和业务学习，带动全党的学习，努力建设学习型政党。建设学习型政党的提出，对于提高党的执政能力和保持与发展党的先进性都具有重要意义。特别是党的历届中央领导集体坚持集体学习制度，紧紧围绕我国改革开放和社会主义现代化建设需要解决的重大问题进行学习，给全党以及每一个党员、公民都带了一个好头。党的十七届四中全会总结了建设学习型政党的经验和做法，把建设学习型政党作为党的建设的首要任务提了出来。在新形势下，建设学习型政党是继承和弘扬党的优良传统的具体体现，也是提高全党马克思主义理论水平和政治水平的基础，对于提高党的执政能力，保持和发展党的先进性，全面深化改革，都具有十分重要的意义。

### （三）新教伦理思想

纵观那些先行国家的现代化之路，它们之所以能够迅速地获得成功，实现飞速发展，也是与"人"的因素分不开的。无论是英国、法国，还是德国、美国，这些国家现代化的成功都得益于有着一大批适应现代化发展的、有着创新意识并受过良好教育的公民。正是由于这些有着现代意识的公民存在，才极大地推进着这些国家的现代化。德国著名社会学家马克斯·韦伯在名为"世界诸宗教的经济伦理"这一卷帙浩繁的系列宗教研究中，以"文化论"作为其著作主线，主张思想、观念、精神因素对人的行动具有决定作用，但韦伯既不是通常意义上的观念论或文化决定论者，更不是一般意义上的唯物论者，这里的宗教观念是通过经济的伦理对人的行动起作用的，并非纯粹的观念作用于人。韦伯在《新教伦理与资本主义精神》《新教教派与资本主义精神》等著作中，曾精辟地分析了人的现代性对于资本主义发展的推动作用。他侧重于从主观意图、个人行动去探讨对社会的理解和诠释，以新教伦理为理论基础，探索了资本主义精神的形成和实质。他所谈论的具有资本主义精神与理性的、有着禁欲主义思想的清教徒其实就是典型意义上的现代人。他所研究的是新教伦理与西方资本主义发展的精神动力之间的生成关系。①

在《儒教与道教》一书中，韦伯研究的课题是：中国为什么没有出现西方那样的资本主义？也就是研究儒家伦理与东方资本主义发展的精神阻力的生成关系。韦伯在重点考察了中国的社会结构，以及建立在这种社会结构基础之上的中国正统文化——儒教伦理，顺便考察了被视为异端的道教之后，他将儒教与西方的清教做了较为透彻的分析比较，最后得出了一个结论，就是：儒家伦理阻碍了中国资本主义的发展。②在这本著作中，韦伯将中国现代化的条件分为两个方面：一是社会学基础，主要分析中国传统社会的结构因素及其对现代化的影响；二是对中国"宗教"的分析，并以此来分析中国现代化的精神条件。在对中国传统社会结构的分析中，虽然韦伯重点分析了中国社会结构中与现代化相抵触的那些具体因素，但是他得出的最后结论则是指，在传统中国的社会结构中，既存在着不利于现代化的因素，也存在着有利于现代化的因素，因此，中国之所以没有走上现代化的道路，根本原因在于一种特殊的精神与心态因素，也就是在中国传统社会中占据主导地位的儒家意识形态，韦伯将其称为"儒教"。

如果将中国"儒教"的基本取向与韦伯称为现代精神来源的新教的基本取向进行比较，前者对中国现代化所产生的消极影响就更为清楚了：③首先，对巫术的排斥程度。新教判定所有的巫术都是邪恶的，只有伦理的理性主义才被规定为具有宗教价值，人的行为必须依据上帝的命令，其原因在于对上帝的敬畏态度。所以，在新教徒日常生活中，巫

---

① ［德］马克斯·韦伯：《新教伦理与资本主义精神》，康乐、简惠美译，广西师范大学出版社2007年版，前言。
② ［德］马克斯·韦伯：《儒教与道教》，商务印书馆2003年版，译者序。
③ 孙立平：《传统与变迁：国外现代化及中国现代化问题研究》，黑龙江人民出版社1992年版，第141—166页。

术基本上被扫除干净,这种对巫术的较为彻底的摆脱,无疑会促进理性主义的发展,使人对社会生活抱着一种更为世俗、更为理性的态度。而中国儒教对巫术采取的是一种回避、不触及的态度,也就是"子不语乱力怪神";而且儒教伦理与巫术还具有一种实际上的亲和力,因此,在中国古代的思想活动中,巫术化的趋向与缺乏对形而上学的关心相映成趣。韦伯认为中国古代的天文学除了历算之外其余的都变成了占星术;医药学则更是笼罩泛灵论的神秘色彩,中国古代社会无疑可以给人们的科学发现以启示,但更限制了使得科学技术进一步发展成为理性主义的可能性。其次,适应现状的君子修养。儒教中没有基督教中那种"原罪"与"救赎"的观念,儒家寻求的是人与世界的和谐,人与社会的和谐,人与人的和谐,就是在这种适应与和谐中,个人得以完成自己的人格与道德的修养。在儒教当中,没有关于现世与超越的对立观念,而这两者之间紧张对立观念在世界各大宗教中都是广泛存在着的,儒家认为这个世界是所有可能的世界中最好的一个,每个人在本质上都具有能够达到无限完美的能力,而修养的不够充足则是造成道德缺陷的唯一根源,这种道德的缺陷与政府的过失,是造成所有灾难的根本原因。避免这种灾难的根本途径则是适应"道"。这样,结论又回到要顺从世俗权力与固定的秩序,而对每一个个体而言,要按照和谐的宇宙与社会的形象来塑造自己。再次,独特的心理素质。韦伯认为这就是,"无限的耐心与自制的礼貌;墨守成规;对于单调与无聊根本没有感觉。完全不受干扰的工作能力与对不寻常刺激的迟钝反应,尤其是在智力活动的领域就更是如此"。从另外一方面看,"对于所有未知的或不是立即可以明显看出的事物,有一种特别非比寻常的恐惧,并且表现于无法根除的不信任上;对于那些不切近或不能当下见效的事物,加以拒斥或毫无智力上的好奇心。与这些特点相对的是,对于任何的巫术诡计都带有一种无限的、善意的相信态度,无论这种巫术诡计是多么的空幻"。形成这种特殊心态以及种种矛盾态度的根本原因,韦伯认为,就是中国人"缺乏一种内在的核心,并缺乏由某种中心的、自主的价值立场所呈现出来的一种一贯的生活态度"。复次,对紧张与冲突的否定。儒教伦理中几乎完全否认世界上紧张与冲突的存在,对自然与神之间、伦理要求与人性中恶的因素之间、罪恶意识与救赎的需要之间、尘世行为与彼岸世界的补偿之间、宗教义务与社会政治的现世之间的任何紧张与矛盾，都采取一种否认态度。正是因为这样，在社会中就缺少一种杠杆、通过一种内在的力量从传统与因袭中获得解放，对人的行为具有最大影响力的就是基于鬼神信仰的家庭孝道。中国的经济组织就是这种血缘群体的外延，但经济活动的一切，都没有造就出有利于现代经济发展的那种特殊的"经济心态"，没有造就严密的企业与商业组织。原因就在于缺少一种将这些经济活动加以组织化的理性方法。最后，对财富的追求与节俭并存。儒家认为，所有真正的、经济意义上的劳动都是职业专家的庸俗的逐利活动，而人要成为君子，自身就应该成为一种目的，而不能成为一种具有功能性的手段（"君子不器"）。新教徒也注重对财富的追求与节俭，但韦伯认为，"一个典型的新教徒则赚得多，花得少，出于一种禁欲式的强制储蓄，而将所得作为资本，再投资于理性的资本主义经营里"。表面看来，这两种宗教的财富观都带有明显的理性主义特征，但"只有新教的理性伦理和超越世俗的取向，才能将经济的理性主义发挥到最彻底的地步"。

### （四）未来主义思潮

未来主义，是西方资本主义国家在20世纪60年代末至70年代初出现的一种对社会发展的思潮，也就是对未来前景的一个研究和预测。他们分为两个流派，即社会历史学派和生态学派。社会历史学派主要研究和预测新科技革命造成的社会变化，认为在新科技革命的发展中，一种新的社会形态将取代现存的资本主义制度和社会主义制度。社会历史学派的趋同论思想具体包括贝尔的"后工业社会"理论，托夫勒的"第三次浪潮"理论，奈斯比特的"信息社会"理论等。生态学派主要研究和预测科学技术的负面效应，认为对社会发展的影响来自全球性环境和发展问题，关键在于如何协调环境与发展的关系。生态学派的可持续发展的主张包括米都斯的"零增长"理论，卡恩的"没有极限的增长"理论，以及罗马俱乐部的"有机增长"和"新人道主义"理论。尽管两个流派存在着诸多差异，但是它们仍然具有许多共性：都是新科技革命突出的认知未来要求的理论体现，都是运用现代科学技术手段进行预测和设计的，都研究了新科技革命对人类社会未来发展的影响，都把预测和设计人类社会的未来前景以摆脱现有的工业社会遇到的发展困境作为自己的目的。①

未来主义在预测和设计未来发展蓝图的过程中,在一定程度上预见到了社会发展的一些重大的基本趋势,较好地起到了预警和启示的作用,对于实现人的观念现代化也有诸多启示。首先,必须对科学技术的发展进行价值评价。在走向未来的过程中,随着加速度的发展,科技发展越来越表现出漫无节制的特点,这样,个人明智、有效地决定自己命运的能力就被冲垮了。因而,就要求人们学会选择和控制技术,以免千百万人受到科学技术负面效应冲击的威胁。为此,人们就应该确定多元化、人道化的标准来评价科学技术。正是在这个意义上,托夫勒指出,"超越技术统治并代之以一个更人道、更有远见、更民主的规则,并不是社会未来学派的终极目标。它的终极目标是把进化本身置于人类的自觉控制之下"。② 也就是说,人类应该将事实评价与价值评价统一起来以评价科学技术的进步。其次,必须将物质文明与精神文明协调发展。社会发展是一个整体的历史过程,不仅物质上应该实现极大发展,而且精神上也应该有极大的提高,只有两个文明协调发展的社会才是健康发展的社会。正是在这个意义上,奈斯比特提出了高技术和高思维(高情感)相平衡的问题。"高思维是承认生与死的宇宙力量。高思维是欣然体会和认同超越众生,更高更大的某种精神。"③ 这就要求在高科技的时代学会过富有人性的生活。实际上,也就是提出了科学技术应当将真善美的追求统一起来的问题。再次,人的发展应该成为包括科学技术进步在内的所有社会发展的最终目标。无论是科技进步还是社会发展都是以人为中心、为主体的过程,都应该将人的自由、全面、充分和和谐发展作为追求的最终目标。在这个问题上,罗马俱乐部提出了以人为中心的发展观,要求人们从整体性上来关心人,促进人的整体发展,要求确立他们倡导的"新人道主义"。而社会历史学派对未来社会的预测和设计也往往着眼于人的解放问题,他们看到了工业化给人造成的异化,要求将协调人际关系作为未来社会的中心任务,强调人们相互沟通的重

---

① 段忠桥:《当代国外社会思潮》(第2版),中国人民大学出版社2004年版,第1页。
② [美]尔文·托夫勒:《未来的冲击》,新华出版社1996年版,第407页。
③ [美]约翰·奈斯比特:《高科技 高思维》,新华出版社2000年版,第32页。

要性。最后，必须从长期性、全球性的视野出发看待发展问题。在工业化和现代化的过程中，由于人们只注重眼前利益而忽略了长远利益，导致了全球性的环境问题愈演愈烈。因此，可持续发展的首要要求就是要人们着眼于长期性的视野来考虑和解决问题。这种从短期考虑到长远考虑的转变，就是一种价值观念的转变。

  21世纪既是一个知识经济的时代，也是一个以人为本的时代。我国著名现代化理论研究者何启传先生曾经提出"第二次现代化"理论。他认为，第一次现代化是指从农业时代向工业时代、农业经济向工业经济的转变过程，第二次现代化是指从工业时代向知识时代、工业经济向知识经济转变的过程；第二次现代化不是人类历史的终结，将来还有新的发展。知识经济时代是一个重视知识和重视人才的时代。在《第三次浪潮》一书中，尔温·托夫勒提出：在农业和工业社会之后，将是"后工业经济"的社会，也就是我们所说的"信息社会"；1990年联合国研究机构提出了"知识经济"的说法，并明确了其性质。知识经济是以知识为轴心的时代。知识和人才说到底还是"人"的问题。在《力量的转移》一书中，尔温·托夫勒认为：在未来知识经济中，最高级、最重要的力量和资源就是知识。尽管在知识经济中处于中心地位的是知识、智力、智慧和信息，但人却是它们的创造者和承载者。因此，与其说知识处于知识经济的核心地位，倒不如说人处于知识经济的核心地位。未来世界的竞争，归根结底是国民综合素质的竞争，也即是各国人的现代化的竞争。要保持经济可持续发展，就必须全面提高人的综合素质。总之，21世纪是一个信息时代，这个时代以知识经济为核心，而它又以人为核心，以人为劳动力而发展。而每一个劳动者在这个社会里也并不理所当然地就是一个劳动者。因此，知识经济时代的劳动者都是那些具有高素质的人才，这些劳动者的素质的高低有赖人的现代化水平的不断提高，即人的综合素质的不断发展和提升。

  未来学把超前意识注入未来研究和预测社会、人的未来发展之中，形成了未来学科的探索群。托夫勒曾预言，人类心理深层结构难以适应因不断加速的创新而迅速变化的生存环境，并因此终将导致一次总体性的危机。在这种被称为"未来冲击"的危机中，人人要求自己是以具有特性的个人而受到人们的对待，这正好发生在新的生产体系需要劳动者更个人化的时候,因而现代人的人际关系呈现出和以往不同的互动模式。结合人学和未来学的理论,探讨人的现代化的发展是现阶段人的现代化理论的发展趋势。在《未来的冲击》一书中,尔温·托夫勒指出:"社会变革和技术革新的加速发展,使社会上所有的个人和组织都越来越穷于应付了,处理不当,将引起适应力的大崩溃。"知识经济时代的到来,当今各国优先发展的是教育,并把它作为主导产业。在社会发展和国际竞争中,教育的作用越来越显现。在《后工业社会》一书中,丹尼尔·贝尔就认为,在后工业社会,取得权利的基础是技术和技能,而取得权利的条件在教育。知识资源是知识经济的第一资源,人才必须拥有知识资源,只有教育才能培养出优秀的人才。人才培养不但要注重现在,更主要的是着眼未来。要想在未来的竞争中处于不败之地,就必须拥有强有力的教育,也就拥有了第一资源。应该看到,教育将会成为21世纪的重要产业。要全面提高国民素质,促进人的现代化,就必须切实把教育摆在优先发展的战略地位上。

## 三 人的观念现代化的传统资源

自中国改革开放以来,特别是进入 21 世纪以来,国民素质提升、人的现代化、人的观念现代化问题深为广大学者关注,并引起了广泛的讨论。这些讨论以现代化的视角主要是基于英克尔斯的社会心理学理论与方法对我国社会主义现代化中人的思想观念的影响,借鉴英克尔斯的理论,我国学界关于人的现代化研究、观念更新研究、国民素质研究、国民性改造研究等方面,取得了许多有益的成果;在马克思主义研究中,这些讨论主要集中在重新"回到马克思",也就是从马克思关于人的全面发展理论获得的本真含义来阐述中国共产党关于人的现代化思想,阐发马克思主义人学理论,就人的现代化的概念、内涵、特征、指标体系、评估方法、实现路径,以及人的现代化与政治、经济、文化、社会之间的关系等问题,提出新的视角和论述,为我们进一步研究人的发展与人的现代化、人的观念现代化提供了坚实的学理基础。但这些研究中,一些学者往往忽视了运用历史反思与自我批判中所获取的有益启示，来解释、揭示当代中国在推进人的发展、人的现代化过程中遇到的错综复杂的现实矛盾后面所隐含的历史因素。换句话说，我们可以从中国古代智慧、近代先进思想家关于人的发展的历史反思中获得经验和启示，将传统文化作为人的观念现代化的资源借鉴，为促进当代中国人的全面发展提供历史智慧。

### （一）民族精神理论

人的观念现代化不是简单地接受西方的思想观念及其核心价值体系，不是"全盘西化"，而是现代思想观念与本国传统文化互动的过程。"民族精神作为一个民族赖以生存和发展的精神支撑，体现着一个民族全体人民普遍具有的精神和性格，成为本民族历史文化发展与其所处的社会经济环境相互作用而形成的复杂精神产物"，[①] 具体地说，民族精神作为一个国家的思想灵魂、观念支柱和凝聚国民的文化旗帜，是实现全面现代化与人的发展的强大动力；发达国家现代化的经验表明，人的现代化并不是简单移植他国实现现代化的经验的过程，离开自己本国的民族精神与民族文化来谈论人的发展问题，只是空中楼阁，终将失败。[②]

"中华民族在长期的历史发展中形成了以爱国主义为核心的团结统一、爱好和平、勤劳勇敢、自强不息的伟大民族精神。中华民族精神宛如长河，发源于远古时代，发展在古代社会，再到近代社会中实现重生，不断丰富和升华，始终成为滋养中华民族儿女的精神环境。爱国主义是民族精神的核心，贯穿于中华民族精神形成和发展的全过程，渗透到中华民族精神的一切领域，体现在中华民族精神的方方面面。爱国主义，作为一种体现人民群众对自己祖国深厚感情的崇高精神，同促进历史发展密切联系在一起，同维护国家独立和广大人民根本利益密切联系在一起。"[③] 人的观念现代化要以民族精神作为现实支撑，传统观念的

---

① 中共中央宣传部：《社会主义核心价值体系学习读本》，学习出版社 2009 年版，第 113 页。
② 郑永廷：《人的现代化理论与实践》，人民出版社 2006 年版，第 122—123 页。
③ 中共中央宣传部：《社会主义核心价值体系学习读本》，学习出版社 2009 年版，第 122—123 页。

精华就体现为民族精神，首先要在国家观念、民族观念上实现现代化，这就要从民族精神以及爱国主义的优良传统中吸取价值资源。团结统一，涉及民族国家中人民群众的国家观、民族观；爱好和平，涉及人的国际观念、战争观念、世界观念，这两个方面都是主体关于国家层面的价值体认，是爱国主义核心内容的具体展开，并为社会主义核心价值观所承继，也就是国家层面倡导的"富强、民主、文明、和谐"。勤劳勇敢，更多指向社会层面与家庭层面，涉及个人的家庭观念、事业观念、劳动观念等，体现在中华民族及其历时性的每一个社会个体在谋求生存和实现发展中养成的吃苦耐劳、艰苦奋斗、不畏艰难、不屈不挠的精神，这些精神更多体现为主体实现发展的精神动力。民族精神中的"自强不息"更是成为我们在现时代着力推进人的观念现代化的重要资源与意志力量。我国自古就有"天行健，君子以自强不息"[①]的不懈奋斗精神，有"富贵不能淫、贫贱不能移、威武不能屈"[②]的坚贞刚毅精神，有"精卫填海""大禹治水""愚公移山"的不屈不挠精神，有"天变不足畏，祖宗不足法，人言不足恤"[③]的变革求新精神。中华民族之所以能够历经挫折而不屈服，屡遭坎坷而不气馁，靠的就是这种自强不息精神。[④]这种精神作为传统观念的精华，自然要为现代观念与未来观念所吸收。

人的观念现代化的民族精神资源，虽然在理论上不应该囊括近现代以来中国共产党领导人民在长期的革命与建设中形成的优良革命传统以及在现时代的改革开放条件下形成的以改革创新为核心的时代精神，但是前者是在现代社会发展过程中形成的一种"革命传统"，后者因为符合现代社会发展与未来社会走向的需要更成为人的观念现代化的根本追求，也就是说人的观念现代化形成过程，也就是时代精神的生长过程，二者具有同步性。

---

① 《周易·乾》。
② 《孟子·滕文公下》。
③ 《宋史·王安石列传》。
④ 中共中央宣传部：《社会主义核心价值体系学习读本》，学习出版社2009年版，第122—123页。

## (二）民本思想传统

民本思想就是我国古代思想中的以民为本，与小康社会一样，都是我国传统思想文化的内容。在儒学里，小康社会就含有民本的思想，也就是"民以君为心，君以民为体"。[①] 这种传统价值观在我国古代思想发展史中占据着重要地位。统治阶级及其思想家都能认识到人民的力量，认识到在维持阶级统治中人民的重要作用和地位，所谓"水则载舟，水则覆舟"蕴含的道理[②]；但是，在社会生活实践中能坚持做到以民为本的并不是很多，很多情况下都是统治者的一种思想认识，在本质上还是属于贤人政治和圣王之道，仍然是一种人治；更多的还是统治阶级及其思想家通过如农民起义、暴动认识到人民的力量之后对君主专制行为实行一定程度的限制（当然，很多时候这种限制也是微不足道的）。中华民族历来重视以民为本，尊重人的尊严和价值。早在千百年前，中国人就提出了"民惟邦本，本固邦宁"[③] "天地之间，莫贵于人"[④] 的思想，主张"民为贵，社稷次之，君为轻"[⑤] 的观念，强调"政之所兴，在顺民心；政之所废，在逆民心"[⑥]。中国古代的民本所兴，体现了朴素的重民价值取向，在一定程度上起到了缓和阶级矛盾、减轻人民负担的作用。[⑦] 中国古代丰富的民本思想传统自然成为实现人的观念现代化的本土资源。

在社会主义时期，中国共产党强调以人为本，既有着中华文明的深厚根基，又体现了时代发展的进步要求。我国古代的以民为本思想不同于现代社会执政党提倡的以人为本。虽然以民为本的合理成分在中国共产党领导中国人民进行社会主义现代化建设新时期得到了继承和发挥，但两者有本质区别。首先，儒家的民本首先还是以"君王"为中心，是要统治阶级认识到"水可载舟，亦可覆舟"的道理。新时期小康社

---

① 《礼记·缁衣》。
② 《荀子·王制》。
③ 《尚书·五子之歌》。
④ 《孙膑兵法·月战》。
⑤ 《孟子·尽心章句下》。
⑥ 《管子·四顺》。
⑦ 中共中央宣传部：《科学发展观学习读本》，学习出版社 2008 年版，第 27 页。

会建设的民本思想,则是"以人为本",就是要以人民为中心,"三个代表"重要思想强调党要始终代表中国最广大人民的根本利益,科学发展观理论强调要"把以人为本作为深入贯彻落实科学发展观的核心立场,始终把实现好、维护好、发展好最广大人民根本利益作为党和国家一切工作的出发点和落脚点,尊重人民首创精神,保障人民各项权益,不断在实现发展成果由人民共享、促进人的全面发展上取得新成效"。① 其次,儒家学说传统中的民本思想属于贤人政治与圣王之道,本质上还是一种人治;新时期小康社会的以人为本,则是建立在社会主义民主政治的基础之上。儒家传统中的民本思想充其量只是对君主的专制行为进行有限度的限制,而现代社会的以人为本,则是把实现人民的愿望、满足人民的需要、维护人民的利益作为自己的出发点和落脚点,从而能够全方位、彻底地付诸实践。所以,我们今天强调的以人为本,虽然在一定程度上继承发展了中国古代的民本思想,但是又与它存在着本质的差别:"民本思想中的'民',是相对于'君'而言的、相对于统治阶级而言的,其本质是为了维护封建统治阶级的统治地位,是实现'得民心、守社稷、固君位、达邦宁'这一目标的'驭民''治民'的基本手段,其价值取向是君主本位而不是人民本位。"②

民本思想成为现时代我们顺利推进人的观念现代化的资源借鉴。民本思想,虽然我们现在否定它的阶级本质,否认它的历史观,但是其中很多思想观念仍然成为我们实现人的观念现代化不可忽视的历史因素。从历史观来说,民本思想是建立在历史唯心主义基础之上,从社会意识决定社会存在的前提出发,片面夸大历史中少数英雄人物及其思想、意志在社会发展中的作用,认为历史是由这些英雄豪杰、帝王将相创造的,否认广大人民群众是真正推动历史发展的决定力量。例如,历代王朝都推崇"圣人"的作用,认为群众必须在"圣人"的教化下才能学习各种思想观念、掌握基本生活规则。

### (三) 思想解放意识

人的观念现代化自然要实现思想的解放。解放思想就是追求真理的

---

① 《中国共产党第十八次全国代表大会文件汇编》,人民出版社2012年版,第8页。
② 中共中央宣传部:《科学发展观学习读本》,学习出版社2008年版,第27页。

一种精神状态，这种精神状态表现得非常具体而且广泛，每一次思想解放都面临着冲破什么样的思想、解决什么问题、达到什么目的等现实课题。因而，抓住中国历史上思想解放的几个主要传统，对现时代推进人的观念现代化具有资源借鉴意义。在中国古代庞大的思想体系中，我们可以选取几个侧面来了解。

第一，在百家争鸣中解放思想。① 这是中国古代实现思想解放的立足点，用中国哲学的话语表示，就是"好学而博"。② 在中国长期的封建社会里，虽然"罢黜百家，独尊儒术"的思想观念是主流，但是春秋战国时期思想界诸子百家的盛况却一直是人们所向往和追求的思想文化发展的良好环境。正是在这个意义上，我们说社会思潮的非主流方面，或者叫思想观念的从属观念、支流观念也往往呈现出一定的真理性。所以，对于百家争鸣，毛泽东在1956年4月28日曾经说过：讲学术，这种学术可以，那种学术也可以，不要拿一种学术压倒一切，有许多学说，大家可以自由争论。因此，所谓百家争鸣就是诸子百家有许多学说可以自由争论。这在本质上与思想解放、与观念更新、与思想发展是一致的。因为思想解放就是人争取精神自由的一种精神状态。历史发展告诉我们，任何一个学派，任何一个伟大科学家的形成和成长，都是思想解放的结果，也就是在摄取前人的优良智慧，博采同代人精华见解的基础上，勇于探索形成自己的学术观点、思想体系。学术上的成就都是千百万人的智慧结晶，百家争鸣就会促进参加学术争鸣、观念交锋、思想交流的所有人的智慧发展、思想发展、观念发展，这就大大缩短这些思想观念形成的过程，从而获得更多的具有独到见解的新成就、新思想与新观念。如果中断了百家争鸣，也就中断了智慧的发展，中断了思想观念的发展。墨家科学技术的传统就是其中的典型例证。当然，对于墨家的科学传统，今人以及现在的科学技术发展可能不屑一顾；但是不能忘却的是，人们总是在一定历史条件下进行认识的，历史条件达到什么程度和高度，人们的思想认识和观念发展也就只能达到什么样的程度和深度、广度。我们经常说的，不要苛求于古人，就包括不要超越历史

---

① 张岱年：《中华的智慧》，上海人民出版社1989年版，第36—40页。
② 《庄子·天下》。

发展阶段评价前人的思想认识和观念发展。

　　第二，在打破僵化中解放思想。这是古代思想解放的精华，也成为思想僵化的中国古代思想发展史中不可多得的"雷鸣"与"闪电"（马克思语），也就是古代哲学所说的"得意而忘言"。① 思想僵化就是人的思想观念禁锢于习惯势力营造的主观偏见、思维习惯、宗教迷信与思想专制之中，禁锢于各种理论禁区、实践禁令、"精神枷锁"之中，不敢越雷池一步的一种精神状态与心理状态。在这种状况下，人的精神萎顿下来，难以实现创造性发展。在自然经济条件下，"它们使人的头脑局限在极小的范围内，成为迷信的驯服工具，成为传统规则的奴隶，表现不出任何伟大和任何历史首创精神"。② 中国古代的思想僵化状态与马克思描述的那种精神状态基本一致。可以想象，"焚书""坑儒""独尊儒术"以及"文字狱"这些中国封建社会的产物，怎么能不造成人的思想僵化呢？而思想一僵化，条条框框就势必多了起来；随风倒的现象也就多了起来；特别是奉命行事、家长制、个人迷信也就风行起来了！整个民族和社会也就因此丧失了发展的生机和活力。这一点，改革开放之初的邓小平也注意到，并且要求进一步解放思想。在中国古代思想发展史中，打破思想僵化也不乏其例。其中，王弼的"得意在忘言"③ 命题的提出就具有思想解放的方法论意义（具体参见张岱年著作④）。"得意在忘言"论，不仅仅是一种解释《易》的方法，在王弼那里，还被用作注释《论语》《老子》等古代典籍的方法和一般的哲学方法。这种方法，不仅成为王弼和其他魏晋玄学会通儒道两家之学的方便法门，对于魏晋哲学冲破汉代经学的牢笼而自由发挥具有积极意义，并且影响到以后的佛教学者和儒家学者，成为佛学中国化、本土化、民族化和宋明理学兴起的历史契机之一。

　　第三，在阐发传统中解放思想。这是中国古代思想解放的一道风景线，也就是"格物致知"。这个命题，在中国古代哲学中，早在秦汉之际的《大学》中就已经载明了，但是直到宋明理学程朱、陆王的阐发

---

① 《庄子·外物》。
② 《马克思恩格斯选集》（第1卷），人民出版社1995年版，第765页。
③ 王弼：《周易略例·明象》。
④ 张岱年：《中华的智慧》，上海人民出版社1989年版，第168—173页。

才格外引人注目；然而，陆王的"格物致知"又不同于程朱的认识，他是在程朱"格物致知"的基础上的阐发和创新。正如杜维明先生指出的，中国的传统，如果按照现代西方哲学的语言来说，就是通过解释来创造哲学，也就是现代"诠释学"的创造。他认为，你一定要吸收传统经典的养分，才能发表你自己突出的观点；你发表你突出的观点，又可以帮助你或他人对经典中的微言大义做进一步的阐发，这是一种循环，但不是"炒冷饭"的循环，而是把视野逐渐扩展的循环，为此他扛起了"从解释传统中创造哲学"的大旗，并认为其中的创造有两种类型：一种是突破性的创造，这在科学上表现得比较充分；还有一种类型的创造，比如文学，你不管怎样创新，你所运用的语言都应该符合某种规则或文法，你只能在有限的自觉范围内用合乎文法的语言来表达你的创造力，要把一个人人都经常使用的语言驾驭得灵活圆熟，表现出一种崭新的形态，这就是创新，这种创新与科学上的创新不同，它有一定的承继性。①

第四，在自我完善中解放思想。这是中国古代思想解放的根本要求，也就是要造就"君子人格"。所谓的自我完善就是指一个人的自我修善，包括人格的修炼和知识的储备。这是中国古代思想中阐述最深、论述最广的内容之一。事实上，历史上的每一次大的社会变革与思想解放运动，都会涌现一批思想解放的先驱，当然也会有一些时代的落伍者。这说明思想解放本身的要求，社会实践的发展，以及社会环境的好坏，都不是一个人思想是否解放、观念是否更新的决定性因素。决定性因素是人的素质，也就是人的思想道德和科学文化水平。思想解放要求人们自我完善，自我完善又促进了思想解放。可以说，在中国古代思想中，人的这种自我完善是以"君子人格"的形态出现的。按照传统的说法，儒家具有修己和治人两个方面的功能，而这两个方面又是无法截然分开的。无论是修己（正身）还是治人，儒家都以"君子人格"为其观念的枢纽：修己也就是成为"君子"；治人也必须先使自己成为"君子"。从这个角度看，儒学实际上就是"君子之学"，君子不仅是道德楷模和厚德载物的仁者，而且也是知识的精英和格物穷理的智者，更

---

① 杜维明：《儒家传统的现代转化》，中国广播电视出版社1992年版，第173—174页。

是意志的强者和顶天立地的大丈夫。所以，在这个意义上说，"君子人格"就是人在自我完善中实现思想解放、观念更新，并在心理状态、思维方式与思想观念方面实现人的发展的。

**（四）国民改造思想**

按照英克尔斯的社会心理学派现代化的理论，人是实现国家现代化、社会现代化的前提和主体，其状况如何直接决定着国家全面现代化的成败。所以，自中国告别古代社会走向近代以来，在中华民族饱尝了落后挨打的辛酸痛楚和现代化事业发展的一再曲折之后，一些先进人士和知识精英开始把思考社会经济发展的焦点聚集在中国人身上，认为改造中国人的国民性，重塑国民的心理与灵魂，实现人的观念现代化，是开启国家现代化大门的钥匙，是实现中华民族伟大复兴的钥匙与总开关。[①] 近代中国先进思想家所从事的改造国民性思想研究与实践，就其性质而言，是中华民族追求人的发展的爱国进步思想及其实践，是中国现代化总体思想的一部分，因此，自鸦片战争之后，在中国近代史上便形成了持续不断的中国国民性研究和探索人的发展实现路径的热潮。然而，由于挽救民族危亡的急切，近代中国的许多思想家并没有足够的理论和知识储备来理性地科学地对待国民性改造的重大课题，以致他们对中国国民性的反思以及对实现人的观念发展的艰难性、复杂性、长期性的理解不够深刻，从而直接影响了近代中国改造国民性的科学性与可能性。但是，他们在探讨中国国民性时留下来的大量宝贵思想资源却是我们今天重新审视传统国民性、建构现代国民新的灵魂，最终在实现人的观念现代化的基础上推进人的全面发展不可多得的历史资源。

近代中国国民性改造思想，涉及的思想家较多，笼统地来说，大致可以在宏观上做出如下分析：一是近代中国改造国民性问题是在西方现代思想文化伴随着坚船利炮进入我国国门，中国传统本土文化的各个层面开始出现裂痕以后，才逐渐进入人们特别是当时各个阶级知识精英及其代表人物视野的，也是近代中国提出的而至今尚未圆满解决的重大历

---

① 刘占锋：《虚实录》，新华出版社 2001 年版，第 37—43 页。另见刘占锋《观念现代化——民族振兴的钥匙》，《开封日报》2000 年 9 月 12 日。

史课题。二是近代中国国民性改造思想的出现，除了近代中国现代化运动和沉重的民族危机使然之外，还受到日本、欧洲启蒙思想和中国传统儒家思想观念的深刻影响。三是近代中国的洋务派、改良派、革命派、五四启蒙派以及早期马克思主义者对改造中国国民性的思考是交替演进、层层推进的，从而形成了一批批判传统国民性、建设新国民性的浪潮，并且一次比一次更为自觉、理性、科学，为重铸中华民族新灵魂提供了基本思路。四是近代中国改造中国国民性命题的提出，使一大批先进知识分子集结在这一思想旗帜下，无情地批判着自己先辈的文化、思想观念与传统，从而动摇着封建主义正统的统治地位，有力地促进了人们的思想解放，为马克思主义在中国的广泛传播开辟了道路，这是中国人实现观念现代化的伟大转折。五是近代中国改造国民性思想及其实践，从一个侧面，为马克思主义人的全面发展理论提供了重要的思想资源宝库，或者在一定程度上说，近代中国国民性改造思想及其实践，是马克思主义人的发展理论实现中国化、大众化、时代化的雏形。当然，国民性改造也是一面历史的镜子，将进一步反映人的解放和人的全面自由充分发展，既是一个宏伟目标，又是一个艰巨复杂的任务，需要做长期艰苦的努力才有可能实现。六是国民性改造思想及其实践，只能将其定位在近代，也就是鸦片战争以后直到五四运动以及中国共产党成立之前的历史阶段，因为中国共产党成立之后的相关思想理论及其实践活动，再纳入国民性改造的范畴就不是很妥当了，因为中国共产党成立之后的思想政治工作以及其他工作实践就替代了改造国民性的实践活动。当然，这并不是说，随着中国共产党的诞生与走上历史舞台，国民性改造的历史任务就完成了。近代思想家改造国民性的理论与实践极其丰富，本书仅就辛亥革命前后孙中山以及五四新文化运动期间以陈独秀为代表的思想家的相关理论与实践简要阐述。

孙中山作为中国民主主义革命的伟大先行者，作为杰出的爱国主义者和民族英雄，[①] 其"唤起民众、共同奋斗"的思想，是孙中山先生致力中国革命40年的经验总结，也是他一生中主要的革命行动。他生活的19世纪后半叶和20世纪初的中国，在帝国主义列强的侵略凌辱和封

---

① 《江泽民文选》（第1卷），人民出版社2006年版，第593页。

建势力的腐朽统治下,已经沦为半殖民地半封建社会。从青年时代起,孙中山就怀着满腔悲愤,以炙热的爱国激情投身到革命之中。他早年就大声疾呼"亟拯斯民于水火,切扶大厦之将倾",① 在民众中进行了艰苦的革命宣传工作,形成了孙中山独特的国民性改造理论,或称为心理建设理论。孙中山领导的革命运动发源于海外的华侨和留学生之中,但他对中国人民的力量则深信不疑。他认为中国"以四百兆苍生之众,数万里土地之饶,固可发奋为雄,无敌于天下"②。鉴此,他宣称自己领导的革命和中国历史的"英雄革命"不同,而为"国民革命"或"平民革命"。他说:"我们定要由平民革命,建国民政府。这不止是我们革命之目的,并且是我们革命的时候所万不可少的。"③ 1895 年 2 月 2 日,他在修订《兴中会章程》时强调发动更广泛的群众,"联智愚为一心,合遐迩为一德,群策群力,投大遗艰",革命者的责任,就是挺身而出,"唤起同胞,使之速醒,而造成革命之形势"。④ 这样,革命的任务尽管巨大,也是不难实现的。唤起民众,开展反帝反军阀的斗争,这是孙中山晚年主要的革命活动。改组中国国民党吸收中国共产党人及工农分子加入,是孙中山唤起民众的最实际的革命成就,扶助农工政策的提出和实施则是这一革命行动的集中体现。从某种意义上说,改组中国国民党和实行扶助农工政策,代表了孙中山唤起民众革命行动的基本内容。具体说来,孙中山唤起民众的革命行动主要包括以下内容。

第一,用观念宣传民众。1919 年 6 月 18 日,孙中山在复函四川蔡冰若时就指出:"文以为灌溉学说,表示吾党根本之主张于全国,使国民有普遍之觉悟,异日时机既熟一致奋起,除旧布新,此即吾党主义之大成功也。"护法运动失败后,他之所以闭居上海著书,非置国事于不顾,意在以学识唤醒社会,以主义普及国民,使之彻底觉悟,共匡国难。孙中山认为:革命的方法,有军事的奋斗,有宣传的奋斗。军事的奋斗,是推翻不良政府,消灭军阀官僚;宣传的奋斗,是感化人群,改变不良的社会,军事的奋斗固然重要,"但是改造国家,还要根本上自

---

① 《孙中山选集》,人民出版社 1981 年版,第 14 页。
② 同上。
③ 同上书,第 83 页。
④ 《孙中山全集》(第 1 卷),中华书局 1981 年版,第 22 页。

人民的心理改造起，所以感化人的奋斗，更是重要"。实际上，要民众去革命，便需要民众明白革命的主义。要使民众明白革命的主义，就必须去宣传，万不可专用兵力去压制人。如果专用兵力，就是一时成功，也不能根本改革人的思想，变更人的习惯。孙中山总结了辛亥革命以来没能建设民国的原因，就在于这几年用武力的奋斗太多、宣传的奋斗太少。结果国内大多数人民便不明白民国的道理，不了解三民主义，所以终不能成功。因此，他决心改组中国国民党，变更斗争的方式，就是"注重宣传，要对国人做普遍的宣传，最要的是演明主义"，使全国人民都明白、都赞成。于是，孙中山号召国民党人，要尽力去宣传，用主义去统一全国人民的心理，同心协力进行革命斗争。为了使宣传能够收到效果，孙中山不但强调了宣传主义的重要性，而且阐述了宣传的方法。他认为，用一传十，十传百，百传千的方法，不到三五年，便可以传遍四万万人。但要人心悦诚服，不是一朝一夕、一言一动能够收到效果的。必须把主义潜移默化，深入人心，才能够收到效果。这就需要做宣传的人"有恒心，不可虎头蛇尾"，"只要大家负起责任来，到各处去宣传，前途总是很有希望的"。孙中山用主义宣传民众，侧重于对农民群众的宣传。他认为，对工人容易宣传，难处是对农民的宣传，而农民是一个极大的阶级，占中国人口的最大多数，只有使农民阶级觉悟，都明白和实行三民主义，革命才能彻底。如果这个极大的阶级不能觉悟，来实行三民主义，就是革命在一时成了功，也不能说是彻底。为此，1924年8月23日，孙中山在农民运动讲习所的演说中，特别强调了对农民的宣传问题。他说："我们从前做革命事业，农民参加进来的很少"，这次农民运动讲习所的学员毕业后，要到各乡村去联络农民，就要把三民主义宣传到一般农民都觉悟。为了讲明白三民主义，使一般农民都能觉悟，"先要讲农民本身有什么利益，国家有什么利益，农民负起责任来，把国家整顿好了，国家对于农民又有什么利益，然后农民才容易感觉，才有兴味来管国事。"这就要求去实行宣传的人，居心要诚恳，服务要勤劳，要真是为农民谋幸福，只有这样，才能唤起农民，革命才可望取得成功。

第二，政治上支持民众运动。要唤起民众，不仅要靠宣传的方法感化民众，而且要在政治上支持民众运动。在这方面，孙中山是坚定不移的。1919年6月，孙中山在上海接见了全国学生联合会代表，并参加了上海爱国学生的集会，发表了赞助学生爱国运动的演讲。同年7月，当得知广东工、学界代表被捕的消息后，孙中山立即致电广东军政府，要求释放被捕的工、学界代表，并气愤地说："我粤为护法政府所在之地，岂宜有此等举动？……盖民先以愈激而愈烈，若专恃威力，横事摧残，不惟为粤人之所共愤，亦即全国之所不容也。"1921年4月18日，孙中山在广东教育会对工界发表演说时指出：民生主义应恢复工人人格及增进工界幸福。1922年1月，孙中山和他领导的南方政府，给予香港海员大罢工积极的支持和同情。6月，孙中山接见澳门工会代表，对其反抗葡兵枪杀华工的斗争表示支持。12月，孙中山在同约翰·白莱斯福特谈论关于劳工参政等问题时，便明确指出："余之目的在使劳工被认为社会间一种有资格之人"，并表示"凡关于改良劳工情形之运动，余皆赞同也"。中国国民党改组后，孙中山更公开宣布：要"筑国民党基础于民众利益之上，时时引导国民党为民众利益而奋斗"；要"努力于赞助国内各种平民阶级之组织，以发扬国民之能力"；要"反抗帝国主义与军阀，反抗不利于农夫工人之特殊阶级，以谋农夫工人之解放；质言之，即为农夫工人而奋斗"。因此，"对于农夫工人之运动，以全力助其发展，辅助其经济组织，使日趋于发达，以期增进国民革命运动之实力"。1924年5月1日，孙中山出席广州市工人代表会开幕大会，并在会上发表演说，鼓励中国工人结成团体，"做全国的指导，作国民的先锋，在最前的阵线上去奋斗"。同年7月28日，孙中山在国民党农民党员联欢会上又发表演说，指出革命党实行三民主义，"就是要救济农民的痛苦，要把农民的地位提高，并且要把农民在从前所受官吏和商人的痛苦，都要消除"。为此，孙中山号召农民联络起来，"结成团体，挑选各家的壮丁来练农团军"，并表示"政府还可以从中帮助，用极低价卖枪给你们"。11月上旬，孙中山又以大元帅名义公布条例，赞助工人运动。与此同时，1924年11月19日，孙中山对新闻记者发表谈话，改变了他在《建国大纲》关于建国程序三个时期的划分，指出：北上的目的是召集国民会议，使全国人民能够"在会议席上公开的来解决全国大事"，"共谋国家建设之大计"。他说，这次北上所主张的方法，一定是和帝国主义及军阀的利益相冲突的，危险是可以料到的,"但是我为救全国同胞,求和平统一,开国民会议,去冒这种危险",希望全国人民做他的后盾。就是在他病势危殆的情况下,仍谆谆告诫军队,不可扰乱百姓。可见孙中山支持民众运动的立场是鲜明的,为民众谋利益、甘冒危险的精神是坚定的。

第三,措施上保护民众利益。要真正唤起民众,既需要动员和支持民众,还必须关心和保护民众利益,以解除其后顾之忧。为了达到这个目的,孙中山生前曾主持颁布了一系列措施,来维护民众的利益。孙中山深深了解民众疾苦,具有拯斯民于水火的强烈愿望。他毕生致力于解决民生问题,目的"就是要全国四万万人都可以得衣食的需要,要四万万人都是丰衣足食"。① 为了实现这个目的,孙中山努力谋求养老、育儿、周恤废疾者、普及教育等制度的实现,尤其注意工人和农民的经济地位和生活状况。十月革命后他曾力图"以俄为鉴",实行优待农工的政策。鉴于中国工人的生活绝无保障的情况,孙中山主张对工人之失业者,国家当为之谋救济之道,尤当为之制定劳工法以改良工人之生活。他认为,中国虽以农立国,但全国各阶级所受痛苦,以农民为尤甚。因此,孙中山主张对"农民之缺乏田地沦为佃户者,国家当给以土地,资其耕作,并为之整顿水利,移植荒徼,以均地力。农民之缺乏资本至于高利借贷以负债终身者,国家为之筹设调剂机关,如农民银行等,供其匮乏"。② 随后,孙中山又认识到:"如果耕者没有田地,每年还是要纳田租,即还是不彻底的革命。"于是,为了解除农民的痛苦,又进一步提出了"耕者有其田"的方针。③ 为了真正唤起民众,孙中山不仅在经济上实施扶助民众的政策,而且还主持制定了一系列法令和条例,以切实保护民众的利益。1921年5月,孙中山就任非常大总统,组成革命政府后,曾颁布推行了工会法等一系列保障人民权利的法令和措施,承认劳动者有集会结社权、同盟罢工权、团体的契约缔结权等。1923年1月1日,孙中山在《中国国民党宣言》中又提出:实行普选制度,制定"工人保护法",以争取"劳资间地位之平等";改良农村组织,以争取"地主佃户间地位之平等",增进农人生活等具体纲领。

---

① 《孙中山选集》,人民出版社1981年版,第825页。
② 同上书,第527页。
③ 同上书,第869页。

要求"厉行普及教育,增进全国民族之文化";"确立人民有集会、结社、言论、出版、居住、信仰之绝对自由权";"由国家规定土地法、使用土地法及地价税法";"铁路、矿山、森林、水利及其他大规模之工商业,应属于全民者,由国家经营管理,并得由工人参与一部分之管理权"等。在《中国国民党第一次全国代表大会宣言》中,孙中山更明确规定:国家权力"为一般平民所共有",凡真正反对帝国主义的个人或团体,均享有一切自由及权利,不但有选举权,且有创制、复决、罢官诸权。为此,中国国民党一大后,孙中山在中央执行委员会下专门设立了工人部和农民部,并派同情工人、站在工人方面的廖仲恺和共产党人林祖涵分任部长,具体负责工农问题。1924年6月24日,孙中山又批准了国民党中央农民部拟定的农民协会章程。同时,孙中山还积极支持开设农民讲习所、成立广州平人代表会和农民协会、组织工团军和农民自卫军等。总起来看,孙中山主持制定的关于工农问题的一些法令和条例,是中国革命史上较早承认工农有自由权利的政府法令,也是较早的保护工农运动的政府法规。这对保障工农利益唤起民众革命,具有重大的积极作用。孙中山唤起民众的革命行动,表明了孙中山对民众的认识程度,体现了他致力于民主革命的重大贡献,代表了他晚年革命活动的正确方向。孙中山这一革命行动,为中国革命提供了宝贵的经验,做出了重大贡献。正如毛泽东在总结新民主主义革命的经验时指出:"积二十八年的经验,如同孙中山在其临终遗嘱里所说'积四十年之经验'一样,得到了一个相同的结论。即是:深知欲达到胜利,'必须唤起民众,……共同奋斗'。"①

五四运动,将近代西方资产阶级的主要思想观念,诸如自然状态理论、社会契约理论、人性理论、天赋人权学说和人民主权学说等介绍到中国来,对近代中国人的思想解放和观念现代化产生了积极的影响。五四新文化运动引起中国人在思想观念上的变革,主要集中在三个方面:首先,提倡民主与科学观念,反对封建专制特权,要求民主政治。在《法兰西人与近世文明》一文中,陈独秀认为,人权学说、生物进化论、社会主义"此近世三大文明,皆法兰西人之赐。世界而无法兰西,

---

① 《毛泽东选集》(第4卷),人民出版社1991年版,第1472页。

今日之黑暗不识仍居何等……其创造文明之大恩，吾人亦不可因之忘却"，①并曾设想以法国式的资产阶级共和国为蓝本，改变当时的中国社会。李大钊则在《新青年》上发表了《青春》《今》等一系列文章，号召青年一代要背黑暗向光明、不要回顾旧中国之苟延残喘，而要为新中国的投胎复活而努力奋斗。其次，破除旧的尊孔崇儒观念，提出了"打倒孔家店"的口号。陈独秀在《孔子之道与现代生活》等文章中，系统地揭露批判了孔子儒家学说的封建性质和反动政治功能。他认为，孔教的"封建时代之道德，礼教，生活，政治，所心营目注，其范围不越少数君主贵族之权利与名誉，于多数国民之幸福无与焉"，"吾人为现代尚推求理性之文明人类，非古代盲从传说之野蛮人类，乌可以耳代脑，徒以儿时震惊孔夫子之大名，遂真以为万世师表，而莫可议其非也！"② 所以，要反对封建思想和帝制的复辟，必须注意"孔教与帝制不可离散的因缘"，必须批判尊孔复古的荒唐观念。再次，提出了文学革命的口号，主张以资产阶级的新文学取代封建主义的旧文学，打倒"贵族文学""古典文学""山林文学"，建设反映社会现实生活的"写实文学"和"社会文学"。③ 总之，五四新文化运动是资产阶级新文化与封建主义旧文化之间的激烈斗争，是近代中国人在思想观念上的一场大冲突和大变革。五四新文化运动在政治思想观念上给封建主义以沉重打击，对国人，特别是对时代青年思想观念的觉醒，起到了巨大的启蒙作用。作为中国近现代历史上第一次较为深刻的思想启蒙运动，五四运动为正处于困惑之中的中国人实现民族救亡理想和现代化的强国之梦提供了新的思路。这场初步的观念现代化使中国真正走上了永不回头的现代化发展之路。但是，五四新文化运动是小资产阶级激进民主主义者发动和领导的，自身带有与生俱来的局限性。它的最大缺点首先是运动的领导人和倡导者忽视了人民群众的作用，新文化运动未能和广大人民群众真正相结合。其次，在思想方法上，运动的一些领导人和倡导者是形而上学的，对中国传统文化持全盘否定的态度，而对西方文化则是盲目

---

① 《独秀文存》，安徽人民出版社1987年版，第13页。
② 同上书，第85页。
③ 同上书，第98页。

崇拜，全盘肯定和吸收。从历史的角度看，五四新文化运动只是中国人观念现代化的开端，并未能真正实现中国人救亡图存，完成社会经济政治的现代化转型的任务。

在五四运动的鼓舞和推动下，再加上俄国十月革命的影响，新文化运动中的一些先进分子，开始初步接受和宣传马克思主义。马克思主义在我国的传播，引起了知识界和广大人民群众思想观念的新变革。从此之后，中国出现了两条现代化道路，一条是国民党领导的资本主义现代化道路，一条是共产党领导的社会主义现代化道路。经过历史的比较，中国人民最终选择了社会主义现代化道路。历史证明，这一选择是唯一正确的选择。中国人民经过100多年的集体反省，才在中国共产党的领导下，找到了可以指导自己实现民族振兴、国家富强这一理想的观念工具——马克思列宁主义。至此，近现代以来的中国社会才真正在观念系统的层面上实现了历史性的变革。

# 第四章　人的观念现代化的基本内容

人的观念现代化的基本内容就是人的思维方式、思想观念与心理状态由传统向现代转变中的基本指向，也就是人实现从传统观念向现代观念的基本变化。对此，马克思早就在《路易·波拿巴的雾月十八日》中生动地就农民的观念现代化进程中鲜明对比进行了揭示："波拿巴王朝所代表的不是农民的开化，而是农民的迷信；不是农民的理智，而是农民的偏见；不是农民的未来，而是农民的过去；不是农民的现代的塞文，而是农民的现代的旺代；……在议会制共和国时期，法国农民的现代意识同传统意识展开了斗争。"① 这就是说，人的思想观念从传统向现代的转变，是一个被持续关注的历史话题，也是马克思主义理论关注的重要议题。

人的观念现代化的基本内容，归根结底是由生产力与生产方式决定的。这也是由马克思主义基本原理决定的。马克思在《哲学的贫困》中指出："随着生产力的活动，人们改变自己的生产方式，随着生产方式即谋生的方式的改变，人们也就会改变自己的一切社会关系。手推磨产生的是封建主的社会，蒸汽磨产生的是工业资本家的社会。人们按照自己的生产方式建立相应的社会关系，正是这些人又按照自己的社会关系创造了相应的原理、观念和范畴。所以，这些观念、范畴也同它们所表现的关系一样，不是永恒的。它们是历史的、暂时的产物。生产力的增长、社会关系的破坏、观念的形成都是不断运动的。"② 也就是说，

---

① 《马克思恩格斯文集》（第 2 卷），人民出版社 2009 年版，第 568 页。
② 《马克思恩格斯文集》（第 1 卷），人民出版社 2009 年版，第 602—603 页。

随着生产力发展，人们改变着自己的生产方式，也变革着思想观念；同时，人的思想观念都是历史的、暂时的范畴，必将随着生产力的发展及相伴而来的生产方式变革而变化。换句话说，人的观念现代化的基本内容，都是由实践与生活所决定的。正如经典作家在《德意志意识形态》中所论述的那样，"意识在任何时候都只能是被意识到了的存在，而人们的存在就是他们的现实生活过程，……发展着自己的物质生产和物质交往的人们，在改变自己的这个现实的同时也改变着自己的思维和思维的产物。不是意识决定生活，而是生活决定意识"。①

人的观念现代化的目标就是要确立人的现代观念，也就是与现代社会发展要求相适应的思想观念。在传统社会向现代社会转变过程中，人们必须经历观念上的变革，以促进人的全面自由充分发展。人的观念现代化，也就是邓小平所说的"换脑筋"，就是要解放思想、转变观念。这是因为思想观念是人精神上的"眼睛"，不同的思想观念会使人由于出发点不同而看到不同的东西，进行不同角度的思考，取舍不同的信息（其他人、群体的观念也表现为一种思想信息）与知识（知识也可以表现为观念），得出不同的结论。观念就是人们选择思路的出发点，决定行动的指南针，不同的思想观念为人们提供不同的思维方式、价值观念、心理状态，决定着人们的思想是跟上现代社会发展步伐，或者适当超越实现思想观念的先导性，还是倒退成为一种保守的反动的力量。而顺应社会进步、适应现代社会发展的新观念，则为人们提供着新的思维方式，塑造着主体崭新的精神状态，指引着主体走向未来。

在改革开放进程中，1992 年党的十四大报告就着重指出，实践基础上的思想解放，"就是要求我们的思想认识符合客观实际，在马克思主义指导下，冲破落后的传统观念和主观偏见的束缚，改变因循守旧、不接受新事物的精神状态。我们决不能停留在对马克思主义的某些原则、某些本本的教条式理解上，或者停留在那些超越社会主义初级阶段的不正确的思想上，而必须用辩证唯物主义和历史唯物主义的世界观、方法论去分析和解决问题，使思想适应发展变化的新形势。"② 这也就

---

① 《马克思恩格斯文集》（第 1 卷），人民出版社 2009 年版，第 525 页。
② 《江泽民文选》（第 1 卷），人民出版社 2006 年版，第 246 页。

是人的观念现代化实现的过程。我国 30 多年改革开放的进程揭示：正确的思想观念能指导我们的观念符合历史发展的必然规律与进程，错误的思想观念则只会把人引入歧途。因此，只有树立与当代社会发展趋势相一致、与社会主义市场经济相适应的正确思想观念，才能使个人发展顺利向前，改革开放与社会主义现代化建设事业不断深入，现代化进程不断加快。人的观念现代化首先表现为一个动态发展的长期过程。在这个过程中，陈旧的、落后的观念不断被淘汰，新的、先进的思想观念不断出现，最后形成一种比较适应现代社会的稳定的观念系统。当然，人的思想观念在永远的变化之中，所以无法准确地列出人的观念现代化的内容，但是从静态的角度整理出人的观念现代化各个方面的大致方向和发展趋势则是可能的。

# 一 人的心理状态现代化

2010 年 10 月 18 日召开的中国共产党十七届五中全会特别提及了改革开放条件下人的心理状态发展问题。这次会议通过的《关于制定国民经济和社会发展第十二个五年规划的建议》着重指出，在"推动文化大发展大繁荣，提升国家文化软实力"过程中，提高全民族文明素质是社会主义文化建设的关键，其中要注重"培育奋发进取、理性平和、开放包容的社会心态"[1]。社会的心理状态，也就是社会心态，是指人们在日常生活中普遍呈现出来的一种认知倾向、心理倾向与情感倾向，就社会而言，健康的社会心态，成为推动个人发展、促进民族与国家进步发展的重要心理基础，这一心理状态成为国家文化软实力的重要组成部分。十七届五中全会的论断，充分表明我们党改革开放以来，善于根据形势的发展变化不断丰富国民素质和社会心态的内涵，为培育健康社会心态奠定重要的理论和实践基础。[2] 我党对于社会心态的认识有一个逐步深化的过程。1984 年 10 月，在改革开放的初期，党的十二

---

[1] 本书编写组：《解读"十二五"党员干部学习辅导》，人民日报出版社 2010 年版，第 19 页。

[2] 同上书，第 217—219 页。

届三中全会就通过了《中共中央关于经济体制改革的决定》，明确提出在人的思想观念中"要突破把计划经济同商品经济对立起来的观念"，在人的心理状态方面"要努力在全社会振奋起积极的、向上的、进取的精神，克服那些安于现状、思想懒惰、惧怕变革、墨守成规的习惯势力"。① 1986 年，党的十二届六中全会结合改革开放初期的实践，就人们的思想意识与精神状态所发生的深刻变化进行了深刻分析，做出了在改革开放过程中加强社会主义精神文明建设的决定，强调社会主义精神文明建设要树立与改革开放相适应的新观念。1996 年，党的十四届六中全会紧密联系正在发展中的社会主义市场经济建设的实际，做出了《关于加强社会主义精神文明建设若干重要问题的决议》，指出在社会主义现代化过程中要着力消除市场本身的弱点和负面因素对人们精神生活的消极影响。21 世纪改革开放进入发展新阶段，2006 年，党的十六届六中全会则根据我国经济社会的新发展与新变化，适时做出了《关于构建社会主义和谐社会若干重大问题的决定》，提出在构建和谐社会过程中要大力塑造体现社会主义本质要求的"自尊自信、理性平和、积极向上的社会心态"。②同时，中央多次要求"各地区各部门各单位都要经常分析社会心态和群众情绪"。③

　　心理状态，特别是社会心理现象是人类文明中的一种精神性存在，积极的、健康的社会心理在提高社会文明水平中发挥着重要的作用，但这种作用是有条件的、有限度的，不能替代其他因素，尤其是经济、技术和社会生活水平因素的作用。④ 在改革开放的历史时期，考察人的心理状态（或简称为"心态"）是不能离开社会环境与人们的社会实践的。与传统心态相对应的就是现代心态，这种现代心态，在现时代的环境背景下，就突出地表现为改革心态。在改革开放的历史时期，主要的社会实践就是改革开放，改革及其过程中社会主义市场经济体制的建立与完善对人的心理状态产生的影响更为重大，因此，研究人的观念现代化中人的心理状态的现代化，离不开改革的实践，要立足于改革引发的

---

　　① 《十一届三中全会以来重要文献选读》（下），人民出版社 1987 年版，第 794 页。
　　② 《十六大以来重要文献选编》（下），中央文献出版社 2008 年版，第 662、714 页。
　　③ 《十六大以来重要文献选编》（中），中央文献出版社 2006 年版，第 459 页。
　　④ 沙莲香：《社会心理学》，中国人民大学出版社 2002 年版，第 3 页。

心理现象进行分析。改革心理与传统心理的矛盾与冲突,导致改革心理的生成及其发展成为人的观念现代化的发生机制。

### (一) 改革开放与心理状态交互作用

改革,就其通常意义而言,就是把事物中旧的不合理的部分改成新的合理的,以适应客观情况的发展变化。社会改革,就是同一社会形态发展过程中的量变,是一定社会制度的自我完善、自我发展,是统治阶级为了巩固和完善自己建立的社会制度而在社会各个领域采取的新举措,而不是被统治阶级发起的旨在推翻统治阶级以及现存社会制度的运动。① 我们研究的改革,或者说对人的观念现代化产生重要影响的改革,主要是指社会改革,其实质是社会利益的调整与再分配,它构成了人的观念现代化的最初动因,严重影响着人的心理状态的发展变化。

第一,改革作为人们生活环境中的一个重大事件,刺激着人们的心理和行为发生着一系列的变化。首先,在个体层面,社会心态(也就是社会的心理状态)表现为社会认识、社会动机和社会态度等。改革带来了社会认识上的变化:绝大多数人认识到改革开放的必然性和必要性,但也存在着局部心理失衡倾向。人们对社会主义市场经济的特点有所认识与了解,但是在思想观念上时而产生留恋过去体制的心理与情结,特别是自己利益受到损害的时候;人们对新旧体制并存和转轨的特定阶段还不能完全适应,因此,时而产生相对逆反心理。改革带来了社会动机的变化:人们普遍希望在改革开放中得到更多、更大的实惠;人们要求建立和健全社会主义民主法治的愿望加强了;人们要求社会生态良好发展的愿景更为清晰;人们自我实现的愿望日益强烈,自我意识、主体意识也较过去显著增强。改革带来了社会态度的变化:积极进取的态度代替了过去消极无为的态度;各领域中体现的积极参与的态度代替了过去的旁观者态度。其次,在群体层面,社会心态表现为集团心理和大众心理。改革开放造成了集团心理的变化,这就是民族心理得到了优化和发展。我国拥有悠久的历史文化遗产,儒家思想在民族性格中沉淀

---

① 李秀林等:《辩证唯物主义和历史唯物主义原理》(第5版),中国人民大学出版社2004年版,第213页。

得比较深厚，随着改革开放以来社会主义现代化建设取得的巨大成就，我国人民民族自信心得到增强。十八大以来的实现"中国梦"就是实现中华民族伟大复兴的具体举措。随着实践的发展，民族惰性有所减弱，进取心和为祖国奉献的责任感得到进一步增强，人际关系趋向开放，打破了传统社会与计划经济体制下人们之间的地区、行业、职业界限，人们的交往方式得到发展、扩大，并复杂化了。改革开放引起的大众心理方面的变化就是思想普遍得到解放，形成连锁式的心理反应，如模仿、流行、普及、暗示、竞赛等，但传统以及市场经济自身的自私利己心理和崇洋心理在一部分人当中有所膨胀。总之，在社会心理的各种状态中，既有有利于中国改革开放以及社会生活品质改善的正面心态，也有不利于甚至妨碍中国改革开放和社会生活品质改善的负面心态，有不少时候还会有不知所措的茫然心态、失落心态或焦虑心态，这些心态都会出现在个体身上，而在正常工作着的精神健康的人那里，第一种心态是基础，但基础心态也会变化。①

第二，心理因素对改革开放的实践又具有巨大的反作用，它促进或阻碍着改革事业的顺利推进。首先，就个体心理因素对改革的影响而言，具有准备作用、适应作用和阻滞作用。心理准备作用首先表现在注意力的选择上，对人的行为具有定向功能，决定着个体在改革中能做什么，不能做什么，以及怎么做；表现在追求思维的新颖性上，要求人们具备富于创新的思维，去指导改革这种创造性的互动。人们对于即将出现的改革如果有了心理准备，就能以主动的姿态提高反应的速度和精确度；反之，人们对即将出现的改革事项缺乏心理准备，就可能在改革的艰难和曲折面前表现出过分的心理紧张和不安，以致贻误改革或阻碍改革进程。心理适应作用就是人们调整自身以适应改革的需要，这是有利于改革的心理状态；然而，人的心理适应是有限度的，人们可能会因为过强的习惯势力、过多的心理挫折使这种作用受到抑制或削弱，以致产生心理上和行为上的不良反应。心理阻滞作用，就其使人对相对稳定的客观世界做出相应的反应而言有其合理的一面；但是一旦具体的改革措施要求其改变原来的行为模式的时候，往往会缺乏应变能力，反应迟

---

① 沙莲香：《社会心理学》，中国人民大学出版社2002年版，第3页。

钝，影响改革的推进及其效果。在改革中，有些人求稳怕乱，产生抗变心理，这是改革的消极心理负担。其次，就群体心理因素对改革的影响来看，具有舆论引导作用、行为规范作用与心理氛围作用。就舆论引导而言，舆论是群体中占优势的并从心理上产生共鸣的言论和意见，因此，对改革具体措施支持的舆论、积极的舆论对群体成员的心理与行为具有强大的动力作用；对改革具体政策或措施抵制的舆论、消极的舆论则起着阻碍改革的作用。就行为规范作用而言，群体规范是群体确立的行为标准和准则，在改革中只有制定切实可行的群体行为规范，明确各项规章制度（这些在改革中体现为国家各个层级的法律、法规、规章与具有普遍约束力的规范性文件，以及执政党的党内法规与政策等），才能保障改革的顺利进行。就心理氛围作用而言，群体心理气氛是群体中占优势的某些态度、思想、观念与情感的综合，良好的社会心理氛围是人们团结合作进行改革的重要心理条件。

总之，分析改革开放与人们心理状态之间的联系，正是改革心理这一人的思想观念现代化发生机制的功能。它通过调整人们对改革的主观预期，端正人们对改革的心理态度，提高人们对改革的信心、决心、期望程度与心理承受能力，这成为推进改革开放、推进现代化建设、推进人的观念现代化的必要条件。

### （二）现代心态主要体现为变革心理

在人的心理状态现代化中，变革心理与传统心理的矛盾运动构成了人的观念现代化的基本线索。新的、现代的思想观念的产生，是变革心理战胜传统心理的结果；旧的、传统的思想观念的震荡，是由于变革心理与传统心理的矛盾斗争引起的；而观念现代化恰好表现了变革心理与传统心理的辩证运动。

第一，人的传统心理，就是由沿袭历史发展而来的维护现存的和过去的社会心理本身（体现为传统观念与现实观念）及其与社会存在之间的（体现为社会存在的决定作用）一种单向稳定状态和心理凝聚状态。传统心理既包括腐朽落后的传统心理部分，也包括稳定状态的传统心理，还包括优秀的、进步的传统心理，如吃苦耐劳、艰苦奋斗等心理素质，不能一概将传统心理状态斥为落后、保守。传统心理具有肯定性、历史性与静态性等特点。首先,肯定性就是传统心理肯定现存事物的合法与合理存在的一些历史依据,但是却看不到现存事物因为失去了必然性就随之具有的落后与保守等缺陷,一旦这种传统心理在社会蔓延,就难以避免地走向僵化,成为人们日常生活中的常识,这种传统心理不能随着社会实践的发展变化在心理层面做出新的判断;传统心理与社会存在呈现静态的关系,仅仅只能与事物发展的某一阶段或层次保持一种静态的平衡。其次,历史性是指传统心理既具有从先进心理向落后心理(甚至发展为腐朽心理)转变的下行过程,又具有由先进心理向改革心理、创新心理转变的上行过程,这两种不同的运行过程同时并存,构成了一个心理状态方面整体化的历史发展态势。再次,静态性是指传统心理缺乏自我更新与自我变革的能力与活力,必须在社会实践的基础上通过吐故纳新,借助于改革心理的发展以打破其静态平衡。这是由于从总体上讲,传统心理已经落后于社会实践的发展,但其本身又处于一种僵化状态,对社会实践产生的新鲜养料难以吸收甚至不愿意吸收乃至排斥,这样传统心理就不能容纳不同的思维方式和新的思想观念,也就无法随着实践的发展推动自身的更新。

第二,人的改革心理,是一种对实现社会心理本身及其与社会存在之间全方位动态平衡的心理变革与心理发展过程,是反映社会利益调整和再分配的心理趋向和状态。与传统心理相对照,改革心理也就具有否定性、未来性与动态性等特质。首先,否定性是指改革心理(广而言之也就是一种变革心理)对任何僵化的思想认识、守旧的思想观念,对任何已经落后于社会实践的生产方式,一概持否定态度,总是不断抛弃、改造与突破着传统心理,总是否定社会存在的落后方面,不断创新与进步。其次,未来性是指变革心理在否定现存事物及其思维方式的前提条件下,总是依据社会发展的进步趋势,参照未来的发展目标,不断提出现存事物已丧失其必然性,促使一种制度、体制、政策、措施等实践要素以及人的思想观念要素向另一种相反的方向变换,立足现实观念,面向未来观念,创造着体现现代社会发展要求的未来思想、观念、精神、风格(这些都属于未来观念的范围,也就是现代观念的范畴);总是不断地同传统心理进行着斗争,这是因为传统心理必然要极力维护现存事物,并竭力论证其存在的合法性与合理性,维护现存的制度、体制、机制、政策、措施与思想观念，从而延缓传统观念走向未来观念的发展进程。最后，动态性是指变革心理属于一个多维度、动态的综合体，能够随着实践的发展自觉实现自我适应、自我控制与自我调整，将传统心理对现存事物的那种单向度的、稳定的、静态的肯定理解彻底抛弃。根据社会实践的发展，改革心理一方面将社会存在置于一个不断向前发展进步的动态过程，另一方面也将其自身的动态变革在每一个特定环节上的具体认识及其思想观念成果，作为自身发展到更高阶段的反思和批判对象，以社会存在的变化发展为现实尺度，以改革实践为检测标准，来衡量自身存在的合法性、合理性与必然性，借助于与传统心理的交互作用能动地调节更新自身的变化形态与社会存在的全方位动态平衡发展。

第三，改革心理与传统心理是对立统一的关系。社会心理产生和发展的独特规律性，在于改革心理与传统心理的矛盾运动。首先，从其整体发展的纵向过程看，改革心理与传统心理的不平衡导致了社会心理变化的不同步。改革心理着眼于创造、创新，能动地适应社会存在的发展变化趋势，立足于变革传统观念、超越现实观念、面向未来观念；而传统心理热衷于历史经验的重复与再现，被动地适应社会存在的静态稳定状态。在改革心理与传统心理既相互对立又相互依存且相互作用的矛盾运动过程中，当传统心理占据主导地位的时候，它就难以甚至不能提出与时代发展相适应的发展任务，这时社会心理状态发展就势必会落后于社会存在与社会实践，体现出心理状态发展中的逆向不同步性；当改革心理在某一特定发展形态占主导地位时，社会心理的发展就能够提出适应社会存在发展进步的问题，实现对未来的科学预见，能够通过现代观念和未来观念指向未来，走向未来，这样社会心理与社会存在就存在着一种正向的不同步性。其次，从特定发展阶段上的横向联系看，改革心理与传统心理之间的矛盾运动，在广度和深度上具有发展方向上的不同步性，直接引发了不同范围、不同层次上社会心理与社会存在的对应发展，或者说是一种非对应的逆向发展变化的差异性。改革（变革）心理与传统心理的矛盾运动体现在社会生活的各个领域、各个层次以及各种形式的社会心理状态之中，但其具体呈现的深度和广度，又存在千差万别，具有明显的差异性。例如，经济社会发展水平较高的地区，或者称之为正在"率先基本实现现代化"的区域，修寺庙、拜财神等封建迷信思想与行为等落后的传统反而上升；而经济社会发展水平相对落后的、欠发达的区域却往往涌现出不少科技精英、知识精英与道德模范。一方面，即使在社会存在处于相同发展水平的实践条件下，层次高低程度不同的社会变革心理分别占据着主导地位的时候，这些变革心理中掺杂的一些传统心理，也难免直接影响着社会变革中人的思想观念的发展变化。其实，即使就同一领域或同一层次而言，改革心理与传统心理同社会存在的矛盾运动在各自的深度和广度上也呈现较强的差异性。最后，从两种不同的心理状态相互作用的价值功能看，改革心理与传统心理在矛盾运动中存在的历史继承性，当然的决定着社会心理发展具有历史延续性与继承性。当改革心理与传统心理在转化中实现协调发展时，社会心理的发展进步就能够基本适应社会存在的发展变化，彰显其自身历史发展的延续性与继承性；社会心理对社会存在发生的反作用，必须通过改革心理与传统心理的矛盾运动才能实现。改革心理与传统心理在相互矛盾运动中实现辩证发展，既反映了社会心理作为一种社会意识形式自身的发展变化，也反映出社会心理与其决定因素也就是社会存在之间的辩证发展关系。

### （三）心理状态现代化中的心理平衡

研究个体和群体在社会发展中的态度变化，要注重利用平衡理论来考察。心理学中的平衡理论是 F. 海德 1944 年提出来的，在揭示态度改变规律时，注重人与人之间在态度上的相互影响。[①] 在实现人的心理状态现代化中，要着力推进人的心理平衡。心理平衡，就是社会个体与社会群体在心理活动中相互冲突的心理因素的相互作用、相互影响、相互渗透的心理发展过程。平衡是一种状态，也是一种过程，一个较低水平的平衡状态，通过机体与环境的相互作用，就过渡到一个较高水平的平衡状态。但是，平衡只是暂时的、相对的，不平衡才是绝对的。当个体或群体心理状态出现不平衡的时候，个体或群体总是想办法通过各种途径与方式谋求出路以努力保持心理平衡。在改革开放条件下，改革心理

---

① 沙莲香：《社会心理学》，中国人民大学出版社 2002 年版，第 190 页。

的平衡，就是社会改革活动引起的社会个体或群体心理的矛盾运动，并通过这一矛盾运动达到心理状态的变化和发展，使社会心理保持一种动态平衡，最终实现个体或群体心理向着有利于改革开放和现代化建设的方向变化。

改革中人的心理平衡的表现很多，主要有传统心理状态与改革心理状态的平衡、保守心理品质与改革心理品质的平衡、固有心态与变动心态的平衡等。

第一，传统心理状态与改革心理状态的平衡。这是心理状态的平衡。心理状态平衡是指在改革中个体由于受到改革心理状态冲击时，为了努力保持心理上的平衡而对原有的、传统的心理状态所主动做出的调整与适应。例如，当强调市场经济的发展、进行经济体制改革的时候，人们原来的那种"一大二公就是社会主义""市场经济等同于资本主义"的观念就不能与社会主义市场经济观念相符合，这时个体或群体就不得不对原有的观念做出适当的调整、修改，以便保持个体心理状态与社会改革心理状态的协调、和谐与统一。

第二，保守心理品质与改革心理品质的平衡。这是心理品质的平衡。改革需要相应的心理品质，保守的、封闭的、怯懦的、害怕风险挑战的、害怕责任承担的心理品质，已经不再适合改革的需要。在改革开放实践中，如果个体不主动培养自己开放的、创造的、创新的、敢于竞争的、勇于承担责任风险的心理品质，那么个体就会由于不适应改革开放的实践与生活，会产生心理的紧张、恐惧、烦躁与不安，这样就导致心理失衡。个体为了更好地适应社会改革的社会发展实践，适应紧张的充满竞争性的市场经济生活，就不得不对原有的保守的心理品质进行调适，而逐渐培养自己改革的心理品质，保持内心心理活动与社会心理环境的平衡。

第三，固有心态与变动心态的平衡。这是心态的平衡。某项具体的改革措施启动后，整个社会心态都处于复杂的变动之中，原来的那种"事不关己，高高挂起"的稳定心态与改革中的社会变动心态已经不相符合，个体或群体为了避免改革中引起的心理阵痛，不得不"以动制动"，对自己原有的求稳心态做出调整，以动态心理应对变动的社会心理环境（社会心态）。心态平衡是个体或群体心理平衡能力达到高度自觉才能出现的一种心理发展过程。社会心态变动了，个体心态跟着变化，这就能减少改革中许多人的心理压力与心理阻力，加快改革进程。

改革中的心理平衡是通过个体或群体原有心理与改革心理的矛盾运动而发生作用的，这种作用的方式有对抗、抵触、渗透、融合、消化等。这些方式是改革心理平衡朝着有利于改革的方向起作用；如果相反，那么原有心理就会消融改革心理。

第一，对抗。对抗是改革心理平衡发生作用的最初方式。改革启动之初，原有心理状态由于在社会个体和群体中居于主导地位，改革心理作为一种社会力量又总是不断作用于每一个体或群体。因此，这时原有心理与改革心理是以对抗的形式存在于人们的心理以及思想观念之中的。例如，有些人明知现行人力资源管理中搞"论资排辈""小团体""山头主义"等做法不合理，可是当大胆的改革方案出台之后，又会受到自身固有心理的对抗："这样搞怎么行？""排都排到我了，还要去竞聘！"这种现象就是以对抗的形式保持原有心理与改革心理之间的不平衡。

第二，抵触。自己作为现存利益的受益者或其他原因，不想改革，当别人或组织提出改革方案时，由于原有心理的作用，不是积极投身改革，而是有意无意为改革设置人为障碍，抵触改革，害怕改革触犯自己的现实利益。现实中有的人对改革者说风凉话，打击排斥，讽刺挖苦；在改革中不起示范作用，对改革中出现的受益者表现出红眼病、嫉妒症等。这些都是改革中原有心理与改革心理在矛盾运动中表现出来的抵触情绪。抵触与对抗都是改革心理平衡起作用的一种负面因素。个体在改革当中，为了保持心理平衡，不是积极主动地去调适自身的心态，去迎接改革心理的冲击，而是以排斥、抗拒的方式求得心理平衡。

第三，渗透。改革作为一项社会活动，在受到个体或群体的心理对抗、抵触之后，一般而言不是就此停止、停滞了，而是通过各种途径影响个体，激发个体改革的积极性与主动性，最后使改革心理因素不断渗透到个体或群体的心理之中。例如，很多改革方案的出台，在充分调研的基础上，发现对抗与抵触情绪比较大的时候，就会减慢改革措施的出台或施行，并辅之以宣传、教育、解释等工作；有些改革措施的启动，给民众一个缓冲期，实行"老人老办法，新人新办法"，最终实现并轨，这都是一种渗透。渗透是个体或群体在原有心理与改革心理发生矛盾时不是以对抗、抵触、排斥、回避的方式保持心理平衡，而是顺其自然，在潜移默化中保持心态平衡。

第四，融合。当改革心理因素较频繁地渗透到个体或群体心理当中之后，个体或群体对改革就习以为常了，就"麻木"了。这样，改革心理与原有心理就和平共处、相安无事。社会、单位进行改革，他不反对；不搞改革，他也不在乎。这种心理融合是一种缓和的形式。当原有心理与改革心理发生融合时，个体心理取向就处于模棱两可的状态，对改革心理的接纳表现得不鲜明，对原有心理的抑制表现得不够坚决，这是个体心理由于适应了改革心理和原有心理两者的并存状态，所以能够在心理矛盾冲突中灵活地保持自身的心理平衡。

第五，消化。由于改革因素日益得到强化，个体将改革心理不断消化，变成自己自觉的心理活动。这样，当改革心理强化到一定程度，就会不断引发人们的改革动机，导致人们的改革行为。这是一种积极的方式，个体在原有心理与改革心理发生冲突时，总是积极地接受改革，主动培养改革心理，自觉抑制原有心理，以积极的心态去保持心理平衡。

## （四）心理状态现代化中的心理适应

改革中的心理平衡起到有效作用的结果，就是改革的心理适应起作用。也就是说，个体或群体在原有心理和改革心理的矛盾运动过程中，为了避免心理失衡，要么固守陈见、抱残守缺，以暂时实现个人的心理平衡；要么自觉地调适自身心理活动，使之朝着有利于改革的方向发展。后一种心理发展过程就是改革的心理适应。所以说，心理适应是心理平衡的持续发展和具体展开。

改革的心理适应也有一个从消极到积极、由被动到主动、由被迫到自愿、由自发到自觉的发展过程。这一过程可以划分为应付、准备与行为等发展阶段。首先，改革的心理应付阶段。个体顺应改革时，首先要对面临的各种改革进行应付，以致不被改革大潮所淹没。这种应付种类很多，例如，行为方式应付，主要是开展改革后，会打破原有的生活秩序，使社会个体或群体不得不从行为方式上采取应付措施。劳动制度改革后，许多单位在法律规定的时限到来之后不得不与劳动者签订书面的劳动合同,并且现实中很多单位都是"倒签"(即将实际签约时间改成法律规定的最后时限之前,以规避责任),这就是一种行为方式应付;再例如,思想观念应付,在改革措施实行后,人们以往的思想观念已经不合时宜,而人们总是不希望自己成为时代的落伍者,因此,在思想观念上乔装打扮一番,做出思想开明、拥护改革的样子。还例如,道德评价应付,对待改革中新鲜事物的评价,人们会随大流、"一风吹",上面怎么宣传,下面就怎么传达。评价时,不是按照自己固有的价值程度,也不是纯粹从改革方面着想,而是看上面的,"只唯上",甚至人为地总结"经验",宣传表扬"先进典型"。其次,改革的心理准备阶段,这是个体或群体为了顺应改革,从各方面进行的心理准备。一般包括破除旧观念的准备,改革能力的准备等。改革的心理准备阶段是改革心理由消极变积极、由被动变主动的主要标志和集中表现。最后,改革的行为实施阶段。当改革心理强化到一定程度时,改革的心理适应就表现为个体或群体的改革行为。改革行为的出现是改革的心理适应发展的最高阶段。当人们自觉进行改革时,社会心理基本上就朝着改革的方向发展和变化。这个时期,改革已经是人们喜闻乐见的实践活动。因此,这时从事改革就会很少引起社会心理的阵痛与阻滞。

改革的心理适应会促使个体和群体的心理朝着有利于改革的方向发展,这就体现了改革中心理适应的社会功能。一是促进个体接受团体的改革观念,当某个团体进行改革时,由于个体心理的适应,使之主动地接受团体的改革主张与改革举措,从而积极地拥护改革和投身改革。二是促进个体自觉培养改革的心理素质和思想观念以及相应品质。心理准备是心理适应的主要标志,也是整个社会改革或团体、组织内部改革能否顺利进行的关键。心理准备程度高,改革所引起的震荡就会减少,在改革中个体就会更为积极主动。为了适应改革,个体总是千方百计地进行改革的心理准备,以培养与改革相一致的心理素质、思维方式和思想观念。三是促进社会改革或内部改革阻力的自行消失。改革就是要打破个体原有的心理状态,必然引起个体的抵触情绪,但是由于改革的心理适应,个体能够主动地调适自身心理活动,符合改革的现实要求。

### (五) 心理状态现代化中的心理互动

社会改革的心理，表现为个体之间或群体之间在心理上的互相影响，这就是人的心理状态现代化过程中的心理互动。在改革当中，往往一个单位、一个地区、一个部门或一个领域的改革引起其他单位、部门、地区、领域的心理互动，实现"牵一发而动全身"，"一石激起千层浪"。个体在改革到来时，为了实现心理平衡，总是自觉调整自身心理活动，适应改革潮流。而这种由改革所引起的心理平衡活动，不是同时发生的，而是由一个群体、一个人的心理平衡引起的社会其他群体、其他个体的心理平衡，这在总体上就体现为心理互动。当一个单位、部门、地区、领域发生改革时，社会其他单位、部门、地区或领域就通过竞争、攀比、模仿、暗示等途径进行改革心理的培育、传播，从而使某种改革心理迅速在整个社会中流行起来。

引发改革的心理互动，就其原因来说，是很多的。从思想政治教育心理学的角度看，主要是改革政策的号召力，群体心理的凝聚力，个体心理的干预力以及改革心理的震荡力的影响，使整个社会改革心理的联动得以实现和加强。首先，改革政策的号召力。根据社会心理学原理，群体决策对群体中每一个个体都具有号召力和约束力。在改革实践中，一般而言，由于改革政策是由广大群众信任的机关通过一定的合法程序制定出来的，并且是由群众广泛讨论通过的，因此一经制定出来，就能得到每一个个体的接受和欢迎，所谓"振臂一呼，应者云集"，就形象地表现了这种号召力的作用。我国在长期的封建专制统治下，国家维持着大一统的局面，具有这种政策号召力的文化基础和心理传承。当前进行改革，这种政策的号召力依然存在，执政党一旦做出改革的宣传、教育及其安排、部署，人们就会普遍响应。其次，群体心理的凝聚力。社会心理学认为凝聚力就是成员在群体团体活动中拒绝离开的吸引力，通常表现为成员对群体的向心力。群体的特点在某种程度上受到群体凝聚力的影响。群体对成员的吸引力越强，成员就会对群体越忠诚，坚守群体规范的可能性就越大，这已经被现代企业管理实践以及企业文化理论所证实。群体的凝聚力要求所有成员都行动一致，所有成员的思想观念、心理活动与行为方式都趋于一体。这种群体心理的凝聚力在改革中也是普遍存在的,当改革成为社会普遍的实践活动,改革心理日益成为人们心理中的主要趋向时,这种心理趋向对其他不具有改革心理的个体或群体就具有一种向心力的作用。当然,这里还要看群体意向是否与改革目标相符合的问题。再次,个体心理的干预力。不仅群体心理对群体中的个体具有凝聚力、吸引力与向心力,而且个体与个体之间的心理也存在着相互影响、制约,这就是个体心理的干预力。这种干预力在改革中就表现为,当一个个体接受改革心理之后,他总会通过各种途径和方式、手段去影响其他个体,让其他个体也接受这种改革心理,这主要通过劝说、感染、演讲、宣传鼓动的方式进行。最后,改革心理的震荡力。改革作为一项社会性的实践活动,会对整个社会心态产生连锁的震荡反应(也就是心理互动)。当改革心理产生之后,就会像平静的湖面上投入一粒石子一样,在整个社会心理中也泛起"圈圈涟漪、层层波纹"。改革心理的震荡力促使改革心理在整个社会的个体和群体中传播、传递,从而为改革扫除前进中的心理障碍。

在改革的心理过程中,心理互动发挥作用的表现形式也是多种多样的,主要有沟通、认同、模仿与流行等。一是心理沟通。这就是人们在群体中相互交流包括态度、思想、观念、情绪、观点在内的各种信息。如果群体中没有畅通的信息交流渠道,就会影响群体的协同活动,从而影响群体目标的顺利实现。沟通是改革的心理互动的前提条件,也是改革心理朝着有利于改革方向发展的关键。改革心理的传递必须通过有效的沟通途径,才能作用于每个社会个体。个体对改革心理是否做出反应,标志着改革心理的有效与否。二是心理认同。认同是改革心理发生联动的开端,也是社会改革心理过程对个体心理的主观认识因素起作用的结果。个体通过对改革的认同,进而默认改革,接受改革。认同的方式很多,例如认同目标、认同价值观、认同利益等。在改革中,人们只要把改革看成是与自己的奋斗目标、人生价值、经济利益息息相关时,才表明他对改革达到了心理认同。从社会整体角度看,这种心理认同就是社会某一个个体或群体率先对改革表示认同,从而引发其他个体或群体对改革认同的连锁反应。三是心理模仿。模仿是按照一定的模本(榜样)或心理模型进行某些行为的模拟活动。模仿的产生,受心理模型的支配,没有他人赖以模仿的心理模型或榜样,模仿行为就不会发生也不可能产生。同时，模仿一经产生，对人的心理活动和实践活动就有着重要的影响。模仿是个体实现社会学习的重要手段，也是个体调解自身身心活动以达到与客观世界和外在环境相平衡的重要方法。在改革中，对改革的模仿行为的产生，是改革的心理互动发生效果的重要标志。当某一个个体或群体进行改革时，其他社会个体或群体也仿效着进行改革。四是心理流行。流行就是某种事物由于人们普遍采用而逐渐推广、生根以至消灭的一种心理过程。改革是一种创造性活动，开始时总是少数人、少数单位、部门、地区、领域的行为，大多数人对改革也往往漠然置之、淡然处之、不屑一顾。但是由于改革的新奇性以及改革在社会生活中地位日益提高，使得改革日益成为流行的对象。尤其是当某一个体或群体在某方面的改革取得成功或实现利益时，这种改革就起着示范作用，就更容易变得流行，迅速在全社会范围内广泛传播开来。流行心理具有非本质性的特点，使得许多社会个体或群体乃至于单位、部门、区域、领域在改革流行时，也只是装模作样、见风使舵、人云亦云，这样就容易使改革流于形式而不切实际。

## 二 人的思维方式现代化

人的观念现代化的落脚点，在于促使现代人在实践中坚持科学思维，运用科学方法，推动科学发展。思维是人行动的原动力。科学的实践来源于科学思维与科学方法。当今世界是变化很大、很快的世界，当今的中国是站在新的历史起点上的中国，这种历史条件使许多人包括执政党的一些党员干部感觉到思想滞后，思维不适。为此，就必须走出思维惯性和思维定式，从根本上解决现实生活中客观存在的"老办法不顶用、新办法不会用"的问题，适应新的时代潮流，用科学观念指导行动，使科学思维与科学方法的重要性得以彰显。因此，当代中国人一定要充分认识科学思维和科学方法的基本特点和基本要求，也就是要坚持科学思维和科学方法的创新性、开发性、民本性、辩证性。

人的观念现代化在本质上表现为思维方式的转换，它可以上升为人的思想观念，也可以下降为人的心理状态，起着中间环节的作用。江泽民在谈到"坚持和弘扬科学精神,努力提高全民族的科学文化素质"时,曾针对人的思维方式随着社会实践特别是改革开放伟大实践的发展而变化精辟地指出:"我们搞社会主义现代化建设,我们的思想方法和思维方式也必须符合现代化建设的要求,本身也应现代化。而思想方法和思维方式的现代化,也就是要按照科学精神来观察、思考和解决各种问题。"① 这就提出了在实现人的观念现代化过程中,实现人的思维方式现代化的问题。

### (一) 人的思维方式的基本含义与根本特征

从哲学上看,思维方式与人的认识活动密切相关,思维方式是人类认识史的结晶,是人们正确认识世界的中介,是理性思维的工具。马克思主义哲学真正解决了辩证法、认识论和方法论三者之间的关系。方法就是为解决理论、实践、日常生活的特定任务所采用的一定的途径、手段和办法,如工作方法、管理方法、领导方法、认识方法、思维方法、思想方法等。思维方法作为一种具体的方法,则是指主体观念地把握客体的一种认识工具系统。思维方法主要包括两种形式,也就是理论思维方法与实践思维方法。哲学所研究的思维方法主要是指理论思维方法,是以揭示事物的本质和规律为目的进行的理性认识的方法;② 实践思维方法,就是在实际工作中使用的思维方法,也就是我们平常所说的思想方法、工作方法。思维方法包括思想方法,与思维方式存在基本一致性,但还是有细微差别。所谓思维方式,就是决定于社会实践的、相对定型化的、在人的思维活动中显现出来并指导社会实践特别是日常生活的一种社会理性活动方面的思维样式与思维结构。在这种理性活动的思维样式、思维结构和思维过程中,人们对客观世界和主观世界的理解水平、认识深度和广度得以体现,在本质上体现为人们对外界信息的接收与处理能力。以此为基础,思维主体根据社会实践发展的现实要求,编织出符合社会需要、体现社会发展要求的精神产品,创造出主体在认识

---

① 《江泽民文选》(第3卷),人民出版社2006年版,第263页。
② 李秀林等:《辩证唯物主义和历史唯物主义原理》(第5版),中国人民大学出版社2004年版,第280页。

世界过程中的"感知环境""行为环境"和"世界图景"。① 通俗地讲，思维方式，按照邓小平形象的说法，也就是"脑筋里的框子"或"思维框架"。②"思维框架"的概念最早是由恩格斯提出来的。他认为，任何思维都是在一定的"框子"中进行的，在"框子"中所进行的思维形成特定时代的思维"界限"，从而使每个时代的思维成为历史的思维。他在研究形而上学思维方式向唯物辩证思维方式过渡时指出，世界处在辩证联系和发展变化的过程中，必须用辩证的思维方法加以考察，但是"所有这些过程和思维方法都是形而上学思维的框子所容纳不下的"。③这里说的"思维的框子"，也就是我们说的思维框架。中国共产党不仅重视理论思维方式，要求系统掌握马克思主义立场观点方法；而且也非常重视实践思维方式，毕竟任何理论思维方式最终都要运用到实践与现实工作中，特别注重对马克思主义经典作家的思想方法与工作方法的系统梳理，④以及关注马克思主义中国化过程中形成的思想方法与工作方法。⑤人的思维方式具有客观性（稳定性）、主观性（历史性）、层次性、规则性与创新性等特征，正是思维方式的这些不同方面的特性，决定着要实现人的思维方式的现代化，更决定人的观念现代化实践的基础。

第一，思维方式具有客观性，决定着人的思维方式发展中的稳定性。从人的意识角度而言，思维方式的原型就是各种客观存在着的事物之间的相互联系及其客观规律，是一种规则化了的、主体化了的客观联系和规律。例如，比较法是客观事物统一性和多样性关系的反映，有统一性才存在"同"，有多样性才存在"异"，这才是"异中有同"和"同中有异"的比较法。归纳法与演绎法的原型直接导致人的思维方式中一般和个别的基本关系。思维方式不是主观的臆想之物，其存在与发

---

① 王征国：《思想解放论——解放思想与观念变革研究》，湖南人民出版社1998年版，第266页。
② 《邓小平文选》（第2卷），人民出版社1994年版，第411页。
③ 《马克思恩格斯文集》（第9卷），人民出版社2009年版，第25页。
④ 温济泽：《马克思 恩格斯 列宁 斯大林论思想方法和工作方法》，人民出版社1984年版。
⑤ 中共中央文献研究室：《毛泽东 周恩来 刘少奇 朱德 邓小平 陈云思想方法和工作方法文选》，中央文献出版社1990年版。

展的客观基础仍然是主体的实践活动,也就是说思维方式的客观性直接来源于或者直接决定于实践活动的客观性。现实中,人们实践活动的程度、规模和水平,社会实践方式的先进与落后程度,最终决定着人们思维方式的发展程度与广度、深度。这种思维方式的客观性直接决定着人们思维方式的稳定性,也就是思维发展中的稳定性。这种稳定性的表现之一就是思维角度化,也就是主体从哪些方面、从哪种关系去认识世界,就是主体所确立的认识世界的方面与关系。转化成现代科学的语言,这种思维角度就是思维的参照系。正是在思维角度不断分化和多样化的过程中,人们的思维空间不断扩大化、层次化,从而促使思维方式发生正向的变革,推进着人的思维方式现代化进程发展变化的步伐。

　　第二,思维方式具有主观性,决定着人的思维方式发展具有历史性。在人的意识发展过程中,社会实践不能直接产生思维方式,单纯的客观性还不能生成思维方式,这是因为客观世界的发展规律和人类的实践活动只能说是提供了思维方式的原型和依据,也就是提供了思维方式得以产生的现实基础,这只是一种可能性,但还不是人的思维方式本身。主体在实践中掌握的社会发展的客观规律和从事的具体实践活动只有内化到实践主体的头脑之中,才能转化并上升为思维活动的发生发展规律。人的实践活动只有通过这种主观的、逻辑的形式,才能同主体的自觉的精神活动发生联系,成为指导实践的科学思维方式。全面地说,思维方式不但是一种被人们认识到了并掌握的客观规律,而且是主体依据这些客观规律并经过人的大脑的思维过程才能形成的一种思维规则、思维程序、思维步骤和思维手段。总的来说,一方面,思维方式不能违背而且必须符合客观规律,从而体现其客观性,这是就思维方式的最终决定因素而言的;但是我们又不能据此认为人的思维方式就是一种纯粹客观的东西,而是思维主体在社会实践中总结和提炼出来的思考问题的规则和方法,在性质上属于主体的而非客体的认识行为,这样人的思维方式就具有了主观性特征。思维方式的这种主观性特点直接决定着人的思维方式具有历史性的特征。思维方式事实上是一种历史性的存在,纵观整个人类思维发展史,人类主体思维方式大概经历了古代社会直观综合的思维方式、近代开始的形而上学的思维方式与唯物辩证的思维方式三种类型。辩证的思维方式就是人的思维方式现代化在哲学上的反映。

按照马克思的描述，辩证思维方式"以近乎系统的形式描绘出一幅自然界联系的清晰图画"，① 这种思维方式"因为辩证法在考察事物及其在观念上的反映时，本质上是从它们的联系、它们的联结、它们的运动、它们的产生和消逝方面去考察的"。② 当然，这并不是说在马克思主义之前人们从未从辩证的思维角度思考问题，而只是说只有近代之后的辩证思维才是一种自觉的思维方式，才能够克服形而上学思维方式的弊端，从而称得上是能够取代形而上学思维方式的新的思维方式。

第三，思维方式具有层次性，决定着人的思维方式发展中的概念化。这种层次性也就是要实现客观世界在人脑中的内化。人的思维总是在一定的层次与水平上把握世界的，要扩大视野，开拓思维空间，就要不断揭示客体和主体世界的更深层次。思维空间的开拓依赖于人们对事物层次认识的深化，人们在揭示客观世界的新层次后，也就内化为思维本身的空间层次。按照起作用的范围，可以把思维方式划分为三个层次，这就是哲学思维方式、一般科学的思维方式和具体科学的思维方式。首先，哲学思维方式是思维方式中的最高层次，具有普遍的方法论意义，如归纳与演绎、分析与综合、抽象与具体、历史与逻辑的统一等方法，是人们认识和实践中普遍采用的思维方式。其次，一般科学的思维方式是适用于各门具体科学的共同的方法，如数学方法、信息方法、控制方法、系统方法、结构—功能方法、公理化方法、模型方法等，都是现代科学思维中通用的思维方式。最后，具体科学的思维方法是由认识对象的特殊性决定的特殊方法，如自然科学中数学、物理与化学以及人文社会科学中文学、历史学、法学、经济学、管理学等，都有适用于自己独特研究领域并在特定范围内起作用的思维方式。三者之间的关系，是一般、特殊与个别的关系，三者相互区别、联系、渗透、影响，从层次性方面构成了思维方式的体系。

思维方式的层次性就决定着思维的概念化。思维概念就是思维内容的表现形式，马克思在描述思维概念时，指出它的发展过程是从简单的辩证运动中产生群，从群的辩证运动中产生出系列，从一系列的辩证运

---

① 《马克思恩格斯文集》（第4卷），人民出版社2009年版，第300页。
② 《马克思恩格斯文集》（第9卷），人民出版社2009年版，第25页。

动中又产生出整个体系。① 可见，范畴的发展具有其自身的内在逻辑，是一个由简单到复杂的过程，也就是从"简单范畴—群—系列—体系"不断增生的过程。这一过程同时伴随着思维的方法和结构从低级到高级发展，也就是：简单的直观方法—经验方法群—逻辑方法系列—现代的主体的、多样化的方法体系；简单的经验知识结构—逻辑知识结构群—概念知识结构系列—现代化的模式化知识结构体系。在人的思维发展中，思维的概念、方法和结构的不断增生、演化和交叉，从低级到高级的不断过渡、转变，从而形成思维空间的内在网络体系。从这一意义上说，思维方式就是思维的范畴、方法和结构本身运动的表现。因此，一定的思维方式具有稳定性，而思维方式的转变，就是运用新的思维概念、方法和结构去观念地构造世界。

第四，思维方式具有规则性，决定着人的思维方式发展中的有序化。就本质来说，思维方式是客观规律的主体化，但思维方式一旦形成，就获得了某种相对的独立性，对思维操作的有序进行起着重要的规范作用，成为主体反映客体，构建和创造观念产品的工具和手段，并规定着认识及其观念成果的发展、运行和转换的具体路径。思维方法对思维具体操作的这种规范性表现在：首先，思维方式规范着人们思维如何产生、发动，规范着思维运行的方向和侧重点。例如，实践中的"凭经验办事"的思维方式就常常指向历史，用过去的经验、框架来调整现在，因而带有很大的习惯性和常规性，而现代思维方法则是在历史和现实的基础上，以发展的眼光来考察未来，用未来规划和指导现在的实践，且思维方向是"面向未来"的。其次，思维方式具有主体对客体的建构功能。思维方式具有对信息进行选择、组织和解释的功能，具有信息处理和转换的内在机制。认识活动是一个信息加工、处理和转换的过程，不同的思维方式规范着主体对思维材料（信息）不同的取舍、加工和解释，决定着思维的具体操作过程，从而决定着信息运行的线路和转换结果。最后，思维方式的不同直接影响到人们认识活动的结果，决定着主体能否正确认识和把握客体及其正确的程度。所以，许多有重大发明创造的科学家都十分注重思维方法，如爱因斯坦认为，新方法的

---

① 《马克思恩格斯文集》（第 1 卷），人民出版社 2009 年版，第 601 页。

产生往往导致新学科的诞生。马克思主义创始人对方法更为关注,认为唯物辩证法"这个方法的制定,在我们看来是一个其意义不亚于唯物主义基本观点的成果"。①

**(二) 中西比较下我国传统思维方式的缺陷**

中华民族传统思维方式在世界上独一无二,与西方不同,与东方的日本、印度也不相同,有着自己特殊的构造体系,是在特定类型的社会中产生和发展的。在狩猎时代、农业时代,它参与创造了灿烂的中华文化,它的某些成就至今还为西方自然科学家与社会科学家羡慕不已。但是,在封闭的环境中,它的思维机制始终没有得到改变,自身没有受到新观念的影响、作用和渗透而得以转变进化、发展。传统思维方式具有很大的惯性力量、惰性力量,具有很强的自我保护和排他的机能,致使它作为总体上落后的思维方式一直沿用至今。其结果就是现代人运用"原始思维","骑着毛驴赶火车",直接导致落后与挨打。传统思维方式,变成了束缚人们思维方式与思想观念的枷锁。理性思考能力衰竭,逻辑思维能力薄弱,理论思维水平偏低,就是传统思维导致思想束缚的必然结果。

第一,传统思维方式中思维目的和内容方面的缺陷。在中国人的观念中,自然与人是协调统一而不是分裂对立的(也就是"天人合一"理念)。在古代哲人看来,宇宙万物从来就不是与人对立的纯粹客观事物,而是人与人的社会里的有机组成部分。天道即人道,以天之德来说明人类社会,把人之德上升为自然法则,"以人比天,还原于心",思维的旨趣和方向朝向了人的内心,朝向了现实人生。自然与人不分内外彼此的思维方式和思想观念,否定了客体是主体实践的对象,导致古人放弃了对自然界的探索和改造,也就是马克思所说的"认识世界和改造世界"。如果主体和客体合二为一,那谁征服谁呢?于是人们由对外部世界的探讨回归到对于道德伦理原则的自我体认,这样改造世界的活动就变成了个人的道德实践。这样一来,思维离自然界、离物质的距离越来越远,彻底局限于人伦社会狭小的领域与空间之内。在生存问题都

---

① 《马克思恩格斯文集》(第2卷),人民出版社2009年版,第603页。

没有很好解决的条件下，人们却将自己最了不起的思维功能（也就是意识功能及其现成的思想观念）、人类唯一能够区别于动物的本领，用到了或者说过早地用到了人类自己身上，也就是将思维功能主要应用于人自身的道德伦理探求与人格完善上。思维的内容离不开现世人生，思维的目的仅限于调整人际关系，这至少难以实现科学与技术的发展、进步。

当代中国人的思维现状在着眼于道德内省、人际关系和社会政治这一点上并没有得到根本性的改变。比起古代，现代的科学技术知识、数理化天地生等自然科学成就肯定要流行得多，但它们在个人和整体的思维中所占的比例仍然是比较低的。以高考为例，虽然每年报考理工科的学生很多，但有多少人是出于探究、研究自然本身的兴趣呢？在大学生就业难的背景下，理工科的学生就业相对容易，他们毕业后，有些人立即放弃专业，甚至改行；有些人只想拿着学位，作为出国或找工作的"护身符"或"法宝"；还有一些人除了工作需要，其他科学技术知识一概不闻不问不学，很少听说学生或毕业生自动组织起来花几年时间来研究一条定理、图形，因为这些离现世人生太远，太没有"用处"了，太不着边际了。现实中的中国人，工作之余学习、思考的东西大多是关于社会人生方面的，考察一下普通民众或者城市白领的知识结构，社会科学方面的知识洋洋大观，自然科学、科普知识少得可怜。

第二，传统思维方式中思维方法和手段方面的缺陷。这从中西思维方式的比较就能清楚看出来。西方式的思维可以说是一种直线形的，讲究精确、明晰，非此即彼，非彼即此，纵横进退，摧坚折锐，表现出一种理性的威力，现代化起源于西方在某种程度上也就是这种理性精神的作用。西方人长期习惯的思维形式是源自希腊的，希腊文化非常崇尚理智，其典型表现就是坚决无情的或者把思想发挥到光辉的顶点，或者把它们归结为谬误，也就是后来波普所说的不是"证实"就是"证伪"。西方的思维方式源于它的思维目的和思维内容，也就是重视人与自然的关系，重视对客体、客观世界的认识与研究，必然要讲究方法，讲究规律与逻辑，注重抽象思维与推理，力求圆满精当，力求严谨、缜密，黑白分明，是非对错彻底无误，这使得西方的思维方式在纯粹思维水平上达到了极其辉煌的程度，直接引发了西方近代以来科学技术的进步、发展与革命，推动着人的思维方式变革与思想观念更新。中国传统的思维方式比较注重人与人在社会关系上的和谐，因此，古代辩证法思想和整体观念在中国传统思维中比较发达。但从另一方面看，在人与人的关系上，一般只需要知道"做什么""怎么做"就足够了（典型体现在古代的"礼"之中），而不需要了解事物的本质及其相互关系，不需要搞清楚"为什么"的问题。传统思维方式在这种情况下必然会削弱自身的思辨能力，不注重自身的思辨形式，使自己的整体思维水平得不到进一步提高。爱因斯坦说过："西方科学的发展是以两个伟大的成就为基础的，那就是：希腊哲学家发明形式逻辑（在欧几里得几何学中），以及通过系统的实验发现有可能找出因果关系（在文艺复兴时期）。在我看来，中国的贤哲没有走上这两步。"[1]

第三，传统思维方式的精神禁锢。一个民族总是有它的一套历史并显示历史的传统思维方式。我国数千年封建宗法社会塑造了我国传统的思维方式。这种传统的思维方式往往局限于固定的框架、模式之中，缺乏与外界进行信息交流和接收信息的主动性、积极性。遇到问题的时候，习惯于从已有的思想观念（典型体现在各种经史子集等儒家经典之中）中寻找自以为有参考价值的东西，并且乐于接受现成的答案；每一次社会变革也都要从已有的观念出发，以"我释六经"的方式曲折实现思想观念的变革。对任何新的思想观念往往不加思考地加以反对，因此，就不敢吸收各国思想家的精神成果（事实上也无法吸收），老是害怕这些外来的思想观念会腐蚀人们的灵魂。在思维取向上偏重于继承传统，只要合乎传统才有一种心理上、文化上的安全感与平衡感。因此，这种传统的思维方式喜欢同过去比较，用过去的经验指导现在的实践，而不喜欢横向比较，导致夜郎自大、自满自足，崇尚空谈。典型的如"八股文"的形式主义，直到今天还阴魂不散，在行政公文、领导讲话、日常交流、学术研究中颇有市场。传统思维方式总的来说就是在人们的思想观念以及行为活动中总是谋求"和谐"，谋求一种完善的同一，总希望自己的想法与别人一致，不愿意反对被接受的观点；迷信权威（古代的思想权威主要就是那些带"子"的先贤），特别不愿意反

---

[1] 《爱因斯坦文集》（第1卷），商务印书馆1976年版，第574页。

对权威、尊者和贤者的错误观念,所谓孔子说的"父为子隐,子为父隐,直在其中矣"①,"为尊者讳耻,为贤者讳过,为亲者讳疾"。② 这是因为中国的传统思维方式和思想观念是中庸之道,助长温良恭俭让,在思想观念与行为方式上不过激,随大流。因此,这种传统思维方式往往缺乏孜孜以求的探索精神、勇敢大胆的怀疑精神。这就自然导致对上级的、权威的思想观念总是顺从,不想也不敢进行扩散思维、逆向思维;什么理论时兴,就用这种思想理论指导实践,并总是热衷于用这一理论进行论证和解释。

马克思在《中国革命和欧洲革命》一文中曾指出:"与外界完全隔绝曾是保存旧中国的首要条件,而当这种隔绝状态通过英国而为暴力所打破的时候,接踵而来的必然是解体的过程,正如小心保存在密闭棺材里的木乃伊一接触新鲜空气便必然要解体一样。"③在这个过程中,传统思维方式在整体上已经解体了,但还是影响甚至在某种程度上制约着现代社会中人的思想观念及其实践活动,所以改革开放以来一直到现在,解放思想仍然是中国社会各个方面的强烈呼声,仍然要面对传统思维方式这一"历史遗产",要克服传统思维方式的观念惰性,主要是保守、偏见、宗教与思想专制,进一步走出封闭、破除迷信、转换脑筋,以推进乃至实现人的观念现代化。

### (三) 改革开放以来人的思维方式发展历程

思维作为人类特有的最基本、最重要的意识活动,从而与动物、与自然界区分开来。人类物质文明与精神文明的每一个发展,人类社会的每一个进步,人类的一切实践创造与创新,在一定程度上都成为主体思维活动的辉煌成果,从这个意义上说,人类社会的发展史也就是一部人的思维发展和创造的历史。思维方式作为人们认识客观世界和主观世界的一切精神成果与知识体系的同构,作为主体从事各种社会实践活动中感性活动与理性活动的文化积淀,也就是主体按照其自身需要在改造客体的实践活动中导致客体发生变化。客体的这一变化自然就反映到主体

---

① 《论语·子路》。
② 《谷梁传·成公九年》。
③ 《马克思恩格斯文集》(第2卷),人民出版社2009年版,第609页。

的思维当中，使主体能够适应客体的要求，这样在主体思维中就逐渐形成了一种固定的逻辑格式，主体自身就产生出了一种认识和改造客体的思维形式与思维结构，这就是人们在社会实践过程中形成思维方式的过程。人的思维方式作为观念地存在着的一种解决实际问题的相对稳定的思路和方法，在人们的思维认识和社会实践活动中起着十分重要的作用。这是因为思维方式一旦在主体的思维结构中固定下来，就成了控制、决定和影响主体思维活动的一种意识性选择机制，思维方式就内在地规定着主体在思维活动时如何选择思维对象、确定思维主题以及外化思维成果，并通过特定方式、以一定的层次指导主体合理实现思维活动，科学运用思维原料和材料。就这种作用的性质而言，符合社会发展方向、体现时代发展要求的正确的、科学的思维方式能够促进人们的认识和实践活动朝着正确的方向发展；相反，那种错误的、僵化的思维方式只会阻碍着人们认识和实践活动的发展进程。这在我国社会主义现代化建设与改革开放的实践中表现得尤为典型。改革开放以来关于人的思维方式变革以及人的思维方式现代化的推进，主要呈现出三个发展阶段，也就是经历了宏观的思想路线方面的思维方式变革到微观的个体思维方式现代化再到更为宏观的传统文化现代化角度的思维方式比较的模式转换。

第一个阶段是在改革开放伊始关于真理标准问题的讨论同时以及之后的一段时间。在这一阶段，主要侧重于思想路线方面的思维方式变革，在清算和批判思想领域的唯心主义、形而上学错误的思想方法的过程中，理论界和实务界不仅提出了唯物主义的思维方式、思想方法和辩证法的思维方式、思想方法等概念，而且试图从马克思主义哲学原理的角度解释其内涵。社会已经直接或者间接地认识到，由"只唯书""只唯上"到"唯实践"的转变，实质上是一场思维方式的根本改变。但这一阶段的思维方式现代化主要是侧重于宏观亦即思想路线上来实施与推进的。

第二个阶段关于思维方式现代化的推进大体上与生活方式的变革同时进行。这一阶段侧重于实现个体意义上的思维方式变革。20世纪80年代初期及以后，随着改革开放的推进和思想解放的深入，作为社会主体的人的自身变革，包括思想观念、思维方式、行为方式以及生活方式等变革问题相继凸显。学术界关于思维方式变革的讨论也在哲学以及其他学科的理论工作者中相继展开。在批判狭隘、僵化、落后过时的思维方式，呼唤以创新为特征新的思维方式同时，哲学理论工作者主要从人的认知过程、思维方法及其与人的行为效能和行为结果的关系角度探讨了思维方式及其变革问题。关于思维方式的概念，研究者提出了不同的表述。有人认为，思维方式就是人们认识事物、思考问题的逻辑；[1] 有的认为，思维方式就是主体反映客体的相对稳定的样式，是思维借以实现的形式，是主体反映客体的工具，是主体在认识活动中相对稳定的"先验框架"；[2] 有人则认为，思维方式就是定型化的思维方法，其构成要素包括知识、经验、观念、习惯等。关于思维方式的变革，主要从与改革相关联的角度分析，认为改革就是要从传统的模式中解放出来，这首先需要思维方式的变革与突破；从思维与人类行为的关系角度分析，认为正确的思维方式对人的认识的形成和行为的选择至关重要；结合当时改革开放的实践，人们还就应当破除的与改革不相适应的思维方式的表现以及与现代化相适应的思维方式的特征提出了各种意见。[3]

第三个阶段的思维方式现代化推进是在 20 世纪 80 年代中后期以来。这一时期学术界的讨论焦点主要是与对中国传统文化的研究以及中西文化的比较研究结合在一起，表明研究思维方式现代化已经由关注社会生活深入到民族文化的内核层面。学者们通过与西方文化特别是西方近现代以来的新文化比较，指出中国传统思维方式的主要缺陷在于封闭、保守、求同、法古；强调"尊经""征圣"，忽视个性的培养和创造性的发挥，造成死板僵化的文化格局，有利于威权主义和专制统治，不利于民主政治和现代生活。也有学者指出，中国传统思维方式尽管有其缺陷，但也存在其长处，需要认真研究和继承。1987 年 5 月，中国社会科学院哲学所主持召开全国性的关于中国传统思维方式的学术研讨会，有 40 余位海内外学者参加，在会议讨论的基础上形成了《中国思维偏向》一书，1991 年由中国社会科学出版社出版，较为集中地体现了这一时期关于中国传统思维方式研究的成果。正如刘长林先生在该书

---

[1] 朱长超：《变革思维方式探略》，《社会科学》1985 年第 1 期。
[2] 华玉洪：《关于思维方式的一点看法》，《光明日报》1985 年 3 月 25 日。
[3] 《中国社会科学争鸣大系》，上海人民出版社 1990 年版，第 187—190 页。

前言中指出的,"思维方式是人类文化的现象的深层本质,属于文化现象背后的、对人类行为起支配作用的稳定因素";"思维方式的差异,正是构成不同文化类型的重要原因之一";"中国传统的思维方式决定着中国文化的特有风貌……我们研究中国传统思维方式,深入说明中国文化的特色,探索中国文化的发展规律,最终目的正是为了寻找中国文化现代化的出路,寻找改进、变革和发展我们民族固有思维方式的途径"。[①] 这些都是中国走向现代化过程中不可回避的重大问题,正视并采取适当的方式实现思维方式的转换是必要的,人的思维方式现代化就是发展的必然趋势。

作为人类理性认识的工具与方式,人的思维方式在历史上是伴随着人类社会实践的不断深入和科学技术的发展进步而不断演化和完善的。恩格斯对此曾经总结指出:"每一个时代的理论思维,包括我们这个时代的理论思维,都是一种历史的产物,它在不同的时代具有完全不同的形式,同时具有完全不同的内容。"[②] 当代中国人的思维方式要实现从传统向现代的转变,主要是基于实践的变化,也就是生产力与生产关系的变革以及在此基础上人的思想观念的变革与更新。因此,考察人的思维方式发展过程,必然要就这一时期的社会实践进行考量。改革开放以来,我国社会主义现代化建设的实践和国家社会经济发展的主要特点,内在地决定着现代思维方式的基本特征和发展趋势。

第一,现代实践的主体性空前增强,主体的自由度越来越大。它既表现在人对自然界认识的深度和广度上,也表现在人对自然界征服的能力上。在现代实践条件下,越来越多的"自在之物"转化为"为我之物",在人类即主体的作用下,使以往不曾触及或无力触及的自然物,变成有用物,不断满足着人类的需要。自然界越来越置于人的支配之下,人从自然界的必然王国中获得越来越多的自由,正在大踏步地向自由王国迈进。现代实践的这一特点表明人的认识能力、思维能力在提高,表明主体的思维方式日益科学化。

第二,世界科学技术发展迅猛,已成为第一生产力。一方面,以物

---

[①] 张岱年、成中英:《中国思维偏向》,中国社会科学出版社1991年版,第1—4页。
[②] 《马克思恩格斯文集》(第9卷),人民出版社2009年版,第436页。

质生产为核心的现代实践,越来越依赖于科学技术,方兴未艾的边缘学科、横断学科、交叉学科等一系列的新兴科学,为现代实践提供了新的认识武器和思维工具。所有这些,都为主体的认识能力的提高和思维方式的进步提供了强大的动力。另一方面,当代科学呈现出高度分化和整体化的双重趋势,实践活动的协同化日益突出。现代科学的发展日益精细,门类和分支越来越多;与此同时,在科学分化的基础上,不同学科门类之间的联系也越来越密切,呈现出多学科、多门类的一体化或整体化的发展趋势。在科学分化基础上各学科之间的相互渗透、相互补充,使对事物的分析和综合达到更高层次的统一。科学在高度分化基础上的整体化趋势,必然引起技术发展越来越专业化、专门化;同时,又要求技术之间的协同化、综合化。在现时代,任何一项较为复杂的现代化工程、现代实践活动,都不是某一种或几种科学技术所能胜任的,它需要多学科、多技术的综合攻关、协同作战。现代科学技术、现代实践活动的这一特点,对人们的思维活动、思维方式产生着深刻的影响。

第三,世界整体化趋势和个体化趋势在同步发展。世界在走向多样化、个体化的同时,又呈现出互相连接、统一的整体化格局。当前,世界各国都在致力于现代化建设,发展科学技术,发展生产力,增强国家综合实力。这样,在现代化发展的过程中,世界各国呈现出同向性、整体化的趋势;但是,各国在现代化建设中,又不是遵循着同一个模式,而是根据各国的具体国情,寻求自身的现代化发展模式,使世界各国的现代化发展进程呈现出多样性和个体化。当前,世界各国都在根据自身的特点,规划和发展自己的经济,不同经济制度、不同社会形态,以及同一经济制度、同一社会形态,都有自己的经济发展战略,使世界经济的发展呈现出多样性、个体性;但与此同时,国与国、地区与地区、民族与民族之间的经济交流和联合越来越密切,任何一个国家的经济都不能孤立地发展,都成为世界经济发展的一个有机的组成部分,因此,当今各国、各地区、各民族的经济正在走向更大范围的社会化经济,走向世界经济。当前,我国正在进行建设有中国特色社会主义的伟大事业,以经济建设为中心,努力提高我国的综合国力。我们不仅要遵循现代化建设的一般规律,而且一定要结合中国的具体国情,要有中国特色,这也充分体现出了我国的发展与世界的整体发展中多样化和一体化、个体化和整体化有机统一的趋势。当今社会发展的这一特点，对人们的思维方式必然产生着重大而强烈的影响，要求人们的思维方式发生与之相应的变革。

第四，世界的变动加剧，实践的节奏加快。在两极体制崩溃，冷战结束后的今天，致力于改革、发展和经济振兴的潮流正在全球兴起。当前，世界的经济生活、政治形势和思想文化的变动都在加剧，各国为了进一步增强综合国力，在国际激烈竞争中立于不败之地，都在进行调整、改革，都在谋求更大的发展，整个世界的生活正在发生着深刻的变化；在世界政治领域，世界格局正在向多极化发展，谋求霸权与反霸权的斗争、各种政治力量联合、重组、相互斗争的形式更加复杂多变，特别是发展中国家的崛起，大大地改变了世界的政治格局，引起了整个世界形势的巨大变化；随着世界经济一体化趋势的发展，各国的思想文化交流进一步扩大，各种思想文化的交融、碰撞，引起了世界各国思想文化领域的巨大变化。特别是科学技术的飞速发展，信息传播迅速而畅通，推动了生产力的巨大提高，更加强化了这种变动性。在急剧变化的世界形势中，人们必然要加快实践活动的节奏，提高实践活动的效益，否则，就不能适应现代急剧变动着的世界形势。"时间就是生命"，"时间就是金钱"，"时间就是效率"，这些充分体现了在当前快速发展的社会中人们的一种心态。现代实践的这一特点，对人们思维的时空观念、思维的侧重点和思维的效益等，都提出了新的更高的要求。现代实践和历史的发展推动着人们由传统思维方式到现代思维方式的转变。现代实践和历史发展是思维方式转变的最深刻的基础，它创造着现代思维方式，规定着现代思维方式的基本特征和发展趋势。

**（四）思维方式现代化实质是实现思维创新**

人的思维方式具有创新性，这就决定着在人的观念现代化过程中要着力培养人的创新思维，实现思维创新是人的思维方式现代化的实质所在。所谓的创新思维，就是要在科学理论的指导下，实践主体突破现成的常规思路的约束与束缚，另行寻求对实践问题实现全新的、独特的解答及其方法的一种思维形式与思维方法。在人的思维方式现代化中，创新思维就要求人们在认识事物的过程中，能够主动地、积极地运用自身积累的理论知识和实践经验，在分析、比较的基础上进行综合，实现抽象，再加上主体大胆的、合理的想象，就问题的解决产生新思想、得出新观念。就本质而言，创新思维就是主体综合运用形象思维和抽象思维两种思维方式并在思维的过程或结果上能够突破常规、实现创新的一种思维方式。在工作实践中，我们经常提到，"思路决定出路"。那么什么决定思路呢？只有思维决定思路，思维决定出路，也就是说，只有在实践中实现了思维创新，才能产生出实践创新与其他一切创新的思路。

第一，实现思维创新就必须打破思维定式。我们口头上经常说的思维定式，简单地说就是人把自己的思维固定在一种模式之上，以这种不变的模式去应对千变万化的社会实践与具体工作，从而限制了思维发展的空间，制约了主体解决实际问题的能力。所以，在一个人的思维定式已成为现实的前提条件下，是根本不可能产生创新思维的，也无法解决改革发展稳定中的崭新问题。在人的思维方式发展中，要彻底打破这种思维定式，就必须实现老一辈无产阶级革命家总结的"不唯书，不唯上，不唯众""只唯实"的根本要求。"不唯上，不唯书，要唯实"，这是陈云同志在延安整风时期针对一些同志思想还没有从教条主义的束缚中解放出来，表现出"唯上"和"唯书"两种错误倾向，提出"不唯上，不唯书，要唯实"。[①]意思是说，上级的指示，下级是要执行的，但不能不顾具体情况盲目执行，要把上头的精神和下头的具体情况相结合，提出切实可行的办法来；马列主义的书是要读的，但不能照搬照抄，要把马克思列宁主义的普遍原理同具体实践相结合。正确的做法是"唯实"，即一切从实际出发，认识要从实践中来，检验主观认识是否正确要看实际效果，要做到主观与客观的一致。所谓"不唯书"，就是说不能以书本作为教条，凡是书上没有的就不敢想、不敢说、不敢做。所谓"不唯上"，就是说不能以官职高低、学术水平作为判断标准，把一切与上级领导、学术权威不同的意见和想法都视为"犯上作乱""大逆不道"或者不尊重、不服从上级领导或学术权威。所谓"不唯众"，就是说不能盲目地从众，认为多数人的想法和做法就是对的，即使是错的也认为是对的，一味地盲从。如果个人特别是领导社会主义现代化建

---

① 《陈云文选》（第 3 卷），人民出版社 1995 年版，第 371 页。

设的执政党党员干部不能打破思维定式，做不到"不唯书、不唯上、不唯众"，把自己的思维固化在书本、领导或权威、多数群众组成的群体上，那就不能实现思维的创新，即思维方式现代化。

第二，实现思维创新必须要打破思维惯性。实际工作中的思维惯性，就是实践主体根据自己的历史经验和实践常规、工作惯例去想当然地按照固定方向去思考问题、解决问题、开展工作，从而把自己的思维封闭在一个惯性的圈子之中，这毫无疑问会直接影响着实践主体的思维创新。如果只是本能地、自发地根据以往的知识和经验，靠着思维惯性来从事实践工作、思考解决问题，就无法实现思维创新。因此，在实际工作中，一方面我们要敢于冲破一切传统思维模式和思维惯性的制约与束缚，在具体的工作实践中坚持拓宽发展思路，务实思路创新、观念创新；另一方面，在具体的工作安排和部署中，一定要体现出前瞻性，实现因地制宜、因时制宜、因事制宜的实践要求，在实践中探索解决问题的新规律，拿出推进工作的新举措，与时俱进地以新的思维方式解决工作中的新问题与老问题。

第三，实现思维创新要坚持解放思想、实事求是、与时俱进的思想路线。这条思想路线，也是执政党的工作路线，更是加快社会主义现代化进程、推进中华民族伟大复兴、实现经济社会良好发展的强大力量与武器，自然也就成为实现思维创新的根本指导原则与基本方法。在中国共产党的十八大报告中，认为这"是科学发展观最鲜明的精神实质"，并提出，"实践发展永无止境，认识真理永无止境，理论创新永无止境"。① 这就要实现中央在改革开放时期经常强调的，"要自觉地把思想认识从那些不合时宜的观念、做法和体制的束缚中解放出来，从对马克思主义的错误的和教条式的理解中解放出来，从主观主义和形而上学的桎梏中解放出来"。② "三个解放出来"充分体现了无产阶级执政党解放思想、实事求是、与时俱进的思想路线，成为实现社会主义现代化的工作路线，反映了马克思主义在中国化的条件下与时俱进的理论品质。当代中国人的观念现代化，特别是执政党的领导干部要实现思维创新与思

---

① 《中国共产党第十八次全国代表大会文件汇编》，人民出版社2012年版，第9页。
② 《十六大以来重要文献选编》（中），中央文献出版社2006年版，第57页。

维方式现代化,就必须善于运用马克思主义立场观点方法、运用马克思主义中国化的理论成果来研究当今世界和当代中国,而不能用经典作家、革命领袖在某个历史时期做出的某个具体结论以及个人的实践经验和思维惯性来判断当代发展着的实践。在全球化、信息化、全面现代化的历史条件下,在改革开放深入发展的历史新时期,如果我们仍然顽固不化地拘泥于马克思主义经典作家在特定历史条件下,针对具体情况做出的某些个别结论和具体行动计划策略与纲领,如果我们仍然躺在历史上的各种马克思主义者的书本上,用某些现成的理论观点、思想观念去限制、剪裁不断发展的无限丰富的社会实践,那我们毫无疑问就会进一步的思想僵化,脱离实际就会更远,就会被实践与时代所抛弃,哪里还谈得上去认识新世界,解决新问题,正确运用马克思主义指导实践只会是一种空谈与奢谈。

第四,要实现现代思维方式的革命。科学发展史表明,新的思维方式使人们形成信息加工的新思路,产生认识的新领域、新角度和新层次。如果没有理想化方法的运用,就不会产生爱因斯坦的相对论;如果没有结构—功能方法,就不会产生用输入—输出考察信息转换的新角度,也就不会产生现代控制论和人工智能;等等。现代科技革命的蓬勃发展离不开人的思维方式的革命以及人的思维方式现代化。人的思维方式现代化就要实现现代思维方式的革命,这主要是通过三条途径实现的:一是深化原有的思维方式,使之更完善,更加多样化,从而具有现代功能。例如,传统的比较方法进一步发展成为类比、模拟、纵向比较、横向比较和系统比较等;传统的抽象方法进一步发展出模型化方法、理想化方法;分析和综合的方法发展出系统分析和系统综合;等等。二是各种思维方式的移植和杂交,也就是把某一学科的特殊方法用以解决另一学科中的问题,或者用两门甚至多门不同的独立学科的方法相互交叉产生新的学科。例如,用生物学方法研究社会现象,就产生了社会生物学;用物理学的电子技术和光谱技术研究天文现象,就产生了射电天文学和光谱天文学;用控制论方法研究社会行为,就产生了社会控制论;等等。三是创造新的思维方式,如系统方法、信息方法、控制方法、结构—功能方法、择优优化以及与此相联系的一系列方法论原则。相对性原则、不完全原则、互补原则等,都是适应现代实践活动方式而创立的，对现代科技革命的发展起着重要的推动作用。目前，这些科学技术新方法的运用，也被社会科学及其具体实践所借鉴、吸收、采纳，丰富着人的思维方式，推进着人的思维方式现代化。

## 三　人的思想观念现代化

在人的思想观念现代化方面，邓小平认为变革中的"破"与"立"的主要内容包括：一是要克服本本主义，树立起实事求是、实践是检验真理标准的观念；二是要破除以阶级斗争为纲、以运动为中心的思想观念，树立起以经济建设为中心的思想观念；三是要破除社会主义只能实行计划经济的观念，对立起社会主义市场经济的观念；四是破除科技知识无用论，树立起科学技术是第一生产力的观点和尊重知识、尊重人才的观点；五是要破除封建主义的宗法观念、等级观念、专制观念、特权观念，树立起社会主义民主观念和法制观念；六是破除封闭观念，树立开放观念；七是破除崇洋媚外观念，树立起自尊自强观念；八是破除资产阶级损人利己、唯利是图的极端个人主义观念，树立起集体主义和共产主义观念；九是破除资产阶级派性和无政府主义的思想，树立起无产阶级党性和组织纪律观念；十是破除小生产者的因循守旧思想，树立起敢闯敢"冒"，勇于创新的观念。① 随着时代的发展，人的思想观念现代化的内容逐渐丰富、完善。

当今时代，中国和世界都在发生着变化、变革与变动，各种思想观念的多元与多变，交融与交锋，提出了许多新课题与新挑战。党的十八大以来，习近平同志指出，在全面推进改革开放的过程中，"要勇于冲破思想观念的障碍，勇于突破利益固化的樊篱。破除妨碍改革发展的那些思维定式，顺应潮流、与时俱进，做好承受改革压力和改革代价的思想准备"。② 这里所说的"冲破思想观念的障碍"，从另一层面说就是要

---

① 储著斌：《邓小平人的观念现代化思想及其时代价值》，《盐城师范学院学报》2015年第1期。

② 中共中央宣传部：《习近平总书记系列重要讲话读本》，学习出版社、人民出版社，2014年版，第42页。

实现人的思想观念现代化,也就是说,对个体而言,要进一步确立现代化的思想观念;对国家而言,要将现代化的思想观念体现到经济社会发展的方方面面,贯穿于经济、政治、文化、生态建设各个领域。

### (一) 经济观念的现代化

现代化的根本是人的现代化,人的现代化的前提则是思想观念的现代化。经济新观念,作为思想观念现代化的重要一环,具有不可替代的重要价值。理论研究要为现实服务,经济观念的变革同样必须适应社会主义市场经济健康发展的需要,在变革的阵痛中诞生的经济新观念,不仅必须符合经济规律的客观认识,而且必须蕴含着正确的价值理性,必须具备前瞻性指导功能。任何新观念的诞生都不可能是一夜之间一蹴而就的,它的成长发育离不开自身的土壤。对原有经济观念的反思与批判,就是经济新观念最直接与最主要的现成原因。这种反思与批判首先是对传统计划经济时代经济旧观念的批判。高度集中的传统计划经济体制的弊端在改革开放的进程中暴露无遗。不对之进行彻底的改造、变革,国民经济与社会发展就不可能实现。而要使经济体制改革被社会主体真正接受并拥护,首先就要挣脱传统计划经济体制对人们思想观念的束缚。因此,从20世纪70年代后开始,作为改革的号角,在思想领域展开了一场对传统计划经济体制及其衍生的一些思想观念与意识的系统的"清算"与"围剿"。随着改革开放的深入发展,一些曾经显赫一时、长期以来在人们的思想观念中占据主导地位的经济观念逐渐淡出,并迅速为一些新的经济观念所取代。从总体上说,这些新的经济观念主要是围绕两种价值内涵发生的:一是社会主体对功利的正当追求的肯定,二是对经济体制中市场因素、对突破传统计划经济体制框架的新的经济因素的肯定,围绕着这两种价值内涵,产生了许多新的经济观念。

纵观30余年来经济观念的变革与变化,主要是三种观念在推进着人的经济观念现代化。这三种新观念,具有意识形态意义,并有可能成为某种"新传统"。[①] 这就是"以经济建设为中心"的观念、"改革开放"的观念与"竞争观念",也可以将这三者统称为"市场经济观念"。

---

① 樊浩:《中国大众意识形态报告》,中国社会科学出版社2012年版,第7页。

人的思想观念现代化在经济方面，就是一方面继续巩固这三项基本观念及其引发的具体观念；但同时，不能将这些观念推向极致，因为这些观念内含着不利于实现人的全面发展的基本因子。

第一，"以经济建设为中心"的观念。改革开放的最重要也是产生最重大成果的价值观和思想观念就是"以经济建设为中心"。毋庸置疑，它是中国30多年来经济社会发展奇迹的思想和政治上最重要的源头，更为重要的是，按照邓小平的说法，要"坚持一百年不动摇"。市场经济观念、伦理道德基本原则"以经济建设为中心"有两个重要的历史前提：首先，它是一次重要的"战略转移"，其基本内涵就是"把工作的重点转移到以经济建设为中心上来"，既然是一次转移，它就具有针对性，其针对的是"文化大革命"期间"以意识形态为中心""以阶级斗争为中心"的背景与传统，这是一场具有革命意义的战略大转移。然而，"转移"并不是全部，更不是目的。其次，它是一种发展的战略，但并不就是作为根本的发展理念，虽然它是发展理念中具有基础意义的内涵，但毕竟不是发展理念本身。作为一种实现社会主义现代化、推进中华民族伟大复兴的发展理念与承载手段，对"以经济建设为中心"的思想观念当然应该加以大力坚持，但作为全面发展的一种根本理念和发展目标，应当是十八大报告中提出来的我国社会主义现代化建设过程中的经济、政治、文化、社会、生态"五位一体"的全面协调可持续的发展，应当是一种科学的发展，应当是人的全面自由充分发展。当然，当我们在思想观念上将这种党和国家工作重心的转移作为目的，把一种事关国家经济社会发展的战略作为发展理念的时候，就隐含着由积极意义上的"经济中心"思想观念发展成为一种"经济至上"乃至"经济决定论"的思想观念与错误论调，进一步发展只会恶化成为"经济的价值霸权"这种负面价值导向，这里存在着反向发展的可能性，存在着巨大的风险。如果在实践中这种观念任其发展，必定就会遭遇到很多难题，导致改革开放进入一种困境。就经济观念与文化建设的关系而言，"市场经济观念、伦理道德基本原则、传统文化，是影响当今中国社会主义文化发展的三大因素，其中市场经济观念的影响力最大也最为深刻，无论是消极的还是积极的意义，市场经济观念都是三十余年来在思想文化上最大和最深刻的变化，也是导致其他一切变化、多样化、多元化的最重要的根源"。①

在有关问卷调查中，就"改革开放以来思想观念变化快的是什么时期"的回答中，73.2%的受访者认为 30 多年来中国思想观念发生变化最快的时期就是"90 年代和进入新世纪"，10.9%的人认为"80 年代末 90 年代初"。② 在西方，"意识形态终结论"于 20 世纪初就产生了，但对中国发生重大影响则是在半个多世纪之后的 20 世纪 90 年代，影响思想观念变化的最重要因素就是苏联解体、东欧剧变与改革开放。"以经济建设为中心"是改革开放以来中国最强大的主流意识形态，在"您认为市场经济对我们的影响"选项中，66.7%的人认为"增强了社会主义的内在活力"，同时 22.3%的人认为，"强化了个人主义、唯利是图"。③ "您觉得市场经济给社会带来了哪些新的文化观念"的问题中，调查对象主要选择了：竞争意识（81.7%）、自由与平等意识（28.8%）、金钱万能与拜金主义（38.1%）、自私与利己主义（27.1%）、效率意识与科学管理（55.8%）、合作意识（34.7%）、享乐主义（11.4%）等，④这表明："以经济建设为中心"的观念（可以等同于"市场经济观念"）在经济观念中已经占据主导地位，并且对人的思想观念发生着最重要的影响，引发了多种与市场经济相关的思想观念，这是推进人的思想观念现代化必须看到的事实，也是新的经济观念的主流；但是，不容忽视的是，"以经济建设为中心"也给社会民众带来了思想观念上一些负面的变化，如"金钱万能与拜金主义""自私自利与利己主义"等错误观念，影响着主导思想观念的作用发挥，在一定程度上阻滞着人的观念现代化的深入推进和正向发展。

第二，"改革开放"观念。伴随着改革开放的不断发展，改革与开放两种思想观念，成为 30 多年来中国社会的基本价值观念，它们在一定程度上成为合理性（也就是与现代化相联系的理性化）以及时代精神的标志（时代精神的核心正是改革创新），这自然成为当代中国实现

---

① 樊浩、刘桂楠：《"新传统"的建构与当代中国意识形态的辩证》，《江苏行政学院学报》2011 年第 7 期。
② 樊浩：《中国大众意识形态报告》，中国社会科学出版社 2012 年版，第 430 页。
③ 同上书，第 431 页。
④ 同上书，第 435 页。

人的观念现代化的现实背景与环境。虽然改革开放以来各个阶层的人们在许多问题上的思想观念呈现多元、多样与多变的基本特点，但其中不变的（或者说是基本一致的、达成共识的）就是各种社会群体、各个社会阶层对改革开放的积极、正面的肯定，对改革开放这一思想观念本身的认同存在着高度的一致。不过，需要进行自我反思与自我批判的是，改革开放作为一种思想观念，也存在自己的合法性与合理性的限度问题，一旦突破了必要的限度，这种思想观念就会走进误区，就会被异化和固化成为一种绝对的价值观念，从而可能会失去其合法性与合理性基础。就"开放"这一观念而言，在当今经济全球化、科技革命孕育发展和市场经济席卷全球的时代，开放无疑成为一个国家、民族乃至一个组织、个体实现发展的必然的和应然的选择。一方面，开放的价值观念及其发展实践，为中国经济社会发展以及民族复兴、人的发展等各方面都注入了强大的活力，是中国经济社会实现快速良性发展的重要原动力与源泉；但是另一方面，"开放"作为一种思想观念，也同样只是一个相对的范畴，或者说只能是一种具有相对意义的价值观念，开放总是相对于封闭和保守而言的，一旦将开放推向绝对的境地，就形成了所谓的"过度开放"的局面，这就导致"开放"这一思想观念、价值原则在理论上失去其合法性、合理性与真理性的基础，在实践中就会步入"全盘西化"的误区，而这对于中华民族的伟大复兴、对于国家全面现代化的实现以及现阶段经济社会的进一步发展，都未必是一种合理而明智的选择。在这个全面开放、全球化、信息化、民主化的时代，一定程度的"封闭"与"保守"，对民族自身与国家自身而言，并没有丧失其合理性。①

学者调查发现的有关数据可以说明问题，"如果中央宣传与国外思潮矛盾，你认为哪个正确？"在选项中，64.0%的企业家与企业员工、61.0%的公务员、44.0%的农民均认为"国外正确"，所占比例居所有选项之首；在关于社会制度的调查中，在经济发达的江苏以及欠发达的新疆、广西地区，分别有37.0%和36.1%以上的人认为，"只要过上好

---

① 樊浩、刘桂楠：《"新传统"的建构与当代中国意识形态的辩证》，《江苏行政学院学报》2011年第7期。

日子，哪种制度都可以"，也在所有选项中居第一位；在关于"加强文化建设应当优先重视哪些方面"的调查中，江苏与边远地区分别有56.3%和41.7%的受访者选择"弘扬传统文化"，同样居所有选项的第一位。① 第一组数据说明西方思潮在普通民众的思想观念之中具有最大的影响力。第二组数据说明"意识形态淡化"或"意识形态终结"的观念在民间已经很有市场，这两组数据结合起来，就说明如果过度开放，不仅主流意识形态难以形成，社会主义核心价值体系建设难以推进，甚至中国独立的社会意识形态本身也难以建立和巩固。第三组数据说明，对传统的认同和坚守，乃是建立主流价值观念的最大共识，而它本身也是对过度开放的否定。②

第三，竞争观念。有学者调查的结果表明，71.3%以上的人认为，改革开放以来对人影响最大的思想观念就是"市场经济的竞争观念"，81.7%的人认为市场经济带来的新观念就是"竞争意识"；41.5%的江苏人认为自己目前的状况就是"生活水平提高，但幸福感和快乐感降低了"，而40.1%的新疆人、广西人认为自己"既不富裕也不小康但是幸福快乐"，在造成人际关系紧张的因素中，将近61.7%的人认为客观上竞争压力过大，利益冲突加剧在所有选项中居第一位。③ 这些情况都能说明：一方面，竞争观念是市场经济最重要的思想观念，影响最深刻的核心价值观念，这已经是不争的事实；但是另一方面，现实中的人们在日常生活、学习与工作等诸多事项中处于竞争的巨大压力之下，过度的竞争及其裹挟而来的生存压力与竞争压力，已经造成了人际关系紧张的困局，导致宏观层面的经济社会发展与微观层面人的幸福感、快乐感之间巨大而深刻的反差（2012 年底到 2013 年初，中央电视台等媒体就"你幸福吗"进行的采访调查活动也证实了这一点）。目前，当代中国的社会经济发展，已经呈现出了西方发达国家已经成为过去的景象，这就是经济社会发展水平与人们的幸福感和快乐感之间未能呈正相关，甚至出现负相关的局面。这种状况的形成，或多或少地与现实中普遍流行

---

① 樊浩：《中国大众意识形态报告》，中国社会科学出版社 2012 年版，第 477—620 页。
② 樊浩、刘桂楠：《"新传统"的建构与当代中国意识形态的辩证》，《江苏行政学院学报》2011 年第 7 期。
③ 樊浩：《中国大众意识形态报告》，中国社会科学出版社 2012 年版，第 477—620 页。

并奉为经典法则的"市场经济就是竞争经济"这一思想观念有关。我们往往通过宣传、教育等方式，过度渲染和张扬市场经济中竞争性的一面，甚至将市场经济中的竞争原则、竞争观念等经济领域的准则异化地移植和贯彻到非经济的政治、道德与社会生活领域，而对人的发展这一根本问题却未能引起足够的重视，因而在经济发展与生活富裕的同时，反而日益产生了没有感受幸福、失去生活意义、失落人的价值等感觉。[①]市场经济在中国的建立、健全与完善，必将是一个长期的过程，也是一个伴随着社会主义现代化建设和中华民族伟大复兴全过程的实践活动，其引发的新的解放与人的观念现代化，必须要从"市场经济就是竞争经济"的思想观念和思维模式的束缚中解放出来，全面建成小康社会，在实现生活富裕的同时又力求更大的实现生活的幸福、文明、民主与和谐，坚持社会主义现代化中人的发展这一根本目的的实现。

### （二）政治观念的现代化

毫无疑问，改革开放已经使中国社会发生了翻天覆地的变革。中国共产党领导中国人民 30 多年不平凡的改革开放历史进程中，通过确立两个具有深远意义的社会发展目标而重构了社会主义的实践及其理念，这就是：根本革新传统社会主义计划经济模式，建立现代社会主义的市场经济体制；扬弃传统社会主义内在的人治特征的政治体制，实现依法治国，建设社会主义法治国家。中国共产党以市场经济和法治国家为基本取向的经济政治改革，不仅根本革新了中国社会的基本经济、政治结构，造就了中国社会以及个体精神面貌的巨大变迁，而且也在根本上革新了中国人的精神世界。随着坚持走中国特色社会主义政治发展道路以及政治体制改革的推进，民主政治与法治建设也在改变人的传统思想观念，在这个过程中，人们的政治观念也在走向现代化。其中，与民主观念紧密相连的公民意识、与法治观念紧密相连的法治意识成为人的政治观念进步的主要表现，人的政治观念现代化，也就是立足于推进人的公民意识与法治意识的现代化。

---

① 樊浩、刘桂楠：《"新传统"的建构与当代中国意识形态的辩证》，《江苏行政学院学报》2011 年第 7 期。

第一，要在社会主义民主建设过程中实现人的公民意识现代化。公民意识是人的发展过程中的主体要素，是主体人格与自主意识的现实体现。随着我国社会主义市场经济、民主法治、文化繁荣与社会进步的逐步发展和不断完善，现代公民意识的觉醒与生成已经成为一股不可阻挡的历史潮流和发展趋势。在现代社会，公民意识作为社会转型和经济发展过程中的一个关键性结构因素，为社会主义现代化建设和中华民族伟大复兴提供内在的精神动力和强大的精神支撑机制。纵观西方发达国家的现代化历程，培育现代的公民意识，塑造主体的现代人格是实现全面现代化的一把钥匙。在我国改革开放进程中，党和政府高度重视公民意识的培育，将其作为推进人的现代化的基础条件和现实途径，并着重提出要在社会主义民主法治建设中进一步"加强公民意识教育，树立社会主义民主法治、自由平等、公平正义理念"等具体举措。[①]

公民的概念起源于古希腊时期的城邦政治，直至 19 世纪末，西方现代意义的公民概念才逐渐形成，指作为地方自治体或国家成员拥有一定权利和义务的人们。公民概念在中国近代以后才得以出现，并历经 100 多年的发展，形成了现在比较科学和完善的内涵。我国现行宪法规定的"公民"就是指"具有一个国家的国籍，依照该国宪法和法律规定，享有权利和承担相应义务的自然人"。这种理论判断揭示了现代社会中一个自然人取得公民身份的前提条件（具有一个国家国籍）和本质内容（依照法律规定享有权利、履行义务）。公民意识就是指公民对其个体自然人本身在其所属国家的政治生活、经济生活、文化生活等方面地位与作用的合理认识，体现在认知上就是对其自身公民身份和公民角色的全面了解，体现在情感上就是对其所属国家和特定社会群体的政治认同。现代社会的公民意识的主要内容包括：

其一，权利意识和义务意识。权利和义务是公民在处理个人与国家的关系时，所体现出来的一对相辅相成的范畴，是辩证统一的关系。公民权利大致可分为三类：一是个人权利，如信仰自由，人身、财产、住宅不可侵犯，通信秘密、人格尊严受保护等；二是政治权利，主要是公民参加政治生活有关的权利，如选举权、被选举权，言论、出版、集

---

① 《十七大以来重要文献选编》（上），中央文献出版社 2009 年版，第 23 页。

会、结社的自由以及公民向国家机关提出控告、申诉和建议的权利等；三是社会经济文化权利，如劳动权、工作（就业）权、休息权、受教育权以及公民在丧失劳动能力情况下的物质保障权等，这方面的权利内容十分丰富。根据我国宪法规定，公民的基本义务主要包括维护国家统一、反对分裂的义务和维护中华民族大家庭内各民族平等、团结的义务；遵守宪法和国家法律、保守国家秘密、爱护公共财产、遵守劳动纪律、遵守公共秩序、遵守社会公德等义务；维护国家安全、国家荣誉和国家利益的义务；保卫祖国、依照法律服兵役和参加民兵组织的义务；依法纳税的义务；等等。按照社会主义法治理念的理解，没有无义务的权利，也没有无权利的义务，权力、权利与义务是统一的；公民在行使基本权利的过程中要切实履行法定义务，在承担法定义务的同时也享有各类法定权利。社会主义条件下任何公民的权利意识与义务意识是紧密相连、不可分割的，这正像一驾马车的前后轮子，缺少其中任何一个的支撑，另外一个都无法单独承担前进的重任，两者相互配合、相互支撑，相辅相成，共同构建了社会主义条件下现代公民意识的核心内容。公民权利意识的增强意味着公民主体资格的提升、能力的增强或主张的强化，公民义务意识的增强意味着公民自我约束、自我要求和责任感的强化，两者同样都意味着公民主体意识的提高，人格尊严的增强。

其二，自由意识和法律意识。马克思认为，"自由是人所固有的东西"。从个体的角度来讲，每个人能按照自己的自由意志来选择生活是个体对幸福的终极追求；从社会的角度来讲，"人的全面而自由的发展"是衡量社会进步最高意义的标尺。自由意识包含着多种内涵，如个性自由、人格独立、精神自由和行为自由等，具有自由意识的公民，才能独立思考、独立判断，才能负责任地参与到政治生活、社会生活和经济生活中去。公民的法律意识是指公民"对现代社会法律现象的主观把握和反映，是现代社会主体对法律的认知、情感、态度和信念等主观法律要素的总和"。只有拥有对法律的信仰，人们才不会远距离地敬畏和规避法律，而会衷心地信任和尊重法律，懂得运用法律武器来维护自己的正当权益，当个人权威或政治权威与法律权威发生冲突时，懂得坚决维护和捍卫法律权威。

其三，参与意识和公德意识。参与，是指公民以一种积极理性的姿态、合法的程序，参加政治、社会、文化等公共事务的计划、讨论和处理。参与是民主制度的逻辑起点，是民主制度的第一步，也是民主制度的核心环节。在我国，由于受农业文化和专制文化影响，不少普通老百姓参与公共事务的热情不高。在现代民主政治视野中，公民参与公共生活不是纯粹的个人行为，而是关乎每个公民切身利益和社会政治健康发展的集体行为。公德意识是社会成员在认知层面上对社会公德的认同以及在实践层面上自觉运用社会公德规范自己行为的社会意识，是现代公民参与各类公共生活不可或缺的润滑剂，是一个社会文明程度的具体体现。然而，在我国经济建设取得巨大成绩的今天，在社会公共生活领域内不讲文明、破坏生态环境等不良现象仍时有发生，见利忘义、损人利己等危害社会行为日渐增多，这些不良现象和不道德行为对社会主义精神文明建设产生了较大的影响。因此，维护公众利益的公德意识越来越成为人们的迫切需要。

其四，平等意识和协商意识。平等是指公民的人格和地位不因种族、信仰、出身、性别等的不同而有所差别。只有平等才有个人的自由和权利。由于我国封建等级观念有着深厚的文化背景和历史传统，在当今现实社会生活中，等级观念和特权思想仍未被彻底根除。现代化的平等意识要求公民明确意识到，所有公民在法律面前一律平等。在社会经济生活中，社会成员能够享有权利的平等，改变消极依赖社会、群体或他人的思想观念，勇敢地维护自己的权利，自主地决定自己的行动。在现代社会中，公民作为独立的价值主体，为了保障个人的权益，应该具有平等意识。同时，为了协调公民之间的和谐关系和公共秩序，需要公民和公民之间，公民和政府之间，通过协商找到共同的利益结合点，避免社会资源浪费，促进社会有序发展。协商意识，表现为社会的不同利益主体，在参与处理公共事务时，遵循自由、平等、理性与合法性的原则，共同商讨，以期取得一致意见。平等意识是实现协商的前提，协商意识是平等意识的延展，两者缺一不可。

其五，国家意识和全球意识。所谓国家意识是公民对于自己与国家之间关系的基本认识以及对国家主权、国家利益、国家尊严自觉维护的意识。国家意识包含了主权意识、民族意识、爱国意识等丰富内容。国家意识及其教育主要为了培养公民的国家观念，也就是要树立民族自信心、自尊心和国家利益观念，从个人对国家的依存关系中意识到个人命运和国家命运息息相关，树立国家利益和人民利益高于一切的思想，懂得作为中国公民具有维护国家主权和领土完整、维护国家利益和民族尊严的义务。全球意识是指人类价值主体在承认国际社会存在共同利益和人类文化现象具有共同性的基础上，超越社会制度和意识形态的分歧，克服民族国家和集团利益的限制，以全球视野去考察认识社会生活和历史现象所形成的一种意识。国家意识强调公民对所属国家的忠诚和信仰，全球意识则提出了一种从全球角度进行人文关照的思维和路径，其目的不是为了取消体现国家特色的文化传统、人文精神和意识形态，也不是西方宣扬的所谓"普世伦理"实则"霸权主义"。国家意识是全球意识的基础，全球意识是国家意识的升华。只有具备了国家意识的公民才能称之为公民，只有具备了全球意识的公民才能称之为世界公民。

我国的公民意识产生于现代社会发展过程中，与社会主义市场经济、民主政治和公民社会的建立和完善相伴而生，与党在意识形态领域的要求和发展方向总体上相耦合。但一方面受中国封建思想的影响，另一方面受某些西方文化语境下对相关公民意识内涵错误解读的影响，我国的公民意识发展还不成熟。培育公民意识，顺应了现代社会发展规律，满足了人的精神需要，确立了人的主体性地位，彰显了人的价值，对个体而言有利于培育社会主义公民人格，对社会而言有利于促进社会主义政治文明的实现。

公民意识培育是公民人格形成的关键。人格是人的社会自我的外在表现，是个体在社会化过程中成熟起来的思考方式和行为方式，人格的实质是人的社会化，包括人的政治社会化与道德社会化等内容。人格的素质结构，一般而言包括五个方面的具体内容，也就是人的思想道德素质、人的心理素质、人的智能素质、人的需要素质和人的身体素质，这体现为国民素质的内在结构及其提升之上，体现着人的观念现代化的第二层次本质。在这当中，人的思想道德素质是人格的导向与核心成分，对人格动机和人的行为起着主导作用，决定着人格行为的发展方向和行为性质，在一定程度上能够影响、决定甚至制约着人格结构中其他几个部分的发展变化，人的思想道德素质及其状况决定着整个人格结构的社会性质。公民意识是公民对自身法律地位或公民身份的自觉认识，是公民的世界观、人生观、价值观的反映，属于公民人格思想道德素质的范围。我国的人格教育，既要提倡优秀文化传统的人格行为，如同情、友谊、诚信、责任等，又要注重独立、平等、参与、协商等现代人格行为的培养，所有这些良好的人格行为，在以建设法治国家为目标的社会历史阶段，都属于公民人格的内在要求。作为社会主义公民的理想人格，应以社会主义公民意识为思想基础。因此，塑造社会主义公民理想人格的关键，乃在于培养社会主义公民意识。

公民意识的培育是实现现代政治文明的心理基石。政治文明以社会主义民主法治作为其核心价值内容，以最大化、最高程度实现公民的全面自由充分发展为目标。而公民意识与现代人的自由平等等现代政治观念与理念密不可分（这些也都属于社会主义核心价值观念的范围）。现代公民意识通过一种集体的理性自觉来监督并制约国家，特别是国家公权力的行使，使之能够更好地促进和保障公民的权利范围扩大与自由范围扩充，推进社会主义民主政治的完善与发展。公民意识成为民主政治实现的社会心理基础，公民意识培育（也就是公民意识教育）是实现社会主义政治文明与法治文明的现代心理基石。首先，现代公民意识的培育有助于社会公平的实现。公平、正义一直以来都是人类追求的社会理想，也成为我们现时代构建社会主义和谐社会的现实基础，作为社会主义核心价值体系的重要内容自然成为社会主义政治文明的终极价值追求，而建立在公民意识教育基础上的公民权利意识的增长（体现为应然方面）和公民现实权利的实现（体现为实然方面），将更有力地推进这一价值目标的实现。其次，公民意识培育有助于扩大公民的政治参与并实现这种政治参与的有序化。社会主义政治文明以现代民主法治为目标，现代民主法治建设需要公民广泛的政治参与以及这种政治参与的法定化、程序化与有序化。公民意识培育一方面能够使公民在现实生活中切实感受到参与国家各类公共事务是自己的分内之事，也是法律规定的公民对国家应尽的法定义务；另一方面也使公民充分意识到，这种政治参与，如社会主义民主政治中的各种民主选举、民主决策、民主管理与民主监督等，不可能是随时随地、无限制地依照个人主观意愿进行，而是需要公民依照法律规定的严格程序理性地加以推进，其中的程序正义在现时代显得尤为重要。公民政治参与意识的培育能改造传统思想观念中国人对国家政治、公共生活与公共治理的冷淡,从而在现代观念的指引下使公民能够积极广泛地参与各类政治活动与社会公共生活,并能在政治参与的实践中自觉地遵守国家宪法和法律,实现政治参与活动与公共生活活动的理性化和程序化。再次,公民意识培育有助于形成现代政治文化,这种体现现代社会要求的新型政治文化,能够为现代政治文明建设培植优质的文化土壤。公民意识培育以及形成与此相适应的现代观念,将有利于改造传统观念中根深蒂固的臣民政治心理,树立新型的适应现代社会发展要求的民主、平等、公正、理性、和平的现代公民政治心理。这样,整个社会都将在这种现代政治心理(实质也就是一种现代观念)的基础上形成与现代社会发展相一致的新的政治价值观念与政治评价标准,并以这种现代政治观念取代传统政治观念来评价、指导现代政治生活,实现政治主体、政治结构、政治观念与政治制度的共同发展、协同进步,从而促进社会主义政治文明的实现。

第二,要在全面推进依法治国的进程中实现人的法治意识的现代化。中国共产党在当代已经逐步认识到以人治为基本特征的传统政治已不再适应社会主义市场经济的时代要求,自觉确立了"依法治国,建设社会主义法治国家"的现代治国方略,"法治已经成为治国理政的基本方式",从而开始了建设社会主义法治国家的伟大实践。改革开放以来法治国家建设的伟大历史实践,也在根本上不断更新着国人几千年来始终缺乏的法治观念。而中国人的法治观念的逐步确立,又将反过来深刻影响着、促进着中国社会进一步革新经济、政治体制的历史进程,为中国最终建成发达的现代市场经济和法治国家确立一个不可缺少的政治观念的前提。

法的现代化有赖于人的现代化,也就是说要在法的现代化中实现人的观念现代化。[①]在国民法治意识逐步养成的背景下,各级政府还需要不断提高依法行政的水平,各级政府的法治水平应当跟上甚至引领时代前进的步伐,以顺应法制现代化的要求。由于政府的法治水平主要是以公务员队伍的法治水平来测量的,因此,国民尤其是政府公务员的政治观念现代化问题,应当引起理论界与决策层的高度重视。

---

① 喻中:《法的现代化有赖于人的现代化》《学习时报》2007年5月21日第6版。

法制现代化理论共同的思维定式几乎都是把法制作为一个纯粹的客体或对象来加以讨论，这种单向度的理论模式不可避免地造成视角上的盲区，那就是忽略了法制背后的人，不自觉地割裂了法制与人的固有联系。法制现代化，并不是法制本身的现代化；法制现代化的核心，是人的现代化。只有现代化的人，才可能形成现代化的人际关系和人际秩序；对这些现代化的人际关系和人际秩序规则化的建构和表达，就形成了现代化的法制。法制现代化的实质，并不在于法律本身的新潮或摩登，而在于造就现代化的人。

　　在人的现代化的视野中，现代化的人表现为：首先，现代化的立法者。只有立法者自身实现了从传统向现代的转型，他们制定出来的法律规则才可能适应现代化的要求，才可能体现现代化的属性。要克服立法中的诸多现象，有赖于立法者自身的现代化。其次，行政执法者的现代化。如果行政执法者尚未从传统的行政模式中走出来，即使有现代化的法律文本，也会在执行过程中变形、走样，从而使现代化的法律文本形同虚设，成为列宁所讲的"纸面上的法律"。行政执法者还需要进一步完成从传统向现代的转型。再次，司法者的现代化。司法者是法律的最终适用者，不同的司法者将会适用不同的法律：面对现代化的司法者，公众将倾听到现代化的法律；面对传统的司法者，公众将会倾听到传统的法律。最后，只有以上三类主体都完成了现代化转型，社会公众必将相应地转换自己的观念和行为，以适应立法、执法、司法中各个环节的要求，否则他们将承担某些消极的后果；即使在趋利避害的心理支配下，社会公众也会适应立法、执法、司法各环节的要求，被动或不情愿地完成现代化转型的过程。

　　当中国人的情感模式、思维模式、行为模式都从传统转型到现代之时，就是中国法制现代化的实现之日。就是说，要实现中国法制的现代化，就不能只盯着"法"这个现象或客体，而应当更多地着眼于法制背后的人，尤其是运作法律的国家公务人员。

### （三）文化观念的现代化

　　新世纪的文化观念是中国改革开放以来文化观念合乎逻辑的发展，又是对未来中国社会生活的展望。它是理想性和现实性的统一，因而对当代中国文化观念进行全景式的展望，有两种并驾齐驱的理论进路：一是探索并遵循当下中国文化观念的进化发展规律，二是研究新时期中国政治、经济等社会发展态势。中国的文化观念变革是整个中国现代化的一部分，而中国现代化是置身于整个人类现代化的宏大背景之下的。中国文化观念的发展进步虽然有其自身的具体特性，但同时无法回避人类文化现代化的普遍规律的导引。世界文化现代化浪潮，成为中国本土文化现代化变革的一幅更为辽远宏阔的天幕。尽管作为后发现代化的中国在这一浪潮中已经处于历史意义上的落后状态，但也正因为如此，中国文化观念的变革更新与进步反而具备了更多、更清晰的资源借鉴。在中国共产党领导下，要扎实推进社会主义文化强国建设，正如十八大报告指出的，"文化是民族的血脉，是人民的精神家园。全面建成小康社会，实现中华民族伟大复兴，必须推动社会主义文化大发展大繁荣，兴起社会主义文化建设新高潮，提高国家文化软实力，发挥文化引领风尚、教育人民、服务社会、推动发展的作用"。[①] 在这样的历史背景下，实现文化观念的现代化，从宏观上讲，就是要推进社会主义核心价值观建设，体现着文化观念现代化的方向；从微观上说，就是要在社会主义文化建设中，进一步彰显人的主体人格与自主意识。

第一，社会主义核心价值观是人的文化观念现代化的核心内容与本质体现。党的十八大要在全社会进一步"倡导富强、民主、文明、和谐，倡导自由、平等、公正、法治，倡导爱国、敬业、诚信、友善，积极培育和践行社会主义核心价值观"。[②] 社会主义核心价值体系是兴国之魂，决定着中国特色社会主义的发展方向。实现人的文化观念现代化乃至于整个人的观念现代化，必须坚持社会主义核心价值观念的价值导向作用，以此推动全社会形成并巩固明确的指导思想、一致的理想信念追求、强大的文化精神动力以及良好的个人品德与社会道德风尚。

人民群众是践行社会主义核心价值观的主体，每个个体都要以社会主义核心价值观为指导实现思想观念的现代化。人民群众是物质财富的创造者，也是精神财富的创造者。人民群众中蕴藏着践行社会主核心

---

① 《中国共产党第十八次全国代表大会文件汇编》，人民出版社 2012 年版，第 28 页。
② 同上。

价值观的巨大热情和创造活力。改革开放和社会主义现代化建设的火热实践，为人民群众践行社会主义核心价值观提供了广阔的舞台。作为社会个体，工人、农民和知识分子要成为践行社会主义核心价值观的主力军，包括大学生在内的青少年要成为践行社会主义核心价值观的生力军，同时，发挥党员干部的模范带头作用，发挥新经济组织和新社会组织从业人员的积极性，发挥公众人物特别是各界知名人士的独特作用，汇聚起建设社会主义核心价值观的强大合力。

先进典型是践行社会主义核心价值观的优秀代表，人的思想观念现代化要发挥先进人物的引领作用。在改革开放和社会主义现代化建设各个历史时期，涌现出一大批各行各业的先进典型和道德模范，他们虽然事迹不同，但是都以自己坚定的理想信念、崇高的精神境界和高尚的道德情操，诠释了当代社会的主流价值，对广大人民群众有着极大的激励和感召作用。在人的观念现代化中，执政党及其国家机器要广泛宣传各行各业、各条战线的先进典型，为人民群众树立起践行社会主义核心价值观的楷模，让人们在现实生活中学习有榜样、赶超有目标；深入发掘先进典型的思想和精神，让先进典型成为鲜活的教科书，使社会主义核心价值观变得更具体、更生动，更大众化，更容易为群众所认同、选择和接受。

第二，独立自主的主体人格和健康发展的主体意识，是文化现代化的重要内容，也是现代人的本质特征之一。参与社会主义现代化建设实践的当代中国人应该是具备现代主体人格与自主意识的人。这种主体意识应该体现出一种顺应时代发展要求、体现时代精神内涵、合理解释社会进步、正确对待人生价值的主观态度，主要应该表现在以下诸方面：一是具有开放意识。人的开放意识就是主体自觉自愿地在同外界事物和环境广泛接触过程中，主动实现信息交换，而不是把眼光仅仅局限在本人以及与自己有直接关联的社会环境和具体事物上（这就是一种保守意识），对国内外的重大事件信息和公共治理过程中的各项决策产生广泛兴趣，对于涉及公共利益的事务和国家各个层面的公共事务进行独立思考，并敢于发表自己的主张见解而不受或少受传统观念、保守意识的束缚。二是具有包容意识。包容意识是现代社会要求的现代观念之一，独立的主体不仅要能够欣然接受自己所处环境中发生的各种变化、变革与变动,而且还要能够随着社会历史条件的发展变化使自己的思想观念也发生相应的转换,能够尊重并愿意听取来自不同方面的意见、观念与看法,不会因为别人的社会地位、信息源中的位置低于自己而拒绝接受来自他们的正确意见、先进观念与科学思想。三是具有进取意识。独立的社会主体应该对社会发展进步充满信心,对社会发展、个人事业发展进步具有强烈的进取精神和丰富的现实感受;要更乐于着眼现实观念与未来观念,不抱有不切实际的幻想、空想,但要有远大的理想,工作、生活与学习中能够脚踏实地;还要能够根据国家经济社会发展的现实需求,结合个人发展的实际需要,更好地充分利用前人已经创造出来的观念成果、物质财富,形成现代意识与未来观念,努力去建设当代和创造未来。四是具有自信意识。具有强烈的个人效能感,能够学会如何控制环境,而不为自然本身的力量或社会权势所左右。独自或同别人合作去组织他的生活,能够对付和控制生活,有极强的信心。五是具有责任意识。生活、工作和学习讲求效率,有相当严密的计划,并能严格按照计划要求去做。珍惜时光,工作中保持适度的紧张感。具有强烈的社会责任感,严格履行社会义务。有较高的可依赖性和信任感。六是具有创新意识,乐于接受新的生活经验、新的思想观念和新的行为方式。倾向于探索未知的领域,有知识有理想,善于发现问题,并乐于运用知识去解决问题,在此基础上,形成自己新的意见和看法。七是具有挑战意识。独立人格主体要乐于让自己以及后代去选择背离传统观念所尊敬、推崇的职业,对教育的内容和传统的思想观念要敢于挑战,乐于从事与新的生产方式紧密相关的现代职业。重视让自己的后代多受严格的、科学的正规教育。八是具有民主意识。尊重他人,承认人的差别,但在人格上采取一视同仁的态度。表现出对弱者和地位较低的人的尊重,尽其所能给予这些人更多的保护。并强烈要求以法律手段来解决社会问题,一切都纳入法制和正规化的轨道。九是具有科学意识。对人、社会和自然的解释和认识要从迷信和宗教中摆脱出来,采取科学的理性态度,能正确地评估自己的能力。

就我们正在为之奋斗的国家全面现代化建设而言,人的现代化虽然要达到国家整个人口素质现代化的指标要求,这是基础,也是一种硬性要求;但个体素质方面的现代化,特别是人的观念层面的现代化,作为一种条件，作为一种软性要求，对于我国全面现代化进程所产生的影响具有更加突出的意义。文化观念现代化是一个动态发展的长期过程。就现代化的起源而言，现代化理论认为，全世界最先发生的现代化，其实就是文化现代化。[①] 在文化现代化过程中，陈旧的、落后的思想观念不断被淘汰，新型的、先进的观念不断呈现，最后形成一种适应现代社会要求的稳定的观念系统，并且这种适应也是相对的、渐进的。在这个过程中，人的思考方式和世界观发生变化，也就是理性主义世界观逐步确立，以此反对巫祝迷信、传统主义，反对无批判地顺从集体的看法；人的处事态度的现代化，也就是在人的思想观念中普遍主义态度的确立，摒弃特殊主义这一传统观念。[②]

### （四）生态观念的现代化[③]

生态问题是人类社会必须高度关注的一个重大战略问题。建设生态文明关系到经济社会的和谐发展，既影响着发展的全局，也决定着发展的可持续性；建设生态文明关系到人类的命运，既影响到人类的现在，也决定着人类的未来。生态文明，是指人们在改造客观物质世界的同时，积极改善和优化人与自然的关系，在建设有序的生态运行机制和良好的生态环境过程中所取得的物质、精神、制度方面成果的总和。建设生态文明，实质上就是要建设以资源环境承载力为基础、以自然规律为准则、以可持续发展为目标的资源节约型、环境友好型社会。生态文明亦即人类与周围环境的良好状态或和谐共存，反映了人类在历史发展过程中形成的人与自然、人与社会环境的和谐共存和良性互动的状态。生态文明是与物质文明、政治文明和精神文明相并列的引导社会发展的一种价值目标。

所谓生态文明观念，是生态文明精神成果的一种形式，是对人类生态文明的主观反映和理性提升，也就是人们对生态文明的基本观点和总的看法。生态文明观念的构成要素既包括内容性要素，也包括制度性要

---

① 于歌：《现代化的本质》，江西人民出版社 2009 年版，第 3 页。
② 同上。
③ 储著斌：《论生态文明观念的培养》，载湖北省炎黄文化研究会、随州市人民政府《传统文化与生态文明》，武汉出版社 2010 年版，第 332—340 页。

素，还包括行为性要素。按照学界主流观点，生态文明的结构主要包括三个方面的要素：生态意识文明、生态法制文明和生态行为文明。与此相对应，生态文明观念也由三种要素构成。生态意识文明是人们正确对待生态问题的一种进步的观念形态，包括进步的生态思想、生态心理、生态道德以及体现人与自然平等、和谐的价值取向。这是生态文明观念的内容要素；生态法制文明是人们正确对待生态问题的一种进步的制度形态，包括生态法律、制度和规范，其中特别强调完善和健全与生态文明建设要求相适应的法制体系，并重点突出强制性生态技术法制的地位和作用。这是生态文明观念的制度要素；生态行为文明是在一定的生态文化观和生态文明意识指导下，人们在生产和生活实践中的各种推动生态文明向前发展的活动，包括实行清洁生产、发展环保产业、开展环保行动以及一切具有生态文明意义的参与和管理活动，同时，还包括对生态文明建设主体的生态意识和行为能力的培育。这是生态文明观念的行为要素。

建设生态文明不仅需要实现生产方式的转变，而且还需要思想观念的转变，树立生态文明的新理念，培养符合社会要求的生态文明观念。思想观念的转变是要解决人们的哲学世界观、方法论与价值观问题，其中最重要的是价值观念与思维方式，因为它们指导人们的行动。现在为使整个人类社会摆脱危机和困境，越来越多的人已达成共识，就是要改变人们的行为方式。而人们对行为方式的选择，首先是受价值观支配的，文化的核心在于价值观，在其价值观未出现重大转折之前，人们的行为方式是不可能出现根本性变化的。生态文明观念的培养也就基于此。

生态文明观念的培养就是引导人们树立符合社会要求的关于生态文明的基本观点和价值追求。用思想政治教育的术语来说，生态文明观念的培养也就是生态道德教育，其核心在于引导受教育者正确认识和处理人与自然的关系，培养人的生态意识、生态智慧和生态德行，形成生态良知、生态审美、生态责任等生态人格。[①] 生态文明观念的培养要在生态文明观念的制度要素框架内，以其内容要素为目标，通过教育的途径

---

① 熊建生：《思想政治教育内容结构论》，中国社会科学出版社2012年版，第193页。

来培养主体的生态意识，实现主体行为的改变。培养生态文明观念是落实科学发展观的内在要求。科学发展观强调把发展、以人为本、全面协调可持续内在地统一起来，坚持统筹兼顾的根本方法。建设生态文明、培养生态文明观念体现了人与自然、人与人以及经济与社会的协调发展，是协调人与自然关系的落脚点和最终结果，其终极目的仍然是实现人的全面而自由的发展。建设生态文明，观念要先行，要牢固树立和培养全体社会成员的生态文明观念。要使生态文明观念深入人心，就要在全体公民中强化国情意识、效益意识以及环保意识，相应地树立生态忧患观、生态成本观、绿色政绩观和生态生产力观。

第一，强化我国人口多、人均资源少、环境形势严峻的国情意识，树立生态忧患观。生态文明建设是中国特色社会主义建设进程中产生的新问题，也是世界范围的普遍问题。建设生态文明就是要在新的历史条件下正视历史经验、强化国情意识，确立人和自然的新关系，建立不同于以往的尊重自然、善待自然，与自然友好相处的人类社会的新文明。生态问题伴随着人类社会的不断发展而日益突出。人类生于自然，依赖于自然，是自然的一部分。历史经验告诉我们，生态兴则文明兴，生态衰则文明衰。从19世纪中叶到20世纪中叶，从西方国家开始的工业革命，建立在廉价能源和廉价资源的过度消费的基础上，使自然生态环境急剧恶化，达到了相当严重的程度。自然生态环境恶化和蜕变正从局部的区域问题日益演变为影响全球的生态危机，从而成为社会关注的热点。当代世界的发达国家，在其工业化初期和中期阶段，无不走过一条先污染后治理的传统工业化发展道路。事实证明，环境污染和生态破坏的发生，不仅仅是工业生产中的技术问题，从根本上讲它是一个包括社会制度和发展理念在内的社会问题。因此，人类要继续生存和发展，必须从根本上改变传统工业发展模式，重新构建一个符合自然规律、与自然友好又可持续发展的模式。生态文明建设的思想正是在这样的经济社会背景和思想基础上产生的。

我国的工业化则是能源和资源在全球范围内都成为紧缺资源的条件下开始的。因此，自然面临着严峻的生态环境形势。党的十七大报告总结过去五年工作的时候，指出我们当前面临的若干突出问题，排在第一位的就是"经济增长的资源环境代价过大"。我国自1972年联合国人类环境会议后，就正式成立了专门的环境保护机构，加强生态环境的保护。尤其是近些年来，制定了很多专门性的、综合性的条例、法规、标准、政策，并投入了大量的人力、物力、财力，进行生态环境的保护和治理，在某些地方和某些方面也取得了显著成绩。但整体而言，由于种种原因，"消耗大于补给，支出大于投入，污染大于保护"已使我国成为世界上生态环境恶化严重的国家之一。面对如此严峻的生态环境形势，国家要发展，民族要崛起，人民要幸福，我们就必须改变高消耗、低效率的西方传统工业发展模式。同时，我国现存的资源总量、土地总量和生产力发展状况，决定了我们不能重复"先污染、后治理"的老路子。一言以蔽之，正视并解决生态环境问题，是关系到中国特色社会主义建设的重大问题，也是关系到全球发展和人类生存发展的重大问题；立足中国实际，加强生态文明建设，走出一条符合中国国情的生态文明建设的新路子，不仅可以推动我国的现代化建设，也是对世界做出的重大贡献。建设生态文明、保护生态环境是当代中国的一项重大而紧迫的任务；加强国情教育，增强全体公民的忧患意识，是培养生态文明观念的首要内容。

第二，强化经济效益、社会效益、生态效益相统一的效益意识，树立生态成本观。如何使有限的资源、脆弱的生态环境支持经济快速发展和人民群众日益增长的物质文化生活需要，是摆在我们面前的一项重大任务，也是对环境保护工作的严峻考验。"鱼，我所欲也，熊掌，亦我所欲也。"不能只强调经济发展，而忽视对生态环境的保护；也不能过分强调保护生态环境，而制约经济发展。只有把经济发展与生态环境保护有机地结合起来，做到经济效益、社会效益和生态效益相统一，统筹兼顾、协调发展，才能鱼和熊掌兼而得之。贯彻落实科学发展观，建设生态文明，要树立生态成本观。生态环境不是可再生资源，是经济社会发展最宝贵、最有限的资源。要考虑长远利益，算生态账，决不能以生态成本为代价换取一时经济发展，决不能再干"吃祖宗的饭，断子孙的路"的傻事。

第三，强化经济指标、资源指标和环境指标、人文指标全面发展的政绩意识，树立绿色政绩观。长期以来，无论是考核干部政绩，还是衡量一个地区的经济发展状况，GDP 增长速度一直是政绩考核的最重要指标。这种考评体制主要反映经济总量的增长，没有全面反映经济增长对资源环境的影响和可持续发展能力。绿色 GDP 的实质，是把资源和环境损失因素引入国民经济核算体系，即在现行 GDP 中扣除资源消耗的直接损失以及为恢复生态平衡、挽回资源损失而必须支付的投资。当前应当抓紧研究形成新的核算指标体系即"绿色 GDP"体系，以取代现行单一的 GDP 核算体系。这将有效地改变目前存在的不顾资源与环境损耗，单纯追求经济总量增长的非科学的发展观和政绩观，促进经济社会的可持续发展。贯彻科学发展观，就是要树立绿色政绩观，改变原有的干部评价体系，要把生态建设作为衡量发展成效和政绩的标准之一。无论确定什么样的发展模式，选择什么样的发展路径，都要对最广大人民群众的根本利益负责，对未来负责。

第四，强化环境就是资源、资本，破坏生态环境就是破坏生产力，保护环境就是发展生产力的环保意识，树立生态生产力观。环保意识的确立，能对生态系统免遭人类开发活动的破坏起到积极的作用。目前，我国生态被破坏，环境污染的情况相当严重，生态意识尚未彻底深入人心。所谓环保意识就是人和生物与其环境相互依存、协调发展规律的客观反映。所以只有倡导生态意识，才能唤回人类对自然生态系统的道德理性，才会在全社会形成人人尊重自然、爱护自然、崇尚自然的良好社会道德风尚，才能更好地维护、优化生态环境，才能有利于生态文明的发展。首先，要从贯彻科学发展观的高度来认识生态环境问题。提高全党和整个社会成员加强生态环境保护与建设的自觉性，在全社会树立"破坏生态环境就是破坏生产力，保护生态环境就是保护生产力，改善生态环境就是发展生产力"的生态文明观念。让保护生态环境成为全民的自觉行为。其次，要提高生态平衡意识，树立人类是自然界的一个组成部分的观念。要清楚地认识到人类既不能依据单方面的需求，随心所欲地向自然界无限索取，也不能将自己视为"主人"，把自然界看作是依附于我们的被保护对象。两者应是和谐共处，协同进化，并将人的活动纳入整个生态系统，维护生态平衡。最后，要提高生态文明意识。生态环境的容量有限，承载人类活动的能力也是有限的，而且这种有限值由于人类的破坏活动正在继续下降。因此，走可持续发展道路，提高生态文明意识，就是要使经济、社会和环境的发展以不损害生态环境质量为原则。

当前，建设生态文明，树立和培养生态文明观念，其重要实现途径就是：开展全民生态文明教育，这是生态文明观念培养中的基础工作；加强道德义务和法律义务双重规范的约束，这是生态文明观念培养中的制度保障；推动生态文明实践，这是生态文明观念培养中的行为养成。首先，开展全民生态文明教育。教育是改造人的灵魂、塑造人性的重要途径，建设生态文明，普及生态文明观就必须加强生态道德教育。生态文明是一种先进的文化。在全社会牢固树立生态文明观念，必须依赖有效的、长期的教育。生态文明教育的核心内容是生态文明意识教育。培养人们的生态文明意识，全面地、科学地认识和处理人与自然的关系，以科学的态度善待自然，并使其成为一种道德自觉，这是生态文明教育的首要任务。当然，生态文明教育除了将其纳入国民教育和再教育的体系，实行正规教育，还必须通过广播、报纸、电视、电影、网络等各种媒体实施生态文明的宣传教育，以及创建绿色社区、生态示范基地建设等多种教育形式，来扩展广大人民群众对生态文明的认知，使生态文明意识家喻户晓，人人皆知，形成一种浓厚的生态文明社会舆论氛围，从而将生态文明的理念渗透到生产、生活各个层面，增强全面的生态忧患意识、参与意识和责任意识，树立全民的生态文明观、道德观、价值观，形成人与自然和谐相处的生产方式和生活方式。其次，加强生态文明的道德义务和法律义务双重规范的约束机制建设。要在全社会积极倡导遵守道德规范的义务即道德义务。遵守生态道德规范的道德义务的内容十分广泛，包括社会的、职业的、家庭的和个人的各个方面。建立和完善生态道德规范，必须以人与自然和谐为价值观基础，坚持生态公正、尊重生命、善待自然、保护环境和适度消费的原则，道德是调整人与人之间、个人和社会之间关系的行为规范的总和。这是许多年来被人们认同的道德内涵。其实，道德不仅表现于人与社会的关系、人与人的关系，也同时表现于人同自然的关系。人与自然之间的关系问题，实质是人与人之间关系的问题。生态道德是调整人与人、人与社会之间在生态环境问题上的行为规范的总和。既然人对自然也有一个道德责任问题，那么在生态道德建设中破除人们长期固守的"人类中心主义"观念就非常重要。健全的法律体制和良好的法治氛围，对于维护人们解决生态问题的权利和义务，具有道德所不可代替的作用。但是，单纯依靠法律，虽然可以将人们的生态行为强制性地限定在一定范围内，约束和制止道德底线以下的违规行为，但决不能代替道德的社会调适功能。只有将法治与德治相统一，才能培养具有高度生态文明自觉意识的社会公民，从本质上解决目前存在的一切生态失范问题，提高人们的生态文明素质和社会生态文明程度。当然，公民道德义务的约束与法律义务的规制也不是截然分开的。特别是在现代社会，道德义务的要求常常诉诸法律义务的要求，通过法律的形式来完成道德上的要求，从这一角度看，道德义务常常是社会生活的最基本的要求，而法律从规范上说就是最低的道德要求。对此，十七大报告中也明确提出，要在建设和谐文化、培育文明风尚的过程中，"引导人们自觉履行法定义务、社会责任"，也就是说法律义务也可以转化为道德义务。再次，要推进生态文明实践活动。理论教育的实践转向问题是思想政治教育研究的最新认识之一，在思想政治教育主体互动模式建构中，要求思想政治教育要结合发展的实践进行，面向实践，自觉实现实践转向，避免理论教育的抽象化、概念化和知识化，以增强思想政治教育的针对性与时效性，吸引力与感染力。基于此，《中共中央国务院关于进一步加强和改进未成年人思想道德建设的若干意见》和《中共中央国务院关于进一步加强和改进大学生思想政治教育的意见》等文件中均将开展道德实践活动作为工作的有效途径之一。

对于生态文明观念的培养而言，就是要在社会实践中，实现生态文明建设的价值，强化生态文明建设的功能，推动生态文明建设各项活动的发展。社会实践是生态文明建设的根本途径和直接推动因素。生态文明建设的目的只有通过社会实践才能实现，生态文明建设的一切方面都必须服从于生态文明建设的社会实践需要。生态文明建设必须克服实践活动的异化状态，遵循人与自然平等、和谐、互惠互利的价值观，自觉调整人们的生产和生活方式。不仅要使"清洁生产""循环经济""环保产业"等成为人们的自觉生产实践，而且要使"健康、科学、文明"和"适度消费"的生活方式成为人们自觉的生活行为。但是必须强调，任何社会实践活动都应当是具体的、实在的，而不是抽象的、虚拟的。生态文明的各项主题实践活动，都必须充分反映人民群众对美好生活与良好自然生态环境的向往和追求。生态文明实践活动，从教育的意义上讲，就是从规范行为习惯做起，培养良好道德品质和文明行为。以未成年人为例，就是通过实践活动，引导广大未成年人"懂得为人做事的基本道理，具备文明生活的基本素养，学会处理人与人、人与社会、人与自然等基本关系"。①

## 四 人的观念现代化内容的结构优化

人的心理状态现代化、思维方式现代化与思想观念现代化，在一定程度上共同构成了人的观念现代化的内容要素。人的观念现代化的内容结构，是指人的思维方式现代化、心理状态现代化和思想观念现代化等内容要素之间的相互联系、相互作用、相互结合的关系及其实现方式。人的观念现代化，不仅取决于每一观念现代化要素的发展，更取决于人的观念现代化内容结构的优化。思维方式现代化、心理状态现代化与思想观念现代化在相互联系、相互作用、相互结合的过程中，如何彰显各自的功能，发挥各自的优势，结成相互的关系，确立相互的地位，形成合理的结构，这是人的观念现代化结构优化的重要问题。在人的观念现代化内容结构的优化当中，要发挥社会主义核心价值观念及其体系对人的观念现代化内容的统领作用，这是由价值观念在人的思想观念中的根本地位决定的；人的观念现代化内容构成要素之间，也不是功能与作用的同一，而是有着鲜明的层次及其不同的作用，这就是内容要素的相辅相成。

### （一）人的观念现代化内容的结构关系

马克思主义认为，事物是普遍联系的，这些联系就体现为关系，其最高形式就是一种结构关系。人的观念现代化包含着丰富的内容，这些内容并不是简单机械地相加或者组合，而是多因素、多层次的，构成一个结构体系或系统，它们之间存在着一种不可分割的内在联系，并呈现

---

① 《十六大以来重要文献选编》（上），中央文献出版社2005年版，第794页。

出一种结构关系。人的观念现代化内容的存在状态实质上是一种结构关系，也就是内容构成要素之间的稳定联系及其作用方式，包括组织形式、排列顺序和组合方式。在这样的内容形态和内容体系中，诸内容具有不同地位和作用。研究人的观念现代化的内容，不仅需要研究人的观念现代化内容的各个组成部分，更要研究人的观念现代化内容的结构关系，也就是人的观念现代化内容的整体性关系、层次性关系和有序性关系，以便从整体上认识、把握和丰富人的观念现代化的内容结构。

第一，人的观念现代化内容具有整体性。这种整体关系是指人的观念现代化内容之间是富有内在联系的有机整体，具有一种内在的和谐性，表现为要素的多样统一性和协同相关性。一方面，人的观念现代化内容具有类别与形态之分，不同类型有着自身固有内容和内在联系，它们之间具有不可替代性；另一方面，它们之间具有互动性、有序性的有机联系。人的观念现代化的内容是多重结构和复杂关系构成的有机整体，诸内容形态既具有不同的性质，又相互关联，既有要素构成的整体性，又有发展过程的整体性，呈现出一种全方位、多层面、全过程的整体性关系。从人的思想观念发展变化的角度看，人的传统观念、现实观念与未来观念三者是一个整体，是统一于现实的个体思想观念之中的，在人的观念现代化过程中，既要实现对传统观念的历史承继，也要建立在现实观念的合理基础之上，更要超越传统观念与现实观念，朝着现代观念与未来观念发展。从人的思想观念的内在结构看，现实中人们复杂多样的观念大致可以划分为三个方面，也就是心理状态、思维方式与思想观念，心理状态是人认识世界时所持有的心理特征与心理矛盾，思维方式则是认识世界时的思想方法和工作方法，思想观念则是具体的思想品质、动机、情感、理想信念等，三者都属于人的精神现象，都是以人脑为器官，都是人脑的机能，都是以客观现实为源泉和内容，都是以实践活动为场所。这都决定着人的观念现代化内容具有整体性，最终统一于社会实践。总之，正如江泽民在谈到理论创新时指出的一样（2002年5月21日在四川考察工作时的讲话），人的观念现代化，人的思想发展及其形成的思想观念，"推进改革也好，促进发展也好，维护稳定也好，都需要我们在坚持马克思主义基本原理的基础上，深入总结实践经验，发展新的思想理论观念，找到新的方式方法，掌握新的领导本领。

坚持解放思想、实事求是，不是抽象的空洞的，不是为了理论创新而理论创新。理论发展是在实践发展的基础上实现的，而我们取得的新认识、新思想、新观点，一定要落实到更好地指导实践上来，落实到发展中国的先进生产力、先进文化，实现和维护中国最广大人民的根本利益上来。我们推进理论创新，就是为了要通过理论创新来推动制度创新、科技创新以及其他各个方面的创新，最终是为了使我们的理论能够更好地指导和推动建设有中国特色社会主义的伟大实践。"①这里讲的人的观念现代化的最终成果，要体现到指导实践、发展生产力、维护根本利益，就是指人的观念现代化的内容要统一起来，实现内容的整体性。

第二，人的观念现代化内容具有层次性。这种层次性关系是指人的观念现代化内容在构成方式、关联程度和表现形式上具有差异，呈现出不同的等级次序。从人的思想发展看，心理是思想的基础，思维是思想的载体，观念是思想的高级形式，人的思维方式与思想观念都是在人的心理状态的基础上发展起来的。观念的发展受到心理状态的影响和制约，心理活动的方向和内容受思想观念的支配。心理状态与思想观念密不可分、紧密相连，人的思想观念的形成和发展变化，与心理活动的过程是同步的，思想观念的变化与整个心理活动密不可分。思维方式是主体正确认识世界的中介，是理性认识的工具，人的观念现代化表现为思维方式的转换这一中间环节，是因为思维方式可以上升为人的思想观念，形成理性认识和科学观念，可以下降为人的心理状态，成为思想基础和心理因素。在心理状态与思维方式的共同作用下，人的思想观念外化为一种精神成果，实现人的思想观念现代化的过程。在人的观念现代化内容结构中，这种层次性表现为人的心理状态是基础，人的思维方式是中介，人的思想观念是成果，以此为指导，人的观念外化为人的行为与实践。

第三，人的观念现代化内容具有有序性。这种有序性是指人的观念诸要素之间具有一定的秩序和规则，遵循一定的逻辑顺序，在时间上表现为一定的发展顺序，在空间上表现为一定的排列顺序。这是因为人的思想认识发展与思想观念生成以及思想品德的进步都是有一定顺序和规

---

① http://dangshi.people.com.cn/GB/144956/11152624.html.

律的，要经历从特殊到一般、从简单到复杂、从具体到抽象、从感性到理性、从低级到高级、从现象到本质的逐步深化的过程。人的观念现代化内容的有序性关系，就表现为人的观念现代化内容之间所表现的顺序性和序列性。人的意识发展就表现出顺序性，从传统观念到现实观念，再到现代观念和未来观念，这种观念发展体现着顺序性；从人的观念存在的横向结构看，从哲学层面的理论观念，到科学层面的科学观念，再到实践层面的实践观念，三者之间呈现出顺序性，实践观念是最贴近实际、最低层次的观念，科学观念是一种中间环节，理论观念作为哲学观念的体现是最高层次的观念；从人的观念的内在结构看，心理状态是表层的心理基础，思维方式是中介的思想方法，思想观念是高级的成果体现，三者具有严格的生成与发展顺序；在人的观念现代化过程中，从个体观念现代化到群体观念现代化，从感性观念现代化到理性观念现代化，从认知观念现代化到价值观念现代化，无不彰显着人的观念现代化内容结构之中的顺序性。就现代化进程而言，现代化本身也有着严格的顺序，也就是从物质层次现代化、制度层面现代化到思想文化现代化的发展；从第一次现代化、第二次现代化到综合现代化、"再现代化"的发展；我国社会主义现代化也是从"基本实现现代化"到"全面实现现代化"的发展部署。这些都表明人的观念现代化内容在产生、形成与发展的过程中，都要遵循一定的逻辑顺序，从一方面内容上升到另一方面的内容；人的观念现代化内容的实施也是一个循序渐进的过程，体现出人的观念体现时代性、适应现代性的渐进式提高和层次性递进的统一。

### （二）人的观念现代化内容的价值引领

在人的观念现代化内容结构中，人的思维方式现代化是本质表现，人的心理状态现代化是其发生机制，人的思想观念现代化是其精神成果。其中，社会主义核心价值观念及其体系在人的观念现代化建设中居于核心和统领的地位，它决定着人的思维方式现代化、心理状态现代化与思想观念现代化能否形成人的观念现代化，形成什么样的观念现代化以及在多大程度上实现人的观念现代化的问题。用社会主义核心价值观可以有效实现人的观念现代化内容的统领与引领，具体就是实现目标调整、内容统领与方法转换。

价值体系是一个社会、民族在一定时代形成的社会意识和精神文化的集中反映。包含着丰富的内容和许多要素,如指导思想、理想信念、价值观念等,其中处于核心地位、起主导与统领作用、反映社会实践、现实生活和社会发展的内在要求以及社会根本利益的价值体系,就是核心价值体系。[①] 讨论核心价值体系,就必然涉及组成这一体系的具体价值观念。价值观念,一般来说,就是指人们在各种事物所具有的各种价值的观点或看法基础上所形成的对这些事物之所以具备这些价值的一种信念,这种信念成为人们进行价值判断和选择、确立价值取向和追求的范型和定式。[②] 这样,我们就可以加深对价值观念的理解。一方面,价值观念与价值认识存在着显著的差别。通常所说的价值认识(我们可以将之视为价值事实)可以大致分为两个层次:具体的价值观点和看法,如改革开放以后我们经常说的并作为中国特色社会主义理论重大成果认识的"科学技术是第一生产力"这一价值事实;一般的价值观点和看法,也就是我们通常所说的人的价值观,如我们认为快乐就是一种"善",就是一种"幸福"。但是,当人们仅仅只是形成了这样的一种价值认识时,它们还不能成为价值观念,只有当它们成为人们内心的确信,成为一种信念,并进而成为人们进行价值判断、开展价值选择、确立价值取向和明确价值追求时的一种范式和定式时,才有可能固化为一种价值观念。[③] 另一方面,价值观念与价值观也存在着差异。价值观作为一般的价值认识,有可能成为一般的价值观念,虽然在现实中我们也将两者同等意义上使用,但价值观并不等于一般价值观念。这是因为价值观作为一般的价值认识是比较容易发生变化、变动的,只有当人们在其内心深处确信这种价值观并坚定不移,在社会实践中自觉或不自觉地运用这种价值观来指导自己的思想观念形成与发展变化,并将其外化为主体的外在行为时,它们才成为真正意义上的价值观念。从这个角度看,一般的价值观念总体现出一种价值观,但是价值观并不当然成为价

---

① 骆郁廷:《文化软实力:战略、结构与路径》,中国社会科学出版社 2012 年版,第 131 页。
② 江畅:《论价值观念》,《人文杂志》1998 年第 1 期。
③ 戴茂堂、江畅:《传统价值观念与当代中国》,湖北人民出版社 2001 年版,第 327 页。

值观念本身。

第一，社会主义核心价值观实现人的观念现代化内容的目标调整。有什么样的核心价值观念与主导价值观，就会产生什么样的观念现代化目标。社会主义核心价值观的统领客观上要求我们重新审视和调整原有的观念发展目标，构建形成"一元主导、层次鲜明、包容多样"的人的观念现代化目标体系，也就是既要坚持培养社会主义建设者和社会主义接班人这一政治维度，也要涵盖人的心理状态、思维方式、理想信念、价值观念、道德伦理等其他维度，形成从底线保证到终极关怀的不同目标层次，更大程度上满足人的全面发展这一终极目标。具体来说，价值观念作为在价值认识基础上生成的深层次的心理结构与内心信念，作为人们在社会实践活动中进行价值判断和价值选择、确立价值取向和追求价值目标的范型和定式，对于一个人要成为什么样的人、社会即将成为什么样的社会具有决定性的作用。① 在社会中，每一个个体都富有独特性与特殊性，个体的这种独特性使现实中的每一个活生生的人与其他个体之间呈现出差异性、特殊性与多样性。这种独特性的根源就在于人的心理结构，人与其他动物不同的心理结构决定着人的观念系统，人处于观念系统的核心位置，并决定着主体的价值观念。这样，人的生活就丰富多彩、千姿百态，并呈现出一个追求目的和意义的理性过程。这一过程包含着两个方面的内容：主体有什么样的目的，主体应该怎样实现这个目的，价值观念就现实地规定着这两个方面的基本内容，直接地决定着这两个方面的基本差异，进而在最终意义上决定着个体意义上人与人之间的差异，显示出每一个个体的丰富性与独特性。正是因为个体独特性的现实根源在于其价值观念的差异，因而在丰富的社会实践中，一个人要实现什么样的发展、如何实现这种发展，其关键就在于主体要构建什么样的价值观念。

第二，社会主义核心价值观实现人的观念现代化内容的拓展整合。现时代人的观念现代化的内容可以说是得到了前所未有的丰富与拓展，但是静态上思想观念的"多"并不等于"乱"，动态上人的思想观念深刻变化中的"多样、多变、多元"也不能成为指导思想的"多元化"。

---

① 江畅：《论价值观念》，《人文杂志》1998年第1期。

核心价值观作为思想观念的主导，是系统性与层次性的统一，认知性与价值性的统一，内敛性与开放性的统一。在观念系统中，价值体系处于整个社会生活的内在深层结构之中，其中社会主导的价值观念又成为整个社会文明发展的内核与精髓。从本源上讲，价值体系、价值观念都是由一定的社会实践与社会存在决定的，同时，价值观念与价值体系又会对整个经济社会生活以及在这种生活中生存与实践的个体起着指导和规范的作用，这也就是社会意识对社会存在的反作用的具体表现。当一个国家的经济社会生活、一个个体的现实生活环境发生重大变化时，社会主导的价值体系以及人的价值观念必然会发生相应变化。就国家层面而言，社会主导的价值体系没有发生根本性变化的话，经济社会的变革也是不可能最终完成的。此外，一定的经济社会变革以及在此基础上的政治文化因素的变化本身也是要以社会主导价值体系特别是主流价值观念的更新、变革与转型为前提的，没有思想文化层面上价值观念的变革，物质层面的经济社会生活以及精神层面的社会意识形态也就不可能发生根本性的变化。这一过程就体现为，当某种经济社会等物质因素的变化（也许是其他因素，包括外来文化与思想观念等精神因素的影响）导致价值观念发生变化的时候，价值观念的变化又必然会促进经济社会在物质层面上发生进一步变化；当社会经济生活层面的物质变化积累到一定的程度时，如果经济社会发展（最终由生产力决定的）需要全面变革其结构的时候，就必然要求进一步全面变革现存的价值观念，并建立与之相适应的价值标准体系和价值控制体系，从而最终使经济社会的重构得以实现与完成。过去我们按照马克思主义的经典理论，认为在经济基础和思想观念的关系上，经济基础总是决定性的、主动的，而思想观念则总是被决定的、被动的，实际上的情形并非总是如此。从人类现代化的整个进程看，人的思想观念作为精神因素与社会经济基础作为物质力量，两者之间存在着交互作用的过程，但思想观念及其核心内容也就是价值观念的转换而不是经济基础的变化始终发挥着决定性、主导性作用。正是在这个意义上，我们说人类现代化的每一次重大进展都是思想解放、观念更新、价值发展的结果。从总体上看，价值观念与时俱进，并体现现代性的要求是整个社会现代化的基本前提和根本要求，没有价值观念方面的现代化，社会的现代化与人的现代化就无从谈起。

第三，社会主义核心价值观实现人的观念现代化内容的方法转换。方法是联结认识与实践的关键结合点，人的观念现代化作为精神层面的东西要指导实践就离不开科学的方法，特别是要实现人的观念现代化的自觉推进，更要实现方法转换。这更典型地体现在人的观念现代化的实现路径与教育方法之中。当代中国人的观念现代化，要以社会主义核心价值体系及其核心价值观念为核心和统领。我国作为一个社会主义国家，倡导的必然是社会主义核心价值体系及价值观念，这是我国的"兴国之魂"。社会主义核心价值体系不仅作用于我国经济、政治、文化、社会与生态的各个方面，而且对人的观念现代化的内容结构及其优化也有着重要的影响。因此，发挥社会主义核心价值体系的统领作用，不仅是社会主义意识形态建设的需要，更是现阶段实现人的观念现代化的重中之重。人的思维方式中，无论是哲学思维方式（也就是唯物辩证的思维方式），还是科学的思维方式，这两种理论思维方式都是由社会主义核心价值体系及其价值观念决定着发展的方向；就实践思维方式而言，实践中人们的思想方法与工作方法，如果背离了社会主义核心价值体系的引领与指导，就势必会偏离方向。在人的精神状态中，只有用社会主义核心价值体系引领才能坚持正确价值导向，才能团结每一个个体形成建设社会主义现代化和实现中华民族伟大复兴的凝聚力、向心力与精神动力。在人的思想观念中，社会主义核心价值体系更是引领各类社会思潮、凝聚各种社会共识的基本价值基础，并且核心价值观念作为一种正确导向，对人的其他方面的思想观念起着指导与统领作用。

### （三）人的观念现代化内容的相辅相成

人的思维方式、心理状态以及具体的思想观念的现代化作为人的观念现代化的重要因素，从不同方面为社会主义核心价值观在人的观念现代化中核心作用的发挥提供了重要支持。只有核心价值体系居于主导地位，人的思维方式、心理状态与思想观念各居其位、各显其能的合理格局与结构，才能充分提升人的观念现代化的整体水平和综合实力。所以，在人的观念现代化中，不仅要加强人的思维方式、心理状态与思想观念每一方面的发展，更为重要的是实现其结构要素的相互作用和相互支持，只有相互协调、共同发展、优化结构，才能促进人的观念现代化的系统优化，并提高人的观念现代化的整体实力。人的观念现代化的逻辑顺序可以表示为：心理状态—思维方式—思想观念。我们就沿着这条路径探讨人的观念现代化各内容要素的地位与作用。

第一，人的观念现代化的开端与基础就是人的心理状态现代化。中国社会变革特别是改革开放的伟大实践引发了人的心理变化，心理变化又反作用于改革，在这个意义上说，心理状态是人的观念现代化的发生机制。在人的观念现代化中，传统心理一般总是起着阻碍作用，现代心理及其在我国现时期的具体体现——改革心理（改革是一个普遍性、长期性与超前性的实践活动，即使在我国经济社会发展进入全面建成小康社会的时期，仍然需要进一步改革；改革贯穿于实现社会主义现代化的整个历史时期，而不是仅仅在于我们现在通常所理解的到21世纪中叶"基本实现现代化"这一历史性的时期）就具有促进作用。这是因为改革心理是对社会存在全方位动态平衡发展的心理变革过程，这里的"全方位"就体现为既反映先进生产力与生产关系，又反映先进的社会主体和社会势力的要求。从社会实践的角度看，改革心理总是不断地在获得群众，传统心理总是不断地在失去群众。社会生活在本质上是实践的，而实践的主体就是人民群众。无论是改革心理还是传统心理，都只有通过群众的实践活动才能发挥其作用。由于改革是与人们的创造性实践相联系的，它的影响将会越来越大，它掌握的群众也会也来越多。它一旦进一步赢得群众和深入人心，实现了心理状态的现代化，将直接影响社会实践活动的广度和深度，影响实践主体的思维方式和思想观念，成为推动社会发展前进的物质力量。由于传统心理是与人们的重复性劳动、传统性实践相联系的，它的影响只会越来越小，在旷日持久的"思想掌握群众"的实践中，总是不断地失去群众，甚至可能在一定程度上为群众所厌恶、抛弃，逐渐变成实践的阻滞力量，如体现为一种思想偏见、一种思维惯性、一种观念迷信、一种思想专制。

第二，人的思维方式现代化是人的观念现代化的中间环节。人的心理状态在社会实践的决定作用下发生着深刻的改变，这势必反映在人的思维方式之上。按照马克思主义理论，辩证法、认识论与方法论三者的关系得到了真正科学的解决，马克思主义哲学以科学的实践观为基础，实现了唯物论与辩证法、唯物论自然观与唯物主义历史观的统一，从而科学解决了辩证法、认识论、逻辑学三者一致的问题：从三者的内容看，它们一致的基础是客观辩证法；从三者何以能够联结、统一的内在依据看，它们一致的基础是社会实践。① 正是在这个基础上，列宁指出，"辩证法也就是（黑格尔和）马克思主义的认识论"。② 人的思维方式也就是我们强调要坚持马克思主义立场观点方法中的"立场"与"方法"。在人的观念现代化中，人作为具有价值追求和目标体认的存在物，总是对美好的东西拥有一种幻想，当人在自己的心理与意识中编织着关于现状与未来的美好幻想时，也就向思维提出如何变幻想为现实的任务。列宁认为，"如果一个人完全没有这样幻想的能力，如果他不能在有的时候跑到前面去，用自己的想象力来给刚刚开始在他手里形成的作品勾画出完美的图景，那我就真是不能设想，有什么刺激力量会驱使人们在艺术、科学和实际生活方面从事广泛而艰苦的工作，并把它坚持到底……只要幻想的人真正相信自己的幻想"。③ 在这种意义上，人追求这种完美的结果，成为他们的思维目标。在我国的改革开放进程中，人的思维方式现代化的水平及其思维创新的程度，决定着人的思想观念现代化的水平，制约着人的实践活动的能力与水平以及对实践活动的正确认识。对此，江泽民20世纪80年代末在上海工作期间在改革开放出现困难时就鲜明地指出："要改进我们的思维方式。所谓思维方式，就是我们平时所说的思想方法。干部的思维方式正确与否，是涉及改革事业能否取得成功的大问题。今天，尤其需要把思维方式的问题提高到这个高度来认识。现在，有的同志对改革的长期性、艰巨性、复杂性缺乏充分的思想准备，把改革过于理想化，好像一搞改革就马上可以把旧体制的弊病一扫而光了，就马上可以把多年积累下来的问题统统解决了，就马上可以把十一亿人民的生活水平都大幅度提高了。前几年，由于没有注意继续提倡艰苦奋斗的作风，对改革又做了过于乐观的估计，所以当改革遇到一些困难和挫折时，一些人就灰心丧气、悲观失望，认为通货膨胀和社会上出现的一些腐败现象、不安定因素等都是改

---

① 李秀林等：《辩证唯物主义与历史唯物主义原理》（第5版），中国人民大学出版社2006年版，第277页。
② 《列宁全集》（第55卷），人民出版社1990年版，第308页。
③ 《列宁全集》（第6卷），人民出版社1986年版，第163页。

革带来的后果，从而怀疑起改革的必要性和正确性了。出现这样的情况，一个重要原因就是缺乏马克思主义的思维方式，缺乏辩证唯物主义的思想方法，不善于用马克思主义的立场、观点、方法来分析当前的社会问题。所以，有必要在干部中开展正确的思维方式的教育，提倡学习马克思主义的思想方法论。我们正在开展的形势教育，从根本上说，就是要进行爱国主义教育，就是要教育干部群众运用正确的思维方式来观察形势、认识形势。有了正确的思维方式，才能防止片面性，才能防止唯心主义和形而上学，才不至于在改革顺利的时候盲目乐观，看不到潜在的矛盾和问题，才不至于在改革遇到困难的时候悲观失望，认为这也不行那也不行，把形势看得一无是处、一团漆黑。"①这些论述精辟地说明了人的思维方式对人的思想观念的重要影响与作用，也为我们认识人的思维方式现代化在人的观念现代化中的重要地位提供了指针。

第三，人的思想观念现代化是人的观念现代化的精神成果。人的观念变革及其观念现代化是由心理层面的变化引起的。经过人的思维方式的变革与更新，转变成为人的思想观念。这种思想观念具有其特定的观念形态。首先，作为哲学意义的观念，就是理论上的观念，也就是思维与客体相统一的最高形式，在马克思主义理论中，就表现为马克思主义立场观点方法中的马克思主义观点，这对于人的观念现代化具有世界观和方法论意义。哲学向来寻求一种知识能在其中达到完善的认识论理想，观念就是表现在某个领域内知识发展过程中的认识论理想，首先因为知识内容的客观性达到了科学发展在现有水平上的最高阶段，从这一意义上说，我们应该把观念理解成为决定当时科学面貌的认识成果；观念作为该阶段认识所要达到的最高水准的完整性与客观性，其本身就包含着对实践的实在化、对借助实践从物质上加以体现的企图，这又使人的实践观念成为认识论的理想，认识过程认为自己的目的就是获得能够体现在实在中并通过实践这种途径改造现实本身的客观结果。哲学意义的观念及其实现现代化的过程，就是在现代化的实践中（在我国当代表现为社会主义现代化及其改革开放的具体路径），观念现代化就是要在实践的基础上，形成体现现阶段科学技术发展最高水平、人类各类实

---

① 《江泽民文选》（第 1 卷），人民出版社 2006 年版，第 45 页。

践活动最高阶段的理论成果,并且这种理论成果要成为指导实践的方法论原则,能够起着世界观与方法论的作用。其次,作为科学意义上的观念,就是指科学家在不同的哲学方法论的指导下对科学研究所持有的不同的思维方式和不同的实践态度,进而导致不同的科学研究成果,是作为科学家这一认识主体所具备的哲学头脑、科学研究的智力、知识、心理状态与思维方式的观念综合体。科学观念既为人的观念现代化提供了方法论和思维方式,也对人的观念现代化起到了导向作用。就科学观念的方法论意义而言,哲学思维作为最一般最普遍的方法论,对各门自然科学研究的思维方法与研究途径都可以提供启迪性指导,正如爱因斯坦所说,哲学"又常常促使科学思想的进一步发展,因为它们能揭示科学从许多可能着手的路线中选择一条路线"。[①] 恩格斯在研究科学社会主义过程中,对于自然辩证法的研究在日本就得到了普遍认同并取得了引人注目的成就。自1929年起,至今已有六七种恩格斯《自然辩证法》的日译本问世,武谷三男、坂田昌一等日本著名科学家,都是自觉运用辩证思维方式在科学上做出重大贡献并得到毛泽东称赞的代表人物。就科学观念的思维方式意义而言,人工智能研究的既有成果也表明,人类思维方式的进步可以带来人类自身能力的大幅度上升,作为现代科学技术成就核心的人工智能的发展,既强烈地提出研究人类思维方式问题的重要性,也实际展示了先进思维方式的威力。[②] 就科学观念的导向作用而言,具有不同世界观的科学家必然具有不同的科学观念,不同的世界观和科学观念总是为科学家的科学研究提供不同的信息,指示不同的研究方向,在不同信念和不同研究方向引导下的科学研究往往具有不同的结果,科学技术发展史上的无数事实都可以证明这一结论。再次,作为实践意义上的观念,就是在实践中将理论与实际相结合的一种主体精神状态,或者说是精神主体在实践中把理论与实践相结合形成的思维形式,这构成了人的观念现代化的直接现实性。理论联系实际是马克思主义学风中最本质的东西,理论脱离实际是导致思想僵化和实践失败的最根本的认识论原因。人的思想观念,特别是实现了现代化的思想

---

① 《爱因斯坦文集》(第1卷),商务印书馆1976年版,第374页。
② 齐振海:《未竟的浪潮》,北京师范大学出版社1996年版,第283—285页。

观念可以转化为实际效果。观念的东西本身就具有指导实践和接受实践检验的固有特性，而实践也要求正确观念的指导，才能自觉地实现改造世界的目的。思想的解放、观念的更新、"意识的改革",[①] 作为人的观念现代化的现实表现，其直接目的就在于此。而要实现观念（意识、理论、思想、观点、看法、意见、计划等决定于实践的主观性东西），首先要依靠"使用实践力量的人"，"理论一经掌握群众，也会变成物质力量",[②] 观念要为群众所理解、掌握，就要解释这个观念、传播这个观念，实现"思想掌握群众"（而这也正是思想政治教育的本质所在[③]），把这个观念变成群众的认识和行动；要顺利实现由观念到实践的转变，在认识上就要通过调查研究、实验、典型实验以及其他一些环节和手段，使主观上的东西接近客观实际并实现具体化，这就是实现实践观念转变成为实际效果的必由之路。人的各种思想观念要实现现代化，要与现代化的实践相一致、相符合，就要采取合适的路径推进。

---

[①] 《马克思恩格斯文集》（第10卷），人民出版社2009年版，第9页。
[②] 《马克思恩格斯文集》（第1卷），人民出版社2009年版，第11页。
[③] 骆郁廷：《思想政治教育的本质在于思想掌握群众》，《马克思主义研究》2012年第9期。

# 第五章　人的观念现代化的实现路径

全面建成小康社会是我国在21世纪的奋斗目标，是实现社会主义现代化、实现中华民族伟大复兴第三步战略目标的历史新阶段。在这样一个发展新阶段，人如何实现发展，人的思想观念如何实现现代化，这是一个关系全民族和每个人前途和命运的重大问题。我们遵循马克思主义关于社会主义是一个实现人的全面自由充分发展的社会、社会主义条件下人是全面发展的人的观点，认真吸取发达国家在实现各具特色的现代化过程中，人与社会经济发展的经验教训，明确提出并始终坚持以经济建设为中心，坚持改革开放，坚持四项基本原则，大力发展社会生产力，社会主义物质文明、政治文明、精神文明、社会文明与生态文明一起抓，走共同富裕的发展道路；明确提出并始终坚持培养和造就有理想、有道德、有文化、有纪律的社会主义新人。

从人的思想观念方面入手加强教育，结合国家中心任务以及人的思想发展，推进人的观念现代化的进程，是我党思想政治工作的优良传统。始终高举马克思主义伟大旗帜，用马克思主义教育广大党员、干部、群众乃至全国人民，既是实现人的观念现代化的基础和前提，也是开展思想政治教育的一条重要经验。实践证明，是否坚持着眼于人的思想观念发展与进步为核心内容开展系统的思想政治教育，既关系着人的观念现代化的效果，也关系着人的观念现代化根本目的的实现，还关系着人的观念现代化的生命力问题。实践中存在的人的观念现代化弱化的严峻事实迫切要求我们进一步深刻认识推进人的观念现代化的现实意义，并采取有效措施加强其实践基础，不断拓展人的观念现代化的主要途径，以切实提高观念现代化的效果，更好地实现观念现代化的根本目的。从国内看，社会思想多元的趋势更加明显，引发了思维方式和思想观念的变化，马克思主义主流意识形态面临主导性与多样性矛盾的挑战。随着社会主义市场经济的充分发展和对外开放的进一步扩大，当代中国社会主义建设中呈现出"经济成分、组织形式、就业方式、利益关系和分配方式日益多样化"的特征，社会实践的新变化自然反映到精神层面上来，这就是人们思想活动的独立性、选择性、多变性和差异性进一步增强。在这个过程中，各种非主流文化也在客观上给主流文化、主流意识形态带来了冲击和挑战，干扰了人们的思想认识，影响了人们对社会主义意识形态的认同，给马克思主义的主导地位带来挑战。同时，"淡化意识形态"或"去意识形态化"的呼声日益高涨，社会主义意识形态的吸引力、感召力和影响力在一定程度上被削弱。

如何以我国社会主义现代化与人的现代化理论为指导，推进人的观念现代化，实现人的全面发展目标，这是本章将要研究的问题。由于人的观念现代化既包含着复杂的因素，又是一个复杂的过程，实现人的观念现代化的途径与方式多种多样、丰富多彩，本章不可能一一论述，仅就思想政治教育学视域中实现人的观念现代化的重点问题与主要问题，开展一些研究。

## 一　立足实践推动

改变现实是改变观念的条件。经典作家在《德意志意识形态》中批判费尔巴哈等现代德国哲学时明确指出："其实全部问题只在于从现存的现实关系出发来说明这些理论词句。如前所述，要真正地、实际地消灭这些词句，从人们意识中消除这些观念，就要靠改变了的环境而不是靠理论上的演绎来实现。对于人民大众即无产阶级来说，这些理论观念并不存在，因而也不用去消灭它们。如果这些群众曾经有过某些理论观念，如宗教，那么现在这些观念也早已被环境消灭了。"[①] 在总结马克思主义历史观时，恩格斯也曾做出概括："意识的一切形式和产物不

---

[①]《马克思恩格斯文集》（第1卷），人民出版社2009年版，第547页。

是可以通过精神的批判来消灭的,不是可以通过把它们消融在'自我意识'中或化为'怪影'、'幽灵'、'怪想'等等来消灭的,而只有通过实际地推翻这一切唯心主义谬论所由产生的现实的社会关系,才能把它们消灭;历史的动力以及宗教、哲学和任何其他理论的动力是革命,而不是批判。"① "个人力量(关系)由于分工而转化为物的力量这一现象,不能靠人们从头脑里抛开关于这一现象的一般观念的办法来消灭,而只能靠个人重新驾驭这些物的力量,靠消灭分工的办法来消灭。"② 马克思主义这一基本原理告诉我们,要实现人的观念现代化,其根本途径在于立足社会主义现代化建设的伟大实践,在实践中推动人的思想观念的发展与进步,形成与社会主义现代化建设相一致的思想观念。

实践的观点是马克思主义唯物辩证法的基本观点,实践作为社会存在决定着观念的产生、发展及其变化。实现人的观念现代化的根本途径在于社会实践,特别是物质生产的社会实践。在当代,中国的实践主要就是社会主义现代化建设与改革开放的伟大实践,这一实践过程是实现人的观念现代化的根本途径。改革开放是夺取政权、建立社会主义公有制之后的又一场伟大的社会变革,其目的在于变革束缚生产力发展的旧机制体制,推动国家现代化、社会现代化在各个领域、层次、部门实现。我国开展改革开放30多年来,不仅破除了旧体制,促进了生产力的发展,而且破除了旧观念,净化了人们的精神和灵魂。改革开放就是解开政治、经济、文化、社会、生态上束缚人们的各种禁锢,使人的精神得到解放,人的主动性、创造性得到充分发挥。要实现人的观念现代化就必须坚持改革开放,在实现改革开放的进程中一方面促进新观念的产生、完善和扩张,另一方面进一步摧毁传统观念的现实基础。

向实践学习是实现人的观念现代化的根本途径。立足实践推动,也就是在人的观念现代化过程中,必须立足于社会实践,向实践学习,社会主体从其认识世界与改造世界的实践活动中吸取知识和营养,促进个人思想观念的科学抽象和理论升华,形成并发展着适应现代社会的新的

---

① 《马克思恩格斯文集》(第1卷),人民出版社2009年版,第544页。
② 同上书,第570—571页。

思想观念。

### （一）实践是检验人的观念现代化的唯一标准

观念是人们在生产实践和社会实践的过程中积累下来的，一旦形成，就变成一种相对稳定的意识。恩格斯曾经说过，意识（"思维着的精神"）是"地球上的最美丽的花朵"；①但没有人类的社会实践，再美丽的"花朵"也是不会结出"果实"的。观念作为一种意识，自其从人类社会的物质生产与精神生产实践中产生后就在实践中发挥着重要的作用。这种作用主要表现在，通过指导人们认识世界和改造世界的实践及其具体行为，从而影响乃至决定着实践的最终结果，而实践的结果无疑就成为人的思想观念正确与否、先进与否的试金石。我们在评价一种观念是否进步的时候，同样必须坚持实践的标准。只有在实践中观念对社会存在的反作用才会表现出来，一种观念才能表现出它的本来面目。

坚持生产力的标准，是从观念的发展角度讲的；而坚持实践的标准，则是从观念指导实践带来的直接结果的角度讲的。生产力标准强调过程，实践标准强调结果。在一种思想观念指导社会实践的过程中，如果实践结果被证明是正确的，是符合社会发展规律的，那么我们就说这种思想观念是正确的；相反，如果人的实践结果被证明是歪曲的，是不符合社会发展规律的，那么这种思想观念肯定就是错误的。当然，在人类历史发展中有时候必须经过一个较长的历史时期才能辨别一种思想观念的正确性与先进性。与此同时，人类的实践对思想观念的产生和发展起着决定性的作用，这也就是中国共产党实现马克思主义中国化过程中得出的实践是检验真理的唯一标准的结论。实践的发展必然会带来新的问题，这就会促进新的观念的产生。在解决这些新的问题过程中，观念经受着实践的考验。不能解决问题的观念必将被淘汰，而能够解决问题的观念也在实践的过程中得到进一步的发展与完善。

在人的观念现代化进程中，要实现从观念到实践的转变。观念创新是实践拓展的先导，人类社会发展的历史和现实充分表明，哪一个民族

---

① 《马克思恩格斯全集》（第20卷），人民出版社1971年版，第379页。

和国家重视创新，善于创新，就能充满活力，就能迅速崛起，就能屹立于世界民族之林；哪一个民族和国家因循守旧，思想僵化，失去创造力，就举步维艰，就会在竞争中被动挨打。党的十六大报告早就鲜明地指出："创新是一个民族进步的灵魂，是一个国家兴旺发达的不竭动力，也是一个政党永葆生机的源泉。"① 在社会实践过程中，主体要实现各个领域、各种层面的创新，人的思想观念方面的创新占有特别重要的位置，正是通过人在思想观念上实现创新，经济社会发展中"制度创新、科技创新、文化创新以及其他各个方面的创新"作为一个整体意义上的创新才能得以顺利推进，这既是人类社会的发展规律，也是我们要长期坚持的治党治国之道，更是人的观念现代化实现路径中必须坚持的原则。

中国过去 30 多年改革开放的历程，就是一个伟大的创新过程。我们之所以能够战胜许多预料之中和意料之外的困难，取得举世瞩目的伟大成就，就在于立足新的实践和新的发展，既继承前人又突破陈规。改革开放的进程就是人的观念现代化的进程，改革开放的实践成为检验人的观念现代化的唯一标准。改革开放深入向前推进的任何一步，都是以突破旧的传统思想观念为先导的，都是建立在传统观念向现代观念转换的基础之上的。社会主体的观念创新为实践创新提供了精神源泉和思想基础，而实践创新一方面为观念创新提供了新的平台，另一方面又不断验证着观念创新的正确与否。

党的十八大之后，我国社会主义现代化建设进入了全面建成小康社会的历史新阶段，改革开放与中华民族伟大复兴也相应地进入了新的发展时期。现代化建设面临的客观形势与现实环境发生了深刻变化，推进经济社会实现科学发展的任务更加艰巨，我们更要一以贯之地在解放思想、实事求是、与时俱进的过程中促进人的观念现代化。从现代化建设的实际情况来看，人的思想观念落后于社会形势发展仍是影响我们实现发展的最大制约因素。传统计划经济的思想观念和工作模式；封闭保守、墨守成规、不思进取、无所作为的小生产意识；盲目服从权威，神化崇拜对象的迷信倾向与缺乏自信与决断的依赖心态；遇事从本本出

---

① 《十六大以来重要文献选编》（上），人民出版社 2005 年版，第 9 页。

发,而不是从实际出发,唯书唯上,泥古不变,理论脱离实际,主观和客观相分离的教条主义等,都在一定程度上存在,并对我们今后的发展形成严重阻力。可见,观念创新的任务远没有结束。我们过去经济建设和社会发展的辉煌成就,得益于思想解放和观念创新,今后的改革发展更离不开思想解放和观念创新。

**(二) 实践是推进人的观念现代化的根本动力**

人的思想观念的现代化,归根结底是由现实的社会变革决定的。外来的先进观念必须中国化,中国的传统观念必须现代化。这种中外文化交流的融合点,就在于中国人改造世界、变革现实的实践。正如马克思所指出的,在改造世界的生产实践活动中,"生产者也改变着,他炼出新的品质,通过生产而发展和改造着自身,造成新的力量和新的观念,造成新的交往方式,新的需要和新的语言"。[①] 这就是说,要在社会主义现代化的实践中实现人的观念现代化。

在人的观念现代化实现中,要批判两种错误观点。第一种认为,只要社会实现了现代化,人们的思想观念就会自然而然地现代化起来,我们称之为"人的观念现代化的自然论"。这种错误倾向,只看到了观念的受动性,就是观念作为社会意识决定于社会存在,却没有看到观念的能动性;只看到人是由环境决定的,却没有看到环境正是由人来改变的。而人们对客观环境的改造,总是在一定思想观念的指导下进行的。人是实践的第一要素,而且是唯一具有能动性的要素。实践水平的高低,同个人的精神状态密切联系着。另外,这种"自然论"忽视了马克思主义关于意识的滞后性与超前性的基本原理,所以是错误的。第二种就是"人的观念现代化的完成论",认为随着改革开放以来的社会转型与社会变迁,人的思想观念已经完成了现代化,现在应该讨论的不是"现代化"问题,而是人的思想观念"后现代化""反现代化"等问题。这种观点错误之处在于没有看到人的思想观念发展的过程性与持续性,现代化本身虽然不是完美无缺的,但是作为一种追求与向往,这既体现在经济社会发展上,也体现在人的精神状态与全面发展上。已经完

---

① 《马克思恩格斯文集》(第8卷),人民出版社2009年版,第145页。

成第一次现代化与第二次现代化的西方发达国家,仍然在继续实现着经济生活领域的"全面现代化"与人的观念现代化。就美国而言,"再工业化"是奥巴马政府重振美国经济的战略选择,这一经济复兴战略具有丰富内涵与深层次的长远考虑,也就是营造经济新时代。美国不仅出台了国家战略以推动"再工业化",而且在不少方面已捷足先登,加上现有的各种优势,其"再工业化"进程及其可能诱发的第四次工业革命进展,[1] 肯定会引发人的思想观念进一步变革,实现思想观念方面的"再现代化"。就英国而言,作为世界上第一个发生工业革命的国家,随着第三产业的崛起,以及发展中国家廉价劳动力和土地的优势显现,英国等发达国家逐渐完成了"去工业化"的过程。如今,制造业在英国经济总量中仅占10%的比例,国际金融危机爆发后,"再工业化"也被提上日程,政府、机构、学者等纷纷呼吁英国制造业的回归。[2] 这都表明,在综合现代化或全面现代化的过程中,西方发达国家重拾"现代化",以"再工业化"为开端,仍然继续各自的现代化进程;这一经济技术领域的现代化进程,必然会再次引发人的思想观念发生根本变革,也就是在量变的基础上实现质变,继续推进人的观念现代化。以美国为例,美国早就实现了现代化,既实现了现代化科学所称的第一次现代化,也正在实现第二次现代化。但是,美国人的思想观念方面仍然在进行着现代化的历程,"美国种族主义观念的消除仍然需要时间"这一政治观念的现代化就是一种明证。每年2月是美国的黑人历史月,2013年在美国《解放奴隶宣言》实施150周年、马丁·路德·金《我有一个梦想》的演说和华盛顿大游行50周年之际,美国人仍然在推进着政治观念方面的现代化。美国长期从事非裔美国人历史研究的葛谢茹(Cheryl Greenberg)教授指出,"一个种族奴役另一个种族的行为是合理、公正的观念由来已久,美国种族主义观念的消除仍需时间。长久以来,黑人一直处于美国社会底层,且被排除在很多机会之外。后来尽管黑人从法律意义上争取到了平等权利,但是人们的观念不是一朝一夕就

---

[1] 李正信:《"再工业化"美国的战略选择》,《经济日报》2013年4月17日第9版。
[2] 王传宝:《英国探寻"再工业化"道路》,《经济日报》2013年4月17日第9版。

能转变的。目前，大多数黑人依然地位不高，机遇很少。"[①]再以中国为例，中国要在21世纪中叶基本实现现代化，但何谓"基本实现"在学术界和实践中仍然存在着争议，即使到那时实现了国家现代化与社会现代化，人的思想观念方面的现代化的实现仍然是一个长期的过程。

人的观念现代化的实现，从最根本的意义上说，是由实践决定的。但是，实践是一个宏观的哲学范畴，在现实生活中，既有物质生产的实践，也有精神生产的实践；既有工作方面的实践，也有学习方面的实践。现代化观念是社会现代化要求的反映，反过来它必然推动社会现代化的发挥。社会现代化是人的观念现代化的物质武器，人的观念现代化是社会现代化的精神武器。在推进社会主义现代化和实现中华民族伟大复兴的实践中，我们要特别注意保护和发扬立足于实践的现代化新观念，使整个国民从传统观念、错误观念、陈旧观念的禁锢中解放出来。

**（三）改革开放进程推动现代观念的孕育完善**

改革是我国不可逆转的历史潮流，我国的国民从总体上是拥护改革的；但也有人叶公好龙，当改革触及自己的利益，甚至只是眼前的利益时，或者仅仅是改革打破了自己的心理平衡甚至只是一时的心理平衡时，这些人思想深处的求稳怕乱意识就重新占据上风。尤其是当改革出现某些失误，或产生某些副作用的时候，他们对改革便本能地产生抵触情绪，并进而把有些与改革无关的不良社会现象，甚至是本属于改革对象的一些社会问题，都记在改革的账上。这些人并不是直接去反对改革，而是把求稳怕乱的思想渗透进本是促进改革的"安定团结""稳定压倒一切"等方针之中，反过来阻滞改革的步伐。具体来说，改革实践对人的观念现代化具有三个方面的推动和促进作用。

第一，改革开放促进新观念的产生。任何社会改革的出现，至少需要满足两个基本条件，一是经济上的动力，二是思想观念的变化。如果没有思想观念的转变，觉得现实中的一切都是好的，改革它干什么？率先起来改革的人，就是那些最早反映了现代化历史要求，具有初步现

---

[①] 褚国飞：《美国种族主义消除仍需时间》，《中国社会科学报》2013年3月1日第A03版。

化观念的人。在现代化观念未被人们接受甚至被视为异端邪说的时候，改革者就会被孤立和打击。纵观中国历史，许多改革者的道路都是艰难坎坷的，有的被送上断头台，有的被罢官免职，有的被送上被告席，有的被点名批评，也有的被流言蜚语（舆论的一种自发形式）弄得抬不起头来。这正是旧观念对新观念的压制、控制、抑制，旧人格对新人格的摧残。历史上有多少改革家想冲破传统的禁锢，推动历史前进，但大多以失败而告终，正所谓"自古改革无善终"，反映了中国改革之难。在西方历史上，也同样存在这类现象，人类科学观念的启蒙不就是从伽利略开始的么？因此，我们必须认清传统的消极力量。最先反映历史要求的人成为罪人，在历史上屡见不鲜。在社会主义条件下，这种现象仍然存在，但是不应该再继续下去了，保护改革家的改革积极性，才能保护新的人格与新的观念。

第二，改革开放的深入推进了新观念的完善。改革家并不是天外来客，也不是什么"超人"，他们只有在改革过程中才能不断深化对事物的认识，对客观世界的认识，对改革进程中具体方针、政策、策略的认识。这种深化使人的观念更新实现从量到质、从初级的质到深层次的质的转变，从而使人的现代化观念更正确地把握现代化的要求，才能具有较大的号召力和推动力。深圳在改革开放30周年之际，从两百余条以简明语言或关键词表达的思想观念中选取了10条，这就成为影响更大的"深圳十大观念"。我国30余年的改革历程中，以经济观念为例，农村的改革最初搞"包产到户"，受到广泛反对，后来提出"联产承包责任制"才逐步被接受；从"有计划的商品经济"到"社会主义市场经济"更是开阔了人的眼界。从政治观念而言，改革之初提出"伯乐相马"，后来发展成为"赛马取材"，到现在的"建设人力资源强国"，显然是民主观念、人才观念的进步。在国家治理层面，最初要"广开言路"，显然还是权威、一把手决策，后来提出"决策科学化、民主化问题"，才开始进入问题的实质；一开始要建设"法制"，发展到"法治"，将法治看作治国理政的基本方式，要求各项工作要以法治思维和法治方式加以实现，这都是民主观念、法治观念的变化。此外，价值观念、伦理观念、消费观念等，都经历了质的转变，才逐渐完善起来。

第三，改革开放实践推动着现代化观念的扩张与传播。改革成果的扩大，从农村到城市的改革，是从社会最底层发出的呼声，具有最广泛的群众基础。但是，许多人在改革之初由于受到传统观念的束缚，对自己的要求没有明确的意识，对表达自己要求的人也不理解，因而对改革持观望态度甚至是否定的态度，这是很自然的。随着改革的深入，特别是"全体人民共享改革成果"后，他们从改革中得到了利益，经受了改革的反复，吸取了教训，从而实现了态度、观念、心理、思维上的转变，由改革的阻力变成了动力。正是在改革的实践中，人们随着生活条件、社会关系和社会存在的改变而抛弃了旧观念，接受了新观念。具有现代观念的新人的成长，反过来又推动了改革，推进了现代化的进程。

### （四）市场经济体制促进传统观念的扬弃改造

有学者指出，中国改革的观念阻力就在于"传统轻易不能丢"，开放的观念阻力在于"关起门来都能过"，[①]这些旧观念制约与束缚着人的思想观念。中国的传统主要形成于长期的封建社会，是与封建社会相匹配的，带有很大的封闭性、稳定性和保守性，对人的现代化和国家现代化从总体上说是一个包袱。正如马克思所说的，"一切已死的先辈们的传统，像梦魔一样纠缠着活人的头脑"，[②]"因为在一切意识形态领域内传统都是一种巨大的保守力量"。[③]我国目前进行的现代化，本身就是一场深刻的社会变革，从一开始就是相对于传统而言的，走向现代化就意味着走出传统，超越传统。要实现现代化，就必须对传统进行再造，而不可固守；必须极力摆脱"旧的拖住新的、死的拖住活的"的崇古意识和历史惰性。不是"传统轻易不能丢"，而是"传统轻易不能留"；不是"关起门来都能过"，而是"关起门来不能过"（特别是在信息化与网络化的时代）。即便是传统中被视为优秀的部分，也面临着现代化的挑战和考验，也要在现代化的潮流中实现转型、升华。

第一，正确判断我国面临着的传统观念的来源与现状，通过发展社会主义市场经济，变革这些旧观念以及其中的错误观念。我们要实现从传统人到现代人的转变，那么传统人的"传统"来自哪些方面呢？中

---

[①] 解思忠：《国民素质演讲录》，上海社会科学院出版社2003年版，第107—125页。
[②] 《马克思恩格斯文集》（第2卷），人民出版社2009年版，第471页。
[③] 《马克思恩格斯文集》（第4卷），人民出版社2009年版，第312页。

国作为一个文明古国，历史悠久，精神文化源远流长，是世界上未曾发生文化断裂的文明古国，这就使中国具备了一个典型传统社会的品格；中国又是一个有着两千年封建制度的社会，推翻封建制度不到一个世纪，对于封建主义的流毒又一直未能彻底肃清；在近半个世纪里还经历着马克思主义中国化过程中极"左"思潮的浸染、干扰以及社会主义建设探索时期来自苏联实践的计划经济的观念束缚。再一个就是改革开放以来形成的某些"新传统"。① 来自上述传统文化、封建文化、极"左"思潮和计划经济以及"新传统"这几个方面的影响，构成了我们思想观念方面的传统性。改革开放就是一场深刻的思想革命，不破除种种封闭保守、陈旧错误的思想观念，就不可能有真正的、深层次的改革开放，这也是在全面建成小康社会新时期中国当代文化建设与发展的一项历史使命。

第二，对于资本主义观念，不能一概排斥，要在实践中加以检验。列宁曾经引用他人的话语指出，"欧洲的思想情感方式，对于顺利使用机器来说，是和蒸汽、煤炭和技术同样必需的"，并特别加上批注"请注意：是必须的"。②西方现代化的科学技术，是西方文化的结晶。在看得见的物质成果的背后，是以一系列看不到的更为广阔的更为深厚的文化背景作为基础的。当然，中国改革开放与现代化建设发展到今天，已经很少有人再盲目排斥外来文化了。对待资本主义国家的思想文化要做具体分析，笼统斥之为"腐朽"思想肯定是不现实的，全盘接受也肯定是错误的。

20世纪80年代的"文化热"，及其展开的文化价值观念讨论的中心论题是如何评价中国传统文化中的价值观念。事实上是作为思想解放运动的一个侧翼而产生和存在着的，其主流的倾向是提倡对传统的检讨和反叛。在这一时期，尽管人们提出了弘扬传统文化和传统美德的主张，但总的来说，对传统价值观念的批判仍然是思想界和学术界的主流。这种批判主要集中在三个方面，一是对传统文化价值体系中压抑人性、忽视人的感性需求、抹杀个体生命存在意义等方面的批判，这明显

---

① 樊浩：《中国大众意识形态报告》，中国社会科学出版社2012年版，序言。
② 《列宁全集》（第2卷），人民出版社1984年版，第424页。

包含着对人道主义的肯定和张扬；二是对传统文化中的专制主义、封建特权及其与现代民主冲突的价值观念的批判，这自然包括对民主政治的诉求；三是对传统文化中重义轻利、重农抑商、不尚竞争等价值观念的批判，这则与以发展商品经济为取向的经济体制改革呼应。可以看出，这场讨论反映了中国社会巨大转型过程中人们对文化价值系统的变革乃至重建问题的关注，同时，也包含着人们对历史的反思、对现实的思考、对未来的憧憬。

第三，要在传统文化现代化过程中实现人的观念现代化。20 世纪 80 年代，我国思想界、学术界与知识界普遍地兴起了一股"文化热"。这种"文化热"的表现是多方位和多层面的，其中既包含着对文化建设的重视和文化领域的拨乱反正，也包含着对现实问题和社会发展问题的曲折表达；既包含着对古今中外文化典籍的推出、翻译与评论，也包含着对文化问题的抽象的学理研究。但是从学术层面看，其所环绕的中心始终没有离开传统文化与现代化的关系问题。这个问题在学术界有前后两种不同的思路与态度。

在 20 世纪 80 年代，尽管对待这一问题有不同的声音和主张，但是主要的倾向还是对传统文化的批评，有时甚至是很激烈的"批判"态度。无论是明确的西化论者还是声称奉行马克思主义的人，基本上都将中国的落后乃至社会诸多问题与中国传统文化挂钩，认为传统文化中太多的负面因素和沉重的文化包袱，成为中国走向现代化的重大阻力和障碍。从 90 年代初开始，情况有了很大的变化。在文化问题研究者的队伍中，出现了新的分化和走向，肯定和主张弘扬传统文化的人越来越多，有的甚至对传统文化持基本肯定乃至全盘肯定的态度。这一方面与中国经济社会发展过程的变化相关联，另一方面从理论上来看，也与国际范围内的文化保守主义思潮的兴起相关，特别是与现代新儒家尤其是当代港台地区以及海外新儒家学术思想影响的日益扩大相关联。文化发展问题的讨论，从宏观上看，涉及文化发展与社会发展（社会现代化）的关系，文化发展方向的选择及其与社会制度设计之间的关系，以及与之相关的中学与西学、中国文化与马克思主义的关系诸多问题；从微观上看，则是涉及对一系列具体的文化价值观念、文化现象的评价以及某些具体观念的变革与现代化等问题。总的来说，这些讨论主要是围绕着对中国传统文化的评价以及中国文化发展的方向进行的。在这一问题上，主要有"彻底重建说""儒学复兴说""批判继承说""西体中用说"等具有代表性的文化发展观。其中，"批判继承说"是比较主流的观点。学者们认为，本土的文化资源是我们进行现代化建设所不可或缺的；我们无法割断历史传统，我们必须正视这一现实；把文化看作一团糟，既不符合事实，也无益于现代化建设；有人具体研究了中国文化在价值观、思维方式各个方面的特点，认为其正好可以和西方文化形成互补，在此基础上才能建立起真正现代的同时又是中国的文化。有学者为此提出了"综合创新"的观点，指出对传统文化的全盘否定和全盘肯定都是不可取的，传统中有不少有价值的东西，经过改造可以为现代所用。①

### （五）经济社会发展推进现代观念的活力生成

人的观念现代化，从本质上讲也是一个发展问题，是观念的发展问题。只有在大力发展生产力的条件下，促进经济、社会、科学、文化、教育等方面的协同发展，才能促进人的现代化的发展。这是因为生产力的发展为人类社会和个体人的发展提供了物质基础，决定着人类社会发展的状态。这已经成为常识了。同时，生产关系的发展对人的观念现代化发展也有着非常重要的作用，"生产力和生产关系——这二者是社会的个人发展的不同方面"。② 当然，两者中间，生产力是决定性因素，其发展水平在很大程度上决定着人的观念现代化。社会主义社会的根本任务就是解放和发展生产力，为人的观念现代化创造物质条件，"真正小康的时候，人的精神面貌就不同了。物质是基础，人民的物质生活好起来，文化水平提高了，精神面貌就会有很大变化"。③ "社会生产力和经济文化的发展水平是逐步提高、永无止境的历史过程，人的全面发展也是逐步提高、永无止境的历史过程。这两个历史过程应相互结合、相互促进地向前发展。"④ 大力发展社会生产力，实现国民经济又好又快

---

① 张岱年、程宜山：《中国文化与文化论争》，中国人民大学出版社1996年版，第563页。
② 《马克思恩格斯全集》（第46卷下册），人民出版社1980年版，第219页。
③ 《邓小平文选》（第3卷），人民出版社1993年版，第89页。
④ 《十五大以来重要文献选编》（下），人民出版社2003年版，第1926页。

发展，根本目的就是为了满足广大人民日益增长的物质文化生活需要，以保证人的观念现代化的实现。

"观念思想是需要的反映"，马克思主义这一基本论断，揭示了在社会主义条件下推进人的观念现代化，要在大力发展生产力的过程中，注重以社会和谐促进人的需要及其利益的实现，进而促进观念现代化。我们党一直追求社会和谐的目标。自中华人民共和国成立以来，为实现社会和谐，我们党进行了艰辛探索，在实践中积累了丰富的经验。新中国成立之初，我们党领导召开的中国人民政治协商会议，就制定了具有丰富内容的维护全国各族人民大团结的共同纲领。进入社会主义社会以后，我们党又及时提出了"统筹兼顾、各得其所"和"百花齐放、百家争鸣"的方针，提出了正确处理社会主义建设"十大关系"和"正确处理人民内部矛盾"的方针，从而促进社会和谐。十一届三中全会以来，我们党在改革开放和现代化建设的具体实践中，在经济发展和社会进步的进程中，不断地促进着社会和谐的实现。到了党的十六大则明确提出了"社会更加和谐"的奋斗目标，十六届六中全会又提出社会和谐是中国特色社会主义的本质属性，明确了和谐社会在中国特色社会主义伟大事业中的地位，提出了社会主义和谐社会建设的任务，深化了我们党对社会和谐的认识，取得了新的成效。新世纪新阶段，我国经济社会发展已进入人均 GDP 从 1000 美元向 3000 美元跨越的关键阶段，从国际经验看，这个阶段既是发展黄金期，又是矛盾凸显期；经济增长速度明显加快，但同时由此带来犯罪案件、经济纠纷、民事纠纷、信访数量的增长速度也很快，社会问题多发、社会结构不稳定的问题大量出现；以建立社会主义市场经济体制为目标的改革，一方面打破了原有的利益格局，另一方面催生了大量的利益主体和利益群体，形成了多元化的利益格局，不同利益主体、利益群体之间的矛盾尤其是利益层面的矛盾成为常态，人民内部的物质利益矛盾出现了前所未有的复杂局面等现象说明我们面临的发展机遇前所未有，面对的挑战也前所未有。面对这些机遇和挑战，我们党必须采取强有力的措施加强建设社会主义和谐社会。

正确的指导思想是构建社会主义和谐社会的必要条件。构建社会主义和谐社会"必须坚持以马克思列宁主义、毛泽东思想、邓小平理论和'三个代表'重要思想为指导,坚持党的基本路线、基本纲领、基本经验,坚持以科学发展观统领经济社会发展全局,按照民主法治、公平正义、诚信友爱、充满活力、安定有序、人与自然和谐相处的总要求,以解决人民群众最关心、最直接、最现实的利益问题为重点,着力发展社会事业、促进社会公平正义、建设和谐文化、完善社会管理、增强社会创造活力,走共同富裕道路,推动社会建设与经济建设、政治建设、文化建设协调发展"。[①] 构建社会主义和谐社会,必须坚持以马克思列宁主义、毛泽东思想和中国特色社会主义理论体系为指导,以科学发展观统领经济社会发展全局,这是构建社会主义和谐社会的根本保障。这就要求我们切实推进人的观念现代化实践,以马克思主义中国化的最新成果武装广大党员干部头脑,让广大党员干部掌握贯穿于这些科学理论中的基本立场、基本观点和基本方法,增强贯彻党的基本理论的自觉性和坚定性,使广大党员干部明确促进社会和谐的目标和要求,提高促进社会和谐的能力和素质,探索促进社会和谐的对策和措施,树立促进社会和谐的信心和决心,不断增强服务构建和谐社会的自觉性,提升构建和谐社会的实际本领,使广大党员干部能将构建和谐社会内化为思想观念,并自觉付之于具体行动之中。

## 二 适应科技发展

科学技术现代化不仅是我国社会主义现代化的重要组成部分,而且是整个国家现代化的关键。随着知识社会和信息社会的到来,科学技术在社会经济发展以及人的发展中的作用日益凸显,对人的观念现代化的影响也越来越深刻。作为科学技术的创造者、实践者和受益者,人在学习、运用并创造科学技术的实践中不断超越自我的过程,也就是人的观念现代化过程或者叫人的思想发展过程。当前,我国经济社会落后的主要原因还在于科学技术的落后,科技发展和人的观念现代化任务十分艰巨。在现代社会条件下,科学技术现代化与人的观念现代化的互动发

---

① 《十六大以来重要文献选编》(下),中央文献出版社 2008 年版,第 650 页。

展，不仅关系越来越密切，而且也越来越复杂，呈现出许多新的现实特点与发展趋势。研究科学技术现代化与人的观念现代化的关系，探求其本质联系，既有利于推进我国人的观念现代化，也有利于实现我国科学技术的现代化。

**（一）科技革命培育新的思想观念**

科学技术在历史上从来就是推动人的观念更新与变革的强大力量。人的精神面貌，总是直接或间接地同社会生产力发展水平有关。列宁在谈到使用大机器对于改造小农的作用时指出："因为改造小农，改造他们的整个心理和习惯，这件事需要花几代人的时间。只有有了物质基础，只有有了技术，只有在农业中大规模地使用拖拉机和机器，只有大规模电气化，才能解决小农这个问题，才能象人们所说的使他们的整个心理健全起来。"[①] 愚昧、迷信、狭隘、保守的不健全心理，是同人力加畜力的农业社会的科学技术水平相适应的；而开放、创新的心理素质，则是同现代核心技术、同工业社会与知识社会相适应的。

科学技术革命培育着新的思想观念，推动着人的观念现代化。科学的精神，就是求实的精神、自由的精神、创新的精神。科学作为一种精神生产和认识活动，其目的在于揭示自然的奥秘和规律。这种精神气质决定着它总是要创造新方法、开拓新领域、提出新概念，因此，不可避免地要与传统观念相冲突，催生着新的观念。西方人的观念现代化在一定程度上就体现为通过科学技术的发展促进人的思想解放。中世纪教会把《圣经》奉为绝对的真理，人的一切言行都要以是否符合《圣经》为标准，近代自然科学的发展，特别是日心说、血液循环的发现，打破了"宗教真理"的一统天下，使人们认识到，真理是可以通过观察和实验的方法来认识和检验。从此，人们的思想观念取向发生了改变，以是否符合科学逐步取代是否符合《圣经》，崇尚科学和理性成为新的社会风尚，这开启近代以来人的观念现代化的历程。科学是一种理性，现代化的核心在文化层面也表现为理性，两者有着紧密的联系和内在的发生机制。科学革命引发技术革命，科学技术的发展、突破与进步，自然

---

① 《列宁全集》（第41卷），人民出版社1986年版，第53页。

导致社会生产力的发展，并引起生产关系的变革，在生产力与生产关系发展并变革的基础上，人的思想观念就会发生变化，这就是科学技术引发人的观念变革的基本机理。

现代社会正在孕育着新的科学技术革命，必然会催生着人的观念进一步实现现代化。按照何传启先生的理解，我国当前面临着科学技术发展的两个机遇。第一个机遇就是，第五次科技革命和第三次产业革命的"尾声机会"。16世纪以来，世界科技大致发生了五次革命（两次科学革命和三次技术革命），包括近代物理学诞生、蒸汽机和机械革命、电力和运输革命、相对论和量子论革命、电子和信息革命；世界经济大致发生了三次或四次产业革命，包括机械化、电气化、自动化和信息化革命等，有人把第三次和第四次产业革命合并成第三次产业革命。第五次科技革命和第三次产业革命的持续时间大致是1945—2020年；它们尚未结束，还有一些"尾声机会"，例如，新一代信息技术及其在经济和社会领域的深度应用、国际技术转移和产业调整等。第二个机遇是，第六次科技革命和新产业革命的"先声机遇"。虽然关于第六次科技革命的预测还没有统一认识，但有可能是一次"新生物学和再生革命"，它将以新生物学革命为基础，将是生命科技、信息科技和纳米科技的交叉融合，将是科学革命、技术革命和产业革命的交叉融合。第六次科技革命的预期时间大约是2020—2050年；它尚未发生，但它的核心专利争夺已展开，新产业革命的技术前奏已经响起，这是一个"先声机遇"，包括新科学、新技术和新产业的诸多机遇，在向人们招手。① 一系列科学技术的新成果，正在对人们的观念产生着深刻的影响。从表层观念来看，新科学与新技术的发展使许多天经地义的观念动摇了，例如，信息技术对人的社会以及人的思想观念的影响就是巨大的；从更深层次来看，新科学技术革命更是推动人的观念现代化的巨大力量，人们在新技术革命的实践中，本身也将实现改造和升华，锻炼出新的品质和思想观念。

---

① 何传启：《中国现代化怎样抓住科技革命机遇》，《科技日报》2013年3月1日。

**(二) 科技进步催生人的发展意识**

科学技术在我国社会的战略地位已经确立，重视科学技术已经成为全民共识并成为越来越多的人追求和实现发展的方式。我国实现工作重心转移和改革开放以来，以经济建设为中心的确立和强化，为重视科学技术地位和发挥科学技术作用提供了时代背景，奠定了坚实基础。改革开放时期，邓小平关于"尊重知识""科学技术是第一生产力"的思想，从理论上论证了科学技术的重要地位和作用，在全局上明确了社会主义现代化建设的发展方向。我国在改革开放中利用和平环境，实行对外开放，为吸收、引进、借鉴国外先进技术和管理经验，推进科技现代化创造了良好条件。我国从国外直接购买或引进的高技术产品、设备，不仅对我国传统产业升级提供了技术改造，提高了生产水平和经济效益，而且促进了人们学习、掌握高科技知识与能力，提高了人的科技水平。在引进外资的同时，也引进了国外先进的科学技术和管理经验，不仅弥补了经费紧缺，带动了经济社会发展，而且有利于许多人参与外资企业、合资企业与外资独资企业的生产管理并掌握了先进技术和管理经验，通过对外开放推进了人的观念现代化。我国经济社会发展和教育事业的迅速发展为科技和人的发展提供了基础，为实现人的观念现代化准备了前提。经过改革开放以来的经济发展，我国目前经济总量已经跃居世界第二，这为科技、教育和人的发展提供了物质基础，经济发展为人的观念现代化的推进提供了一个广阔的舞台。

当代科学技术进步与发展对人的发展、对促进人的观念现代化的实现是多方面的。一是为人的全面、自由、充分发展奠定了丰厚的物质基础；二是增进人的知识，增强人的技能；三是扩大了人的交往，丰富和发展着人的社会关系；四是激发人的科学精神、创新精神，促进人的个性发展。这是科技发展对人的观念现代化的直接促进。另外，科技发展还促进社会民主的实现、法治的发展，推进管理改革与制度创新，改变着生产方式与交换关系，这些发展变化，又会间接地促进着人的观念现代化。应当承认，学习、借鉴和运用科技知识，既是社会传承知识的需要，也是社会实践本身的需要。虽然科学精神作为一种知识，在传承、运用中仍然保持着原有水平，但人们在学习、理解、认识并运用的过程中，并不是对原有知识的简单复制，必定会在原有知识基础上进行提升，必定在实践中不同程度地发挥与拓展。人在科技方面的发展不可能实现全面性的创造，但是人人都要学习、运用前人创造的科技知识成果，这既是人提高发展自己、避免曲折发展的需要，也是人创造性发展的基础和前提。在现代社会条件下，没有一定的科学技术知识，要进行科技创造和人的创造性发展几乎是不可能的。但是，人学习、运用科学技术的发展，与人研究、创造科学技术的发展，层次和状态是不一样的，前者只是人对自身的一种超越式发展，是一种建立在学习基础上的提高与发展，而不是像后者那样的开拓性发展。

科技发展提供着人的发展的条件，为人的观念现代化准备着基础。正如有学者所总结的一样，"在人的发展中，科学技术是一个起着非常重大作用的因素，特别是在现代人的发展中，现代科学技术更是起着决定性的作用。科学技术是人的对象性活动的产物，不仅扩展和深化人与自然界之间的关系，而且扩展和深化人与人之间的社会联系和交往。这样，人的社会的物质生活和精神生活在品位质量上和形式与内容上必然得到提高和丰富。在现代，由于科学技术的日新月异的革命性发展和在人的活动与生活中的越来越普遍的应用，科学技术在人的（物质的和精神的）活动与生活中的含量越来越丰富了，以至现代的人也越来越成为科学技术化的人。正是这种科学技术化为现代人提供了积极存在的实践和积极发展的空间"。[①] 正基于此，在现代人的观念发展中，现代科学技术（作为第一生产力，作为现代实践的主体支撑力量）也起着决定性的作用，现代人的科学技术化鲜明地体现在现代人的观念现代化之中。

### （三）科技知识拓展人的世界眼光

学习科学知识，培养世界眼光，促进现代人的世界性。自然科学是研究无机自然界和包括人的生物属性在内的有机自然界的各门科学的总称。科学技术认识的对象就是整个自然界，即自然界物质的各种类型、状态、属性以及运动形式；认识的任务在于揭示自然界发生的现象以及

---

[①] 夏甄陶：《人是什么》，商务印书馆2000年版，第342—343页。

自然现象发生过程的实质，进而把握这些现象和过程的规律性，以便解读它们，并预见新的现象和过程，为在社会实践中合理而有目的地利用自然界的规律开辟各种可能的途径。当前，科学技术知识呈爆炸式增长，有学者指出：从大学毕业10年以上的人，要么紧紧跟上科学的革命，要么他们就已经不能再与他们周围的世界保持一致。① 这是因为有关物质、太空、医学、物理、化学和数学的知识，正在以前所未有的加速度发展。要使自己的才能具有持久的竞争力，使自己的思想观念不致落伍，使自己能够紧跟科学技术现代化的步伐，每个人就必须花费他的部分空闲时间，认真学习科学技术新知识，紧紧跟上科学技术革命的发展形势。特别是在领导、参与社会主义现代化建设的实践中，有的人特别是领导干部做出了违背自然规律而被自然规律惩罚的事情，究其原因，并不是他们在主观上愿意劳民伤财，而是因为他们不懂自然科学知识与科学技术革命的发展趋势，不尊重自然规律，这方面的教训要吸取。

学习自然科学知识，把握科学技术发展趋势，是培养世界眼光的重要途径。在我国历史上，自近代以来"睁眼看世界"的人，就一直被国人视为最先觉醒的、代表先进思想观念的先知而备受尊崇。马克思在鸦片战争期间谈到西方资本主义列强虎视眈眈下旧中国的科学技术落后、思想观念保守时曾说，"这的确是一种悲剧，甚至诗人的幻想也永远不敢创造出这种离奇的悲剧题材"。② 2009年9月，中国共产党在十七届四中全会上通过的关于建设学习型党组织的决议中就要求领导干部"具有世界眼光"，③ 以让党员干部具备战略高度和宽广胸怀。培养世界眼光，主要是学会并善于在世界空间内考量观察分析问题的深度与广度，要历史地看待时代的发展，敏锐地把握时代的变化，以世界历史进程为参照，以世界进步潮流为坐标，把世界与中国、历史与现实有机统一结合起来。培养世界眼光，就要在当前判断时代发展的基本方向，必须敏锐地关注正在发生的最具影响的现象，我们的发展机遇和挑战就孕

---

① 张荣臣：《推进学习型党组织建设学习读本》，人民出版社2010年版，第123页。
② 《马克思恩格斯选集》（第2卷），人民出版社1995年版，第26页。
③ 《中共中央关于加强和改进新形势下党的建设若干重大问题的决定》，人民出版社2009年版，第10页。

育在这些关键性的因素里面。其中,首当其冲的最具影响的现象,就是发达国家蓬勃兴起的科技革命,包括信息技术革命、生物工程革命和新军事革命等,这些都是引领未来一个时期潮流性的东西,必须引起我们的关注。

### (四) 科技发展推动人的观念转换

在看到人在使用科学技术过程中人的决定性作用的同时,我们也必须看到科学技术对人的思想观念的改变、改造以及变革、更新作用。科技对人的观念的改变和更新是全方位的,包括人的物质消费方式、活动方式、思维方式以及具体的思想观念、心理状态与精神状态等。科技进步日新月异,实现人的观念现代化要从四个方面着力推进。

第一,树立现代科学观念,提高科学精神。科学技术的竞争已经成为综合国力竞争的焦点,知识的生产、学习与创新成为人类最重要的活动,科学技术成为促进经济社会发展的内在动力和特殊资源,成为社会变革的重要条件,成为构筑新生产力的核心。为此我们必须改变传统思维方式,再次认真领会邓小平关于"科学技术是第一生产力"的思想,进一步加强对科学技术的理解,对科学知识的理解,对科学活动的理解,对科学与社会关系的理解,对科学与人及其思想观念的理解,其实质就是要树立科学观念,核心就是对科学精神的理解和追求。这种科学精神包括探索精神、实证精神、原理精神、创新精神与独立精神等。

第二,在掌握现代知识结构体系中学习现代自然科学。当代社会是一个高科技的社会,无论是在生产还是在生活中,高科技的产品和技术就在我们身边,任何一个缺乏现代科学技术知识的人,其生存的难处可想而知,具备现代知识结构是一个人在当代社会生存与发展的必要条件,其中自然科学知识是其主要内容。自然科学知识是对自然科学规律的揭示,把握自然科学知识是人类顺应自然、保护自然,使自己从自然必然性中解放出来的重要条件。就现代社会中的个体来说,一方面对自然科学基础知识要有较好的理解和把握,并能在实践中较好地运用;另一方面对科技革命的最新知识要有较好的认识、了解、理解与把握,获得信息社会人的自由。

第三,拥有现代科学思维方式与方法。也就是视野开阔的独立性思维、不断探索的创新思维、多向考察的严密性思维与可行可控的实践性思维。在一般意义上说，科学方法比一般的知识更为重要。正如培根所说的，"学问的本身并不是教人们如何运用它们，这种运用之道乃是学问以外、学问之上的智能"；① 马克思主义科学方法论是指在马克思主义方法论的指导下，以人的思维、客观世界和人类社会包括未来社会作为研究对象的认识活动中所采用的方法论，体现在马克思主义者研究人的思维、自然现象和社会现象的各种著作的理论叙述之中。② 对此，普列汉诺夫有过精辟的论述，在他看来，方法是理论体系的精华，理论体系中最有价值、最值得珍视的是科学的研究方法，所以我们"在分析任何理论著作时"，"只考虑其中包含的思想和叙述这些思想的方式是不够的。在这里，还绝对必须考虑某个第三种东西，这就是研究的方法"。③ 总之，科学方法是有效、正确运用知识的钥匙，往往会取得事半功倍的效果，成为探索新知识、新奥秘的捷径。

第四，掌握现代工具性知识。主要体现在外语与计算机等方面，随着全球化的迅速发展与迅猛推进，社会生活各领域的对外交往日益增多，掌握外语知识的重要性日益突出，人们不仅要掌握一种外语，而且还必须熟悉两到三门或者更多的外语；随着信息社会的发展，特别是互联网络的广泛运用，多媒体、新媒体、微媒体技术的普及，人们必须熟练掌握以计算机为主的信息技术知识。

## 三 注重理论武装

科学的理论对实践活动以及人的观念现代化具有指导作用。在人的观念现代化过程中，注重科学理论武装，是强化主体精神力量的现实路径。注重科学理论武装，首先就是要深入把握中国特色社会主义理论体

---

① 《培根论说文集》，商务印书馆1996年版，第180页。
② 储further斌：《列宁社会科学研究的抽象方法刍议》，《太原理工大学学报（社会科学版）》2012年第3期。
③ ［俄］普列汉诺夫：《让·雅克·卢梭和他的人类不平等起源的学说》，载卢梭《论人类不平等的起源和基础》，商务印书馆1962年版，第204页。

系,并用这一理论体系武装自己的头脑,大力弘扬理论联系实际的优良学风,做到真学真懂真信真用;就是要深入学习科学发展观,贯彻领会其科学内涵与精神实质,增强对其历史地位和重大意义的认识,深刻理解科学发展观对人的思想观念及思想政治工作提出的新要求;就是要践行社会主义核心价值体系,加强理想信念教育,增强政治敏锐性和政治鉴别力,弘扬民族精神和时代精神,自觉践行社会主义荣辱观;学习掌握现代化建设所必需的各方面知识,认真学习党的路线、方针、政策,认真学习历史特别是中共党史,认真学习国家法律法规以及体现于其中的社会主义法治精神与法治理念,认真学习哲学、社会科学和当代科学文化知识。在人的观念现代化中,加强理论武装的落脚点,在于促使社会个体在社会实践中坚持科学思维、运用科学方法,推动现代观念的生成与内化。

### (一)以马克思主义理想信念为重点

马克思主义是科学的世界观和方法论,是实现人的观念现代化的理论指南,是实现思想发展的思想武器。理想信念,是一个民族、一个国家的精神支柱。一个民族、一个国家,如果没有自己的精神支柱,就等于没有灵魂,就会失去凝聚力和生命力。为全面建成小康社会,为构建社会主义和谐社会,为动员和激励更多人积极投身到我们的伟大事业中,必须加强马克思主义理想信念教育。推进人的观念现代化,有利于坚定社会主义理想信念,实现中国特色社会主义事业的持续发展。

第一,理想信念教育是思想政治教育的核心,[①] 同时也是社会主义条件下推进人的观念现代化的主要任务。理想信念教育就是马克思主义信仰教育,既包括对确立共产主义远大理想的教育,也包括树立中国特色社会主义共同理想的教育。通过人的观念现代化,人民群众掌握了马克思主义的世界观和方法论,有了认识各种理论问题和实际问题的正确的立场、观点和方法,能够学会自己去分析问题、处理问题,从而坚定了社会主义坚定信念、共产主义远大理想。当东欧剧变、苏联解体之时,一些西方资产阶级代表人物纷纷预言:社会主义的历史将随苏联的

---

① 《十六大以来重要文献选编》(中),中央文献出版社2006年版,第180页。

解体而终结，社会主义将成为20世纪的历史遗产，21世纪将是资本主义一统天下。在我们国家，一些别有用心的人宣扬马克思主义"过时"了、"失败"了，极力否定马克思主义；在人民内部，也有一些人对马克思主义产生了怀疑和动摇；西方敌对势力也加强了对我们国家的和平演变攻势，一些人包括一些青年大学生，被西方敌对势力的花言巧语所迷惑，对社会主义前途感到失望，动摇了对社会主义的信念。鉴于此，我们必须在推进人的观念现代化进程中，运用辩证唯物主义和历史唯物主义方法分析世界社会主义运动中暂时遇到的严重挫折，意识到社会主义代替资本主义是一个艰难的、曲折的、复杂的、长期的历史过程，暂时挫折的出现既不能掩盖社会主义在实践中已经对人类做出的巨大贡献，也不能抹杀科学社会主义理论的光辉，更不能改变社会主义必然代替资本主义的历史潮流。鉴于此，必须加强人的观念现代化，培育科学的世界观、人生观和价值观，让人民群众掌握马克思所揭示的社会历史发展规律，坚定对马克思主义的信仰和对实现中国特色社会主义事业的信念。

第二，通过人的观念现代化的推进，有利于树立中国特色社会主义共同理想。建设中国特色社会主义是历史赋予我们的重任。在革命战争年代，1927年、1934年两次严重失误，给革命造成了极为严重的损失，其主要原因就是没有把马克思主义普遍原理同中国当时的实际情况结合起来，犯了教条主义、主观主义的错误。后来，在毛泽东正确的领导下，开辟了一条适合中国国情的以农村包围城市的新民主主义革命道路，从而逐步取得了1949年的革命胜利。新中国成立以后，我们党把马克思主义普遍原理同中国的实际结合起来，创造性地提出了一条适合中国特点的社会主义改造的道路，但紧接着我们又走上了背离将马克思主义基本原理和中国实际相结合的道路，给国家和人民带来了灾难。十一届三中全会，我们党重新确立了马克思主义的思想路线，并做出坚决把工作重心转移到经济建设上来的决策，社会主义现代化建设取得辉煌成就。回顾我们党的革命、建设和改革的历史过程，使我们认识到一个真理：中国特色社会主义共同理想，把党在社会主义初级阶段的目标、国家的发展、民族的振兴与个人的幸福紧密联系在一起，反映了全体中国人民的根本利益和共同愿望，是社会主义核心价值体系的主体。我们必须坚持推进人的观念现代化,教育人民群众学会把马克思主义的基本原理与本国国情和时代特征结合起来、把党的最高纲领和最低纲领结合起来、把坚持社会主义和通过改革开放完善社会主义结合起来、把党的奋斗目标和发展战略结合起来、把树立远大理想和做好本职工作结合起来,从社会主义面临的各种矛盾中奋发进取,科学比较社会主义和资本主义,为实现中国特色社会主义事业持续发展贡献自己。

第三,分析现阶段理想信念教育的现状,有利于我们进一步推进人的观念现代化。信仰问题是当代中国社会发展中的重大问题,特别是党政干部、知识分子、青年大学生和普通群众对信仰的选择,不仅关系到自身的发展,而且直接影响到中国特色社会主义现代化建设的发展方向、动力支持和社会基础问题。据对这四个群体的调查,① 四类群体信仰的总体态势较好。在关于信仰状况的问卷题目中,约56.9%的人选择信仰马克思主义。相比较而言,信仰宗教、相信封建迷信、无信仰或不清楚的人数较少,分别约占12.0%、5.3%、25.9%。在四类人群中,中共党员信仰马克思主义的比例最高,选择"始终相信"马克思主义的约占59.4%,选择"原来不信,现在信"的约占9.6%,合计约占69.0%。其次是民主党派,选择"始终相信"的约占32.5%,选择"原来不信,现在信"的约占14.8%,合计约47.3%。再次是团员,合计约占43%。从群众、党政干部、知识分子、青年大学生四大群体来看,各群体的信念状况有一定的差别,在党政干部中具有马克思主义信念的占多数,而且也较坚定,其次是知识分子,再次是群众和大学生。但从总体上看,具有马克思主义信念的比重仍然较高。这表明,推进人的观念现代化,树立马克思主义信仰的一个前提就是对马克思主义理论有所认识和了解。当前着力人的观念现代化,就是要高举中国特色社会主义伟大旗帜,坚持中国特色社会主义理论体系,全面贯彻科学发展观。

### (二) 以社会主义核心价值观为主导

中国特色社会主义道路、中国特色社会主义理论体系和中国特色社

---

① 重庆市委重大调研课题组:《关于"信仰问题"调研情况的报告》,《马克思主义研究》2009年第12期。

会主义制度是改革开放以来我们取得一切成绩和进步的根本原因。中国特色社会主义理论体系由邓小平理论、"三个代表"重要思想和科学发展观等重要理论成果组成,是几代中国共产党人带领人民不懈探索的智慧和心血的凝结。中国特色社会主义理论体系是我们党对中国特色社会主义理论的认识更加科学、更加完备、更加深刻的标志,实现了新的理论概括和理论标识,指引着全党全国人民坚持中国特色社会主义的道路,引领全党全国人民奋力开拓中国特色社会主义的广阔前景。作为中国社会主义现代化建设的行动指南,这一理论体系自然成为现代人实现理论武装的思想理论指导和基础。

中国特色社会主义理论体系和马克思列宁主义、毛泽东思想一脉相承,是用马克思主义立场、观点、方法解决中国实际问题的最新成果,是一种实践的阶段性与创新的无限性的辩证统一,具体表现为:其根本出发点和落脚点为人民群众,与马克思主义一切为了人民政治立场的根本价值取向一致;其实践基础为改革开放和社会主义现代化建设中面临的实际问题,坚持了用马克思主义观点观察、分析和解决问题;其解放思想、实事求是、与时俱进的思想路线,体现了辩证唯物主义和历史唯物主义的世界观和方法论。学习这一理论体系是全面掌握其蕴含的马克思主义立场、观点和方法。在中国特色社会主义建设中,进一步实现人的观念现代化,有利于深化对中国特色社会主义理论体系的认识和学习。

系统掌握中国特色社会主义理论体系,能帮助党员、干部以及全体人民牢固树立辩证唯物主义和历史唯物主义的世界观和方法论,要在建设马克思主义学习型政党、提高全党思想政治水平的过程中,用中国特色社会主义理论体系促进人的观念现代化的实现。为此,一方面,要总结经验,形成科学的导向,不断推动学习实践向深度和广度发展;另一方面,党员领导干部要起表率作用,研读相关著作,分析社会实践,强化理论联系实际的学风,探索回答重大理论和实践问题,全面提高理论素养和解决实际问题能力。

### (三) 以马克思主义的大众化为取向

马克思主义的大众化与普及化工作历来为我们党所重视。因为马克思主义理论,作为抽象化的指导思想,对于普通民众而言可能有些距离。无论是新中国成立前延安整风运动的做法,还是新中国成立初期在全社会掀起理论学习热潮的方式,都充分体现了我们党大力推进马克思主义中国化的优良传统。改革开放以来,在加强经济建设的同时,为保持共产党员的先进性,我们党开展了多次集中教育活动,有效推进了马克思主义及其最新成果的大众化、普及化。邓小平指出:"我们坚信马克思主义,但马克思主义必须与中国实际相结合。只有结合中国实际的马克思主义,才是我们所需要的真正的马克思主义。"① 我们坚持的不是教条式的马克思主义,而是同中国实际相结合的马克思主义,是用来解决中国实际问题的马克思主义,是在中国由实践经验上升为理论的马克思主义,是同中国的历史传统、中国的优秀文化相结合的马克思主义,是一种具有中国特性、中国作风和中国气派的中国化的马克思主义理论。正如毛泽东所说:"我们要把马、恩、列、斯的方法用到中国来,在中国创造出一些新的东西。只有一般的理论,不用于中国的实际,打不得敌人。但如果把理论用到实际上去,用马克思主义的立场、方法来解决中国问题,创造些新的东西,这样就用得了。"②在马克思主义基本原理同中国具体实际相结合的过程,"解决中国问题"侧重在实践中学习和运用理论,用辩证唯物主义和历史唯物主义引导中国具体实践发展的过程;"创造些新的东西"是指在具体的实践中,通过对新问题新情况的分析,深化对原有理论的认识并丰富和发展理论的过程,是马克思主义中国化的两个相互关联、相互一致的目标。马克思主义的普遍原理只有运用到解决中国建设过程中的实际问题,才能真正显示出其强大的生命力,党在革命和建设实践中的经验证明,真正坚持马克思主义就是用马克思主义普遍原理指导中国实践。在我们党的历史上,能不能做好马克思主义中国化的文章,主要取决于是否完整、准确地掌握和应用马克思主义立场、观点和方法解决中国的实际问题。可以说,马克思主义基本原理同中国实践相结合与马克思主义中国化从本质上来说是同一个过程,一部中国共产党的历史,就是一部马克思主义中国化的光

---

① 《邓小平文选》(第3卷),人民出版社1993年版,第213页。
② 《毛泽东文集》(第2卷),人民出版社1993年版,第408页。

辉历史。马克思主义中国化的两次历史性飞跃都是由于我们坚持了把马克思主义基本原理与中国具体实际相结合，坚持了根据实践的发展变化不断应用马克思主义立场、观点和方法来解决中国革命与建设中的新问题，正因为如此，我们社会主义事业取得了伟大成绩，我们党得到了中国人民的衷心拥护。

  推进人的观念现代化，就要自觉发挥教育的引导作用，围绕马克思主义中国化、时代化、大众化开展教育实践活动。在"三化"当中，人的观念现代化主要是围绕马克思主义大众化这一重大课题开展研究、宣传、教育实践活动。马克思主义大众化，学者们的认识基本一致，即是指通过宣传教育，使马克思主义理论由抽象到具体、由深奥到通俗，并最终能为最广大人民群众所掌握的过程。[①] 中国特色社会主义理论体系的大众化是马克思主义大众化的现实要求。自 2003 年组织编写《干部群众关心的 25 个理论问题》开始，中宣部理论局陆续推出了一年一度的《理论热点面对面》系列丛书，2010 年是《七个"怎么看"》、2011 年是《辩证看 务实办》等。这套丛书紧密联系国际国内形势的新变化，运用马克思主义立场观点方法，对广大干部群众普遍关注的热点难点问题，从理论和实践的结合上做出了深入浅出、有说服力的回答，观点正确、说理透彻，文字生动、实例鲜活，图文并茂、通俗易懂，成为广大干部群众、青年学生开展理论学习的重要辅导材料。2008 年，为推动深入贯彻落实科学发展观，配合全党开展深入学习实践科学发展观活动，根据十七大精神，中共中央宣传部等组织编写了《科学发展观学习读本》《科学发展观青少年学习读本》《科学发展观大学生读本》等重要辅导材料，深入浅出地阐述了科学发展观的基本内容。2009 年，中宣部理论局推出了《社会主义核心价值体系学习读本》《六个"为什么"——对几个重大理论问题的回答》等读物，全面准确地阐述了社会主义核心价值体系问题。这些通俗理论读物，是推进当代中国马克思主义大众化的有益尝试。近年来，宣传部门制作了一批电视理论专题片，如 2007 年的《社会主义核心价值体系纵横谈》，2008 年中

---

[①] 冯刚、张东刚：《高校马克思主义大众化研究报告（2010）》，光明日报出版社 2010 年版，第 5 页。

央电视台的《复兴之路》等，以丰富的史实和深刻的道理引起了强烈的社会反响。各地方电视台也制作了一批文献片、政论片。运用现代传媒技术宣传马克思主义及其中国化的最新成果，奋力推进人的观念现代化，已经成为推进马克思主义大众化的新途径和新阵地。此外，全国马克思主义大众化研究的积极推进，各地各部门各单位通过举办各种理论学习培训班、学术讲坛、专业论坛、读书会、报告会、知识竞赛、主题教育活动，开设理论宣传专栏和专题网站，开展马克思主义理论的宣传普及工作。这些工作的开展，都是自觉推进人的观念现代化的有益探索。

当前，影响马克思主义在当代历史命运的决定性力量是我们党及其领导的社会主义中国。中国的社会实践反对零碎地、空洞地学习马克思列宁主义，强调系统地、实际地学习马克思列宁主义，为学习和掌握马克思主义经典作家提出问题、分析问题、观察问题、研究问题和解决问题的立场、观点和方法，为不断推进人的观念现代化和回答现实中存在的问题提供了实践基础。人的观念现代化极大地推动了马克思主义中国化、时代化、大众化的进程，也积累了一些宝贵的经验，给我们以深刻的启示，正如学者所总结的：马克思主义"三化"命题的关键词"化"包含着丰富的内容，是一个逐渐努力和积累的过程。要使马克思主义被广大民众所掌握，不可能一蹴而就，也不是一日之功，它需要常抓不懈，持之以恒地推进人的观念现代化，在这一自觉推进过程中的教育的过程也就是实现"化"的过程。[①]

总之，中国特色社会主义事业不断推进的过程也是坚持用马克思主义普遍原理不断解决中国实际问题的过程，也是不断推进马克思主义中国化、时代化、大众化的过程。这一过程，也就是一个用马克思主义及其中国化的新成果不断武装广大人民群众，实现"理论掌握群众"的人的观念现代化的过程。

### （四）以大学生思想理论教育为抓手

高等学校思想政治理论课是加强和改进大学生思想政治教育的主渠

---

[①] 冯刚、张东刚：《高校马克思主义大众化研究报告（2010）》，光明日报出版社2010年版，第179页。

道，也是实现大学生思想观念现代化的重要途径。高等学校思想政治理论课立足于帮助大学生树立正确的世界观、人生观、价值观，深入开展马克思主义思想教育，开展党的基本理论、基本路线、基本纲领和基本经验教育，开展科学发展观教育，开展中国革命、建设和改革开放的历史教育，开展国内、国际形势与国际关系教育，承担着对大学生进行系统的马克思主义理论教育的任务，是对大学生进行思想理论教育的主渠道。充分发挥思想政治理论课的作用，深入推进马克思主义中国化的最新成果进教材、进课堂、进头脑工作，对于培养和造就德、智、体、美全面发展的社会主义建设者和接班人具有非常重要的作用。

改革开放以来，特别是党的十三届四中全会以来，高校思想政治理论课教学取得了很大成绩。十六大以来，党中央高度重视高校思想理论教育。2004年3月，中央要求从教师、教材、教学方法、教学指导等方面明显改善思想政治理论课教学状况。同年8月，中共中央、国务院印发了《关于进一步加强和改进大学生思想政治教育的意见》。2005年1月召开的全国加强和改进大学生思想政治教育工作会议对加强和改进大学生思想理论教育做了全面部署，同年，中宣部、教育部联合颁发了《关于进一步加强和改进高等学校思想政治理论课的意见》。这一系列重大部署对思想政治理论课的教育教学提出了新思路、新举措，反映了党中央高度重视高校思想政治理论课的改革和建设，充分体现了党中央对高校思想政治理论课教育教学寄予了深切厚望，为高校思想政治理论课迎来了最好的发展机遇，也赋予了高校思想政治理论课光荣而艰巨的战略任务。2005年试行、2006年全面铺开的高等院校思想政治理论课改革方案将高校思想政治理论课主干课程由原6门改为4门。这一调整顺应了新世纪新阶段对大学生思想政治理论课提出的新要求，有利于大学生系统地掌握科学的世界观和方法论：《马克思主义基本原理》着重讲授马克思主义的世界观和方法论，帮助学生从整体上把握马克思主义，正确认识人类社会发展的基本规律；《毛泽东思想、邓小平理论和"三个代表"重要思想概论》着重讲授中国共产党把马克思主义基本原理与中国实际相结合的历史进程，充分反映马克思主义中国化的三大理论成果，帮助学生系统掌握毛泽东思想、邓小平理论和"三个代表"重要思想基本原理，坚定在党的领导下走中国特色社会主义道路的理想信念;《中国近现代史纲要》主要讲授中国近代以来抵御外来侵略、争取民族独立、推翻反动统治、实现人民解放的历史,帮助学生了解国史、国情,深刻领会历史和人民是怎样选择了马克思主义,选择了中国共产党,选择了社会主义道路;《思想道德修养与法律基础》主要进行社会主义道德教育和法制教育,帮助学生增强社会主义法制观念,提高思想道德素养,解决成长成才中遇到的实际问题;《形势与政策》侧重于开展党的路线、方针和政策的教育,帮助学生正确认识国内外形势。整个课程体系都更注重当代大学生的观念现代化,指导当代大学生运用现代化的观念去认识问题、分析问题和解决问题,是推进当代大学生观念现代化不可或缺的重要载体。

高等学校思想政治理论课程的教育效果,体现在大学生对现代化观念的认知程度上,体现在大学生的马克思主义理想信念上。调查显示,大学生的理想信念教育也存在着一些突出问题:① 首先,不信仰马克思主义。调查发现,在青年大学生中有 5% 的人从来不信马克思主义,有 11.5% 的人原来信,现在不信,还有 22.4% 的人没有想过这个问题。由此可见,不能真正信仰马克思主义的青年大学生高达 38.9%。其次,西方思潮影响较大。在什么能更好地解决当前中国重大问题的调查中,选择民主社会主义的大学生占了 43.3%,选择新自由主义的也有 18.7%。最后,信仰宗教。在信仰调查中,我们发现,其中约有 14.0% 的人信仰宗教。对他们是否参加过宗教活动的调查表明,约有 2.7% 的人定期参加宗教活动,约 23.6% 的人曾经参加过宗教活动。并且连续三年以上,每到特殊日子约 0.9% 的人每次必去参加各种宗教仪式,约 6.2% 的人大多数时候会去,约 5.8% 的人半数时间会去,约 19.0% 的人偶尔会去。② 这些调查数据表明,宗教作为一种信仰在青年大学生中也有着很大的潜在市场。为此,在推进大学生观念现代化过程中,要继续强化教育效果,始终抓住理想信念教育这个大学生思想政治教育的核心问题。

在高等学校思想政治理论课教育教学中,要加强社会主义核心价值

---

① 重庆市委重大调研课题组:《关于"信仰问题"调研情况的报告》,《马克思主义研究》2009 年第 12 期。

② 同上。

体系教育，并以其为当代大学生观念现代化的实践基础。"建设社会主义核心价值体系，必须从青少年抓起、从学校教育抓起。"①为此，要把社会主义核心价值体系纳入高等学校教育教学全过程，积极探索符合大学生思想特点和成长规律的方式方法，科学有效地把社会主义核心价值体系体现到高等学校的课堂教学中，体现到各种形式的课外活动中，体现到学校的日常管理中，切实做到进教材、进课堂、进头脑。党中央强调，高校思想政治理论课要坚持以马克思列宁主义、毛泽东思想、邓小平理论和"三个代表"重要思想为指导，深入贯彻落实科学发展观，贯彻党的教育方针，解放思想、实事求是、与时俱进，坚持用马克思主义立场、观点、方法教育和武装大学生，始终保持教育教学的正确方向，坚持理论联系实际，贴近实际、贴近生活、贴近学生，不断改进教育教学的内容、形式和方法，增强学生对马克思主义的信仰、对社会主义的信念、对改革开放和现代化建设的信心、对党和政府的信任等。而这一过程无疑有利于大学生观念现代化的促进，尤其是新课程方案的实施，极大提升了当代大学生观念现代化的效果。

总之，高校思想政治理论课的教学实践活动，尤其是2005年新方案实施以来，始终高度重视对大学生加强以马克思主义为指导的观念现代化进程，切实搞好高校思想政治理论课教学活动，是实现人的观念现代化的实践基础。

## 四 加强舆论引导

人的思想观念的形成及人的观念现代化的实现，除了受到社会实践的决定与制约之外，还受到他人思想观念的影响。这就是人的观念现代化中的舆论问题。一个人在工作、学习和生活中，开始思维、说话、讨论和行动的时候，都会既清晰又模糊地意识到，有许多无形的观念包围着他。这些观念的存在形式多种多样，其共同点就是，这些观念处在"我"之外，也就是这些思想观念来源于他人。为此，李普曼指出，

---

① 中共中央宣传部：《社会主义核心价值体系学习读本》，学习出版社2009年版，第68页。

"这些其他人头脑里的想象,他们自己的情况、他们的需要、意图和关系等等都是他们的舆论"。① 或许个体本来有自己的观念、看法、观点与意见,但是表达时必须考虑这些包围着自己的无形观念。对少数意志坚定的人来说,这些外界观念的影响是较小的或微不足道的;但对于大多数人来说,他们通常要避免与周围既定的思想观念发生明显的冲突,类似的情形多了之后,所谓"自己的看法"就会不知不觉地与周围其他人的观念一致起来。也就是说,人的思想观念的形成与现代化发展,还要受到舆论的制约。这里的"舆论"在一定程度上与大众传媒、国家新闻传播事业密不可分。

舆论就是针对特定的现实客体,公众的信念、态度、意见和情绪的表现,是"多数人"整体知觉和共同意志的外化,具有相对的一致性、强烈程度和持续性,其中有理智成分也有非理智的成分。② 这里所说的"信念、态度、意见和情绪"都属于意识的范畴,是人的思想观念的具体表现形式。舆论在现代社会是普遍、客观存在着的。江泽民指出,"舆论反映着国家的形象和社会的精神面貌"。③ 正如国家的形象、社会的面貌有正面、负面之分一样,舆论也有积极舆论与消极舆论的区别。积极的舆论能够对个人观念的现代化、国家的现代化和社会的进步起到推动和促进作用;消极的舆论则起着破坏和阻碍作用。舆论引导也叫舆论导向,是指运用舆论规范人们的意识,引导人们的意向,从而控制人们的行为,使他们按照社会管理者制定的路线、方针、规范从事各种社会实践活动的传播行为。④ 这里的"意识""意向"也属于思想观念的范围。舆论有消极与积极之分,对舆论所作的引导也有正确与错误之别。正确的舆论导向对社会舆论起着净化、疏导作用,有利于形成良好的舆论环境,促进社会文明进步;错误的舆论导向对社会舆论起着煽动与扩张作用,不利于形成社会进步的舆论环境。这就是江泽民所说的:"舆论导向正确,是党和人民之福;舆论导向错误,是党和人民之

---

① 李普曼:《舆论学》,华夏出版社1989年版,第19页。
② 陈力丹:《舆论学——舆论导向研究》,中国广播电视出版社1999年版,第11页。
③ 江泽民:《论"三个代表"》,中央文献出版社2001年版,第127页。
④ 陈富清:《江泽民舆论导向思想研究》,新华出版社2003年版,第23页。

祸。"① 这在我党思想文化宣传工作中称之为"导向论"或"祸福论"。舆论导向作用要求我们必须加强正确的舆论导向。舆论引导能力是我国文化软实力的重要组成部分,② 在我国开放的环境中,必然会形成多种多样甚至相互分歧和冲突的思想舆论,如何运用创新的大众传媒和正确的思想观念,引导社会舆论,营造良好氛围,凝聚思想共识,激发精神动力,是新形势下文化软实力建设的重大课题,更是推进人的观念现代化的重要途径。人的观念现代化中的舆论引导,就是引导舆论,营造有利于增强人的现代观念内部凝聚力和外部吸引力的舆论氛围。

**(一) 注重舆论导向是观念发展的客观需要**

人是社会舆论活动的主体,由众多人组成的社会共同体是社会舆论的发出者,也是社会舆论的信息源。作为观念的舆论来源于人们之间的相互交往,来源于信息的流动与传递,正如费尔巴哈所说的,"观念只是通过传达、通过人与人的谈话而产生的。人们获得概念和一般理性并不是单独做到的,而只是靠你我相互做到"。③ 人们的相互交往相互理解的一个很重要渠道就是大众传播媒介。人们通过大众传媒达到了解环境、了解社会的目的,这说明了普通大众与大众传媒的关系。一个人对舆论来说,是舆论的主体、舆论的发出者和接收者;对大众传媒来说,人既是大众传媒的客体,又是大众传媒的受众。人的观念现代化的实现,就立足于人的受众身份。

从人作为受众的客观地位来看,受众的极端重要性要求大众传媒必须对受众进行引导,以实现人的观念现代化。根据马克思主义基本原理,人民群众既是社会主义大众传媒的服务对象,也是社会主义大众传媒的依靠力量,人民群众在大众传媒及其引发的舆论面前扮演着双重角色。首先,人民群众是社会主义大众传媒的服务对象,这是由社会主义新闻传播事业的基本方针决定的。江泽民对此指出:"社会主义的新闻事业同社会主义的文学、艺术、出版等事业一样,虽然各有自己的特点

---

① 《江泽民文选》(第1卷),人民出版社2006年版,第564页。
② 骆郁廷:《文化软实力:战略、结构与路径》,中国社会科学出版社2012年版,第143页。
③ 《费尔巴哈哲学著作选集》(上卷),生活·读书·新知三联书店1984年版,第251页。

和具体发展规律,但是它们作为意识形态领域的组成部分,都要为社会主义服务、为人民服务。尽管服务的具体形式、内容、方法不尽相同,但都必须遵循这个基本方针。"[①] 其次,新闻工作为人民服务,是由社会主义新闻事业既是党的事业又是人民的事业这一本质属性决定的。作为人民的事业,为人民服务就成为题中应有之义;作为党的事业,也必须为人民服务,这是由我们党全心全意为人民服务的宗旨决定的。包括新闻工作在内的各项工作要"引导人民群众认识自己的利益,并团结起来为实现自己的利益而奋斗,是我们党的根本任务。每个共产党员都要……严格要求自己,牢固树立马克思主义群众观点,充分相信群众,密切联系群众,一切依靠群众,关心群众疾苦,反映群众意见,维护群众的正当利益,帮助群众解决实际困难。要把执行现行政策同党对党员的更高要求统一起来,抵制资产阶级腐朽思想、生活作风和价值观的侵蚀,坚持把党和人民的利益放在第一位,做到吃苦在前,享受在后,甘愿奉献,绝不能把商品交换原则搬到党的生活中来,向党组织讨价还价"。[②] 再次,人民群众不仅是社会主义新闻事业的服务对象,同时也是社会主义新闻事业的依靠力量。马克思曾经说:"民众的承认是报刊赖以生存的条件,没有这种条件,报刊就会无可挽救地陷入绝境。"[③] 毛泽东也说,"我们的报纸也要靠大家来办,靠全体人民群众来办,靠全党来办,而不能只靠少数人关起门来办"。[④] 江泽民1996年视察人民日报社时同样强调:"全党办报,群众办报,是我们党一贯的方针。在新的历史时期,要结合新形势、新实践,更好地贯彻这一方针。"在当今时代,不仅传统的大众传媒要靠人民来办,而且各类新媒体也要靠人民来办。人民群众对大众传媒来说是受众,但这一受众群体不是被动的,它既是服务的对象,又是依靠的力量,受众的这一特点决定了它在整个传播环节的重要作用。人民群众又是舆论的主体,其思想观念水平、思想道德程度、知识水平、认识世界的能力和方法,都直接影响着社会舆论。所以,人的观念现代化既是发挥好舆论引导的前提条件,又

---

[①] 《十三大以来重要文献选编》(中),人民出版社1991年版,第768—769页。
[②] 同上书,第660页。
[③] 《马克思恩格斯全集》(第1卷),人民出版社1995年版,第381页。
[④] 《毛泽东选集》(第4卷),人民出版社1991年版,第1319页。

是实现舆论引导的结果。

从人作为受众的主观方面来看，受众的极端重要性要求大众传媒必须对受众进行引导。人们在社会中生活，要了解社会，就要准确地把握现代社会，但由于一个人作为个体，通过社会实践直接了解社会信息的能力是有限的，对社会的了解具有一定局限性，很难形成对整个社会全面正确的思想观念，这就需要大众传媒为他提供比较全面的信息，使他对现代社会有一个比较全面的认识、相对准确的把握。大众传媒对人们的思想观念进行正确引导，能使人们树立正确认识世界的方法即思维方式，能使人们形成正确的思想观念对待社会。在西方新闻传播理论中，"沉默螺旋"理论和"接受理论"从不同角度证明了受众是可以接受大众传媒引发的舆论影响，能够被大众传媒引导的观点。"沉默螺旋"理论认为，当人们感到自己的意见属于多数派或处于优势时，就倾向于大胆表达这种意见；当人们感到自己的意见属于少数派或处于劣势时，为了防止孤立就会保持沉默。这样一方意见的沉默会造成另一方意见的增长，如此循环往复，便形成一方意见越来越强、另一方意见越来越沉默的螺旋发展过程。这种理论强调的是舆论对受众的压力，也就是一个群体的主导观念对另一个群体的从属观念的压力，这说明大众传媒可以利用受众的这种从众心理，营造有利于传播者的舆论来影响受众。体现在人的观念现代化之中，就是人的思想观念受到群体观念的压力与影响。"接受理论"认为，人们在接受信息之前就存在着一个"期待视野"（人们的社会经验、思想观念等意识的基础），接受大众传媒的信息要受到"期待视野"的影响，不同的"期待视野"影响受众对舆论信息的不同理解，也就是所谓的"一千个读者就有一千个哈姆雷特"。这一理论强调的是受众的主体意识，也就是受众在接受信息影响时具有很强的主观能动性。

### （二）凸显群体观念对个体观念的积极影响

舆论的主体是社会公众，也就是前述的影响个体观念、态度与行为的"他人"，这是自在的对于外部社会有一定的共同知觉，或者对具体的社会现象和问题有相近看法的人群。这种人群的相同或相近的看法就形成我们所讲的"群体观念"。公众在舆论调查的分析报告中是集合的，但是在现实生活中一般而言都是分散的。把他们联系在一起的，是在某方面对外部世界的共同或相近的思想、情绪、观念、观点等。因此，每个人对"公众"的感知既是实在的，可以感受到有限的相近情绪或观点的人；又是模糊的，对于大范围的相近情绪或观点的人的感知，只能是一种"统计直觉"。公众通常面临着共同的社会问题和利益，但有时不同利益和文化背景的人群也可能在某些问题的看法上形成比较一致的意见。公众的构成也是变动的，会随着社会结构、某些社会现象和问题的出现与消失、利益的形成而不断重新组合。作为舆论主体的公众主要存在于受现代化影响更为深刻的城市特别是大城市，因此，当代舆论的中心始终在于城市，因为城市人群密集，聚集着数量较大、质量较高的公众，我国新的社会制度特别是社会主义市场经济的新环境，正在造就具有自主意识的舆论主体。多年前就有学者用作家的触角形象地描述道："据最保守的统计，每年最少有 1000 万农民涌入城市。而生活在城市中的人们，也不甘于现状，他们从小城镇流入发达的大城市，……这些流动着的在新的经济体制下寻找机会的劳动者普遍具有最基本的文化水准。被纳入现代化的生产体系和全球规模的市场之后，他们很快与大众意识认同，大众传媒的渲染与引导又使这种意识得到深化。于是，大众，作为一种重要的社会现象，在中国现代化的进程中浮出海面。"[①] 这就指出了舆论就是一种群体观念对个体观念的影响，也彰显了舆论在人的观念现代化中的作用途径。

在各种形态的舆论当中，存在着一种观念形态的舆论。当代人不仅生活在各种大众媒体（包括新媒体）组成的信息时代，同时也生活在"意义（价值）"的世界里，舆论的最常见信息表达形式，就是一种"意义"，即直接以不同程度的赞同（同情）、反对（憎恶）、无所谓（中立）等形式表达公众的意见倾向。很多情况下，公众传播信息的同时，可能会根据自己的信念、观念和积累的经验，赋予信息以"意义"。由于舆论的自发性质，除了较小范围内的知识群体表达的意见具有清晰的条理外，人们通常所说的"大众舆论"，表达的观念大多是简单化或情绪化的，特别是对较为抽象、宏观的舆论客体来说更是如此。但是，一旦某

---

[①] 陈刚：《大众文化与当代乌托邦》，作家出版社 1996 年版，第 8—9 页。

些简单的价值判断、道德选择、固定成见等被公众接受，不仅会成为流行观念，而且有可能进一步逐渐内化为舆论的深层结构——信念，对社会发展的影响以及个体观念的影响都可能是巨大的，① 这就是观念形态的舆论。然而，对于具体的个人和无组织的群体而言，得出深刻的见解确实是比较困难的，他们的观念实际上是由社会提供的，特别是由舆论提供的。如果在公众需要对舆论客体做出判断而又难以确切表达的时候，大众传媒及时提供简单明确而又为公众接受的思想观念、价值判断或道德选择，往往会使那些含有哲理的、符合现代社会特性的简单话语很快深入人心，自然而然地为舆论框定了发展方向。当然，大众传媒提供的思想观念、价值判断与道德选择在迎合公众时如果发生错误，也会阻碍社会的发展与进步，阻滞人的观念现代化的实现。

大众媒体通过提供接近性的参照系，在一般情况下影响着观念形态舆论的发展方向。观念形态的舆论通常是公开表达的关于社会现象和问题的显舆论，意见倾向相对清晰，但毕竟是自发的社会观念形态，具体的表达呈现多样化，无法达到精英型意见的形态，这是最常见的舆论形态。由于舆论主体的分散性和无组织性的特点，在很多情况下许多公众仅依据自己的信念和经验尚不能明确自己应当对社会问题持何种观念态度，因而表达具体观念时有意无意地总是需要参照系。这种参照系通常是社会既定的规范化思维方式和概念体系。正如有学者所指出的："对某种社会事实或社会事件的态度不仅仅是，或者说，关键不是经验和经验积累的结果，经验再多也只是个体内部过程，态度的形成还必须有外参照系。人们关于某个事件的态度，在没有参照系的情况下，仍然是潜在状态，尚说不清楚究竟是什么态度。"② 鉴于大众传媒广泛的社会影响力，为公众及时提供符合一般社会规范的参照系，或改变公众已有的参照系，是媒体影响观念形态舆论的主要方式。

### （三）增强舆论自觉对人的观念的有效推动

江泽民曾经说过，舆论工作就是思想政治工作。③ 在思想政治教育

---

① 陈力丹：《舆论学——舆论导向研究》，中国广播电视出版社1999年版，第99—100页。
② 沙莲香：《社会心理学》，中国人民大学出版社1987年版，第251页。
③ 江泽民：《论"三个代表"》，中央文献出版社2001年版，第127页。

中，自发性与自觉性是一对重要的范畴。舆论研究中新闻传播学一般倾向认为舆论主要是自发的，但思想政治教育学研究中，认为舆论也有自发性与自觉性之分。有学者从舆论的产生与形成过程，将舆论分为自发性与营造性（自觉性）两种基本类型。① 正确分析它们的不同特点，对于我们认识这两种不同舆论主体的思想动机和具体心态，进一步认识群体、团体和社会的精神面貌，以及正确对待和组织舆论，实现舆论引导推动人的观念现代化，都大有裨益。

自发性舆论就是群体针对相关人物、社会组织和社会现象，自发表达的言论。相对于营造性而成的舆论而言，自发性舆论不是由负有特殊使命的机构、人士或者舆论领袖特意发动、导演或创制的结果，它的产生与形成是顺乎自然的过程，所以也称之为自在舆论、自然舆论。自发舆论在社会生活中经常可以遇到，只要某一新闻人物出现，或有某一重大社会问题、社会冲突、社会变革或社会事件发生，就会引发不同群体、层次人群的关注，同时也必然引出规模不等的自发舆论来。自发舆论的主体多为一般群体或非正式群体（也可称之为随机群体），这类群体没有严密的组织系统，形态松散，既可以受某一议题的吸引而偶然形成，也可以因为问题的解决而消失，其引发的舆论大多是群众在口头传播中形成的，大量内容是对领导机关的政策推行，以及与自己紧密联系的人物与事件的某种回应。自发舆论是从民间和群众中自发涌现出来的群体意识，其议题和内容都是随机产生的，其产生与形成过程大都期限短促，带有较强的感情色彩、情绪倾向、原初质朴的本色，如各种顺口溜、歌谣等。但是，自发舆论能真实反映群体心态，实际上是群体公开发表的随感，内容上未经别人的增删和篡改，形式上未曾经过加工和修饰，规模上未曾受到夸大或缩小，强度上未曾被人加重或削弱，其反映的意愿和要求是群众真实的意愿和要求。自发舆论具有较高的认识价值，作为社会公众心态的"晴雨表"，为考察者了解民心、体会下情、调整政策、改善工作，提供了丰富多彩的感性材料。自发舆论一向受到国家、政党和团体的关注，一般设有专门的机构和人员从事民间自发舆论的搜集和考察，如现代社会中各种民意调查机构。所以，虽然自发舆

---

① 凌空：《舆论与思想政治工作》，陕西旅游出版社1997年版，第87页。

论是一种民间的、质朴的感性认识，但是我们不能忽视它。在人的思想观念中，这种自发舆论慢慢积累就会影响人的观念的形成、发展与变化，人的观念现代化要关注自发舆论的影响。

要实现人的观念现代化，在舆论工作中要尤其注重营造性舆论。营造性舆论是指舆论主体为实现某些目的而特意创设并广为宣传的言论。与自发舆论相比较，营造性舆论更多地表现了舆论主体的目的性与计划性，反映了他们在制作、运用、宣传和控制舆论方面的自觉性，因此也称之为自觉舆论、自为舆论。营造性舆论更充分地说明了人的主动性与能动性，表现了人类智能进步和精神生产的能力。从精神现象角度考察，应该说它是生产力发展到一定水平、人类文明进入到较高阶段的产物，正如经典作家所揭示的："分工也以精神劳动和物质劳动的分工的形式在统治阶级中间表现出来，因此在这个阶级内部，一部分人是作为该阶级的思想家出现的，他们是这一阶级的积极的、有概括能力的意识形态家，他们把编造这一阶级关于自身的幻想当作主要的谋生之道，而另一些人对于这些思想和幻想则采取比较消极的态度，并且准备接受这些思想和幻想，因为在实际中他们是这个阶级的积极成员，并且很少有时间来编造关于自身的幻想和思想。"[①] 也就是说，营造性舆论是统治阶级精神产品的一种形态。社会物质生产及其发展，为精神生产提供了需要和条件，而精神生产又促进了物质生产，营造性舆论产生于社会生活、阶级统治对精神产品的需求。一个社会的维系、变革、发展，需要有与之相适应的营造性舆论来对全体社会成员进行教化、协调、宣传、鼓动与抑制，而单凭自发性舆论是不能达到这一目的的。只有那种高度理性化、精密而系统的舆论才能起到良好而持久的组织与指导作用。古今中外的思想家、政治家就肩负着这样的舆论制造使命，如中国古代农民起义就善于利用迷信心理以神秘的手法制造起义顺乎天意的舆论。

营造性舆论的特点决定着其在人的观念现代化过程中的重要作用。首先，营造性舆论的主体大多为组织严密的群体，在现代社会多体现为党派、政府的有关机构和其他各种组织严密的集团或团体，他们制作、传播这些舆论的目的极其明确，直接动机或是基于其承担的社会使命，

---

① 《马克思恩格斯文集》（第1卷），人民出版社2009年版，第551页。

或是出于对组织、集团自身利益的维护。他们深刻理解舆论的作用，把舆论作为影响受众思想观念与行为的重要手段，因而在制作和传播舆论时具有高度的自觉性和主动性。其次，营造性舆论富有理性色彩，是舆论主体蓄意劝服受众接受其主张和要求的"作品"。在现实生活中，并不是任何舆论都能被公众接受，特别是具有主见或成见的受众，更不会轻易接受某种外部思想观念的影响，所以舆论主体为了使人对自己的言论深信不疑，便增强了舆论的论证色彩，加重了说理成分，以至于营造性舆论具有理性化色彩。最后，营造性舆论形式多样，构造精密，富有吸引力。在现代社会科技高度发达的条件下，掌握着舆论机构和专业技术人员的各类组织，充分发挥报刊、电视、电影、电台等传统媒体以及网络、微博、微信、飞信等现代新媒体的作用，充分利用新闻、政论、广告、文学、艺术等各种形式来传播表达自己的主张和思想观念。在他们的精心策划下，营造性舆论灵活地发挥形象的感染力和逻辑的说服力，注重语言的艺术，讲究科学与艺术的结合、文字与图像的结合、声音与色彩的结合、技术与主题的结合，极富表现力和吸引力。

在人的观念现代化过程中，就是要用正确的舆论引导人。"正确的舆论"基本上属于营造性舆论。"坚持正确的舆论导向，就是要造成有利于进一步改革开放，建立社会主义市场经济体制，发展社会生产力的舆论；有利于加强社会主义精神文明建设和民主法制建设的舆论；有利于鼓舞和激励人们为国家富强、人民幸福和社会进步而艰苦创业、开拓创新的舆论；有利于人们分清是非，坚持真善美，抵制假恶丑的舆论；有利于国家统一、民族团结、人民心情舒畅、社会政治稳定的舆论。"[①]也就是在这个意义上说，舆论工作就是思想政治工作，是党和国家的前途和命运所系的工作。[②] 人的观念现代化，也不是自发实现的，而是自觉实现的。在这个过程中，通过营造性舆论对人的思想观念进行自觉的影响，促进符合现代社会要求、与现代化相适应的观念产生与发展，这就是舆论引导实现人的观念现代化的有效路径之一。

---

① 《十四大以来重要文献选编》（上），人民出版社1996年版，第654页。
② 江泽民：《论"三个代表"》，中央文献出版社2001年版，第127页。

### （四）应对信息化条件下西方思想观念挑战

舆论引导就要在正确应对信息化条件下西方意识形态对社会主义思想观念方面的严重挑战。坚持马克思主义在意识形态领域的指导地位面临着西方意识形态的严重挑战。从国际看，世界范围内社会主义和资本主义在意识形态领域的斗争和较量将是长期的和复杂的，有时甚至是非常尖锐的。以美国为首的西方资本主义国家凭借其雄厚的政治、经济、军事、科技力量，借助其强势媒体力量，利用互联网的开放性，不断兜售西方式的意识形态，宣扬西方文化，推行文化霸权主义。这种思想文化的威胁和入侵，在一定程度上"消解"了社会主义意识形态。据调查，西方敌对势力对我国进行意识形态渗透的主要表现方式有：[①] 首先，利用互联网等新兴媒体，争夺思想文化的新阵地，削弱我国主流舆论的影响。据统计，目前全球互联网服务器内存中，中文信息只占4%（内含新加坡、中国台湾），而美国的信息却占80%，它提供的服务信息更是占95%。现在我国的大学生，几乎所有的人每天都上网，除学习之外，90%的时间都在网上。他们查看的信息，很少是由我国主流媒体提供的，这种情况很令人担忧。其次，西方以各种基金会和非政府组织的名义，在我国开展各种活动。目前，西方国家通过各种活动对我国中青年和知识分子造成的影响是不可小视的，他们物色和培养亲西方的学者和其他人士，这些人在国内发挥着越来越大的影响。调查中，大家认为，在一些常规研究领域开展对外交流和合作，争取一些资助是必要的，但是，必须有严格的规章制度约束。在调查西方国家资助社会主义国家民间组织的目的时，受访的2699人中，认为是为了这些国家的社会是进步的，只有539人，占20%，而认为主要是为了培植亲西方的反对派势力的，有1166人，占43%，另外有回答"说不清"的994人，占37%。再次，利用民族分裂势力，制造各种舆论，以期达到西化和分化中国的目的。其突出的表现是在宗教、人权和宪政问题上做文章，提出种种谬论，妖魔化中华人民共和国与中国共产党。例如，极力支

---

① 中国社会科学院马克思主义研究学部课题组：《关于加强马克思主义理论研究和建设问题的调研报告》，《马克思主义研究》2008年第4期。

持、怂恿达赖集团，推行"西藏问题国际化"，企图使西藏"独立"；利用宗教问题向我发难，攻击我国是"压制"宗教信仰的国家；策动境外宗教、邪教组织对我国进行渗透和反政府活动；污蔑中国压制和侵犯人权，政治制度不民主；等等。复次，利用电视和电影等群众喜爱的国际化传媒手段，宣传西方生活方式和价值观念，弱化我国传统民族文化和社会主义价值体系。调查中不少人提到，由于受西方影视剧和小说等作品的影响，我国相关的文化领域也越来越充斥低俗、冒险、自杀、血腥暴力等内容。最后，曲解、丑化和淡化我国民族传统文化，压制中华民族的自信心，消解和削弱中华民族的凝聚力。其手法主要是恶意放大中华民族传统文化中封建落后的一面，加以丑化和曲解。西方某些国家出版的影视作品、卡通漫画、电子游戏，充满着对我传统文化经典的戏说和恶搞。其目的是让青少年推崇西方文化，淡忘本民族文化，削弱对中华民族优秀文化传统的认同。

究其原因，首先，西方发达国家凭借雄厚的经济实力和强权政治占据着世界的主导地位，在文化观念、意识形态以及生活方式上，也企图成为世界的主导和别国效仿的楷模。它们拥有"文化霸权"，形成了一种"文化帝国主义"，直接威胁到发展中国家，尤其是社会主义国家的文化主权和文化安全。其次，由于西方的某些思潮和政策对社会主义市场经济体制改革的负面影响，科学发展观的认真贯彻落实还不够。某些"泛市场化"改革措施的协调性和方向性有误，导致贫富差距过大等分配不公、权钱交易和官商勾结、官员腐化和官僚主义等为老百姓深恶痛绝的问题，长期得不到较好的解决，逐渐使老百姓对社会主义的理想信念产生怀疑，造成信仰迷失，使敌对势力的意识形态渗透有机可乘。最后，不少体现国民凝聚力的全民所有制企业被中外私人经济所侵蚀和过度并购，引起人们思想和信仰的变化。在调查马克思主义被弱化的原因时，受访的2634人中，就有1040人认为，是因为私有经济比重越来越大的影响，占39%。[①]

面对这些挑战，我们必须着力推进人的观念现代化。因为巩固马克

---

[①] 中国社会科学院马克思主义研究学部课题组：《关于加强马克思主义理论研究和建设问题的调研报告》，《马克思主义研究》2008年第4期。

思主义在意识形态领域的指导地位,首先必须使人民群众知道什么是马克思主义、怎样对待马克思主义,而只有通过加强人的观念现代化,才能让人民群众了解马克思主义是建立在辩证唯物主义和历史唯物主义之上的科学的世界观和方法论,它是由马克思主义哲学、马克思主义政治经济学和科学社会主义三个部分有机组成的完备而严密的思想理论体系,并把发展生产力作为出发点和归宿,是无产阶级的意识形态和为无产阶级服务的科学理论,从而使人民群众能够从各种形形色色的非马克思主义学说中脱离出来,能够在多元化的意识形态中不迷失方向。同时,只有实现社会主义条件下人的观念现代化,才能使人民群众学习、领会、掌握它的立场和观点,把它当作认识的工具和工作的方法,研究和解决中国的实际问题,并从而在实践中能举一反三,触类旁通,运用自如,得心应手地正确处理一切问题,真正发挥马克思主义认识世界和改造世界的巨大作用。再者,用现代化的观念武装人的头脑,才能把人民群众从对马克思主义错误的和教条式的理解中解放出来,从主观主义和形而上学的桎梏中解放出来,自觉地反对不顾历史条件和现实情况的变化、用本本主义和教条主义的态度对待马克思主义理论的错误倾向,自觉地用发展着的马克思主义指导实践,从而推进马克思主义中国化。最后,加强现代思想观念的教育,有利于人民群众对马克思主义的深入理解,驳斥马克思主义理论"很深奥"、不容易理解和把握等错误观点,从而推进马克思主义的大众化,使马克思主义理论深入人心,增强马克思主义的说服力和吸引力。

总之,要旗帜鲜明地反对西化,反对资产阶级自由化,反对否定马克思主义基本原理、否定马克思主义指导地位、迷信西方资本主义思想理论的错误倾向,巩固马克思主义的指导地位,我们必须切实加强人的观念现代化,用马克思主义思想观念武装全党、教育人民,使之成为个人观念现代化的基石。

## 五　虚心求教群众

向群众学习,也就是在人的观念现代化进程中要虚心求教群众,这是人产生新思想、发展新观念的重要途径。马克思主义在合理区分历史的参与者与历史的创造者基础上,认为"全部历史本来由个人活动构成,而社会科学的任务在于解释这些活动",①也就是说作为历史的创造者,人民群众既是社会的实践主体,又是社会的价值主体;人民群众推动社会实践创造历史的过程,既是人民群众充分发挥历史主体作用的过程,又是人民群众充分实现自身利益的过程。从生产方式决定社会发展的观点出发,马克思主义认为社会历史从根本上说是生产发展的历史,是人民群众所创造的历史,人民群众不仅是社会物质财富的创造者,也是社会精神财富的创造者,更是社会变革的决定力量。

  虚心求教群众成为实现人的观念现代化的重要途径,是由人民群众是社会变革的决定力量直接决定的。人民群众在创造社会财富(物质财富和精神财富)的同时,也创造并改造着社会关系。生产关系的变革、社会制度的更替以及人的观念发展最终都取决于生产力的发展,但它又不会随着生产力的发展自发地实现和完成,必然要通过人民群众的革命实践。人民群众创造历史的作用同社会基本矛盾的运动规律是一致的。人民群众通过推动生产力的发展而不断要求改进生产关系,人民群众的人心向背体现了社会发展的趋势。人民群众是社会革命的主力军,在充当"孕育着新社会的旧社会的助产婆"的角色方面,② 发挥着巨大作用。"历史活动是群众的活动,随着历史活动的深入,必将是群众队伍的扩大。"③ 历史发展规律形成的源泉及其实现的途径是人民群众的实践活动。如果说历史发展规律的发现者是伟大人物,那么,人民群众就是历史规律的最终实现者,是历史的创造者。人民群众在创造历史的过程中,在实现社会变革的过程中,也实现对其自身思想观念的改造与变革,现代社会里人民群众在创造社会财富、推进社会变革中实现其自身的观念现代化,并推进全社会以及社会成员的观念现代化。斯大林在论及列宁时指出:"列宁总是鄙弃那些瞧不起群众,想按照书本去教导群众的人。因此,列宁总是不倦地教诲我们:要向群众学习,要理解群

---

① 《列宁全集》(第 1 卷),人民出版社 1984 年版,第 360 页。
② 《马克思恩格斯文集》(第 9 卷),人民出版社 2009 年版,第 191 页。
③ 《马克思恩格斯文集》(第 1 卷),人民出版社 2009 年版,第 287 页。

众的行动,要细心研究群众斗争的实际经验。"①

**(一)强化群众强烈的主体意识**

从根本上说,主体是一个哲学概念。在马克思看来,主体不是精神、理性或作为唯一者的"我",而是活生生的社会历史中行动的人,是社会化了的人类,是自觉性、自主性、能动性和创造性在与客体相互作用中的发挥。马克思指出,"在一切生产工具中,最强大的一种生产力是革命阶级本身"。②列宁在领导俄国革命和社会主义建设时也曾多次指出,"不是全心全意从各方面去支持群众,而是不相信群众,怕他们发挥创造性,怕他们发挥主动性,在他们的革命毅力面前发抖,这就是社会革命党人和孟什维克的领袖们最严重的罪过",③"群众生气勃勃的创造力正是新的社会生活的基本因素",④"千百万创造者的智慧却会创造出一种比最伟大的天才预见还要高明得多的东西"。⑤

主体意识是人的主体地位、主体能力和主体价值的一种自觉体认,是人积极自觉发挥主体性的内在条件,这里的人是从事认识和实践活动主体的人。增强人的主体意识,主要就是让人在提出权利主张的同时,培育人的义务自觉意识,引导人科学处理各方面的关系,使人在强调主体性的同时,学会尊重他人的主体性,自觉做到有利于增强集体乃至整个民族的主体性,推动整个社会的发展。通过强化群众的主体意识,可以实现对人的观念现代化的引领。

群众强烈的主体意识,体现在人的观念现代化的实现路径当中,就是要强化人的主体意识、培养人的主体精神、开发人的主体能力、塑造人的主体人格来推进人的观念现代化。首先,人的主体意识的强化,一方面有赖于群众及其个体对主体性的认知和自身主体性与创造性的增强,培养自我的主体性观念;另一方面有赖于国家核心价值观念、主导意识形态的启发和引导,所以国家、执政党以及自觉性舆论等因素要注

---

① 《斯大林选集》(上卷),人民出版社1979年版,第181页。
② 《马克思恩格斯文集》(第1卷),人民出版社2009年版,第225页。
③ 《列宁全集》(第32卷),人民出版社1985年版,第162页。
④ 《列宁全集》(第33卷),人民出版社1985年版,第52页。
⑤ 同上书,第281页。

重培养群众的主体意识、主体行为和主体人格，启发群众的自觉性。其次，培养人的主体精神。主体精神是指人们主动适应和改造自然与社会，主动认识与完善自身的心理倾向以及行为意向，也是个人发挥自己主动能力的内部动力。培养群众的主体精神就是要培养人的自尊自爱、自强自立的自主精神，奋发向上的进取精神，勇于开拓的创新精神，团结协作的团队精神等。正如马克思对科学上为了追求真理不顾一切的人指出的那样："在科学的入口处，正像在地狱的入口处一样，必须提出这样的要求：'这里必须根绝一切犹豫；这里任何怯懦都无济于事。'"① 这种优秀的精神品质来源于对世界、对人生的正确认识，人的观念现代化就是要追求这种精神品质。再次，开发人的主体能力。人具有能动认识及改造世界的内在力量，这种力量就是主体能力，是主体驾驭外部世界对其思想、品德、才能实际发展的推动作用，从而使自身主体性不断得以发展的能力。它是人成为主体的基本依据，直接影响着人实践的效率。在现代社会，开发人的主体能力，主要应该着眼于开发人的学习能力、选择能力、创新能力、协调能力等。最后，塑造主体人格。思维方式、思想品德、心理素质和行为特征的总和构成主体人格。人的各种能力和力量的综合发展就是人的主体性发展，这不仅包括人的文化知识、智能等理性因素，还包括人的品德、意志、信念等属于思想观念层面的非理性因素，品德主体性的确立与主体性的发挥在很大程度上依赖于这两种因素。主体人格塑造的主要任务是通过价值观和人生理想的教育，培育优良的道德品质、积极的人生情感、坚强的意志品质，最终树立全面发展的个性。

### （二）关照群众自觉的利益诉求

马克思主义认为，人的观念、思想都是人的需要的反映，② 人的自觉性是以其合理的需要得到满足为基础的。"需要"是人的活动的内在动因和目的，在人类社会的存在和发展中起着重大作用。人在社会中生活，有各种各样的需要，需要及其满足是人们生命活动的源泉，也是社

---

① 《马克思恩格斯文集》（第 2 卷），人民出版社 2009 年版，第 594 页。
② 同上书，第 918 页。

会历史的动力。离开人的需要及其满足，就没有人的能动实践和社会历史的发展变化。随着社会的进步，物质生活的丰富和人的素质的提高，人们对精神的需求与需要越来越强烈。

思想观念是人的需要的反映，而人的需要与利益密不可分。需要是利益的内在前提和基础，利益是需要的外在表现，人的需要的多样性、层次性就决定着人们追求利益的多样性与层次性，并从中折射出人的精神状态和人生追求的差异性。人的需要体现在利益上，有物质利益与精神利益、个体利益与群体利益之分。马克思主义承认现实中的个人都有其个人利益，而且毫不排斥合理的个人利益。"在任何情况下，个人总是'从自己出发的'"，① "各个人过去和现在始终是从自己出发的"，② "各个人的出发点总是他们自己"。③ 我们在大力倡导维护国家利益和集体利益的时候，一定要认真对待和维护、实现个体的个人利益。在此基础上，才能顺利推进人的观念现代化。

人的需要和利益是人的观念现代化发展和推进的内在驱动力。这种内在驱动力是指现实中个人由于对现代化思想观念的需要状况和渴望程度所构成的影响人的观念现代化发展和实现的内部动力。就驱动力而言，人的观念现代化一方面要解决人们的思想认识和价值观念上的问题，促使他们树立科学的思维方式、先进的思想观念和良好的心理状态，坚定社会主义条件下实现现代化的社会主义和共产主义信念；另一方面，要促使人们学会合理调整自己的需求，正确对待物质利益，也就是实现人的利益观的现代化。首先，人追求物质需要和物质利益是人的观念现代化存在和发展的内驱力。马克思说，"人们奋斗所争取的一切，都同他们的利益有关"。④ 这就强调了追求现实利益尤其是物质利益是人类个体生存的基本前提，也是他们从事各种社会实践活动的每个个体积极性的源泉。一般情况下，人们的物质利益决定了人们的思想观念和外在行为，人们的思想与行为又反映了他们的利益。马克思指出，

---

① 《马克思恩格斯全集》（第3卷），人民出版社1960年版，第514页。
② 《马克思恩格斯选集》（第1卷），人民出版社1995年版，第135页。
③ 同上书，第119页。
④ 《马克思恩格斯全集》（第1卷），人民出版社1956年版，第82页。

"精神从一开始就很倒霉，受到物质的'纠缠'"，① 人的"每一种本质活动和特征，他的每一种生活本能都会成为一种需要"；② 恩格斯则强调，"每一个社会的经济关系首先是作为利益表现出来"。③ 因此，只有在物质利益这个基础上考察人的思想观念产生、变化和发展的最终根源，才能真正了解人们思想观念的内在秘密，才能使人的观念现代化实践具有针对性与实效性，才能有效地开展人的观念现代化工作。其次，人的精神需要和精神利益也是人的观念现代化发展和推进的内在驱动力。马克思主义认为，人是意义的存在物和精神的存在物，不仅有着生物性的自然需要，更具有精神性的需要和意义性的追求。而人不同于动物而又超越动物的地方，不在于肉体和肉体需要，而在于除了肉体之外还有一个心灵的世界和观念的世界，还要追求社会精神归宿和精神性需求。作为精神性和意义性存在物的人的精神性需要和利益在一定程度上决定着人的观念现代化的合理性，人的精神性需要和利益直接决定着或者影响着人的观念现代化的实效性。总之，人的观念现代化对人的物质需要和利益的满足具有导向作用，是满足人的精神需要和利益的重要手段。在人的观念现代化中，也要注重个人需要与利益。

### （三）总结群众丰富的实践经验

按照辩证唯物主义理解，实践是主体客体化和客体主体化的双向运动过程。在这个过程中，实践不仅改造着客观世界，而且形成了人的主观世界，创造着属人世界。人的实践活动是主观世界与客观世界、自在世界和人类世界分化和统一的现实基础。群众是历史的创造者，既是客观世界的创造者和改造者，也是主观世界的创造者和改造者。一般而言，群众丰富的实践经验主要体现在对客观世界的认识、改造与创造上。这种客观世界是物质的、可以感知的世界，是人的意识活动之外的一切物质运动的总和。从内容上看，客观世界包括自然存在和社会存在两个部分。人的主观世界，是指人的意识、观念世界，是人的头脑反映

---

① 《马克思恩格斯选集》（第1卷），人民出版社1995年版，第81页。
② 《马克思恩格斯全集》（第2卷），人民出版社1964年版，第307页。
③ 《马克思恩格斯全集》（第18卷），人民出版社1957年版，第154页。

和把握物质世界的精神活动的总和，既包括意识活动的过程，又包括意识活动过程所创造的观念，也就是意识活动的成果。这些意识及其成果——观念形成了一个由物质世界派生的主观世界。主观世界不仅起于主体的心意以内，而且表现为主体的心意状态。人的欲求、愿望、情感、意志、目的、观念、信念、思维等，都是主观世界的不同表现形式，从总体上看，主观世界是知、情、意的统一体。

群众在认识、改造客观世界的过程中形成的主观思想认识，要上升为理论，上升为理性认识。这就是向群众学习、虚心求教群众的本质所在。向群众学习，就是要坚持从群众中来、到群众中去的群众路线，把群众中正确的观念、意见、愿望以及诉求等主观世界的成果集中起来，通过执政党、国家的整合，变成正确的思想、观念、理论、路线、方针、政策，然后再到群众中去征求意见，并用以指导实践。在这种整合过程中，要做好沟通、说服、解释以及宣传、传播等工作，把群众的思想观念统一到正确的思想、路线、理论与方针政策上来，并将其转化为群众的自觉行动，推动经济社会发展和社会实践发展，实现和维护好群众的根本利益。

在社会主义现代化建设的新阶段，推进人的观念现代化，不仅要注重把群众在现代社会实践中产生并形成的丰富经验总结上升为理论，成为一种理性认识；更重要的是，要反映群众的根本利益和本质愿望，运用马克思主义立场、观点和方法，形成体现人民群众根本利益和本质愿望的思想体系和价值观念，并用这种思想及其具体观念代表、感召和激励群众，推动群众为实现自身物质利益和精神利益而奋斗。这就是总结群众丰富的实践经验。在这个过程中，要少说空话、少唱高调，多接近群众的实际生活，将群众的实践上升为理论，形成思想体系。列宁对此指出，"不能抱幻想，不能信神话，因为这根本不符合唯物主义历史观和阶级观点"，[1] 在总结群众起义与号召起义的实践经验时，"对待大字眼必须持慎重态度。要把大字眼变成大行动是困难重重的"，[2] "不是为了教条，不是为了纲领，不是为了一党一派，而是为了活生生的社会主

---

[1] 《列宁全集》（第10卷），人民出版社1987年版，第214页。
[2] 《列宁全集》（第11卷），人民出版社1987年版，第367页。

义，为了在俄国先进地区几十万、几百万饥民中间分配粮食，为了做到有了粮食能拿来进行比较合理的分配。我再说一遍，我们毫不怀疑：百分之九十九的农民，当他们一旦了解了实际情况，当他们得到、检验和试行了这项法令，当他们告诉我们应该怎样修改这项法令，而我们修改了法令，改变了这些标准，当他们把这项工作担当起来，当他们了解了这项工作的实际困难的时候，这些农民就会同我们站在一起"[1]。在共产主义星期六义务劳动中，列宁说，要"少唱些政治高调，多注意些极平凡的但是生动的、来自生活并经过生活检验的共产主义建设方面的事情"[2]。

**（四）开发群众多彩的观念世界**

群众是历史的创造者，在创造历史的过程中，群众也改造着自己的观念世界，形成了丰富多彩的思想、观念与理论。对于群众产生这些具体的思想观念，要一分为二地去看，群众思想观念的生成有一种自发性，这体现在前述的群体观念、自发性舆论当中。这与我们坚持群众工作的重要性、牢固树立群众观点、自觉贯彻群众路线、始终站稳群众立场是不矛盾的。在西方社会学科特别是社会心理学研究中，法国著名社会心理学家、群体心理学创始人勒庞就有一种观点，认为群众就是"乌合之众"，个人一旦融入群体，他的个性就会被湮没，群体的思想便会占据绝对的统治地位，而与此同时群体的行为也会表现出排斥异议，极端化、情绪化以及低智商化，进而对社会产生破坏性影响。这种观点我们毫无疑问是要加以批判的，但是其中阐发的某些事实与论断还是有一定科学性的，也要合理吸收，例如，群体只接受两种简单的观念，一是时髦的观念，这类观念因为环境影响而产生，非常容易让人着迷，然而来得快去得也快；二是基本观念，比如说过去的宗教观念以及今天的社会主义的民主观念，因为群众是用形象思维的，并且容易夸张，容易陷入极端，所以其接受的观念必须是最简单明了的。[3] 这些说

---

[1] 《列宁全集》（第34卷），人民出版社1985年版，第476页。
[2] 《列宁全集》（第37卷），人民出版社1986年版，第11页。
[3] ［法］古斯塔夫·勒庞：《乌合之众——大众心理研究》，新世界出版社2010年版，第58页。

法虽然很极端，但是对我们在推进人的观念现代化中合理、正确对待群众的心理及其观念世界具有启发意义。

在人的观念现代化中，自觉的社会主义主流思想观念对群众自发的思想意识，要从群众的实际水平出发，不搞强迫命令，坚持耐心说服。在马克思主义经典作家的理论阐述与工作实践中，列宁对此有深刻体会。在对待农民群众及其思想观念方面，"每一个觉悟的社会主义者都说，不能强迫农民接受社会主义，而只能靠榜样的力量，靠农民群众对日常实际生活的认识"，① 关于农民经济，"法令虽然是正确的，如果强迫农民接受就不正确了。在任何一个法令中都没有这样说过。这些法令是正确的，它们指出道路，号召人们采取实际措施。我们说'鼓励联合'，我们是发出指令，这些指令应当经过多次试验，以便找到实行这些指令的最终形式。既然说必须自愿，那就是说，要说服农民，要通过实践说服农民。农民不会相信空话，他们这样做是很对的。要是他们一听到法令和鼓动传单的内容就相信，那倒不好了。假使这样可以改造经济生活，整个这种改造就是一钱不值的"。② 在谈到说服与强制的关系时，列宁指出，"我们首先必须说服，然后再强制。我们无论如何必须先说服，然后再强制。我们没有能够说服广大群众，于是就破坏了先锋队和群众间的正确的相互关系"。③ 在谈到工会工作时，列宁指出工会的主要工作方法是说服教育，"一方面，工会的主要工作方法是说服教育；另一方面，工会既然是国家政权的参加者，就不能拒绝参加强制。一方面，工会的主要任务是维护劳动群众的利益，而且是最直接最切身这种意义上的利益；另一方面，工会既然是国家政权的参加者和整个国民经济的建设者，就不能拒绝实行压制"。④

这一观点也为中国化的马克思主义者所沿袭。对待群众的思想观念要实事求是地进行分析，正如邓小平指出的，对待群众的意见（这种意见也通常表达为一种观念，一种用一个或几个关键词表达的观念），"不外乎是几种情况。有合理的，合理的就接受，就去做，不做不对，

---

① 《列宁全集》（第33卷），人民出版社1985年版，第265页。
② 《列宁全集》（第36卷），人民出版社1985年版，第191页。
③ 《列宁全集》（第41卷），人民出版社1986年版，第47页。
④ 《列宁全集》（第42卷），人民出版社1986年版，第372页。

不做就是官僚主义。有一部分基本合理,合理的部分就做,办不到就要解释。有一部分是不合理的,就要去做工作,进行说服。"① 也就是说,群众的思想观念,可以分为三类,正确的思想观念,要吸收并转化为实践;基本正确的思想观念,对于其正确的部分也要吸收并实践,对于其不正确的部分要进行解释,也就是一种思想观念上的交流互动;错误的思想观念,要反对,但只能是进行耐心细致的说服。邓小平还强调,对人民群众提出的意见要进行全面的分析,吸收正确的意见,解释不对的意见,不能用压服的办法对待群众的意见;② 对那些影响社会风气的重要思想问题,不能简单武断地对待,要深入开展调查研究,解决与群众关系密切的问题,据实讲解客观情况,对不合理现象要进行及时纠正。③

## 六　深化思想互动

在人的观念现代化过程中,面对现实的思想观念基础,既有各种"思想观念深刻变化",还有国外各种思想文化的冲突与交流。目前,我国进入了对内深化改革、对外扩大开放的战略机遇期,也是国内外各种社会矛盾相互交织的矛盾凸显期。随着社会利益格局的深层次分化,人们的思维方式、思想观念和心理状态相应地也发生着重大变化。这些变化在某些方面可能为人的观念现代化带来新的活力与生机,但同时也给人的观念现代化带来了挑战与压力。在机遇与挑战并存的情况下,加强观念交流,凸显思想互动,成为实现人的观念现代化的现实途径。首先,随着人们思想活动的独立性、选择性、多变性与差异性明显增强,个体思想观念以及社会上各种思潮日益分散化、多样化与复杂化,从而不利于形成主导性的核心价值观念与主导型思想观念。其次,随着现代社会发展进程的迅猛推进,人们生活节奏加快,收入差距加大,房地产价格居高不下,医患关系紧张,素质教育推进缓慢,道德风气有待优

---

① 《邓小平文选》(第1卷),人民出版社1994年版,第273页。
② 《邓小平文选》(第2卷),人民出版社1994年版,第145页。
③ 《邓小平文选》(第3卷),人民出版社1993年版,第144—145页。

化，食品安全难以保障，环境污染难以遏制，反腐倡廉任重道远，社会竞争加剧等一系列社会问题使得有些人的心理状态失衡，紧张、焦虑、困惑、不满等负面情绪暗流涌动，投机取巧、一夜暴富、一举成名、"官二代""富二代"等社会浮躁心理流行蔓延，可能滋生和助长某些非理性的、与现代社会格格不入的思想观念。还有，随着人民群众民主权利的扩大和各类社会信息的开放，人们对传统观念可能进一步产生反感情绪和逆反心理，这对人的观念现代化提出了更高的要求。从国际来看，在世界范围内各种思想文化和价值观念相互交织、相互激荡的复杂背景下，各种文化之间的交流、交锋、交融更为突出。意识形态领域是西方敌对势力对我国实施西化、分化的前沿，我们同各种敌对势力在意识形态领域的斗争，本质上是社会主义价值体系与资本主义价值体系的较量。人的观念现代化，就要实现与现存的国内外各种思想文化及其主体在思想观念上进行交流、互动。这就需要开展积极的思想斗争，提高人们思想观念上的鉴别力、免疫力，增强正确思想观念的战斗力、凝聚力与生命力。

### （一）正视思想矛盾

人的思想观念对其行为有着重要的指导与推动作用。这种指导与推动作用的效果如何，与思想观念本身正确与否有着直接的、必然的联系。而人的思想观念正确与否，不仅与思想对客观事物的反映程度有关，而且还与人们能否积极开展思想斗争、观念交流、观点互动有关。只有用正确的、先进的思想克服错误的、落后的思想，才能解决人们的思想矛盾，促进人的思想观念不断进步、发展，始终发挥正确的、先进的思想观念对人们实践互动的重要指导与积极推动，最终实现人的观念现代化。

人们思想矛盾的存在是一种客观的、普遍的社会现象。人的思想观念是客观存在的反映，客观存在的事物以及主体的社会实践互动就充满着各种矛盾，反映客观事物的主观思想也就必然存在着矛盾。毛泽东曾说："客观矛盾反映人主观的思想，组成了概念的矛盾运动，推动了思想的发展,不断地解决了人们的思想问题。"① 人们生活的社会经济条件不同,反映社会生活条件的思想观念也不同,各种不同的思想观念就必然存在着矛盾,这种思想矛盾存在于思想发展的一切领域、一切方面和一切过程之中,人的观念现代化的过程也就是不断解决思想观念矛盾的过程。这种思想矛盾既存在于执政党的党内,现时代党内的思想矛盾主要是无产阶级思想与各种非无产阶级思想的矛盾;② 也存在于社会之中,各种社会思潮的发生就是明证;还存在于组织与个人之中,有关组织发展的理念、定位等,就是组织发展中的思想矛盾,个人思想发展中的矛盾更是普遍存在的。这些思想矛盾的解决,促进着社会实践的不断发展,推动着人的观念逐步实现现代化。只有开展积极的思想交流与斗争,才能用先进的、正确的、主导的思想观念克服落后的、错误的、支流的思想观念,促进个体与社会的思想进步,巩固和加强人的观念现代化的现实思想基础,以正确的思想指导和推动实践,为社会实践提供持久的精神动力和观念源泉。

在全面建成小康社会的历史条件下,正确面对和科学解决各种错综复杂的思想矛盾意义重大。改革开放以来,我国在经济建设方面加快完善社会主义市场经济体制和加快转变经济发展方式,在政治建设方面坚持走中国特色社会主义道路和推进政治体制改革,在文化建设方面扎实推进社会主义文化大发展大繁荣和社会主义文化强国战略,在社会建设方面加快民生改善与社会管理创新,在生态建设方面大力推进生态文明建设,这些都必然会引发深刻的社会变革。社会变革决定着人的观念变革,"社会存在发生的变化,反映到人们的头脑中来,必然引起思想意识的相应变化"。③深刻的社会变革导致人们的精神世界、思想观念的深刻变化。一方面,这种变革促进了与社会主义市场经济相适应、与现代社会发展相一致的新的思想观念的确立,有利于竞争、自主、开放、效率、创新等意识的增强;另一方面,社会变革特别是市场经济自发带来的消极因素容易诱发拜金主义、享乐主义、利己主义、极端个人主义,同时,国外的各种资产阶级腐朽思想文化也在改革开放过程中"长入"

---

① 《毛泽东选集》(第 1 卷),人民出版社 1991 年版,第 306 页。
② 骆郁廷:《精神动力论》,武汉大学出版社 2003 年版,第 292—293 页。
③ 《十五大以来重要文献选编》(中),人民出版社 2001 年版,第 1336 页。

人的头脑，我国长期存在的封建主义思想残余也沉渣泛起，我国长期革命和社会主义建设探索时期形成的极"左"思潮以及社会主义建设初期照搬苏联经验导致的计划经济模式也都影响着人的思想观念，传统的与外来的宗教思想观念也在逐步扩大影响，这些思想观念的存在势必导致正确思想与错误思想、先进观念与落后观念、主导观念与支流观念、敌我矛盾引发的思想观念与人民内部矛盾引发的思想观念之间的矛盾。"在我们进行改革的过程中，人们思想活跃，各种观念大量涌现，正确的思想和错误的思想相互交织，进步的观念与落后的观念相互影响，这是难以避免的"，[1]这说明思想矛盾的存在是一种客观现象；但同时，"越是变革时期，越要警惕各种错误思想观念的发生及其给人们带来的消极影响，我们党的思想政治工作越要加强和改进"，[2]这就提出了人的观念现代化要正视人们的思想矛盾并解决这些思想矛盾的任务。

在新的历史条件下，出现了反映新的时代变化和时代特点的正确思想与错误思想、先进思想与落后思想、主导思想与从属思想之间的思想矛盾，其实质上是以马克思主义特别是中国特色社会主义理论体系为指导的正确的、进步的思想观念同违背马克思主义的错误的、落后的思想观念之间的矛盾，这种矛盾的发生具有必然性，它是新时期社会矛盾的反映。只有正视这些思想矛盾，开展积极的思想交流、交锋、交融，着力推进人的观念现代化，才能推动人们的思想发展和社会的精神进步，为建设中国特色社会主义事业提供重要的思想资源、精神动力。

### （二）明辨观念是非

人的观念现代化要以增强人民群众的思想政治素质作为工作基础。邓小平认为："如果我们不是马克思主义者，没有对马克思主义的充分信仰，或者不是把马克思主义同中国自己的实际相结合，走自己的道路，中国革命就搞不成功，中国现在还会是四分五裂，没有独立，也没有统一。马克思主义信仰，是中国革命胜利的精神动力。"[3] 对马克思主义的信仰是中国革命胜利的一种精神动力，这种信仰根源于对中国社

---

[1] 《江泽民文选》（第3卷），人民出版社2006年版，第82页。
[2] 同上。
[3] 《邓小平文选》（第3卷），人民出版社1993年版，第62页。

会的正确认识，根源于对马克思主义精神实质的深刻理解，而这些都离不开切实推进人的观念现代化。中国共产党 80 多年的奋斗历程证明，符合社会发展要求的人的观念现代化关系社会主义事业的兴衰成败、关系中华民族的前途和命运，中国共产党始终把它摆在重中之重的位置，在领导革命、建设和改革的过程中，始终高度重视人的全面发展，把通过思想发展提高党员和群众思想政治素质作为增强党的凝聚力和战斗力的基础性工作，通过人的观念现代化这一阶段性历史任务的实现培养全面发展的新人。毛泽东多次强调要培养"又红又专"的人，"各级党委特别是主要领导同志一定要充分认识到，做好人的工作，做好思想政治工作，是在现代化建设实践中把两个文明建设统一起来的中心环节。"① 因为"中国的事情能不能办好，社会主义和改革开放能不能坚持，经济能不能快一点发展起来，国家能不能长治久安，从一定意义上说，关键在人"。② 因此，要"教育全国人民做到有理想、有道德、有文化、有纪律"。③ 而要培养"四有"社会主义新人，必须推动人的思想发展，提升人们的思想政治素质。正如毛泽东所说："不论是知识分子，还是青年学生，都应该努力学习。除了学习专业之外，在思想上要有所进步，政治上也要有所进步，这就需要学习马克思主义，学习时事政治。没有正确的政治观点，就等于没有灵魂。"④ 所以，实现人的观念现代化，就要把马克思主义的基本原理同中国的具体实际相结合，提升人们的思想政治素质，是我们党保持工人阶级先锋队性质，成为中国革命和建设事业的领导核心，团结和带领全国各族人民不断从胜利走向胜利的重要保证和基本经验。在新时期新阶段，面对国际国内形势和党员队伍变化带来的挑战，中国共产党必须继续坚持这一科学做法，提升人们的思想政治素质，并保持自己的先进性和纯洁性，经受住各种风险的考验，从而保证改革开放和社会主义现代化建设的顺利进行。

我国当代人的思想观念受到各种社会思潮的冲击。当前，随着改革开放的不断深入，中国经济与世界经济之间的联系越来越密切，尤其是

---

① 《江泽民文选》（第1卷），人民出版社 2006 年版，第 583 页。
② 《邓小平文选》（第3卷），人民出版社 1993 年版，第 380 页。
③ 同上书，第 110 页。
④ 《毛泽东文集》（第7卷），人民出版社 1999 年版，第 226 页。

加入世界贸易组织后,中国融入经济全球化的步伐加快,经济全球化对中国的影响也日益突出,它不仅影响着我国的经济发展,还通过各方面的机制直接、全面、深刻和持久地影响着我国社会生活的稳定发展。经济全球化打破了各国彼此隔绝的封闭格局,要素、商品、服务在全球范围内自由流动和配置,世界各国和地区的生产过程日益形成环环相扣的不可分割的链条,形成了世界性生产网络,市场销售和货币资金融通实现全球化,区域经济一体化进程加快,资本主义世界的各种矛盾也或直接或间接地影响我国的经济稳定和政治稳定;各种跨国公司和企业在全球范围内争权逐利日益激烈,西方发达资本主义国家利用种种经济、政治、文化手段干预我国政府管理行为,试图影响我国的政策稳定和政局稳定;在文化上,发达国家推行文化霸权主义,推销西方价值,西方资本主义腐朽的文化思潮、价值观念和生活方式,以及"狭隘的民族主义"、极端的宗教情绪、"恐怖主义""人权高于主权""新战略概念""新干涉主义""主权有限论"等错误思潮涌入国门,国人民族文化、本土文化意识淡漠问题和如何抵御"文化霸权主义""西方文化中心主义"问题日益突出;在社会生活方面,社会公众生活方式呈现出不断国际化与全球化的趋向,在这一过程中,产生了种种不适应,各种矛盾和不稳定因素由此产生,成为我国社会政治不稳定的潜在威胁。在这种背景下,意识形态领域斗争呈现得更隐蔽、更复杂,极易使我们对西方敌对势力对我国实施的"西化""分化""和平演变"战略丧失警惕,削弱社会主义意识形态的防御能力,加上20世纪80年代末90年代初,世界社会主义运动遭受重大挫折,先是东欧剧变、后有苏联解体,几乎是一夜之间,一大批社会主义国家像多米诺骨牌一样轰然倒塌,国际共产主义运动陷入低潮,使"一些善良的人们产生了疑问和困惑,对世界社会主义的前途也存在这样那样的忧虑,甚至在我们一些党员、干部中也程度不同地存在'信仰危机'"。[①]

增强个体思想政治素质,实现思想发展,要以马克思主义引领各种社会思潮,引导受教育者明辨是非。当代社会思潮对人们世界观、人生观、价值观的影响到底如何?少见系统、全面的调研报告加以揭示,比

---

[①] 《江泽民文选》(第3卷),人民出版社2006年版,第78页。

较多的是针对某一特定群体进行的调查研究,其中最多的就是大学生群体。据一项权威的调查结论,"总体来看,大多数学生对社会思潮有所了解但并不深入,影响最大的有民主社会主义、民族主义和新自由主义等思潮。图书刊物、课堂、讲座和媒体仍然是大学生了解社会思潮的重要方式,但网络影响日益突出,成为大学生了解社会思潮的主要途径。社会思潮影响大学生的主要原因是其观点现实针对性强,能够满足一些人的利益需求,并非因其科学性及理论体系的完整性。从总体上看,学生对中国特色社会主义理论认同度较高"。[①] 社会思潮越是纷繁复杂,越需要主旋律,越需要用一元化的指导思想引领多样化的社会意识,牢牢掌握我国意识形态领域的主导权、主动权、话语权,最大限度地凝聚社会思想共识。社会主义核心价值体系是引领社会思潮的精神向导。建设社会主义核心价值体系,在多元多样中立主导,在交流交融中谋共识,在变化变动中一以贯之,既肯定主流又正视支流,有利于形成既有国家统一意志又有个人心情舒畅、既包容多样又有力抵制各种错误思潮和腐朽思想、既坚守基本的社会思想道德又向着更高目标前进的生动局面。

面对这些复杂的国际国内环境,在推进人的观念现代化过程中,需要坚定人们的共产主义信念,将人们从焦虑、困惑、迷茫和混乱的状态解放出来显得尤为重要。马克思主义诞生后的一个多世纪,人类社会已发生了翻天覆地的变化,经典作家的某些具体论断随着历史条件的变化需要加以发展,但马克思主义的根本立场、观点和方法却历经时代的磨炼和历史的考验,愈益迸发出真理的光芒,仍然是指引人类前进的灯塔。只有通过强化人的现代观念,破除对马克思主义的教条式理解,加深对马克思主义中国化规律的认识,用马克思主义理论武装全党、教育人民,才有可能防止和消除精神鸦片、文化垃圾的传播,抵御国际敌对势力对我"西化""分化""和平演变"的图谋;使人们认识到共产主义事业的长期性、艰巨性和曲折性;提高全民族的思想道德素质,形成符合社会主义基本特征和根本原则的价值观念、道德规范,防止和遏制

---

① 冯刚、张东刚:《高校马克思主义大众化研究报告(2010)》,光明日报出版社 2010 年版,第 16 页。

腐朽思想、丑恶现象的滋长蔓延；不断增强人们明辨是非的能力，澄清模糊思想和错误认识，增强人们的是非观念和选择行为的能力；最终使广大人民群众树立建设中国特色社会主义的共同理想，这一共同理想也成为凝聚和团结全党全国人民的坚强精神支柱。

### （三）开展理论交锋

正确认识和把握人的思想矛盾、明辨观念是非，是为了解决人们思想发展进程中的思想矛盾。而要解决思想矛盾或思想问题，就要进行必要的思想交锋，开展积极的思想斗争，用先进的、正确的、主导的思想反对和克服落后的、错误的、支流的思想，促进人的正确思想的发展，这是实现人的观念现代化的必要方式。

第一，要用正确思想反对和克服错误思想。正确思想与错误思想的对立，是哲学上真理与谬误对立的必然反映（当然，在人的思想观念范畴中，正确思想不一定就是真理，错误的思想也不一定必然就是谬误）。任何时候，总会有错误思想的存在，错误的思想总是要反映和表现出来，总是要同正确的思想发生对立和斗争，而正确的思想总是在同错误思想进行斗争的过程中发展起来。纵观马克思主义思想发展史，经典作家无不是在同种种非马克思主义思想、反马克思主义思想的斗争中发展起来的，马克思和恩格斯如此，列宁如此，中国化的马克思主义更是如此。列宁在《怎么办》中引证恩格斯的 1874 年的论述时指出，"社会民主党的伟大斗争并不是有两种形式（政治的和经济的），像在我国通常认为的那样，而是有三种形式，同这两种斗争并列的还有理论的斗争"，[①] 也就是将无产阶级（工人阶级）反对资产阶级以及其他敌人、反对形形色色的非马克思主义的斗争实践划分为三种形式，即政治斗争、经济斗争与理论斗争。列宁所说的理论斗争就是一种思想斗争与思想交锋，并且这是一种自觉的斗争。毛泽东对此总结指出，"有比较才能鉴别。有鉴别，有斗争，才能发展。真理是在同谬误作斗争中间发展起来的。马克思主义就是这样发展起来的。马克思主义在同资产阶

---

[①] 《列宁全集》（第 6 卷），人民出版社 1986 年版，第 24 页。

级、小资产阶级的思想作斗争中发展起来，而且只有在斗争中才能发展起来"。① 人们经过比较和鉴别，发现了错误的思想观念之后，还要同这些错误思想作斗争，实现思想交锋。只有经过积极的思想交锋、思想斗争，才能揭露和克服错误的思想，使正确的思想经受考验，为时代接受，为实践主体接受，实现思想发展与思想进步，产生强大的精神动力与思想资源。当某种错误的思想被人们抛弃、正确的思想被人们普遍接受并内化为其观念时，更加正确的思想观念又在同新的错误思想作斗争。这种思想斗争永远不会终结，从而推动着正确思想不断发展，逐渐接近于真理性认识，实现主体观念力量的增长，推动着主体能力的增强，推动着马克思主义的不断发展，推动着社会主义现代化建设的不断发展。

第二，要用先进思想克服落后思想。思想观念有先进与落后之分。基于社会进步与人的发展的评价标准，先进的思想观念就是能推动社会发展的思想观念，落后的思想观念就是阻碍社会发展的思想观念。但是在现实中，有人认为人的思想观念不存在先进与落后的区别，只存在思想观念与社会发展适应与否的问题。对此，我们可以从合理区分思想观念的内容与形式来理解。内容与形式是构成事物的两个方面，事物形式与内容的矛盾及其运动，是世界的普遍联系和永恒发展得以实现的一个基本环节。形式是内容的外部表现，内容是形式的内部根基、依据和实质，马克思主义经典作家特别注重将这对范畴运用于分析社会现象。他们继承了黑格尔关于形式与内容不可分离的思想，并进一步指出内容总是比较活跃的，总是在不断变化与发展着的，而形式则相对稳定，因而经常出现形式落后于内容的矛盾，在这种情况下，形式就要变化发展以适应内容发展的需要。这就是列宁所说的："内容对形式以及形式对内容的斗争。抛弃形式、改造内容。"② 人的思想观念从内容上讲，必然存在着先进与落后之分；思想观念从形式上说，则存在着适应与不适应的问题。否定思想观念的先进与落后之分，其思想根源在于20世纪一些西方文化学者主张的文化多元论和文化相对主义观点。他们认为人类

---

① 《毛泽东文集》（第7卷），人民出版社1999年版，第280页。
② 《列宁专题文集 论辩证唯物主义和历史唯物主义》，人民出版社2009年版，第140页。

各民族在历史发展过程中均创造了各具特色、丰富多彩的文化与观念系统，每一种文化及其内含的思想观念都有自身存在的理由、权利和价值，没有哪一种文化可以高居于其他文化之上，成为所谓的"先进文化"，进而否定落后文化与先进文化的差别。从思想观念看，这种观点就是否认先进思想的存在，现实中某些人则往往用微观文化方面的某一形态的、侧面的特点来否定文化的先进与落后之分、思想观念的先进与落后之别，看不到文化发展的总体趋势与先进文化的前进方向，看不到人的思想发展的进步性。人的观念现代化就要实现用先进的思想克服落后的思想。

第三，要用主导观念引领从属观念。在观念系统中，主导观念、主流观念与从属观念、支流观念的划分是相对的。在任何一个个体、团体与组织、社会、国家与执政党身上，都存在着正确思想与错误思想、先进思想与落后思想的对立，问题的关键不在于这种对立，而在于要分清其思想观念中的主流思想、主导思想是正确还是错误的，这对于正确解决思想矛盾至关重要。在中国特色社会主义理论体系中，强调要用社会主义核心价值观念、社会主义核心价值体系引领多样化的社会思潮，这种社会主义核心价值观念就是主导观念、主流思想，多样化的社会思潮就是从属观念、支流思想。一般而言，一个社会、国家及其执政党的主导观念、主流思想是与其社会意识形态密不可分的，也正是在这个意义上，我们说，"我们同各种敌对势力在意识形态领域的斗争，本质上是社会主义价值体系与资本主义价值体系的较量"。[①] 江泽民指出，"党的思想政治工作的一项重要任务，就是要引导干部群众分清主流和支流、分清正确和谬误。在当代中国，以马克思主义为指导的正确的进步的思想观念是整个社会思想的主流，这是毫无疑义的。而违反马克思主义的错误的落后的思想观念，尽管是支流，也必须认真对待。如果任其发展，就会造成极大的社会危害"。[②] 分清思想观念中的主导与从属、主流与支流，实际上就是要从整体上把握人的思想观念的总体状况，分清人的思想主流与支流中的是非、正误，分清社会思想观念中是正确思想

---

① 中共中央宣传部：《社会主义核心价值体系学习读本》，学习出版社2009年版，第2页。
② 《江泽民文选》（第3卷），人民出版社2006年版，第82页。

占据主导地位还是错误思想占据主导地位。在当代中国，就是要加强社会主义核心价值观建设，巩固和发展正确的主导观念、主流思想，防止错误的、落后的、支流的思想观念生长、蔓延与泛滥，最终用正确的主导思想战胜和克服错误的支流思想，增强正确的社会主流思想对社会实践的指导与推动作用。

第四，要分清敌我矛盾与人民内部矛盾决定的两类不同性质的思想矛盾。在我国进入社会主义社会之后，存在着两类不同性质的思想矛盾。一是工人阶级、劳动人民的思想观念同资产阶级以及其他剥削阶级思想观念之间的矛盾，这一思想矛盾是对立阶级之间阶级矛盾在思想观念领域的必然反映。在我国，阶级斗争仍然在一定范围内存在，市场经济多种经济成分的充分发展也必然带来价值取向的多元化，包括反映所有制要求和某些剥削现象的剥削阶级思想残余的现实存在；封建主义思想根深蒂固也还在继续影响着人们的思想观念；对外开放过程中西方国家的思想渗透和观念传播等都是其现实表现。国内一定范围的阶级斗争同我国反对国际霸权主义的斗争相互交织，必然形成反映阶级对立的思想矛盾和思想斗争，这种思想矛盾是根本对立的阶级之间的思想矛盾。这种阶级之间的思想矛盾，是意识形态的矛盾，任其泛滥是错误的，简单采取取缔、禁止、不让其表现的方法也是不可取的，只能运用批判的方法加以解决。① 在对外开放、全球化和信息化的条件下，国内外互动交流与联系不断加强，简单地让资产阶级不表达、不渗透其思想观念是不可能也是不现实的。问题不在于资产阶级传播和渗透他们的思想观念，而在于我们能否运用马克思主义的思想武器、运用社会主义核心价值观念去反对、批判资产阶级思想观念，开展积极的思想斗争和思想交锋。但是对此不能扩大化，例如，党员干部中的非无产阶级思想，群众中的非马克思主义观念、非社会主义观念，不能一概笼统斥之为敌对阶级之间矛盾的观念存在。二是人民内部的思想矛盾。这种思想矛盾是社会主义条件下人民内部矛盾的反映。人民之间包括不同的组成部分、不同的阶级阶层、不同的利益群体，他们之间必然会产生思想矛盾，这种思想矛盾在一定程度上是人民内部的先进思想与落后思想、正确思想与

---

① 骆郁廷：《精神动力论》，武汉大学出版社2003年版，第298页。

错误思想、主流思想同支流思想的矛盾，当然有的思想矛盾可能是因为认识问题的角度不同而导致的，并没有性质上的严格区别。在人的观念现代化中，分清思想是非，开展思想斗争，就要分清两类不同性质的思想矛盾，进而分清各类思想矛盾中不同层面思想的正误、是非。只有这样，才能为顺利解决思想矛盾、实现思想发展奠定坚实的基础。

### （四）加强思想沟通

有学者指出，思想政治教育与其说是一种灌输、传播过程，不如说是一种沟通过程，思想政治教育说到底就是一定主体通过广泛深入的思想沟通加深相互理解乃至达成一定思想共识的过程。① 思想沟通，从马克思主义角度而言，就是无产阶级政党运用马克思主义理论来武装无产阶级和广大人民群众头脑，使他们对客观世界形成正确的认识并具有较高的思想道德素质的一种教育实践活动。然而，马克思主义理论是一个庞大的体系，如何正确地运用马克思主义理论来武装人们头脑是个非常复杂的问题。可以说，自马克思主义诞生的那一天开始，我们就开始了如何运用马克思主义理论武装人们头脑的探索，取得了许多十分宝贵的经验，也经历了许多惨痛的教训。这些经验和教训归结到一点，就在于是否坚持了以符合现代社会发展要求的现代观念来武装人们头脑，反对教条主义、经验主义等错误，坚持解放思想、实事求是、与时俱进，牢牢坚持马克思主义的根本和实质，提高人们运用现代思想观念观察问题、分析问题、处理问题的能力。对这一问题，早在1843年马克思就指出："新思潮的优点又恰恰在于我们不想教条地预期未来，而只是想通过批判旧世界发现新世界"②，而反对任何教条主义。恩格斯曾批评19世纪侨居在美国的德国社会民主党人，认为他们大部分不懂得这种理论，批评他们一点也不懂得把他们的理论变成推动美国群众的杠杆，而是用学理主义和教条主义的态度去对待理论，否定他们认为只要把理论背得烂熟就足以应付一切和把理论当教条而不是行动指南的做法。马克思和恩格斯认为他们只是给这种科学奠定了基础，社会主义者如果不

---

① 王娟：《思想政治教育沟通研究》，中国社会科学出版社2011年版，骆郁廷序言。
② 《马克思恩格斯文集》（第10卷），人民出版社2009年版，第7页。

愿意落后于实际生活，就应当在各方面把这门科学推向前进。他们强调马克思主义不是教条，而是行动的指南，是发展着的理论。针对19世纪90年代德国"青年派"把马克思的唯物主义当作标签到处乱贴，当作公式到处乱套的错误倾向，恩格斯严肃地指出："如果不把唯物主义方法当做研究历史的指南，而把它当做现成的公式，按照它来剪裁各种历史事实，那它就会转变为自己的对立物。"①

马克思世界观提供的是"进一步研究的出发点和供这种研究使用的方法"，② 这是马克思主义经典作家一再强调的观点，这就要求我们必须把握马克思主义立场、观点和方法，依据马克思主义的基本立场、观点和方法去开拓未来，探索未来，创造未来，而不能祈求马克思主义预知和回答所有的问题。因此，以马克思主义为指导思想的思想教育，要以马克思主义科学的世界观和方法论来改造主客观世界，转变人的思想观念，提高人们的思想政治素质，要用现代思想观念引导人、培养人和塑造人，调动人们的积极性、主动性、创造性，增强人们实践活动和社会发展的精神动力，它也是一个随着社会实践的发展而不断向前递进的过程。始终高举马克思主义理论的伟大旗帜，用现代思想观念教育广大党员和群众，既是进行思想教育的基础和前提，也是开展思想教育的一条重要经验。实践证明，现代思想观念的生成、发展以及在此基础上的人的观念现代化与思想教育有着十分密切的关系，是否坚持人的观念现代化既关系着思想教育效果的好坏，也关系着思想教育的目的能否实现，还关系着思想教育的生命力问题。只有进一步加强人的观念现代化与思想教育内在关系的研究，深刻认识人的观念现代化与思想教育目的的内在关系，认清人的观念现代化与思想教育效果好坏的密切联系，不断用现代思想观念教育广大党员和人民群众，才能切实提高思想教育的效果，更好地实现思想教育的目的。

但是，长期以来，由于方方面面的原因，我们在思想教育中并没有重视现代思想观念的教育。当前，一方面，随着改革开放的深入、市场经济的发展、网络信息的快速传播以及国际国内形势的深刻变

---

① 《马克思恩格斯文集》（第10卷），人民出版社2009年版，第583页。
② 同上书，第691页。

化，人们的理想信念发生危机、个人价值取向开始追逐功利主义、道德观念淡薄、自律意识弱化、诚信危机加重等问题日益突出，使思想教育面临着经济全球化、西方敌对势力新的和平演变战略、国内形势的新变化、信息网络化等诸多方面的挑战，这需要我们加强现代思想观念的教育；而另一方面，思想教育的现状不容乐观，重视理论性教育、轻视实践性教育，强化知识性教育、淡化政治性教育，注重世界观教育、忽视方法论教育，倚重工具性教育、忽视人文性教育，重视学科性教育、轻视整体性教育等现象弱化了思想教育的效果。这要求我们提高思想认识，认清马克思主义思想教育是一种具有鲜明意识形态性和明确指向的实践活动，是无产阶级及其政党有目的进行的自觉活动，进行思想教育的根本目的是培养人们形成正确的世界观、人生观和价值观，让人们学会运用现代思想观念去分析问题和解决问题，运用现代思想观念分析改革中出现的各种复杂现象，分清本质与现象、主流与支流、积极与消极；并学会以现代思想观念作为行动指南和精神动力去进行创新，运用现代思想观念来明确回答思想教育"为谁培养人"的问题，创造性地回答思想教育"培养什么人"和"如何培养人"的问题，从而保证思想教育的正确方向，实现思想教育的既定目标，发挥思想教育的重要功能。所以，只有提高思想认识，切实认清人的观念现代化在思想教育中的重要地位，才能在思想教育中切实加强现代思想观念的教育，不断提高思想教育效果。

当然，按照马克思主义基本观点，要实现思想互动，只有通过实践方式才是可能的。在《1844年经济学哲学手稿》中，马克思指出，"我们看到，主观主义和客观主义，唯灵主义和唯心主义，活动和受动，只是在社会状态中才失去它们彼此之间的对立，从而失去它们作为这样的对立面的存在；我们看到，理论的对立本身的解决，只有通过实践方式，只有借助于人的实践力量，才是可能的；因此，这种对立的解决绝不只是认识的任务，而是现实生活的任务，而哲学未能解决这个任务，正是因为哲学把这仅仅看作理论的任务"。[①] 马克思的这一思想何其深刻！理论的对立，思想的矛盾，观念的冲突，都不是理论认识的任务，

---

① 《马克思恩格斯文集》（第1卷），人民出版社2009年版，第192页。

而只有通过人的实践力量，才能实现思想矛盾、传统观念与现代观念的矛盾的解决，才能完成人的观念现代化的历史任务。

# 结语　人的观念现代化的发展走向

人的观念现代化，用其他相联系的术语说就是人的意识改革、思想解放、思想发展、观念更新、观念变革、观念创新等，对于人和社会的进步发展来说，是一个带有根本性的问题。然而，正是观念本身构成了人的观念现代化的最直接障碍。正如人常常对自己的营造物要顶礼膜拜一样，已有的思想观念及其体现出的现实力量（这种力量的正反方向性暂且不论），作为一种精神上的、心理上的、思维方式上的或者文化上的惯性，也常常引起人们的困惑和迷茫。因此，超越已有的观念传统，孕育、产生并推广新的、符合历史发展与进步要求的、与现代化相适应的新观念，并不是一件轻而易举的事情。新观念的产生与发展，从根本上说，自然是由社会实践以及社会变革决定的。当代中国的社会变革，就其实践的广度和深度而言，最重要的、影响最大的无疑是改革开放。人的观念现代化进程，始终伴随着改革开放伟大实践的发展而推进。一部改革开放的历史，就是一部人的思想观念不断适应、实现现代化的历史。在当今时代，任何国家、组织、单位以及个体意义上的"改革"都具有普遍性、客观性与超前性，现在我国仍然强调要"全面深化改革"；"开放"则成为全球化时代的社会常态，扩大开放也是一种发展态势。人的观念现代化问题及其研究在国内的兴起，并非毫无根据或者说是人们兴之所至的临时发挥，而是有着深刻的社会历史背景。简单地说，这是人类历史变革和现代化进程的发展在理论上的直接回响，是马克思主义人的全面发展的阶段性特征和必然结果。在21世纪到来后的中国全面建成小康社会的历史时期，正如中央在十八大报告中做出的"世情、国情、党情继续发生深刻变化，我们面临的发展机遇和风险挑战前所未有"的论断,①观念和观念问题也成为其中的"发展机遇与风险挑战"之一,其困扰与重要性正日渐凸显出来。国际范围内综合国力的竞争,首先无非就是观念智慧的竞争;在社会主义市场经济体制下组织之间、人与人之间的竞争,首先也是一种观念的竞争。可以说,大到一个国家、地区、组织的繁荣与衰败,小到个体的发展与失败,与其观念体系的进步与落后、传统与现代密切相关。在此关头,我们别无选择,只有在观念现代化的发展与竞争中奋起直追,实现个人发展与民族振兴的理想。

思想政治教育要着力推进人的观念现代化。在改革开放与社会主义现代化建设的历史阶段,没有观念的萌动,没有变革现实的需求,就没有勇于改革的胆略,更谈不上在改革进程中实现人的观念现代化。解放思想、更新观念都是人的观念现代化的前提和动力。以现代化的思想观念为先导,对思想政治教育内容、方法、手段、机制等进行重新审视,对现有思想政治教育进行深刻反思,不断研究新情况,解决新问题,总结新经验,形成新认识,努力寻求思想政治教育新的增长点和突破点,是推进思想政治教育现代化的必由之路。因此,思想政治教育要走向现代化,首先必须解决观念现代化问题。观念现代化既是思想政治教育现代化进程中的一项重要目标和任务,又是思想政治教育现代化的总开关和总导航。②

思想政治教育具有现代化的发展走向。社会现代化的发展,必然带来思想道德领域的深刻变化,这既为思想政治教育的发展提供了条件,也向思想政治教育提出了新的要求。思想政治教育作为改革开放与社会主义现代化建设中的一个组成部分,如何适应现代化、实现现代化、推进现代化,这是思想政治教育面临的历史性课题。目前,思想政治教育正面临着由传统向现代的转变,其体系和面貌发生着深刻的变化。研究传统思想政治教育向现代思想政治教育的转变,掌握现代思想政治教育的规律和本质,既是推进社会主义现代化建设事业发展的迫切需要,也是推进思想政治教育实践和拓展思想政治教育学科的要求。思想政治教

---

① 《中国共产党第十八次全国代表大会文件汇编》,人民出版社2012年版,第2页。
② 储著斌:《思想政治教育视域中人的观念现代化探析》,《学校党建与思想教育》2012年第4期。

育现代化是思想政治教育的发展趋势。从思想政治教育的视角看，现代化就是指社会和人的现代特性发生、发展过程的现实活动。现代化是一个发展过程，是现实的创造性过程。它一方面指由传统向现代转变的过程，另一方面指现代社会发展过程。思想政治教育现代化是一个全面、深刻的变革过程，也是一个系统整合运行过程。① 类似的认识还有，现代思想政治教育的发展趋势之一就是"科学化与现代化协同共进"。② 思想政治教育现代化具体体现在思想政治教育观念现代化、体制现代化、内容现代化、手段现代化等方面。目前的理论研究和工作实践中，思想政治教育现代化更多地侧重于思想政治教育的手段现代化。有学者指出当代思想政治教育呈现的趋势之一即是注重信息运用的趋势③或称思想政治教育信息化趋势；④ 同时，思想政治教育社会化趋势或开放育人趋势首先就体现为思想政治教育理念的社会化，在一定程度上也体现了思想政治教育的现代化。

思想政治教育观念现代化是一项现实课题。人的观念现代化是思想政治教育现代化的前提。人类历史上的每次重大变革，总是以思想的进步和观念的更新为先导。思想政治教育现代化同样也离不开观念现代化。如果旧的思想观念、传统习惯势力处于支配地位，花再多的时间，配备再多的思想政治教育者，思想政治教育也不可能收到理想的效果。思想政治教育对象特别是大学生作为思维最敏锐、思想最活跃的群体，能够对社会主义市场经济发展过程中出现的社会生活各方面的重大变化迅速做出反应。这就要求思想政治教育者善于调查研究，了解新情况，研究新问题，创造新经验，尽快从旧的过时的思想政治工作观念中解脱出来，使自己的思想观点、道德规范、工作目标与工作方法更加适应思想政治教育现代化的要求。首先，摆脱陈旧的、过时的观念的束缚。对于思想政治教育中的一些优势和传统，什么时候都不能丢掉，但是对于

---

① 张耀灿、郑永廷、吴潜涛、骆郁廷等：《现代思想政治教育学》，人民出版社2006年版，第458页。
② 张耀灿、徐志远：《现代思想政治教育学科论》，湖北人民出版社2003年版，第420—421页。
③ 骆郁廷：《思想政治教育原理与方法》，高等教育出版社2010年版，第275页。
④ 骆郁廷：《当代大学生思想政治教育》，中国人民大学出版社2010年版，第311页。

过去思想政治教育中的时代内容和具体做法,要随着时代发展和形势的变化,按照是否有利于提高人的综合素质和全面发展,是否有利于思想政治教育作用的充分发挥等原则,认真加以分析总结,重新进行价值审视,分别坚持和发扬、改进和革新、否定和摒弃。其次,要与时俱进地吸纳一些与社会主义现代化建设相适应的新观念来指导思想政治教育。思想政治教育观念现代化是思想政治教育现代化的前提条件,是影响其他环节现代化的决定性因素。思想政治教育作为一种有目的、有指向的、社会的、文化的活动,更加突出地受思想观念的支配。过时的、保守的教育体制和教育方式,往往凭借过时的、保守的思想观念的维系而习惯地持续下去,对反映时代特征的教育内容和现代化手段,也会按过时的、保守的思维方式给予裁定与阐释,使之蒙上保守色彩。因此,思想政治教育现代化首先表现为更新教育观念,实现教育观念的现代化。[①] 思想政治教育观念现代化的标志主要有开放的观念,发展的观念,多样化的观念,创造性观念等。总之,思想政治教育观念现代化,就是要在广泛的时空维度上,确立一种动态的、立体的、辐射的教育观念,一种创造的、高效的教育观念。

思想政治教育要拓展促进人的观念现代化的新路径。思想政治教育观念现代化是思想政治教育现代化的前提条件,是影响其他环节现代化的决定性因素。思想政治教育作为一种有目的、有指向的社会文化活动,更加突出地受到思想观念的支配。思想政治教育现代化,首先要更新教育观念,实现教育者教育观念的现代化。促进人的观念现代化,思想政治教育负担着重要的任务:首先,我们要树立的现代化观念,既要反映时代要求,又要符合我国社会主义现代化建设实际。它既不是西方现代观念的简单引进,也不是传统观念的简单继承,而是以马克思主义为指导结合我国社会主义现代化建设实践的一种创造。其次,现代化观念不是一个具体观念,而是反映整个现代社会的观念体系,内容十分丰富。这些观念的现代化,需要长时间的教育、培养、改造才能形成和完善。再次,我们在进行社会主义现代化建设过程中,还会经常受到来自

---

① 张耀灿、郑永廷、吴潜涛、骆郁廷等:《现代思想政治教育学》,人民出版社 2006 年版,第 458—460 页。

西方思想文化的冲击，经常遇到传统思想的阻碍，这些不利于人的现代化和人的思想观念现代化的因素，需要思想政治教育给予及时、经常的辨析和排除。

思想政治教育要围绕着人的观念现代化这一主题展开。从"三个面向"与观念现代化的内在联系来看，首先，面向现代化，思想政治教育要服务于社会主义现代化建设。思想政治教育要面向现代化，就是要适应社会现代化、人的现代化的发展要求，进行现代化思想政治教育，要求有现代化的思想政治教育观念、内容与方法等，摒弃和克服过去那种凌驾于经济之上或游离于经济之外的现象，更好地服务于、服从于改革发展稳定的大局，服务于"四有"新人的培养，不断推进社会主义现代化建设进程。为此就要实现思想政治教育观念现代化，思想政治教育观念现代化要围绕人的观念现代化这一主题展开。通过思想政治教育，使教育对象形成与经济全球化背景下的社会主义现代化建设相适应的思想观念。其次，面向世界，思想政治教育要具有全球视野。面向世界是思想政治教育面向现代化在空间上的拓展，要求思想政治教育适应和服务于我国社会主义的对外开放，要有宽阔的视野和开放的胸怀，善于吸收世界各国先进的科学技术知识，吸取人类共同创造的一切优秀文明成果和进步观念，特别是要吸收和借鉴世界各国开展思想政治教育实践的成功经验。一方面，注重传统与现代的纵向结合。在思想政治教育中，要重视民族文化传统，消化吸收乃至弘扬传统思想，有目的、有选择地把传统文化中的优秀内容运用到思想政治教育中。对传统文化加以改造和继承，必将有利于发扬爱国主义精神，提高民族自豪感和自信心，切实增强教育对象保障国家政治、经济、文化安全的自觉意识，维护国家统一，树立为祖国的繁荣富强努力奋斗的决心和使命感。另一方面，注重选择与创新的横向结合。思想政治教育作为社会主义意识形态的一项活动，要想赢得与其他国家同类活动的比较优势，更好地服从、服务于社会主义现代化建设，就必须大胆地吸收和借鉴别国的长处为我所用，产生优缺互补效应。再次，面向未来，思想政治教育要增强前瞻性。面向未来是思想政治教育面向现代化在时间上的延伸，要求思想政治教育要适应和服务于我国社会和经济的未来发展。提高教育对象利用掌握信息的能力以及科学分辨信息的能力，使他们在各种政治是非、文化思潮面前具有正确的分析、判断、选择能力。引导教育对象正确分析人类面临的普遍问题，关注人的生存环境、生活质量以及人类尊严、道德完善和全面发展问题，保护生态环境，维护世界和平，促进人类发展，这也是新世纪公民素质的基本要求。[①]

  总之，按照十八大的要求，思想政治教育要实现发展中国特色社会主义的历史任务，不断丰富中国特色社会主义的实践特色、理论特色、民族特色、时代特色，把马克思主义先进思想观念、西方发达国家现代化文明成果与本国优秀文化传统结合起来，实现中国人的观念现代化。

---

① 夏昌祥：《人文素质教育探索与实务》，上海交通大学出版社 2004 年版，第 60 页。

# 参考文献

**（一）经典著作类**

[1]《马克思恩格斯选集》（第1—4卷），人民出版社1995年版。

[2]《马克思恩格斯文集》（第1—10卷），人民出版社2009年版。

[3]《列宁选集》（第1—4卷），人民出版社1995年版。

[4]《列宁专题文集》，人民出版社2009年版。

[5]《毛泽东选集》（第1—4卷），人民出版社1991年版。

[6]《毛泽东文集》（第1—8卷），人民出版社1993—1999年版。

[7]《建国以来毛泽东文稿》（第1—13册），中央文献出版社1990—1998年版。

[8]《毛泽东专题著作摘编》（上、下），中央文献出版社2003年版。

[9]《毛泽东早期文稿》，湖南出版社1990年版。

[10]《邓小平文选》（第1—3卷），人民出版社1993、1994年版。

[11]《邓小平思想年谱（1975—1997）》，中央文献出版社2009年版。

[12]《江泽民文选》（第1—3卷），人民出版社2006年版。

[13]《江泽民论有中国特色社会主义》（专题摘编），人民出版社2002年版。

[14]《科学发展观重要论述摘编》，中央文献出版社2009年版。

[15]《深入学习实践科学发展观活动领导干部学习文件选编》，中央文献出版社2008年版。

［16］《十三大以来重要文献选编》（上），人民出版社 1991 年版。

［17］《十三大以来重要文献选编》（中），人民出版社 1991 年版。

［18］《十三大以来重要文献选编》（下），人民出版社 1993 年版。

［19］《十四大以来重要文献选编》（上），人民出版社 1996 年版。

［20］《十四大以来重要文献选编》（中），人民出版社 1997 年版。

［21］《十四大以来重要文献选编》（下），人民出版社 1999 年版。

［22］《十五大以来重要文献选编》（上），人民出版社 2000 年版。

［23］《十五大以来重要文献选编》（中），人民出版社 2001 年版。

［24］《十五大以来重要文献选编》（下），人民出版社 2003 年版。

［25］《十六大以来重要文献选编》（上），中央文献出版社 2005 年版。

［26］《十六大以来重要文献选编》（中），中央文献出版社 2006 年版。

［27］《十六大以来重要文献选编》（下），中央文献出版社 2008 年版。

［28］《十七大以来重要文献选编》（上），中央文献出版社 2009 年版。

［29］《十七大以来重要文献选编》（中），中央文献出版社 2011 年版。

［30］《中国共产党第十八次全国代表大会文件汇编》，人民出版社 2012 年版。

［31］《马克思　恩格斯　列宁论意识形态》，人民出版社 2009 年版。

［32］《毛泽东　邓小平　江泽民论科学发展》，中央文献出版社 2009 年版。

［33］《毛泽东　邓小平　江泽民论世界观人生观价值观》，人民出版社 1997 年版。

［34］《思想方法工作方法文选》，中央文献出版社 1990 年版。

［35］中共中央宣传部：《毛泽东　邓小平　江泽民论思想政治工作》，学习出版社 2000 年版。

［36］中共中央宣传部：《毛泽东　邓小平　江泽民论社会主义道

德建设》，学习出版社 2001 年版。

［37］中共中央宣传部理论局：《建设有中国特色社会主义若干理论问题学习纲要》，学习出版社 1998 年版。

［38］中共中央宣传部：《邓小平论社会主义精神文明建设》，学习出版社 1996 年版。

［39］中共中央宣传部：《"三个代表"重要思想学习纲要》，学习出版社 2003 年版。

［40］中共中央宣传部：《科学发展观学习读本》，学习出版社 2008 年版。

［41］中共中央宣传部理论局：《中国特色社会主义理论体系学习纲要》，学习出版社 2009 年版。

［42］中共中央宣传部：《社会主义核心价值体系学习读本》，学习出版社 2009 年版。

［43］中共中央宣传部理论局：《划清"四个重大界限"学习读本》，学习出版社 2010 年版。

［44］中共中央宣传部理论局：《六个"为什么"——对几个重大问题的回答》，学习出版社 2009 年版。

［45］中共中央宣传部理论局：《论学习——重要论述摘编》，学习出版社 2009 年版。

［46］中共中央政法委：《社会主义法治理念读本》，中国长安出版社 2009 年版。

［47］中共中央文献研究室：《毛泽东　周恩来　刘少奇　朱德　邓小平　陈云思想方法和工作方法文选》，中央文献出版社 1990 年版。

［48］《国家中长期教育改革和发展规划纲要（2010—2020）》，人民出版社 2010 年版。

［49］《教育规划纲要》工作办公室：《全国教育工作会议文件汇编》，教育科学出版社 2010 年版。

［50］《教育规划纲要》工作办公室：《教育规划纲要辅导读本》，教育科学出版社 2010 年版。

［51］本书编写组：《〈胡锦涛在纪念党的十一届三中全会召开 30 周年大会上的讲话〉学习读本》，人民出版社 2008 年版。

## (二) 一般著作类

[1] 包亚明：《后现代性与公正游戏：利奥塔访谈、通信录》，上海人民出版社1997年版。

[2] 北京大学世界现代化进程研究中心：《现代化研究》（第2辑），商务印书馆2003年版。

[3] 本书编写组：《解读"十二五"党员干部学习辅导》，人民日报出版社2010年版。

[4] 本书编写组：《马克思主义基本原理概论》，高等教育出版社2008年版。

[5] 陈秉公：《思想政治教育学原理》，高等教育出版社2006年版。

[6]《独秀文存》，安徽人民出版社1987年版。

[7] 陈辉：《现代社会制度构建与人性诉求》，黑龙江大学出版社2008年版。

[8] 陈嘉明等：《现代性与后现代性》，人民出版社2001年版。

[9] 陈学明：《二十世纪的思想库——马尔库塞的六本书》，云南人民出版社1989年版。

[10] 陈勤等：《中国现代化史纲——不可逆转的改革》（上、下），广西人民出版社1998年版。

[11] 陈染君：《军队思想政治工作现代化》，中国人民解放军出版社2008年版。

[12] 陈志尚：《人学原理》，北京出版社2004年版。

[13] 陈国强、石奕龙：《简明文化人类学词典》，浙江人民出版社1990年版。

[14] 陈刚：《大众文化与当代乌托邦》，作家出版社1996年版。

[15] 陈力丹：《舆论学——舆论导向研究》，中国广播电视出版社1999年版。

[16] 陈富清：《江泽民舆论导向思想研究》，新华出版社2003年版。

[17] 陈赟：《困境中的中国现代性意识》，华东师范大学出版社

2004年版。

[18] 成中英：《文化、伦理与管理——中国现代化的哲学省思》，贵州人民出版社1991年版。

[19] 蔡昉、张车伟：《可持续发展战略——观念更新与政策调整》，中共中央党校出版社1998年版。

[20] 曹锡仁、李泽普、张胜利：《社会现代化与观念的演讲》，贵州人民出版社1988年版。

[21] 曹锦清：《黄河边的中国：一个学者对乡村生活的观察和思考》，上海文艺出版社2000年版。

[22] 常樵：《社会主义与人的现代化——邓小平关于人的现代化思想研究》，吉林人民出版社2003年版。

[23] 陈用芳：《多维视角下人学与现代化关系》，中央编译出版社2010年版。

[24] 戴茂堂、江畅：《传统价值观念与当代中国》，湖北人民出版社2001年版。

[25] 段春华：《人的现代化与思想政治教育》，天津人民出版社2000年版。

[26] 段忠桥：《当代国外社会思潮》（第2版），中国人民大学出版社2004年版。

[27] 杜维明：《儒家传统的现代转化》，中国广播电视出版社1992年版。

[28] 方世南：《高校马克思主义思想政治理论课程改革创新研究》，人民出版社2007年版。

[29] 方世南：《社会现代化与人的现代化》，人民出版社1999年版。

[30] 范进学：《法的观念与现代化》，山东人民出版社2002年版。

[31] 冯瑞渡、朱永新：《人的现代化与苏州》，苏州大学出版社1998年版。

[32] 冯瑞芳等：《变革·矛盾·进步——现阶段农民观念变革研究》，陕西人民出版社1992年版。

[33] 冯刚、张东刚：《高校马克思主义大众化研究报告

(2010)》,光明日报出版社 2010 年版。

[34] 樊浩:《中国大众意识形态报告》,中国社会科学出版社 2012 年版。

[35] 郭湛:《主体性哲学》,云南人民出版社 2001 年版。

[36] 郭华清、唐丽云:《人的现代化——广州百年教育兴衰叙录》,广州出版社 2001 年版。

[37] 郭晓君:《人的现代化——社会经济可持续发展的关键》,中国人事出版社 2003 年版。

[38] 共青团中央研究室:《观念更新与青年思想工作》,上海人民出版社 1986 年版。

[39] 国家教育委员会政策法规司:《十一届三中全会以来重要教育文献选编》,教育科学出版社 1992 年版。

[40] 龚义:《观念更新杂谈》,春秋出版社 1987 年版。

[41] 高凤:《观念更新录》,花城出版社 1986 年版。

[42] 高力克:《历史与价值的张力:中国现代化思想史论》,贵州人民出版社 1992 年版。

[43] 韩庆祥、邹诗鹏:《人学——人的问题的当代阐释》,云南人民出版社 2001 年版。

[44] 韩庆祥:《马克思主义人学思想发微》,中国社会科学出版社 1992 年版。

[45] 韩旭:《刑事诉讼的观念变革与制度创新》,中国检察出版社 2009 年版。

[46] 何传启:《第二次现代化的行动议程Ⅰ:公民意识现代化》,中国经济出版社 2000 年版。

[47] 何传启:《中国现代化报告概要(2001—2010)》,北京大学出版社 2010 年版。

[48] 何传启:《中国现代化报告 2011——现代化科学概论》,北京大学出版社 2011 年版。

[49] 胡建:《现代性价值的近代线索——中国近代的现代化思想史》,上海人民出版社 2008 年版。

[50] 黄菘华:《改革开放与观念更新》,海南人民出版社 1988

年版。

［51］黄志成：《被压迫者的教育学——弗莱雷解放教育理论与实践》，人民教育出版社 2003 年版。

［52］黄宗智：《中国农村的过密化与现代化》，上海社会科学院出版社 1992 年版。

［53］湖北省炎黄文化研究会、随州市人民政府：《传统文化与生态文明》，武汉出版社 2010 年版。

［54］景怀斌：《人的文化素质与人的现代化》，人民出版社 1995 年版。

［55］金观涛、刘青峰：《观念史研究：中国现代重要政治术语的形成》，法律出版社 2009 年版。

［56］金观涛、刘青峰：《兴盛与危机：论中国社会超稳定结构》，法律出版社 2011 年版。

［57］《金耀基自选集》，上海教育出版社 2002 年版。

［58］金耀基：《从传统到现代》，中国人民大学出版社 1999 年版。

［59］金耀基：《中国现代化与知识分子》，言心出版社 1977 年版。

［60］金雁：《苏俄现代化与改革研究》，广东教育出版社 1999 年版。

［61］江立华等：《东亚现代化的历史进程》，河北大学出版社 1996 年版。

［62］柯卫、朱海波：《社会主义法治意识与人的现代化研究》，法律出版社 2010 年版。

［63］林庭芳：《高校思想政治理论课教育教学现代化研究》，人民出版社 2004 年版。

［64］卢汉超：《台湾的现代化和文化认同》，八方文化企业公司 2001 年版。

［65］雷骥：《现代思想政治教育的人性基础研究》，人民出版社 2008 年版。

［66］李秀林等：《辩证唯物主义与历史唯物主义原理》（第 5 版），中国人民大学出版社 2004 年版。

［67］李工真：《德意志道路——现代化进程研究》，武汉大学出版

社1997年版。

［68］李萍等：《人的现代化——开放地区人的现代化系列研究报告》，人民出版社2007年版。

［69］李芹、马来平：《中国科技发展与人的现代化》，山东科学技术出版社1995年版。

［70］李培林：《现代西方社会的观念变革——巴黎读书记》，山东人民出版社1993年版。

［71］李懂章：《以观念更新推动理念创新，以文化发展推动管理升级——大庆油田有限责任公司企业文化创新实践风采录》，黑龙江人民出版社2004年版。

［72］李俊伟：《思想政治工作现代化与科学化》，红旗出版社2007年版。

［73］李亦园、杨国枢：《中国人的性格》，桂冠图书股份有限公司1991年版。

［74］李贵连：《沈家本与中国法律的现代化》，光明日报出版社1989年版。

［75］凌空：《舆论与思想政治工作》，陕西旅游出版社1997年版。

［76］林世选：《国民素质论——和谐社会构建与国民素质研究》，中央编译出版社2009年版。

［77］《梁启超文集》，燕山出版社2009年版。

［78］陆世澄：《德国文化与现代化》，辽海出版社1999年版。

［79］骆郁廷：《精神动力论》，武汉大学出版社2003年版。

［80］骆郁廷：《思想政治教育原理与方法》，高等教育出版社2010年版。

［81］骆郁廷：《当代大学生思想政治教育》，中国人民大学出版社2010年版。

［82］骆郁廷：《文化软实力：战略、结构与路径》，中国社会科学出版社2012年版。

［83］罗荣渠：《现代化新论——世界与中国的现代化进程》，北京大学出版社1993年版。

［84］罗荣渠：《从西化到现代化》（上、中、下），黄山书社2008

年版。

［85］刘向兵等：《时代变革与人的抉择——人的现代化与人力资源开发》，甘肃科学技术出版社1998年版。

［86］刘悦伦等：《现代人学》，广东人民出版社1988年版。

［87］刘森林：《重思发展》，人民出版社1995年版。

［88］刘志生：《马克思主义人学理论与思想政治工作研究》，黄河出版社2004年版。

［89］刘治民：《现代化与政治工作——关于更新政治思想观念的探讨》，陕西人民教育出版社1989年版。

［90］刘鹏、郑兰荪：《新观念——观念变革面面观》，中国华侨出版社1989年版。

［91］刘祖熙：《改革和革命——俄国现代化研究（1861—1917）》，北京大学出版社2000年版。

［92］刘学军：《政治文明的文化视角：中国现代化进程中的政治文化走向》，江西高校出版社2004年版。

［93］雷颐：《被延误的现代化》，大象出版社2002年版。

［94］马全民等：《哲学名词解释》，人民出版社1980年版。

［95］闵学勤：《城市人的理性化与现代化——一项关于城市人行为与观念变迁的实证比较分析》，南京大学出版社2004年版。

［96］潘维：《法治与"民主迷信"——一个法治主义者眼中的中国现代化和世界秩序》，香港社会科学出版社有限公司2003年版。

［97］齐平等：《改革与观念变革》，成都电讯工程学院出版社1987年版。

［98］乔健、潘乃谷：《中国人的观念与行为》，天津人民出版社1995年版。

［99］钱乘旦：《世界现代化历程（总论卷）》，江苏人民出版社2010年版。

［100］全国干部培训教材编审指导委员会：《从文明起源到现代化——中国历史25讲》，人民出版社2002年版。

［101］商伯成：《新世纪思想政治工作——现代化卷》，黑龙江人民出版社2001年版。

[102] 邵道生：《现代化的精神陷阱——嬗变中的国民心态》，知识产权出版社 2001 年版。

[103] 孙立平：《传统与变迁：国外现代化及中国现代化问题研究》，黑龙江人民出版社 1992 年版。

[104]《孙中山选集》，人民出版社 1981 年版。

[105] 谢立中、孙立平：《20 世纪西方现代化理论文选》，上海三联书店 2002 年版。

[106] 沈杰：《深圳观念变革大事》，海天出版社 2008 年版。

[107] 沈国桢：《观念更新与社会发展》，光明日报出版社 2007 年版。

[108] 陕西省总工会宣传教育部：《观念更新与观念强化》，陕西人民教育出版社 1987 年版。

[109]《商品经济与观念变革》，云南人民出版社 1988 年版。

[110] 宋增伟：《制度公正与人的全面发展》，人民出版社 2008 年版。

[111] 单中惠、杨汉麟：《西方教育学名著提要》，江西人民出版社 2000 年版。

[112] 沙莲香：《社会心理学》，中国人民大学出版社 1987 年版。

[113] 陶渝苏、徐圻：《人的解读与重塑》，重庆出版社 2002 年版。

[114] 温铁军：《结构现代化——温铁军演讲录》，广东人民出版社 2004 年版。

[115] 武天林：《马克思主义人学导论》，中国社会科学出版社 2006 年版。

[116] 吴灿新等：《社会变革与观念变革——新时期广东观念变革实践的理性沉思》，人民出版社 2003 年版。

[117] 万光侠等：《思想政治教育的人学基础》，人民出版社 2006 年版。

[118] 王国荣：《观念现代化一百题》，冶金工业出版社 1988 年版。

[119] 王向群等：《观念变革的历史轨迹——社会主义现代化与人

的观念变革》，东北师范大学出版社 2000 年版。

［120］王成兵：《当代认同危机的人学解读》，中国社会科学出版社 2004 年版。

［121］王干才：《哲学观念变革简论》，中央编译出版社 2007 年版。

［122］王海传：《人的发展的制度安排》，华中师范大学出版社 2007 年版。

［123］王征国：《思想解放论——解放思想与观念变革研究》，湖南人民出版社 1998 年版。

［124］王贵友：《科学的观念变革与理论进程》，武汉出版社 2003 年版。

［125］王玉梁等：《西部大开发与价值观念更新》，陕西人民出版社 2002 年版。

［126］王磊、余卫国等：《西部大开发与价值观念更新——陕西人价值观念更新的实证分析》，陕西人民出版社 2003 年版。

［127］王孝哲：《马克思主义人学概论》，安徽大学出版社 2009 年版。

［128］王继勃：《企业现代化管理与思想政治工作》，团结出版社 1990 年版。

［129］王学俭：《现代思想政治教育前沿问题研究》，人民出版社 2008 年版。

［130］王晶生：《深圳十大观念》，深圳报业集团出版社 2011 年版。

［131］韦政通：《儒家与现代中国》，上海人民出版社 1990 年版。

［132］温济泽：《马克思　恩格斯　列宁　斯大林论思想方法和工作方法》，人民出版社 1984 年版。

［133］夏甄陶：《人是什么》，商务印书馆 2000 年版。

［134］肖海鹏：《价值观念与现代化——当代广东人价值观实证研究》，广东人民出版社 2002 年版。

［135］新华音像中心学习部：《思想解放实录》，海南出版社 2003 年版。

［136］辛鸣：《制度论：关于制度哲学的理论建构》，人民出版社2005年版。

［137］薛克诚等：《人的哲学——马克思主义人学理论新探》，中国人民大学出版社1992年版。

［138］熊辉：《中国共产党领导方式和执政方式现代化研究》，湖南人民出版社2010年版。

［139］熊建生：《思想政治教育内容结构论》，中国社会科学出版社2012年版。

［140］夏昌祥：《人文素质教育探索与实务》，上海交通大学出版社2004年版。

［141］解思忠：《国民素质演讲录》，上海社会科学院出版社2003年版。

［142］解思忠：《中国国民素质危机》，中国长安出版社2004年版。

［143］肖前：《马克思主义哲学原理》，中国人民大学出版社1994年版。

［144］叶南客：《中国人的现代化》，南京出版社1998年版。

［145］忻平：《从上海发现历史：现代化进程中的上海人及其社会生活（1927—1937）》，上海人民出版社1996年版。

［146］于歌：《现代化的本质》，江西人民出版社2009年版。

［147］袁洪亮：《人的现代化——中国近代国民性改造思想研究》，人民出版社2005年版。

［148］袁勇志、魏文斌：《社会主义市场竞争与观念变革》，苏州大学出版社1997年版。

［149］杨蒲林、吴显海：《时代变革与观念更新》，武汉出版社1989年版。

［150］杨国枢、余安邦：《中国人的心理与行为：理念及方法篇（1992）》，桂冠图书股份有限公司1993年版。

［151］杨国枢：《中国人的心理》，桂冠图书股份有限公司1988年版。

［152］杨国枢：《中国人的价值观——社会科学研究》，桂冠图书

股份有限公司 1994 年版。

［153］姚俭建：《观念变革与观念现代化》，上海交通大学出版社 2000 年版。

［154］姚俭建、叶敦平：《无形的历史隧道——观念变革与当代中国的社会发展》，上海人民出版社 1994 年版。

［155］叶耀培：《邓小平的现代化观念与中国现代化》，四川人民出版社 2000 年版。

［156］于文杰：《现代化进程中的人文主义》，重庆出版社 2006 年版。

［157］于布礼、孙志成：《卢梭作品精粹》，河北教育出版社 1992 年版。

［158］于歌：《现代化的本质》，江西人民出版社 2009 年版。

［159］袁银传：《小农意识与中国现代化》，武汉出版社 2000 年版。

［160］杨一姬、张玉：《人力资源开发与人的现代化》，云南人民出版社 2001 年版。

［161］尹云保：《什么是现代化》，人民出版社 2001 年版。

［162］赵文禄：《知识经济和人的现代化》，人民出版社 2006 年版。

［163］郑永廷：《人际关系学》，中国青年出版社 1988 年版。

［164］郑永廷：《毛泽东思想政治教育的理论与实践》，武汉大学出版社 1993 年版。

［165］郑永廷：《社会主义意识形态发展研究》，人民出版社 2002 年版。

［166］郑永廷：《现代思想道德教育理论与方法》，广东教育出版社 2005 年版。

［167］郑永廷：《人的现代化的理论与实践》，人民出版社 2006 年版。

［168］郑永廷：《宗教影响与社会主义意识形态主导研究》，中山大学出版社 2009 年版。

［169］郑永廷：《大学生自主创新理论与方法》，人民出版社 2010 年版。

［170］周建超：《近代中国"人的现代化"思想研究》，社会科学

文献出版社 2010 年版。

［171］赵敦华：《西方人学观念史》，北京出版社 2005 年版。

［172］赵文禄:《知识经济和人的现代化》，人民出版社 2006 年版。

［173］赵康太：《世界马克思主义理论教育比较研究》，中央编译出版社 2006 年版。

［174］赵纯昌、王孝春：《市场经济体制的建立与观念变革》，哈尔滨工业大学出版社 1993 年版。

［175］赵中建：《全球教育发展的热点研究——90 年代来自联合国教科文组织的报告》，教育科学出版社 1999 年版。

［176］张耀灿、郑永廷、吴潜涛、骆郁廷等：《现代思想政治教育学》，人民出版社 2006 年版。

［177］张耀灿、徐志远：《现代思想政治教育学科论》，湖北人民出版社 2003 年版。

［178］张耀灿等:《思想政治教育学前沿》，人民出版社 2006 年版。

［179］张森年：《中国马克思主义理论创新之道》，上海人民出版社 2007 年版。

［180］张惠华：《西部大开发与观念更新理论》，山东大学出版社 2004 年版。

［181］张步仁、马杏苗：《马克思主义人学研究》，黑龙江人民出版社 2005 年版。

［182］张静如、刘志强、卞杏英：《中国现代社会史》（上、下），湖南人民出版社 2004 年版。

［183］张雄：《历史转折论》，上海人民出版社 1998 年版。

［184］张立波:《后现代境遇中的马克思》，民族出版社 2002 年版。

［185］钟明华、李萍等：《马克思主义人学视域中的现代人生问题》，人民出版社 2006 年版。

［186］张人杰、王卫东：《20 世纪教育学名家名著》，广东高等教育出版社 2002 年版。

［187］张文儒：《毛泽东与中国的现代化》，当代中国出版社 1992 年版。

［188］张荣臣：《推进学习型党组织建设学习读本》，人民出版社

2010年版。

［189］张岱年、程宜山：《中国文化与文化论争》，中国人民大学出版社1996年版。

［190］张岱年、成中英：《中国思维偏向》，中国社会科学出版社1991年版。

［191］张岱年：《中华的智慧》，上海人民出版社1989年版。

［192］邹学荣：《马克思主义人学理论与实践》，青海人民出版社1993年版。

［193］章韶华、张品兴：《改革开放正在掘进岩层——首届中国文化观念变革研讨会文选》，中国广播电视出版社1993年版。

［194］翟学伟：《中国人的脸面观——社会心理学的一项本土研究》，桂冠图书股份有限公司1995年版。

［195］中国毛泽东思想理论与实践研究会理事会：《毛泽东思想辞典》，中共中央党校出版社1989年版。

［196］中共中央党校哲学教研部：《人的现代化与建设中国特色社会主义》，中共中央党校出版社1997年版。

［197］"中央"研究院近代史研究所：《中国现代化论文集》，1991年。

［198］联合国教科文组织国际教育发展委员会编、华东师范大学比较教育研究所译：《学会生存——教育世界的今天和明天》，教育科学出版社1996年版。

［199］联合国教科文组织：《全民教育全球监测报告2010：普及到边缘化群体》，2010年。

［200］联合国教科文组织：《内源发展战略》，社会科学文献出版社1988年版。

［201］联合国教科文组织：《教育——财富蕴藏其中：国际21世纪教育委员会报告》，教育科学出版社1996年版。

［202］[美] C. E. 布莱克：《日本和俄国的现代化——一份进行比较的研究报告》，周师铭等译，商务印书馆1984年版。

［203］[美] C. E. 布莱克：《比较现代化》，浙江人民出版社1996年版。

[204] [美] C. E. 布莱克:《现代化的动力——个比较史的比较》,四川人民出版社1996年版。

[205] [美] 戴维·E. 普特:《现代化的政治》,陈尧译,上海人民出版社2011年版。

[206] [美] A. 英克尔斯、D. 史密斯:《从传统人到现代人——六个发展中国家中的个人变化》,顾昕译,中国人民大学出版社1992年版。

[207] [美] 阿历克斯·英克尔斯:《人的现代化:心理·思想·态度·行为》,殷陆君编译,四川人民出版社1985年版。

[208] [美] A. 英克尔斯:《人的现代化素质探索》,曹中德等译,天津社会科学院出版社1995年版。

[209] [美] 阿历克斯·英克尔斯:《社会学是什么》,陈观胜、李培茱译,中国社会科学出版社1981年版。

[210] [美] 亚瑟·亨·史密斯:《中国人的性格》,乐爱国、张华玉译,学苑出版社1998年版。

[211] [美] 约翰·奈斯比特、[德] 多丽丝·奈斯比特:《中国大趋势:新社会的八大支柱》,魏平译,中华工商联合出版社2009年版。

[212] [美] 赫伯特·马尔库塞:《单向度的人——发达工业社会意识形态研究》,刘继译,上海译文出版社1989年版。

[213] [美] 曼海姆·科塞:《理念人:一项社会学考察》,郑也夫译,上海译文出版社1989年版。

[214] [美] 尔温·托夫勒:《第三次浪潮》,朱志焱译,生活·读书·新知三联书店1984年版。

[215] [美] 尔文·托夫勒:《未来的冲击》,新华出版社1996年版。

[216] [美] 西里尔·E. 布莱克:《比较现代化》,杨豫、陈祖洲译,上海译文出版社1996年版。

[217] [美] 罗伯特·海尔布罗纳:《现代化理论研究》,俞新天等译,华夏出版社1989年版。

[218] [美] 唐:《中国民意与公民社会》,胡赣栋、张东锋译,中山大学出版社2008年版。

［219］［美］吉尔伯特·罗兹曼：《中国的现代化》，上海人民出版社 1989 年版。

［220］［美］丹尼尔·贝尔：《后工业社会的来临——对社会预测的一项探索》，高铦等译，新华出版社 1997 年版。

［221］［美］加布里埃尔·A.尔蒙德等：《公民文化——五国的政治态度和民主》，马殿君等译，浙江人民出版社 1989 年版。

［222］［美］弗朗西斯·福山：《信任——社会道德与繁荣的创造》，李宛蓉译，远方出版社 1998 年版。

［223］［美］亨廷顿：《现代化理论与历史经验的再探讨》，上海译文出版社 1993 年版。

［224］［美］罗伯特·海尔布罗纳：《现代化理论研究》，华夏出版社 1989 年版。

［225］［美］马尔库塞：《单向度的人》，刘继译，上海译文出版社 2006 年版。

［226］［美］巴林顿·摩尔：《民主和专制的社会起源》，华夏出版社 1989 年版。

［227］［美］约翰·奈斯比特：《高科技 高思维》，新华出版社 2000 年版。

［228］［美］彼得·圣吉：《第五项修炼——学习型组织的艺术与实践》，中信出版社 2009 年版。

［229］［英］胡格韦尔特：《发展社会学》，白桦、丁一凡编译，四川人民出版社 1987 年版。

［230］［英］安东尼·吉登斯：《第三条道路及其批评化》，孙相东译，中共中央党校出版社 2002 年版。

［231］［英］安东尼·吉登斯：《现代性的后果》，田和译，译林出版社 2000 年版。

［232］［英］安东尼·吉登斯等.《现代性：吉登斯访谈录》，尹宏毅译，新华出版社 2001 年版。

［233］［英］安东尼·吉登斯：《现代性与自我认同》，赵旭东等译，生活·读书·新知三联书店 1988 年版。

［234］［英］罗伯特·罗素：《中国人的性格》，王正平译，中国

工人出版社 1993 年版。

[235]［德］鲍吾刚：《中国人的幸福观》，严蓓雯、韩雪临、吴德祖译，江苏人民出版社 2004 年版。

[236]［德］米夏埃尔·兰德曼：《哲学人类学》，张乐天译，上海译文出版社 1988 年版。

[237]［德］马克斯·韦伯：《新教伦理与资本主义精神》，康乐、简惠美译，广西师范大学出版社 2007 年版。

[238]［德］乌尔里希·贝克：《全球化时代的权力与反权力》，蒋仁详、胡颐毅译，广西师范大学出版社 2004 年版。

[239]［德］沃尔夫冈·查普夫：《现代与社会转型》（第二版），陈黎、陆宏成译，社会科学文献出版社 2000 年版。

[240]［德］卡西尔：《人论》，上海译文出版社 1985 年版。

[241]［意］巴蒂斯塔·莫恩迪：《哲学人类学》，李树琴、段素革译，黑龙江人民出版社 2005 年版。

[242]［巴西］保罗·弗莱雷：《被压迫者教育学》，顾建新、赵友华、何曙华译，华东师范大学出版社 2001 年版。

[243]［法］弗朗索瓦·佩鲁：《新发展观》，张宁、丰子义译，华夏出版社 1987 年版。

[244]［以］S. N. 艾森斯塔德：《现代化：抗拒与变迁》，张旅平等译，中国人民大学出版社 1988 年版。

[245]［奥］威尔海姆·赖希：《法西斯主义群众心理学》，张峰译，重庆出版社 1990 年版。

[246]［日］依田憙家：《日中两国现代化比较研究》，卞立强等译，北京大学出版社 1997 年版。

[247]［日］川岛武宜：《现代化与法》，王志安等译，中国政法大学出版社 1994 年版。

[248]［日］永井道雄：《非西方社会的现代化》，姜震寰等译，哈尔滨工业大学出版社 1989 年版。

[249]［日］富永健一：《社会结构与社会变迁——现代化理论》，董兴华译，云南人民出版社 1988 年版。

[250]［印度］阿玛蒂亚·森：《以自由看待发展》，中国人民大

学出版社 2002 年版。

［251］［法］古斯塔夫·勒庞：《乌合之众——大众心理研究》，新世界出版社 2010 年版。

［252］［法］卢梭：《论人类不平等的起源和基础》，商务印书馆 1962 年版。

［253］［奥］G. 贾霍达：《迷信》，上海文艺出版社 1993 年版。

# 后 记

  光阴如梭，转眼间我投身思想政治教育学的学习已经20余年了，每念及此，都不禁感慨万千。1994年9月，我从安徽一个封闭的小山村怀着憧憬来到了武汉，进入武汉大学学习，后来相继在武汉大学取得了硕士、博士学位，当时青春年少的我转眼间也踏入了中年人的行列，两鬓苍苍仍然在为生活奔波。记得刚入大学时，学习中还受20世纪80年代末90年代初社会风气的影响，很多本科同学对思想政治教育专业还存在着不理解，用现在的话说就是"专业思想不稳固"，但在老师与高年级学长的影响下，达成了"你可以不学习这个专业，但是你不能瞧不起它"的共识。庆幸的是，我终于坚持下来了，完成了思想政治教育专业的本科与研究生学习。

  这本书是在我的同名博士学位论文基础上修改而成的。在2011年选题的时候，有老师对这一选题并不认同，认为随着改革开放的实践进展，30多年来强调解放思想，人的现代化在思想观念层面已经得到解决，"人的观念现代化"这一议题在改革开放初期特别是20世纪80年代初就已经完成，这一题目作为博士学位论文题目不具有新意；有老师认为随着全球化的进展以及中国特色社会主义建设的推进，"现代化"问题在西方学术话语中已经淡出理论视野，现在讨论的是"后现代化"了，况且"现代化"也是"双刃剑"，其很多内容不能契合中国特色社会主义。在指导老师的支持下，经过两年多的努力，2013年上半年终于完成了我的博士学位论文。在感到些许欣慰与满足的同时，更多的则是遗憾。人的现代化理论以及人的观念现代化思想在西方已经相当成熟，在我国则伴随着改革开放的进程而逐步深入，思想政治教育学中人的观念现代化方面研究对我来说更是崭新的开始，因此，探索的艰辛油然而生。

在中国近现代史中，以西方发达国家为样本，对现代化的追求与学习一直贯穿于中国的历史实践过程之中，无论是在晚清政府、民国政府还是中国共产党领导中国人民的革命、建设与改革之中，现代化更是成为百余年学术研究的焦点问题之一。西方的现代化理论自进入中国以后，逐渐实现了本土化，以梁启超为代表的先贤，认为中国的现代化有思想观念层面、物质基础层面与制度层面的现代化之分，并且这三个不同层面的现代化交织在一起。我本人对此理论学说是认同的，以此来对照中国特色社会主义的发展进程，党和政府坚持改革开放、初步建立完善社会主义市场经济，这是在物质层面基本实现了中国的现代化；邓小平以及之后的历届中央领导集体坚持推进解放思想、实现人的全面发展，这是在思想观念层面进一步实现人的现代化；十八大以来，以习近平为总书记的新一届中央领导集体，提出了"推进国家治理体系和治理能力现代化""全力推进法治中国建设"，这属于制度现代化的范畴。虽然中国共产党提出要在建党100周年、新中国成立100周年之际基本实现中国特色的社会主义现代化、实现中华民族伟大复兴，但无论是在这之前还是之后相当长的历史时期，人的全面自由发展仍然是永恒的主题，人的思想观念、思维方式、精神状态仍然需要与时俱进，仍然需要实现更高程度的现代化，"人的观念现代化"没有"完成时"，只有"进行时"。习近平同志也经常强调，在全面深化改革时期，"要勇于冲破思想观念的障碍，勇于突破利益固化的藩篱"，我认为总书记讲的"勇于冲破思想观念的障碍"就属于人的观念现代化的范畴；习近平总书记还强调要"破除妨碍改革发展的那些思维定式"，并深刻论述了"进一步解放思想、进一步解放和发展社会生产力、进一步解放和增强社会活力"及其相互关系，还把"四个全面"定位为党中央的战略新布局，都彰显了人的观念现代化的时代价值。从经典的马克思主义理论来看，早在《共产党宣言》中，马克思主义创始人就提出了"两个决裂"的重要论断，也就是说共产主义革命不仅要同传统的所有制关系实现最彻底决裂，还要在自己的发展进程中同传统的观念实行最彻底的决裂。在我国改革开放以来的马克思主义研究中，对"两个必然"强调得比较多，对"两个决裂"特别是同传统观念决裂提及的比较少，这是有意的遗忘还是无意的疏忽就不得而知了。本书基于此，认为在中国特色社会主义进程中，作为个体的人，其心理状态、思维方式与思想观念势必要发生深度变迁，这种变迁处于一个从传统观念、现实观念向未来观念发展演进的过程之中，以人的观念变革、素质提升与潜能开发为中介，最终实现马克思所说的人的全面发展。在研究与写作过程中，本来设想对我国当前人的思想观念深刻变化在量化研究的基础上进行全面、系统的探讨，但因才力不逮未能如愿；对一些深层次的问题，只能在以后的学习和研究中进一步思考。严格地说，这本书还称不上"著作"，因为它是非常稚嫩的，表述中存在着繁冗等问题，只能称之为"习作"。

本书得以完成，首先要衷心感谢我在博士研究生学习期间的指导老师骆郁廷教授。骆老师学问精深、品德高尚、传道有方，在我课程学习、论文开题与写作过程中，都不辞辛劳、精心指导，给予了许多重要的指导、启迪与帮助。他的博学睿智、雄辩才气、率直性格深深地影响着我，没有他的悉心关怀、热情鼓励、耐心指导，本书是难以完成的。4年的博士研究生学习生涯早就完成，但骆郁廷教授高远的人生境界、严谨的治学态度、为人为师的人格风范，不仅给了我在理论研究上进入新领域的信心和勇气，而且给了我在今后学习与工作中做人做事应把握的基本准则和求真求实的精神动力。

本书在写作和出版的过程中，得到了很多人的指导、帮助和支持。感谢曾经教导和帮助我的老师们，特别是武汉大学黄钊教授、倪素香教授、熊建生教授、沈壮海教授、佘双好教授、项久雨教授、李冰雄教授等诸位老师的教诲，他们又都是我本科与硕士研究生阶段的老师。感谢这些师长20余年来的辛勤培养与谆谆教导，他们的为人和学识都将是我人生道路上取之不尽的动力。感谢来自其他院校的各位专家学者，特别是郑永廷教授、石书臣教授、李辉教授、罗洪铁教授、龙静云教授等诸位老师对我的博士论文所给予的肯定和提出的宝贵修改意见。感谢中国社会科学出版社对本书出版的大力支持，特别是本书的责任编辑王茵老师，她严谨求实、精益求精的态度令我非常感动。本书在写作过程中，借鉴了许多学者的相关研究成果，在这里向他们表示致敬和感谢。

我出生在大别山深处的一个普通农民家庭。在幼年时期，祖父母可能因为出身于"土豪劣绅"与"地主"家庭的缘故，在他们有生之年，本着中国农民朴素的信念，在我童年的伙伴纷纷辍学的时候，他们艰难地支持、鼓励我读完了小学、初中、高中乃至后来的大学；我的父母为我的成长倾尽了全力，他们在维持家庭最低程度温饱的同时，以巨大的耐心和坚韧默默地支持着我完成了学业，这本书权当是儿子对他们微薄的回报与汇报。感谢我的妻子周艳霞女士，在承担繁重教学工作的同时，尊重、支持我选择了攻读博士学位以及在地方高校从事所谓学术研究的道路。这本书见证了我们走过的艰难而又幸福的生活，见证了我们的爱情！感谢我的弟弟、安徽明壹律师事务所主任律师储晓冬以及弟媳胡晓敏女士，替我分忧，在家乡赡养着年迈的父母！感谢我的女儿储天舒，她伴随着我博士的入学考试、学习与论文撰写而成长，在她的心灵世界以自己的独有方式鼓励着我！倘能以本书为自己已经逝去的40岁年华做一个短暂而并不生动的总结、为40岁以后的重新开始做一个清晰而不太充盈的展望，也算没有辜负亲人们的期待！

最后还要感谢我供职的江汉大学及我所在部门的领导与同事，对我在职攻读硕士研究生与博士研究生给予的关心与帮助。感谢江汉大学以及相关领导支持我以本书的初稿成功申报湖北省社科基金项目，感谢江汉大学将本书纳入我校2012—2013年度学术著作出版资助项目，感谢江汉大学马克思主义学院将本书纳入该学院马克思主义理论学科建设资助项目。本书的出版恰好作为上述课题与资助项目的阶段性成果。

这部著作可以算得上我从事思想政治教育学习与研究20余年的小结，虽然花费了自己不少的心血，但由于学识有限，只能是对相关主题的一种初步探索，其中难免存在疏漏和错误之处，敬请各位同人和读者不吝赐教，共同推动对思想政治教育学基础理论问题的探讨，促进我国思想政治教育学科的不断发展。

储著斌

2015年秋于汉阳蜗居